科学出版社"十三五"普通高等教育本科规划教材
高等学校水土保持与荒漠化防治特色专业建设教材

土 壤 学

（第二版）

耿增超　贾宏涛　主编

U0223558

科学出版社
北 京

内 容 简 介

本书是在第一版的基础上，吸收近十年土壤学的最新研究成果，结合高等院校水土保持与荒漠化防治、林学专业的教学特点编写而成。全书由绪论和13章内容组成，系统介绍了岩石风化和土壤形成，土壤有机质，土壤生物，土壤水，土壤空气和热量，土壤质地、结构与孔性，土壤胶体化学与表面反应，土壤溶液与土壤反应，土壤养分循环，土壤分类与分布，主要土壤类型，土壤质量与土壤退化，土壤污染与修复等内容。其目的是使学生通过该课程的系统学习，能够掌握土壤学的基本知识、基本理论和基本技能。

本书主要适用于水土保持与荒漠化防治及林学专业的本科教学，同时也可作为高等院校生态环境类、农学、地理信息科学及相关专业的教材和参考书，并可供从事农林、生物、生态环境等相关领域的教学、科研、生产与管理人员参考。

图书在版编目（CIP）数据

土壤学/耿增超，贾宏涛主编. —2 版. —北京：科学出版社，2020.9
科学出版社"十三五"普通高等教育本科规划教材·高等学校水土保持
与荒漠化防治特色专业建设教材
ISBN 978-7-03-066270-5

Ⅰ.①土… Ⅱ.①耿… ②贾… Ⅲ.①土壤学－高等学校－教材
Ⅳ.①S15

中国版本图书馆 CIP 数据核字（2020）第183566号

责任编辑：王玉时 马程迪/责任校对：严 娜
责任印制：赵 博/封面设计：迷底书装

科 学 出 版 社 出版
北京东黄城根北街16号
邮政编码：100717
http://www.sciencep.com

保定市中画美凯印刷有限公司印刷
科学出版社发行 各地新华书店经销

*

2011年 9 月第 一 版 开本：787×1092 1/16
2020年 9 月第 二 版 印张：20 3/4
2024年11月第八次印刷 字数：492 000

定价：79.00元
（如有印装质量问题，我社负责调换）

《土壤学》(第二版)
编写人员名单

主　编： 耿增超　贾宏涛

副主编： 张建国　戴　伟

编　委（以姓氏笔画为序）：

王志玲（山西农业大学）　　　　　　张建国（西北农林科技大学）

韦小敏（西北农林科技大学）　　　　郑子成（四川农业大学）

玉素甫江·玉素音（新疆农业大学）　胡慧蓉（西南林业大学）

白秀梅（山西农业大学）　　　　　　禹朴家（西南大学）

吕双庆（塔里木大学）　　　　　　　耿增超（西北农林科技大学）

朱新萍（新疆农业大学）　　　　　　莫治新（喀什大学）

许晨阳（西北农林科技大学）　　　　贾宏涛（新疆农业大学）

孙　霞（新疆农业大学）　　　　　　郭亚芬（东北林业大学）

杜　伟（西北农林科技大学）　　　　崔晓阳（东北林业大学）

李林芝（甘肃农业大学）　　　　　　谢海霞（石河子大学）

张阿凤（西北农林科技大学）　　　　戴　伟（北京林业大学）

主　审： 孙向阳　吕家珑

第二版前言

土壤学作为水土保持与荒漠化防治及林学等相关专业课程体系的重要基础课程，在夯实专业基础、构筑学科框架、搭建知识平台方面扮演了十分重要的角色。基于新时代生态文明及"双一流"建设背景，以加强重点流域生态保护和高质量发展为契机，造就基础厚、能力强、素质高的从业者是当下林学、水土保持学科人才培养的重要目标。据此，在《土壤学》第一版教材的基础上，我们联合12所高等院校长期从事土壤学教学科研工作的一线教师对教材进行了修订，结合近十年来土壤学的研究成果和社会经济发展对土壤学的需求更新了部分教学内容，补充了土壤退化及其修复部分内容。全书系统介绍了岩石风化和土壤形成，土壤有机质，土壤生物，土壤水，土壤空气与热量，土壤质地、结构与孔性，土壤胶体化学与表面反应，土壤溶液与土壤反应，土壤养分循环，土壤分类与分布，主要土壤类型，土壤质量与土壤退化，土壤污染与修复等内容。本书根据土壤学研究成果、发展现状与趋势，结合高等院校相关专业的教学特点，旨在帮助学生扎实掌握土壤学的基本理论和技能。

本书是科学出版社"十三五"普通高等教育本科规划教材，也是高等学校水土保持与荒漠化防治特色专业建设教材。全书由绪论及13章内容组成，各章节编者依次为：绪论由耿增超和许晨阳负责编写；第一章由贾宏涛和王志玲负责编写；第二章由张阿凤和耿增超负责编写；第三章由韦小敏和耿增超负责编写；第四章由张建国负责编写；第五章由戴伟和张建国负责编写；第六章由郑子成和白秀梅负责编写；第七章由许晨阳负责编写；第八章由杜伟和李林芝负责编写；第九章由禹朴家、莫治新、玉素甫江·玉素音和孙霞负责编写；第十章由胡惠蓉负责编写；第十一章由郭亚芬和崔晓阳负责编写；第十二章由吕双庆负责编写；第十三章由贾宏涛、朱新萍和谢海霞负责编写。耿增超负责全书的统稿，许晨阳在绘图和专业名词英文校译方面做了大量工作。

本书编写过程中得到了参编院校的大力支持，并在定稿过程中由北京林业大学孙向阳教授、西北农林科技大学吕家珑教授担任主审，两位教授在百忙之中对本书提出了许多宝贵的修改意见和建议。在本书编写过程中，各位参编人员查阅了国内外大量参考文献，并引用了其中一些重要文献资料。本书的出版离不开科学出版社编辑的大力支持，他们在编辑加工质量上花费了大量的心血。在此向上述人员一并致谢。

由于编者水平有限，书中难免有不妥之处，敬请读者给予批评、指正。有任何意见和建议可发送邮件到 gengzengchao@126.com 和 jht@xjau.edu.cn。

编　者

2020 年 3 月

第一版前言

　　本教材是面向高等农林院校水土保持与荒漠化防治等本科专业所编写的基础课程教材，也是高等院校水土保持与荒漠化防治专业系列精品课程建设教材。为了适应 21 世纪创新教育理念以及水土保持与荒漠化防治专业调整后的本科教学计划对人才培养的要求，造就一批基础扎实、能力强、适应面广的专业人才，我们编写了这本教材。本教材由 7 所院校 12 位人员联合编写，编写者均长期从事土壤学的教学及科研工作，并对其承担的编写内容有较深的研究，编写中参考了大量近代土壤学教材、专著及期刊资料，广泛收集了这一领域二十几年来的研究成果。本教材在继承和保留已有教材中一些较为完善系统的内容的基础上，对以往理论教学与实践教学的内容进行了整合，并将与"普通高等教育'十二五'高等学校水土保持与荒漠化防治特色专业建设"相关课程的重叠内容进行了删减。紧扣水土保持与荒漠化防治专业对土壤学知识和技能的要求，强调理论的实用性和技能的可操作性。补充了当代土壤学知识的新理论、新知识、新技术，具有内容系统全面、知识点新及应用性强的特点。以便使同学们在有限的学习时间内，能更全面地掌握该领域的主要内容、研究方法和发展趋势。

　　本教材的编写分工如下：绪论由西北农林科技大学耿增超负责编写；第一章由新疆农业大学贾宏涛、柴仲平和蒋平安负责编写；第二章由西北农林科技大学耿增超和佘雕负责编写；第三章由新疆农业大学柴仲平、贾宏涛和蒋平安负责编写；第四章由甘肃农业大学张春红负责编写；第五章由四川农业大学郑子成负责编写；第六章由北京林业大学戴伟和查同刚负责编写；第七章由北京林业大学查同刚和戴伟负责编写；第八章由西南林学院胡慧蓉负责编写；第九章由东北林业大学郭亚芬和崔晓阳负责编写；第十章由西北农林科技大学佘雕和耿增超负责编写。各章的第一位作者均为该章的统稿人。全书由耿增超、戴伟、佘雕、贾宏涛统稿。

　　本书在编写过程中得到了各编写院校的大力支持，并在定稿过程中由北京林业大学孙向阳教授、西北农林科技大学资源环境学院吕家珑教授担任主审，两位教授在百忙中对本书提出了许多宝贵的修改意见和建议。在本书的编写过程中，各位参编人员查阅了国内外大量参考文献，并引用了国内外一些重要文献资料，科学出版社的同志等也付出了辛苦劳动。西北农林科技大学校领导以及教务处、教材科和资源环境学院等单位都给予了极大的支持帮助。在此一并表示诚挚的谢意。

　　土壤学研究硕果累累，由于编者的知识水平和能力有限，书中难免有挂一漏万之处，敬请各位同仁和使用本教材的各位老师、同学给予批评指正。

编　者

2010 年 12 月于杨凌

目　录

绪　　论

【内容提要】

本章内容包括土壤在农林业生产和生态环境中的地位和作用；土壤的基本特征与物质组成；土壤学的发展及面临的任务。重点了解土壤在农林业生产和陆地生态系统中的地位和作用；了解土壤学的发展过程；掌握土壤及土壤肥力的基本概念；理解土壤的重要功能和土壤学面临的任务。

土壤是人类生产和生活中重要的自然资源，人类文明的历史在一定程度上就是利用土地的过程。繁荣的文化总是以集约利用土壤为基础，如世界四大文明古国的灿烂文化都是从河流沿岸的肥沃土壤上发展起来的。人类获得生存的第一步，就是从认识土壤和进行耕作开始的，在这个过程中逐渐积累了利用土壤的常识和经验。可以说，人类的衣食住行，样样离不开土壤。随着全球人口的增长和耕地锐减、资源耗竭，人类活动对自然系统的影响和干扰迅速扩大，人们对土壤的认识也不断加深。土壤与水、空气一样，既是生产食物、纤维及林木产品不可替代和缺乏的自然资源，又是保持地球生态系统的生命活性、维护整个人类社会和生物圈共同繁荣的基础。

第一节　土壤在农林业生产和生态环境中的地位和作用

一、土壤在农林业生产中的地位和作用

"万物土中生"，多数陆地植物以土壤为生长基质。农林业生产的基本任务是进行绿色植物的生产。绿色植物生长发育的五个基本要素，即光能、热量、空气、水分和养分，除光能来源于太阳辐射外，其余皆与土壤有关，水分和养分主要通过根部从土壤中吸收，而土壤热量和空气可通过土壤管理实现控制和调节。此外，土壤还为植物生长提供了根系伸展的空间和机械支撑作用。总之，植物生长离不开土壤，土壤是农林业生产的基础，是人类最基本的生产资料和劳动对象。

（一）土壤是农林业生产的基本生产资料

从物质和能量循环及转移的关系看，农业生产可分为"种植业—养殖业—土壤管理"三个环节，植物生产是由绿色植物通过光合作用，把太阳辐射能转变为有机化学能，并成为动物和人类维系生命活动所需能量和某些营养物质的重要来源。在种植和养殖过程中未能被人类直接利用而剩余的有机物质（凋落物、根茬、秸秆、动物粪便及蹄毛等），均可通过土壤管理（施肥、灌溉及耕作）回归土壤，并经微生物分解转化，一部分变成腐殖质，同时释放出各种无机养分，重新供植物生长利用，使物质和能量得以通过土壤不断循环利用，这充分体现出土壤在农林业生产环链中的枢纽地位（图 0-1）。

在林业生产中，土壤是生产良种和壮苗的基础。在选择母树林、建立种子园和区划苗

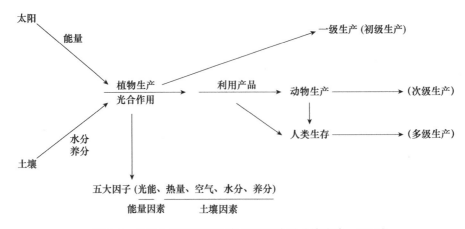

图 0-1　植物生产和动物生产之间的关系（关连珠，2016）

圃地时，必须注意土壤的宜林性质。促使林木种子丰产和培育壮苗，也必须采用相应的土壤培肥措施。在造林过程中，应该准确掌握造林地土壤的宜林特性，将苗木种植在适宜的土壤上。在天然林中，土壤与森林的关系同样十分密切。森林的生长、森林的类型、森林的分布和自然更替都受土壤因子的制约。

因此，土壤不仅是植物生产的基础，也是动物生产的基础，如果没有植物的繁茂，就不可能有畜牧业的高度发展，两者都必须以土壤作为基本生产资料。

（二）土壤是制定农林业技术措施的依据

土壤在农林业生产中的地位还在于它是农林业生产中实施各项技术的基础。农林业生产是一项极其复杂的系统工程，高产、稳产、高效、优质及可持续发展是农林业生产的基本要求，这一目标的实现取决于多种因素，只有在多种因素的最优综合作用下，才能达到高产优质和低成本。

农林业生产受控因素包括自然因素和人为因素。自然因素主要是外界环境条件，其中最重要的是光、热、降水和大气。不同气候带分布着与之相适应的植被、土壤类型，相同气候带中又因水分条件的变化，分布的植被、土壤也有明显差异。农林业生产就是充分利用外界环境条件，采取相应的人为措施达到植物生长发育最适的状态，这就是自然因素与人为因素的最佳结合。主要的农林业技术措施，如农作物、森林植被类型或牧草类型的选择，灌溉排水的需要程度，良种的配制，施肥制度的确定，耕作方法的选择，农业机械的配用及植物保护措施的采用等，都是在充分了解土壤性质的基础上进行的，即根据土壤的基本性质采取适合植物生长发育的相应措施，或者根据植物生长发育的需要对土壤的性质进行调节。只有根据土壤条件采取相应的农业技术措施才能达到高产优质的目的。因此，在整个农林业生产过程中一定要坚持"因地制宜"的基本原则，包括因土施肥、因土灌溉、因土种植、因土管理等一系列技术措施。总之，土壤是农林业生产中制定和采取各项技术措施的依据。

（三）土壤是保证世界粮食安全的基础

联合国粮食及农业组织将粮食安全（food security）定义为：保证所有人在任何时候都能获得其积极和健康生活所需的充足、安全和富有营养的食物。粮食安全问题需要从不同的角度、不同的层次进行考虑。就全球而言，目前将粮食输送给急需粮食的人的能力，或者说，在某些情况下，人们购买粮食的能力，并不与粮食的生产能力相匹配。在一定程度上，这一问题也存在于有关国家的某些区域层面上，甚至在已基本实现粮食自给自足的国家也存在同样的问题。

土地是生产粮食所必需的两种最基本的自然资源之一，其重要性与水资源相当，因为全球只有2%左右的食物能量和不超过7%的食用蛋白质来自海洋、河流和湖泊。目前，全世界陆地总面积中只有$15\times10^8hm^2$（11%）用于农业，而其中仅有$150\times10^4hm^2$左右用于粮食生产。随着人口数量的不断增加，以及对住房和食物需求的增加，人们对土地和水资源的渴求日益突出，全球已有1/3的温带和热带森林、1/4的天然草原被开垦用于农业生产。同时，部分农业用地在不断被转化为城市和工业用地，这一过程在今后相当长的一段时期内还将进一步加剧。

为了实现世界粮食首脑会议（1996年）的目标，必须不断扩大农业用地的面积。例如，要将水稻产量提高40%，必须增加$980\times10^4hm^2$的农业生产用地。此外，灌溉农业本身需要占用大量的可耕地，因为灌溉系统和基础设施本身就要占用5%～10%的可用土地。

自20世纪60年代以来，世界人口已经翻了一番，但是农业用地面积仅增加了12%，这导致人均可耕地面积从1962年的0.43hm²逐步降低至1998年的0.26hm²和2002年的0.20hm²。此外，农业用地面积在不同地区差异显著。在拉丁美洲，人均可利用土地的面积仍然较多，非洲撒哈拉沙漠以南地区的土地更是绰绰有余；而中东和东南亚地区的土地已逼近实际可利用的极限，尚未利用的可耕地已经寥寥无几。由于绝大多数的沃土已经用完，未来的农业用地开发将日益集中于边缘化的土地，这无疑将对生物多样性、土壤质量、供水的数量和质量产生严重的影响。过去，人们为了发展农业生产不仅大量使用杀虫剂和化肥，而且围垦湿地、河流流域和山坡。杀虫剂和化肥中的持久性污染物严重影响地表水和地下水质量，破坏自然生态系统，对环境造成了空前损害。因此，必须在生产粮食的同时合理利用土地资源，避免对环境产生负面影响。

二、土壤在生态环境中的地位和作用

（一）土壤是人类社会拥有的最宝贵的自然资源

土壤资源包括能进行农、林、牧业生产的各种类型的土壤，人类需要的绝大部分热能、蛋白质与纤维素等都直接来自土壤。马克思（K. H. Marx）曾说过"土壤是世代相传的，人类所不能出让的生存条件和再生产条件"。土壤资源不同于其他自然资源，它不像煤炭、石油及其他矿产资源那样，在开发和利用后就会逐渐减少以至枯竭。土壤资源具有再生能力，只要对其进行科学的投入与补偿，善于用养结合，使土壤肥力得以保持与提高，土壤资源就可永续利用。随着科学技术水平的提高，单位面积的生产力也将会不断提高。古语说得好："治之得宜，地力常新"。我国数千年的农业历史，在土地上曾养育了祖祖辈辈，也将养育以后的子孙万代，所以说土壤资源是人类用之不竭的财富。

土壤资源虽可永续使用，但其数量却是有限的。因为地球的陆地面积是有限的，陆地上被土壤覆盖的面积更是有限的。据20世纪90年代初的统计资料：我国总土地面积约$8.54\times10^8hm^2$，占全国陆地总面积的91.3%，其中，草地$2.67\times10^8hm^2$，林地$1.87\times10^8hm^2$，耕地仅有$1.29\times10^8hm^2$，尚未利用的土地有$2.71\times10^8hm^2$。但人均占有耕地仅有0.13hm²、林地0.11hm²、草地0.27hm²，远低于世界平均水平。我国尚未利用的土地中，适宜开垦的荒地仅有$0.13\times10^8hm^2$，若将其全部开垦，也只能获得$0.07\times10^8hm^2$左右的净耕地面积，而且它们大部分分布在东北、内蒙古和西北地区等边远地区，开垦成本很高。有限土壤资源的供应能力与人类对土壤（土地）总需求之间的矛盾将日益尖锐，已接近甚至超过资源承载力的极限。土壤资源的有限性已成为制约经济和社会发展的重要问题。因此，我们必须珍惜并合理利用好每一寸土地。

我国现有耕地的土壤质量也存在诸多问题：①现有耕地中，中低产田与旱地占的比例大。②抗御洪涝、干旱灾害的能力差。我国每年都有约 1/3 的面积受灾。③耕地利用不充分，复种指数低。特别是西南区，尚有大面积冬水田、冬闲田，东北和西北区还有一些撂荒地、轮歇地。④土壤退化严重，水土流失、土壤盐渍化、沙化、潜育化、耕地污染、耕地土壤养分亏缺现象突出。全国水土流失面积达 $4540.5 \times 10^4 hm^2$；盐化、碱化面积分别为 $428.5 \times 10^4 hm^2$ 和 $68.9 \times 10^4 hm^2$；沙化面积为 $252.2 \times 10^4 hm^2$；水稻田次生潜育化面积为 $400 \times 10^4 hm^2$；受工业"三废"（废水、废气、废渣）污染的耕地为 $0.1 \times 10^8 hm^2$；受大气污染的农田为 $0.07 \times 10^8 hm^2$；受农业化学品污染的农田约为 $0.1 \times 10^8 hm^2$；全国缺钾、磷的耕地分别占耕地总面积的 46% 和 70%。以上问题的存在致使土壤生产力低下，土壤资源的承载力受到严重影响。为了保证可持续农业的顺利实施，无论从世界还是从中国的国情出发，我们都必须珍惜土壤资源，做到合理利用土壤资源，保护好现有耕地，防止土壤退化，不断培肥地力，使有限的土壤资源发挥出最高的生产效益。

（二）土壤是影响人类生存的重要环境要素

土壤是人类社会所处的自然环境的一部分。自然环境（natural environment）是指人类生产活动范围内多种自然因素的总和，其中包括大气、水、生物、土壤、岩石等。通常我们把自然环境划分为大气圈（atmosphere）、水圈（hydrosphere）、土壤圈（pedosphere）、岩石圈（lithosphere）和生物圈（biosphere）五大圈层。其中，土壤圈是覆盖于地球和浅水域底部的土壤所构成的一种连续体或覆盖层，它是地圈系统的重要组成部分，处于地圈系统的交界面上。在土壤圈内各种土壤类型、特征和性质都是大气圈、生物圈、岩石圈和水圈以及人类活动相互作用的记录和反映。

土壤圈与各圈层间存在着错综复杂而又十分密切的联系，成为各圈层相互连接的纽带，构成了结合无机界和有机界，即生命和非生命联系的中心环境（图 0-2）。早在 1938 年，马特森（S. Matson）根据物质循环的观点，提出土壤是岩石圈、水圈、生物圈及大气圈相互作用的产物，并对土壤圈的含义做了概括。反过来，土壤又是这些圈层的支撑者，是它们长期共同作用的产物，对它们的形成、演化有深刻的影响。

1. **土壤与大气圈的关系**　　土壤与大气间在近地球表层进行着频繁的水、热、气交换与平衡。土壤庞大复杂的多孔系统，能接收大气降水以供生物生命需要，并能向大气释放 CO_2 和某些痕量气体，如 CH_4、NO_2 和 NO_x 等。这些气体被认为是温室气体（greenhouse gas），是导致全球范围内气候变暖的重要原因。温室气体的释放与人类的耕作、施肥、灌溉等土壤管理活动密切相关。土壤是这些气体的源和库，清楚地了解其源和库的关系，最大限度地减少农业活动中温室气体的释放，已成为当今全球共同关心的环境保护问题。

2. **土壤与生物圈的关系**　　地球上所有的生物群落与其生存的环境构成了生物圈。而地球表面的土壤，不仅是高等动植物乃至人类生存的基底，也是地下部分微生物的栖息场所。土壤为绿色植物生长提供养分、水分和物理、化学条件。由于土壤肥力的特殊功能，陆地生物与人类协调共存，生生不息。不同类型的土壤养育着不同类型的生物群落，形成了生

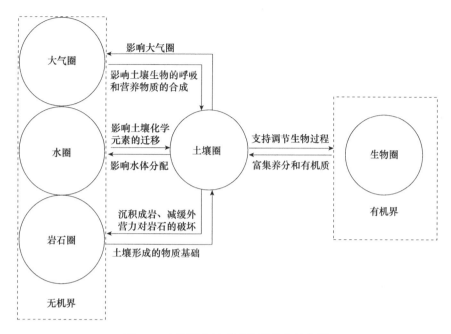

图 0-2　土壤圈在地球表层系统中的作用

物的多样性，为人类提供各种可开发利用的资源。

3. **土壤与水圈的关系**　水是地球系统中联结各圈层物质迁移的介质，也是地球表层一切生命的源泉。土壤的高度非均质性，影响降水在地球陆地和水体的重新分配，影响元素的表生地球化学行为及水圈的化学成分。在植物 - 大气连续系统中，植物生长所需的水分及其有效性，在很大程度上取决于土壤的理化和生物学性质。虽然水是地球上最丰富的化学物质，但全球的淡水资源并不充足，我国可利用的淡水资源更少，这已成为限制工农业生产发展的主要障碍因子。除江河、湖泊外，土壤是能保持淡水的最大贮存库。

4. **土壤与岩石圈的关系**　土壤是岩石经过风化过程和成土作用的产物。从地球的圈层位置看，土壤位于岩石圈和生物圈之间，属于风化壳的一部分。虽然土壤的厚度只有1～2m，但它作为地球的“保护层”，对岩石圈起着一定的保护作用，以减少其遭受各种外营力的破坏。

在地球表层系统中，土壤圈具有特殊的地位和功能。它对各圈层的能量、物质流动及信息传递起着维持和调节作用。在土壤圈内，各种土壤类型、特征和性质都是大气圈、生物圈、岩石圈和水圈的记录和反映。它的任何变化都会影响各圈层的演化和发展，乃至对全球变化产生冲击。所以土壤圈被视为地球表层系统中最活跃、最富有生命力的圈层。

土壤是人类赖以生存的基础。土壤作为作物的载体，它的环境质量直接关系到农产品的安全，对人类的身体健康有着极其深刻的影响。保护好土壤资源，了解和掌握土壤的污染状况，有效地调控土壤中的污染物质，对保证大气和水体质量，调控整体环境和保证人类健康具有重要的意义。

（三）土壤是陆地生态系统的重要组成部分

植物、动物和微生物加上它们的生存环境称为生态系统。土壤是这个生态系统的重要组成部分，也是一个相对独立的生态系统。生态系统包含着一个广泛的概念，任何生物群体与其所处的环境组成的统一体都可以看作不同类型的生态系统。自然界的生态系统大小不一、多种多样，小到一片农田、一块草地或森林，大到陆地、海洋，乃至包罗地球上一切生态系统的生物圈。

土壤是陆地生态系统中最活跃的生命层，也是一个相对独立的生态系统。土壤生态系统是由土壤与其环境条件组成的。它是相互联系、相互制约的多种因素有机结合的网络。它有各种复杂多变的组成，特定的结构、功能与演变规律。在土壤生态系统中，物质和能量不断地由外界环境输入，通过在土体内的迁移转化，必然引起土壤成分、结构、性质和功能的改变，从而推动土壤的发展与演变。物质与能量从土壤向环境的输出，也必然会导致相应环境的成分、结构和性质的改变，从而推动环境不断发展。

在土壤生态系统中，绿色植物是有机物的主要生产者。而草食或肉食动物，如土壤中的原生矿物、蚯蚓、昆虫类、脊椎动物和啮齿类动物（田鼠、黄鼠、兔子等）是土壤生态系统的主要消费者，它们以有机物为原料，经机械破碎与生物转化，除少部分耗损外，大部分物质与能量仍以有机态存在于土壤动物及其残体与排泄物中。土壤生态系统有机物的分解者，主要是土壤中的微生物与低等动物，微生物有细菌、真菌、放线菌，低等动物有鞭毛虫、纤毛虫等，它们以绿色植物与动物残留的有机体及排泄物为原料，从中吸取养分与能量，并将它们分解为无机物供植物再度利用，或合成土壤中与土壤肥力有密切关系的土壤腐殖质。

土壤生态系统在陆地生态系统中起着极其重要的作用。主要功能包括：保持生物活性、多样性和生产性；调节水体和溶质流动；过滤、缓冲、降解、固定和解毒有机、无机化合物；贮存并循环生物圈及地表养分。可以说土壤生态系统是一个为物质流和能量流所贯穿的开放系统。另外，土壤生态系统既是自然生态系统，也是人类智慧与劳动可以支配的人工生态系统或复合生态系统。人们想要从土壤中索取生物产品，就应该善待土壤，归还或补充从其中取走的部分。

第二节　土壤的基本特征与物质组成

一、土壤的概念

土壤对我们来说并不陌生，但由于人们认识的角度不同，对土壤的定义和理解也多有不同。岩石风化的地质学观点认为土壤是破碎了的陈旧岩石，或土壤是坚实地壳的表面风化层；从土壤与植物的关系来认识土壤，认为土壤是能生长植物的那一部分地壳；从环境科学来认识土壤，土壤是重要的环境要素，是环境污染物的缓冲带和过滤器；从工程学观点来认识土壤，则把土壤看作承受高强度压力的基地或作为工程材料的来源。对于农林科学工作者来讲，土壤是植物生长的介质，他们更关心影响植物生长的土壤条件，土壤肥力供给、培肥及可持续性。

由于不同学科对土壤的概念存在着种种不同认识，要想给土壤一个严格的定义是十分困难的。土壤学家和农学家传统地把土壤（soil）定义为："发育于地球陆地表面，能生长绿色植物的疏松多孔结构"。这一概念重点阐述了土壤的主要功能是能生长绿色植物，具有生物多样性，所处的位置是地球陆地的表面层，它是由矿物质、有机质、水和空气组成的，物理状态是具有孔隙结构的介质。

二、土壤的基本特征与重要功能

（一）土壤的本质特征

正确认识土壤，应该掌握以下几个基本观点。

1. **土壤的本质特征是具有肥力**　土壤特有的本质是土壤肥力（soil fertility），即土壤具有培育植物的能力。矿物、岩石形成的风化物经成土作用发育成土壤后，除含有植物生长所需的矿物质营养元素外，还变得疏松多孔，具有通气透水性、保水保肥性、结构性、可塑性，能提供植物生长发育所需的水、肥、气、热等生活条件；土壤是植物根系生长发育的基地，即植物生长的立足之地；它是植物营养物质转化和不断循环的场所。肥力是土壤所独有的性质，是其区别于其他自然体最明显的标志。

目前各国对土壤肥力的认识不同。西方土壤学家传统地将土壤供应养分的能力看作肥力。美国土壤学会1989年出版的《土壤科学名词汇编》把土壤肥力定义为"土壤供应植物生长所必需养料的能力"。苏联科学家威廉斯（B. P. Вильямс）则认为"土壤肥力是在植物生活的全过程中，不间断地供给植物以最大量的有效养分及水分的能力"。我国的土壤科学工作者对土壤肥力的认识目前统一于1987年出版的《中国土壤》（第二版）中对肥力的描述，"肥力是土壤的基本属性和本质特征，是土壤从营养条件和环境条件方面，供应和协调植物生长的能力"。其中，营养条件包括水分和养分，环境条件包括温度和空气，水既是环境因素又是营养因素。定义中的协调是指土壤中的四大肥力因素（水、肥、气、热），它们之间不是孤立的，而是相互联系和相互制约的。土壤肥力是土壤物理、化学和生物学性质的综合反映。

土壤肥力有自然肥力和人为肥力的区别。前者是指土壤在自然因子即五大成土因素（气候、生物、母质、地形和时间）综合作用下发育而来的肥力，它是自然成土过程的产物。后者是耕作熟化过程发育而来的肥力，是在耕作、施肥、灌溉及其他技术措施等人为因子影响作用下所产生的结果。可见，只有从来不受人类影响的自然土壤才仅具有自然肥力。自从人类从事农耕活动以来，自然植被为农作物所取代，森林或草原生态系统为农田生态系统所代替。随着人口膨胀、人均耕地减少，人类对土地的利用强度不断增强，"人为因子"对土壤的演化起着越来越重要的作用，并成为决定土壤肥力发展方向的基本动力之一。"人为因子"对土壤肥力的影响集中反映在人类用地和养地两个方面，只用不养或不合理的耕作、施肥、排灌，必然会导致土壤肥力的递减；用养结合，可以培肥土壤，保持土壤肥力的永续性。

从理论上讲，肥力在生产上都可以发挥出来而产生经济效益，但事实上在农林业实践中，由于受土壤性质、环境条件和技术水平的限制，只有其中的一部分在当季生产中能表现出来，产生经济效益，这一部分肥力叫作"有效肥力"，而没有直接反映出来的叫作"潜在肥力"。需要注意的是，有效肥力和潜在肥力是可以相互转化的，两者之间没有截然的界限。例如，大部分低洼积水的烂水田，虽然有机质含量较高，氮磷钾等养分元素的含量丰富，但其有效供应能力较低，对于这种土壤就应采取适当的改土措施，搞好农田基本建设，创造良好的土壤环境条件，以促进土壤潜在肥力转化为有效肥力。

2. **土壤是环境的产物**　土壤有其自己发生、发展的过程，环境因素以及环境变化必将对土壤产生深刻的影响。土壤也是影响人类生存的三大环境要素（大气、水和土壤）之一，因此考查研究土壤一定要把土壤与周围环境当作一个整体考虑，不但要注意环境对土壤的影响，也要关注土壤对环境可能产生的影响。

3. 土壤是一个独立的历史自然体　　土壤并非简单的混合物，也不是独立存在于自然界中的，它是受自然规律支配的。土壤是生物、气候、母质、地形、时间等自然因素和人类活动综合作用下的产物。它不仅具有自己的发生发展历史，而且是一个形态、组成、结构和功能上可以剖析的物质实体。地球表面土壤之所以存在着性质的变异，就是由在不同时间和空间位置上，上述成土因子的变异造成的。例如，土壤的厚度，可从几厘米到几米，这取决于风化强度和成土时间的长短，取决于沉积、侵蚀过程强度，也与自然景观的演化过程有密切的关系。

4. 土壤是一个生命体　　土壤不但具有同化和代谢功能，也具有自动调节能力。土壤的这种净化能力和自动调节功能，是维持土壤生态系统相对平衡的基础，是人们在利用土壤过程中不可忽视的基本属性。

（1）土壤自净能力　　污染物进入土体后，通过稀释和扩散可降低其浓度和毒性；或者被转变为难溶性化合物而沉淀；或被胶体牢固吸附，从而暂退出生物小循环，脱离食物链；或通过生物和化学降解作用，转变成无毒或毒性较小的物质；或经挥发和淋溶，从土体迁移至大气和水体。所有这些现象，都可以理解为土壤的净化过程，但是土壤的净化能力主要是指生物学和化学降解作用。

土壤自净能力的强弱取决于土壤组成及性质的综合作用。其影响因素很多，主要受土壤孔隙状况、土壤胶体体系、化学平衡体系、酸碱物质体系及生物体系的影响。由于土壤具有同化和代谢环境进入土壤物质的能力，其将许多有毒、有害的污染物变成低毒、无毒物质，甚至化害为利。因此从环境科学的角度看，土壤是保护环境的重要净化体。

（2）土壤自动调节能力　　土壤的各组成部分并不是孤立的，它们相互作用并互相连接成一个网络，构成完整的土壤结构系统。这个系统的各种性质是相互影响、相互制约的，当环境向土壤输入物质与能量时，土壤系统可以通过自身组织的反馈作用进行调节与控制，保持系统的稳定。土壤本身所具有的各种调控能力，统称为土壤自动调节能力。

土壤自动调节能力维护着土壤生态系统的相对平衡，它不仅反映土壤各种性状的相对稳定性（如土壤的缓冲性、保水性、稳温性及土壤生物群体的稳定性等），而且还表现为土壤生态系统的综合功能性（土壤肥力、自净能力和自动调节能力）。土壤自动调节能力也可称为广义的土壤缓冲性能，它是土壤综合协调作用的反映。

（二）土壤的重要功能

土壤自身的物质循环、能量流动、生物演替和信息传递等固有属性赋予了土壤重要的功能。人们利用土壤的各种功能，获取所需衣食，建造庇护之所，同时也依靠土壤消纳各种废弃物，维持着生态系统的平衡。

1. 生产功能　　从能量和生物有机质的来源来看，植物生产是由绿色植物通过光合作用把太阳能转化为生物有机化学能，是动物及人类维持生命活动所需能量和营养物质的唯一来源，是人类从事农业生产的最基本任务。

绿色植物生长发育需要日光（光能）、热量（热能）、空气（氧及二氧化碳）、水分和养分5个基本要素，其中养分和水分通过根系从土壤中吸取。植物能经受风雨袭击而不倒伏，源于土壤对根系的机械支撑作用，这说明自然界植物的生长发育必须以土壤为基础。良好的土壤能使植物"吃得饱"（养料供应充分）、"喝得足"（水分供应充分）、"住得好"（空气流通、温度适宜）、"站得稳"（根系伸展开、机械支撑牢固）。归纳起来，土壤在植物生长发育过程中扮演着提供营养、保证养分转化和循环、涵养雨水、支撑生物和稳定及缓冲环境变化的作用。

2. 生态功能　　土壤是陆地生态系统中最活跃的生命层，是生物与环境间进行物质和能量交换的场所。在土壤生态系统组成中，生产者（绿色植物）通过光合作用等把太阳能转化为有机形态的储藏能，同时从环境中吸收养分、水分等，合成并转化为有机质。消费者（土壤动物等）以现有的有机质作为食料，经过机械破碎、生物转化，大部分物质和能量仍以有机形态存留在土壤动物体内。分解者（土壤微生物、低等动物）从动植物残体中吸取养分和能量，并将它们分解为无机化合物或改造成土壤腐殖质。根据研究目标和范围不同，土壤生态系统的尺度可小至土壤层或土壤剖面，或大至全球生物圈。土壤在陆地生态系统有维持生物活性和多样性、更新废弃物的循环利用、调控水分循环系统、稳定陆地生态平衡和充当地面建筑基地和工程建筑材料等多方面用途。

3. 环境功能　　土壤是地球上污染物最大的"汇"，污染物通过各种不同途径输入土壤，在其中进行着一系列物理、化学和生物学反应与迁移转化过程。污染物通过淋洗、渗滤、挥发等过程离开土体；或经过吸附、沉淀等作用被土壤钝化、锁定，活性降低；或被土壤生物分解、降解，使其毒害消除。可对环境污染物在一定范围内产生缓冲和净化的作用。从全球角度来看，土壤是全球最大的环境缓冲净化系统。土壤又是环境污染重要的"源"，如 N_2O、CH_4、CO_2 等温室气体的排放，土壤重金属和持久性有机污染物、灌溉污水、固体废弃物的排放等已成为威胁全球陆地生态系统稳定及影响人类健康的重要环境问题。

4. 工程功能　　土壤是稳固道路、桥梁、隧道等一切建筑物的地基，但不同地质条件下形成的土壤，其坚实度、抗压强度、黏滞性、可塑性、涨缩性、稳定性等是完全不同的。因此，工程建筑选点、设计前的首要任务是对土壤的稳固性做出合理评价。另外，土壤又是工程建筑的原始材料，提供了 90% 以上的建筑材料。土壤还是陶瓷工业的基本原材料，土壤的独特性质决定了陶瓷制品的品质。

5. 社会功能　　土壤与人类生产活动关系密切，因而它不仅具有自然属性，同时具有经济、社会属性。土壤资源的传统定义是具有农、林、牧业生产力的各种类型土壤的总称。在人类生存的基础生活中，人类消耗的大部分热量、蛋白质和纤维素都直接来自土壤。随着全球人口的增长和社会对土壤资源需求的增加，土壤资源在全球环境保护、工农业可持续发展、城市建设方面正发挥着越来越重要的作用。可以说，土壤是人类社会经济发展的物质基础，是维持人类生存的必要条件。

三、土壤的基本物质组成

土壤主要是由矿物质、有机物、空气、水分和土壤生物 5 个部分组成的，也可概括为固相、液相和气相三大相组成。固相包括矿物质和有机质；液相包括水分和溶解于水中的矿物质和有机质；气相包括各种气体（图 0-3）。

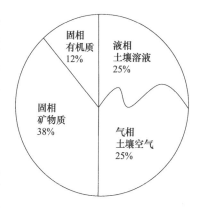

图 0-3　土壤的三相组成（容积比）示意图（陆欣和谢英荷，2011）

（一）土壤的固相部分

土壤固相部分包括大小不同的矿物质颗粒及无定形的有机质颗粒。

1. 矿物质颗粒　　其是土壤的骨髓，主要来源于岩石矿物的风化，占整个固相部分的95%以上。各土粒的直径差异很大，大的粗砂直径可达3mm，小的有直径仅为数万分之一毫米的胶体。就整个土体总容积而言，矿物质颗粒约占38%。

2. 有机质　　主要由生物残体及其腐败物质组成，它对土壤性质与肥力起着极大的作用，土壤中如果没有这一部分，就不能成为土壤。就土体总容积而言，有机质约占12%。

另外，土壤固相还包括其中的各种原生动物和微生物。尤其是微生物，体积虽小，但数量巨大，每克土壤约有10×10^8个。

（二）土壤的液相部分

土壤液相占整个土体容积的25%左右，存在于土壤孔隙中或土粒的周围，主要是水分。但是土壤中的水并非纯粹的水分，而是含有多种溶解物质（包括盐分、养料、可溶性有机质等）的土壤溶液。

（三）土壤的气相部分

土壤气相占整个土体容积的25%左右，一部分由地面大气层进入，主要为O_2、N_2等，另一部分则是由土壤内部产生的CO_2、水气和还原性气体等，它在组成上和大气成分不同。

土壤主要是由固相、液相、气相这三相物质组成，但是这三部分并不是孤立存在的，它们在土壤中并不是简单混合物的关系，而是构成了一个极其复杂的生物物理化学体系，土壤中的一切物理、化学、生物化学的变化，以及土壤和大气圈、水圈、岩石圈、生物圈之间物质和能量的转换都与这个体系有关。

第三节　土壤学的发展及面临的任务

一、土壤学发展简史

土壤学（soil science）是研究土壤的物质运动规律及其与环境间相互关系的科学，是农业科学、林业科学和资源环境科学的基础学科之一。土壤学的兴起和发展与近代自然科学，特别是近代化学、物理学和生物学的发展和不断深入息息相关。16世纪以前，对土壤学的认识仅限于以土壤的某些直观性质和农业生产经验为依据。例如，中国战国时期，《尚书·禹贡》中根据土壤颜色、土粒粗细对土壤进行分类。古罗马的加图也是通过直观描述对罗马境内的土壤进行分类。16~18世纪自然科学的蓬勃发展对土壤学的萌芽奠定了基础，许多学者在论证土壤与植物的关系中，提出了各种假说，如17世纪中叶，范·海尔蒙特（J. B. van Helmont）根据自己的实验，认为土壤除供给植物水分、养分以外，仅起着支撑植物地上部分植株的作用。18世纪末，泰伊尔（A. D. Thaer）提出"植物腐殖质营养学说"，认为除了水分外，腐殖质是土壤中唯一能作为植物营养元素的物质。18世纪以后，土壤学在发展过程中先后出现了三大学派。

（一）农业化学学派

德国化学家李比希（J. V. Liebig）用化学的观点和方法研究土壤植物营养问题，在1840年发表了"植物矿物营养学说"，提出矿质元素（无机盐类）是植物的主要营养物质，而土壤则是这些营养物质的主要供源。这是对植物营养及农业科学的一个重大贡献，为化学工业的发展、化学肥料的生产与施用、提高农业生产开辟了新里程，并为土壤矿质营养奠定了基础。他还提出了著名的"养分归还学说"，即土壤能供植物利用的矿质营养元素是有限的，必须借助增施矿质肥料予以补充，否则土壤肥力会日趋衰竭，植物产量会不断下降。这一观点对保持养分平衡有重要作用，但其仅从化学的观点研究土壤问题，把土壤当作单纯的矿质养分的贮存和供应库，而忽视了土壤肥力的增减绝不完全依靠于矿物质营养，更重要的是生物因素和有机质在全面影响土壤物理、化学、生物性质方面，起着提高土壤肥力的综合作用。但矿质等营养学说至今还有一定的影响，尽管在化肥施用上，仍然以此为依据，可是在一定程度上造成了单纯使用化肥，轻视施用有机肥料的效应。

（二）农业地质学派

19 世纪下半叶，以德国的法鲁（F. A. Fallou）为代表的一些土壤学家，运用地质学的观点研究土壤的变化，认为土壤形成过程是风化过程和淋溶过程的结果，也就是土壤肥力发展的过程。风化过程释放了岩石矿物中的养分，为植物生长创造了营养条件，与此同时由于水的淋溶，养分将不断流失而使肥力趋于枯竭。实际上他认为土壤肥力是不断下降的过程，最后又将形成岩石，世界上存在的多种类型的土壤也只不过是风化强度和淋溶程度的不同而已。这种观点同样也忽视了生物因素在土壤形成中的作用，即在肥力发展变化中所起的作用。此观点还强调土壤工作者应把主要精力集中于土壤各种性质及其变化方面的研究，不要过多地联系农业生产与土壤的关系，那是农学家关心的问题，从而发展了农业地质学派"土壤归土壤，农业归农业"的观点，导致了土壤科学脱离农业生产实践的错误方向。不过他们提出的一些土壤改良、耕作和施肥主张，对土壤学的发展也起了一定的推动作用。

（三）土壤发生学派

在 19～20 世纪，俄国陆续出现了几位著名的土壤学家，如道库恰耶夫（В. В. Докучаев）、柯斯狄契夫（П. А. Костычёв）、西比尔采夫（Н. М. Сибирцев）、格林卡（К. Д. Глинка）、威廉斯（В. Р. Вильямс）等。以道库恰耶夫为首，运用土壤发生学的观点研究土壤的发生发展，认为土壤是气候、生物、母质、地形和时间 5 个自然成土因素的共同作用下而发生发展的，从而为土壤地带性分布、农业区划奠定了基础。威廉斯继承和发展了土壤发生学的观点，更加重视生物在土壤发生和肥力发展上的作用，认为土壤的形成是在以生物为主导因素的 5 种成土因素相互作用下的结果。他创立了"土壤统一形成学说""土壤发生学说"及"土壤结构学说"，不仅为土壤发生学派奠定了科学基础，同时也将土壤学与农业生产联系起来，并促进了二者的相互发展。该学说得到各国土壤学家的公认，也为现代土壤学的发展奠定了基础。

20 世纪以来，随着全球人口的不断增长、资源的不断减少和环境的明显变化，土壤学面临大量新问题、新任务、新挑战、新机遇。同时，近代数理化和生物学的新概念及研究手段向土壤学的大量渗透，促使土壤学飞速发展，并出现了不少新的领域，如土壤信息学、土壤环境学、土壤生态学等。

二、我国土壤科学的发展

我国农业的历史悠久，劳动人民在长期的生产实践中，对土壤知识有丰富的经验积累。世界上土壤分类和肥力的评价最早记载于我国战国时期《尚书·禹贡》，书中根据土壤性质将土壤分为"壤""黄壤""白壤""赤埴坟""白坟""黑坟""坟垆""涂泥""青黎"等九类，并依其肥力高低，划分为三等九级。《周礼》中，阐述了"万物自生焉则曰土""以人所耕而树艺焉则曰壤"，分析了土壤与植物的关系，又说明了"土"和"壤"的本身意义，这种把土与壤联系起来的观点是最早对土壤概念的一种朴素的解释。此后，《管子·地员》《吕氏春秋·任地》《白虎通》《氾胜之书》《齐民要术》《农桑辑要》《农政全书》《王祯农书》等著作中，对土壤知识有更广泛全面的论述。

但我国近代土壤科学研究起步较晚，20 世纪 20 年代开始，一些留学归国人员陆续到大学从事土壤教学和研究工作。1930 年才开始设立土壤研究室。此后在某些高校相继建立土壤研究所（室）并设置土壤专业，培养土壤专业技术人才。1930～1949 年，我国土壤科学受欧美土壤学派影响较大，结合土壤调查和肥料试验，对土壤分类系统和土壤性质方面开展了研究，出版了土壤专报、土壤季刊，编译《中国土壤概要》等专著，1941 年拟定了我国最早的土壤分类系统。1950 年后，我国土壤科学研究紧紧围绕国家的经济建设，结合农、林、牧规划和发展，广泛开展土壤资源综合考察、农业区划、流域治理、低产田改良、水土保持及改土培肥。于 1958 年和 1978 年先后开展全国性的土壤普查，基本查清了我国土壤类型、分布、属性及障碍因子等基本情况，编制成 1∶400 万的全国土壤图及各省（自治区、直辖市）1∶50 万土壤图。在 1978 年和 1985 年先后拟定了我国土壤分类系统方案和土壤系统分类方案。

与此同时，在基础研究方面，已形成一支拥有 10 多个学科分支的庞大研究队伍，其中一些研究工作在国际的同类研究中很有特色，如营养元素的再循环、土壤电化学性质、人为土壤分类、水稻土肥力等，目前在国际上还处于领先地位。20 世纪 70 年代后，我国还出版了一些颇有影响的专著，如《中国土壤》（第一版）（1978）、《水稻土电化学》（1984）、《农业百科全书》（土壤卷）（1996）和《农业百科全书》（农化卷）（1994）等。但因我国土壤学研究起步较晚，且受多种因子限制，总体来看，在解决国民经济建设的重大问题和学科理论的创新发展上，与发达国家相比仍有较大差距。

当今的土壤学，除研究土壤自身性质和形成规律外，必须考虑经济，特别是社会可持续发展对土壤的需要。中国的土壤科学工作者，为解决 14 亿多人口粮食安全的全球挑战性难题，无疑做出了卓越的贡献。但我们也要清醒地认识到，目前面对的不仅是无法逾越的人多地少的基本国情，更艰难的是在有限的土壤资源上高速发展经济，维持最大限度提高土壤生产力与保护环境生态免受污染破坏间的平衡关系。随着这些难题的解决，我国土壤科学的发展必将得到极大推动。

三、土壤学的学科体系及其与相邻学科的关系

（一）土壤学的学科体系

土壤学是研究土壤发生分类、分布、理化和生物学性状、利用和改良的一门科学，是一门古老而年轻的学科。由于土壤学在农林业中的特殊重要地位，一般归属于农业科学中的农业资源利用一级学科。另外，土壤是地球表面处于四大圈（气、水、生物和岩石）交界面上最富有生命活力的一个独立的历史自然体，是自然和人为成土因素综合作用的产物，因此也属于理学门类的地球科学。目前土壤学已发展成一门具有许多分支学科并且相对独立的学科或学科群。按照历届国际土壤学会的分支机构，土壤学包括土壤地理学、土壤物理学、土壤化学、土壤生物学等。此外，国内外还将土壤矿物学、土壤肥力和植物营养、土壤发生分类和制图、土壤技术列为重要的土壤学分支学科。

现将土壤学的主要基础分支学科简介如下。

土壤地理学（soil geography）是研究土壤发生、发展、分类、分布及与地理环境关系的科学，是由土壤学和自然地理学交叉发展而形成的分支学科。主要研究内容包括：①土壤发生和分类。通过研究土壤形成的影响因素和现状，弄清不同土壤的发生发育过程和形成特点，并根据其诊断特性进行土壤分类。②土壤的分布和调查制图。应用"3S"技术（遥感、地理信息系统和全球定位系统）厘清土壤在三维空间结构上的变异性和分布规律，建立土壤数据库和土壤信息系统，为合理可持续利用土壤资源提供科学依据。③土壤质量评价。研究并建立土壤环境和生产质量的评价标准和指标体系，以及退化土壤生态系统恢复重建的理论和技术。

土壤物理学（soil physics）是研究土壤中物理现象和过程的分支科学。主要研究内容为土壤物质的物理过程和水、气、热、运动及其调控的原理，包括土壤水分、土壤质地、土壤结构、土壤力学性质、土壤溶质运动及土壤-植物-大气连续体（soil-plant-atmosphere continuum，SPAC）中的水分运移和能量转移等，并为土水资源利用、环境工程及土壤管理等提供理论和技术服务。

土壤化学（soil chemistry）是研究土壤化学组成、性质及其土壤化学反应过程的分支科学。重点研究土壤溶液化学及元素在固液界面的吸附和解吸过程，土壤胶体的组成、性质，以及土壤有机质和矿物质的结构、性质及作用等，为土壤培肥、土壤环境保护提供理论依据。

土壤生物学（soil biology）是研究土壤中的生物，特别是微生物区系、功能和活性及其多样性的分支科学。包括生物的种类、数量、形态、分类和分布规律，生理代谢特征，土壤酶活性和土壤过程、植物生长及环境的关系。微生物和农林业生产的关系是要重点研究的理论和技术。

此外，国内外在森林土壤、土壤侵蚀和水土保持、土壤盐渍化、土壤微形态、土壤环境污染和防治、土壤肥力与生态、土壤遥感与信息技术等方面的研究也很活跃，并设有专门的专业委员会。

（二）土壤学与相邻学科的关系

近代土壤学的发展史告诉我们，土壤学作为一门独立的自然科学，最早是在化学与植物矿质营养的基础上建立起来的。其后随着成土因素学说的创立，将土壤作为地球表面的"实体"，即一个独立的历史自然体，进而发展为"连续体""土链""土被""三维连续体"。可以认为，土壤学从开始创建，就涉及地学、生物学、生态学、化学、物理学等多学科领域，是一门与多学科互相渗透、交叉的综合性很强的学科。

土壤学与地质学、水文学、生物学、气象学有着密切的关系，这是由土壤在地理环境中的位置和功能所决定的。土壤作为地球表层系统的重要组成部分，它的形成、发育与地质、水文、生物和近地表大气息息相关。

土壤学与农学、农业生态学有着不可分割的关系。因为土壤是绿色植物生长的基础，农学中的栽培学、耕作学、肥料学、灌溉排水等，都以土壤学为基础，土壤学是农业基础学科的一部分。

土壤学与环境科学联系密切，因为环境的核心是地球表层系统中的"圈层"，而土壤是地球上多种生命繁衍、生息的场所。从环境科学的角度来看，土壤不仅是一种资源，还是人类生存环境的重要组成要素。土壤除具有肥力、能生产绿色植物外，还具有对环境污染物质的缓冲性、同化和净化性能等客观属性，土壤的这些性能在稳定和保护人类生存环境中起着极重要的作用。所以，土壤学与环境科学的交叉结合就形成了一门新的土壤分支学科——环境土壤学。

现代土壤科学，无论从自身的学科基础理论的创新，还是解决实际应用问题，其复杂性都日益增加，应用范围在不断扩大。在基础土壤的研究方面，必须与地学、生物学、数学、化学、物理学等基础学科相结合，来发展土壤物理学、土壤化学、土壤地理学、土壤生物学等基础分支学科。在应用土壤研究方面，现代土壤科学在持续农业生产、环境保护、区域治理、全球变化等方面正发挥越来越重要的作用，这就需要土壤学与农学、环境学、生态学、气象学、区域自然地理及社会经济学等多学科之间加强合作。

四、土壤学面临的主要任务

随着社会的不断发展，人类活动对全球生态环境的冲击强度及规模也在不断扩大，整个世界自 20 世纪中叶以来一直为人口、粮食、资源等一系列问题所困扰。土壤是人类赖以生存的重要资源，土壤科学今后的发展必须为人类享有充足的食物和清洁的环境做贡献。因为我国人口众多，耕地极少，在今后相当长的时期内，提高粮食生产仍是主要任务。从我国国情来看，通过扩大种植面积来提高粮食生产的潜力不大，而提高资源利用效率的潜力较大。其具体途径有：①对中、低产田进行综合治理，防止土壤退化；②提高化肥等投入物质的利用率；③合理利用水资源，特别是提高土壤水资源综合利用率；④提高现有耕地的集约化程度；⑤优化农业生态模式。以上措施都能大幅度地增加产出总量，但无论是扩大种植面积，还是提高集约化程度，在资源与环境保护及治理方面，中国绝不能走先开发后治理的道路，必须贯彻"开发和治理并举"的方针。因为一旦资源开发枯竭和形成严重的环境问题，会对社会造成巨大的危害，等到那时再治理就事倍功半了。综上所述，我国土壤学今后的主要任务如下。

（一）节源高效持续农业中土壤肥力的保持与提高

持续农业的概念包括土地利用的连续性、环境质量的保持与提高、经济价值的增加、生产力的稳定增长、代传土地质量的提高及抗风险能力的增强等方面，实际上是土壤肥力的永续维持。发展持续农业的目的是获得高额的农业产品、保持清洁的环境和生物多样性，这是今后农业发展的必由之路，也是对西方农业发展的总结。"石油农业"极大地刺激了现代化农业的发展，但在成功的同时，也带来了能源危机、环境污染、生态破坏等系列灾难，致使许多地区水土流失及荒漠化加剧、资源减少、物种灭绝、环境恶化与病虫猖獗等。"生态农业"是以生态学基本原理为指导，根据生态系统内部物质、能量转化的生物学规律建立起来的综合型农业生产结构。该系统中的生产物质多半是再生资源，可以循环地发挥作用，从而创造一个"结构有序、互相依存、彼此促进、动态平衡"的人工与自然相结合的最优复合生态系统，把向自然索取与改善环境、资源开发与保护结合起来，寓养于用，使土壤肥力得以维持与提高。

但是，生态农业所包含的有机化原则和闭合循环原则均存在着一定的局限性。有机化原则要求生态农业基本上或根本不使用化肥、农药和石油产品，以避免污染环境、破坏生态、土壤衰竭等弊病；闭合循环原则要求整个生态农业形成一个资源循环利用系统，将多种生物的栽培和养殖，组织在一个完整的生态循环之中，逐步实现无废物化，使整个农业生产处于良性循环状态。但由于农产品的大量输出，某些养分很难返还，养分的循环受到限制，甚至出现递减趋势。为了克服这种局限性，只有将生态农业有机物的简单再循环逐步转变成扩大再循环（即节源高效持续农业）。由此可见，持续农业作为一项长远的、全面的农业发展战略体系已成为土壤学发展的历史使命。

（二）保护土壤资源，加强区域治理，改善生态环境条件

面对世界范围内土壤退化和土壤资源破坏日趋严重的事实，以及人口增长和环境污染对

土壤资源的不良影响，预测在不久的将来，土壤资源的危机将取代石油危机，成为世界上最严重的自然资源危机。因此，保护土壤资源是一项十分紧迫的战略任务。在我国，农用土壤资源紧缺已成为制约国民经济发展的重要因素，探索缓解途径、保护土壤资源、改善生态环境是亟待解决的问题。

我国土壤资源的特点，一是绝对数量大，人均占有少；二是山地土壤多，耕地面积小。这些特点决定了我国土壤资源合理利用和保护必须从两方面着手：首先是提高现有耕地的肥力水平，有计划地改造中低产田；其次是开发利用山丘土壤资源，特别是热带亚热带地区土壤资源。这不仅对提高农业产出、恢复生态环境、尽快获得经济效益具有积极作用，而且在充分利用水热资源方面也有重要意义。

（三）保护及合理利用水资源

由于全球范围内可利用的淡水资源严重不足，据估计，由于水资源短缺，每年粮食至少减产$1×10^8$t。我国干旱半干旱地区的可供淡水则更少，往往成为发展我国农业生产和环境建设中的主要限制因素。一些地区由于连年超采地下水或灌排不当，已发生地面沉降、海水倒灌、水质污染以及盐渍化和沼泽化等新问题。同时，土壤是储蓄淡水的重要场所之一，植物生长所需水分绝大部分由土壤供给。因此，提高土壤水分利用率是一项紧迫的任务。迄今为止，我国在华北平原推行的节水农业以及南方稻区的节水灌溉均已取得明显的经济效益和生态效益。但总体来看，对这一问题的研究仍相当薄弱，特别是随着工农业生产的不断发展、化学物质及其他有害物质污染水资源的程度越来越突出，研究土壤水和溶液移动的关系已成为土壤学今后发展的一大重点。

（四）研究全球土壤变化

由于持续集约利用与不合理垦殖，土壤正在不断发生变化，土壤的这种变化不仅影响土地的承载能力，而且对全球气候变化也会产生直接或间接的影响，因果反馈又影响土壤本身。因此，全球土壤变化的研究已成为今后土壤学发展的重要课题之一。1990 年出版的 *Global Soil Change* 一书已将地球土壤列为今后长期战略研究目标，旨在解析土壤圈的变化机制、模式及其同大气圈、水圈、生物圈以及人类活动的关系；通过对全球土壤的时空演变及变化规律、成土因素与土壤形成过程、古环境与土壤演变、人类活动对土壤的影响、预测土壤圈未来变化等研究，预测全球土壤的动态过程，探索土壤圈对环境变化的影响及其响应机制，为世界人类文明的高度发展做出贡献。

【思　考　题】

1. 如何理解土壤在农林业生产和生态系统中的地位和作用？
2. 为什么说土壤是人类社会所拥有的最宝贵资源？
3. 土壤的本质特征是什么？土壤有哪些重要功能？
4. 土壤学的分支学科有哪些？它们主要包括哪些研究内容？
5. 结合你所学专业，如何理解土壤科学所面临的任务？
6. 土壤学发展过程中先后出现了哪三大学派？其基本观点是什么？

第一章　岩石风化和土壤形成

【内容提要】

本章主要介绍风化作用的概念及类型、风化产物的类型、土壤形成的实质、土壤剖面及其形态特征。通过本章的学习，要求了解土壤形成过程，理解土壤的起源，掌握土壤剖面形态特征的观察与描述方法。

岩石及其中的矿物演变为土壤的母质，是自然条件下风化作用的结果。岩石可以在原地风化残留，也可以因为重力、流水、风或冰川等外力的搬运作用而转移，并堆积在另外的地点，再在该地自然条件下进一步风化。土壤的矿质颗粒，主要就是风化的产物和残留矿物。因此，风化作用过程的特点及其产物性状对土壤形态、理化性质和肥力状况都有重大的影响。

第一节　风　化　过　程

当岩石处在形成它的环境条件下时，是比较稳定的。当岩石一旦裸露于地表，就会在大气和生物等因素的共同作用下，发生形态、组成和性质的变化。岩石矿物的风化（weathering）过程是指地表的岩石矿物遇到了和形成它时截然不同的外界条件而受到破坏，其内部的结构、成分和性质发生变化的过程。风化过程中坚硬的岩石由大块破碎成细小颗粒，其成分和性质也随之而变，并获得了许多新的性质，这个过程也就是土壤母质的形成过程。

岩石矿物风化过程的强度和特点，一方面取决于其本身的成分、结构和构造；另一方面也取决于外界环境条件。根据作用因素的特点，可以把风化作用分为物理风化、化学风化和生物风化三种类型。

一、物理风化

物理风化（physical weathering）又称为机械崩解作用，是指由物理作用（温度变化、水分冻结、碎石劈裂，以及风力、流水、冰川摩擦力等物理因素）引起的岩石矿物崩解破碎成大小不同、形状各异的颗粒，而不改变其化学成分的过程。根据其影响因素的不同，物理风化作用的方式可分为以下几种。

（一）温差效应

引起物理风化的一个主要原因是季节和昼夜的温度变化。这是因为，岩石为热的不良导体，导热性差。裸露地表的岩石，白天受热时，表面温度升高很快，膨胀迅速，而内部温度上升很慢，膨胀也小，岩石内外膨胀程度不同，因而形成一系列与岩石表面相平行的细小裂隙。夜晚大气温度迅速下降，岩石表面也迅速降温，收缩也比岩石内部剧烈得多，这样又使岩石表面发生放射状垂直开裂。温度长期交替变化，使岩石表层出现相互交错的裂隙，日久天长，渐渐分裂成不同大小的碎屑，以致发生层状剥落现象。同时，岩石是由多种矿物组成的，各种矿物的比热及膨胀系数不一致，抗破碎的能力各异，并且岩石表面与内部受热不同，因而各种矿物以及不同位置的同种矿物的膨胀和收缩程度均不相同，它们不可能同步变化，导致岩石内部发生相互挤压作用。如此长时间反复发生，便造成岩石破碎崩解。

（二）冰劈作用

浸入岩石裂缝中的水，结冰时体积膨胀增大 1/11，所产生的压力可高达 $960kg/cm^2$，使岩石裂隙加深、加宽。当冰融化时，水沿裂隙渗入更深的岩石内部，并在降温时再次冻结成冰。特别是寒冷的高山与高纬度地区，冻融交替频繁，破坏力特别大。这种一冻一融反复进行，好像冰楔子一样，一直到把岩石劈开为止，因此也称为冰劈作用。

（三）风蚀作用

风能够携带沙石磨蚀岩石，并将岩石表面风化的碎屑吹失，岩石重新裸露，从而加速岩石内部的物理风化。

（四）流水作用

流水能将岩石表面碎屑冲走，流水携带的各种沙砾在移动中互相摩擦，并对河床的岩石进行冲刷和磨蚀，使岩石粉碎，沙砾越磨越细。

物理风化作用的结果，没有改变岩石和矿物的化学成分，但产生了新的物理性质，使大块岩石变成松散的碎屑，从而产生了通气透水的性能。同时，在岩石破碎过程中，大块变成小块，再变为细粒（最小的粒径为 0.1mm），这就大大增加了其表面积，扩大了进行化学风化的接触面，为加速化学风化的进行创造了有利条件。

二、化学风化

化学风化（chemical weathering）也叫作化学分解作用，主要是指岩石矿物在水、氧、二氧化碳等风化因素参与下，所发生的一系列化学变化过程。岩石的矿物成分受到化学作用后，改变了原来的化学成分和性质，同时产生了新的次生矿物。化学风化主要有以下几种方式。

（一）溶解作用

溶解是指矿物岩石的质点（离子或分子）进入水中，从而形成水溶液的作用。例如，石膏在水中的溶解：

$$CaSO_4 \cdot 2H_2O + 2H_2O \longrightarrow Ca^{2+} + SO_4^{2-} + 4H_2O$$
$$\text{固体} \qquad\qquad\qquad \text{溶液}$$

一般矿物岩石是很难溶于水的，但是在自然界中绝对不溶解的无机物质也是不存在的。云母看来是绝对不溶解的矿物，但实际上在水中也有微小的溶解度。1 份质量的云母，可溶解于 34 万份质量的水中，温度增高时溶解度还会增大。再如，石英在常温下几乎不溶解于水，但在 1 万份质量的热水中便可溶解 1 份质量的石英。然而自然界中纯水却少见，往往含有二氧化碳及其他酸类，这更能增加矿物岩石的溶解度。溶解作用为进一步的化学反应创造了条件。

（二）水化作用

矿物与整个水分子化合称为水化作用。水化后的矿物往往会体积增大、硬度降低，成为易于破散的疏松状态。铁和铝的水合氧化物（如 $Fe_{10}O_{15} \cdot 9H_2O$、$Al_2O_3 \cdot 3H_2O$）是水化作用通常产物的例证。

赤铁矿水化成为褐铁矿：

$$2Fe_2O_3+3H_2O \longrightarrow 2Fe_2O_3 \cdot 3H_2O$$

赤铁矿　　　　　　　　褐铁矿

硬石膏水化成为石膏：

$$CaSO_4+2H_2O \longrightarrow CaSO_4 \cdot 2H_2O$$

硬石膏　　　　　　　　石膏

（三）水解和碳酸化作用

水解是指由于水的部分解离所成的氢离子和矿物中的盐基离子发生置换作用，重新结合成新的化合物的一种化学反应。水解是自然界中矿物进行化学风化的最重要方式，会使岩石中的矿物发生彻底分解，引起岩石内部性质的彻底改变。长石类和云母类等溶解度极低的硅酸盐矿物，就是通过水解作用形成较简单的含水硅酸盐矿物（或氧化物）和易溶性盐类。这里以钾长石的水解为例：

$$2KAlSi_3O_8+3H_2O \longrightarrow Al_2Si_2O_5(OH)_4+4SiO_2+2KOH$$

钾长石　　　　　　　　高岭石

或

$$KAlSi_3O_8+8H_2O \longrightarrow Al(OH)_3+3H_4SiO_4+KOH$$

钾长石　　　　　　　三水铝石

高岭石在高温多雨条件下可继续分解为含水氧化铝和含水氧化硅：

$$Al_2Si_2O_5(OH)_4+8H_2O \longrightarrow Al_2O_3 \cdot 8H_2O+2SiO_2 \cdot 2H_2O$$

高岭石　　　　　　　含水氧化铝　　　含水氧化硅

一般把此过程称为脱硅富铝化，是亚热带地区成土过程中的主要作用。

自然界的水中常常溶有二氧化碳，形成碳酸，增加了水溶液的氢离子浓度，加快与矿物中的盐基离子进行交换的速度，生成可溶性的酸式盐类，使矿物遭到分解破坏，并把养分释放出来，这种作用称为碳酸化。最明显的例子便是方解石生成酸式碳酸盐以及钾长石的碳酸化水解作用，反应如下：

$$CO_2+H_2O \longrightarrow H_2CO_3$$
$$CaCO_3+H \cdot HCO_3 \longrightarrow Ca(HCO_3)_2$$

方解石　　　　　　　酸式碳酸盐

$$2KAlSi_3O_8+CO_2+2H_2O \longrightarrow Al_2Si_2O_5(OH)_4+4SiO_2+K_2CO_3$$

钾长石　　　　　　　　高岭石

（四）氧化作用

指大气中的氧与矿物发生的化学反应。在风化过程中矿物的氧化作用常会导致矿物的颜色发生明显的变化。例如，辉石（绿黑色或黑色）晶格中的二价铁离子，在水解过程中释出，随即被氧化为针铁矿（黄褐色或暗褐色）中的三价铁离子：

$$4CaFeSi_2O_6+6H_2O+4H_2CO_3+O_2 \longrightarrow 4CaCO_3+4FeO \cdot OH+8H_2SiO_3$$

辉石　　　　　　　　　　　　　　针铁矿

黄铁矿在湿润条件下也可发生氧化，其反应如下：

$$2FeS_2+2H_2O+7O_2 \longrightarrow 2FeSO_4+2H_2SO_4$$

黄铁矿

化学风化使岩石进一步产生多种次生黏土矿物，成为颗粒极细的黏粒，并释放出可溶性养分。由于黏粒具有胶体特性，因而风化物开始具有吸附能力、黏性、可塑性和毛管现象，这样也就有了一定的蓄水能力。

三、生物风化

生物风化（biological weathering）是指岩石中的矿物在生物及其分泌物或有机质分解产物的作用下进行的机械性破碎和化学分解过程。例如，绿藻和蓝藻的生命活动可使岩石表面变得疏松，硅藻能分解铝硅酸盐，地衣分泌的碳酸和地衣酸能破坏岩石，硅酸盐细菌也能分解硅酸盐矿物，磷细菌能分解磷灰石。植物根系对于岩石的穿插和挤压，动物因穴居习性对岩石半风化体的穿孔等行为，均能引起岩石的机械性破碎。土壤微生物代谢过程中产生的二氧化碳，不断增加碳酸的含量，促进各种矿物水解作用的增强。硝化细菌产生的硝酸，硫化细菌产生的硫酸，都能分解硅酸盐矿物。高岭石一类次生黏土矿物的产生，也可以是真菌和细菌分解钾长石获取钾素的结果。

总之，物理风化、化学风化和生物风化作用是相互联系、相互影响的，而不是单独进行的，只是在不同的地理、气候条件下，不同类型风化作用的强度不同而已。

四、风化过程的一般规律

风化作用概括地说就是岩石矿物在一定条件下被破坏（分解）与合成相结合的作用。包括两种基本风化过程，即物理风化和化学风化。前一段过程称为崩解，后一段过程称为分解。崩解使岩石和矿物由大变小，几乎不影响它们的成分。但在分解作用中，却产生一定的化学变化，释放出可溶性物质，同时合成新的矿物（如铝硅酸盐黏土矿物）或作为稳定的最终产物（如铁、铝氧化物）而残留。气候对风化过程有重大的影响，在干旱和高寒地区，由于低温、温差效应、风、结冰和冰川等因素作用强烈，岩石和矿物以物理风化为主，而在高温多雨地区，具备化学分解的各种条件，则以化学风化为主。风化过程中所产生的一系列变化，可用图 1-1 加以说明。

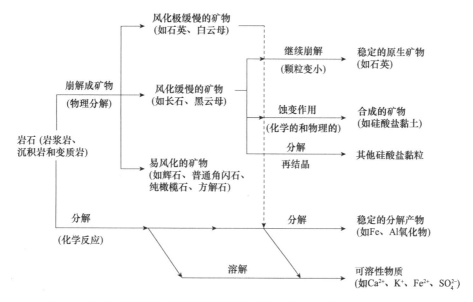

图 1-1 发生于湿润温暖区中等酸性条件下的风化过程（Weil and Brady，2017）
主要风化过程用实线箭头表示，次要过程用虚线表示

第二节　风化产物的类型

土壤是植物生长的生态环境因素之一，是植物生长的重要立地条件。岩石风化物对土壤性状的影响主要表现在土壤物理性质和化学性质两个方面。诸如土壤的厚度、质地、结构、水分、温度、养分、酸碱度和阳离子交换量等，都受岩石风化物的影响，而这些性质又都是评定土壤植物生长适宜性的重要指标。因此，要对风化产物的类型有一定的了解。

一、风化产物的生态类型

根据风化产物（weathering product）对土壤肥力性状的影响，将各种风化产物进行生态上的区分，可以划分为以下 4 种生态类型。

（一）硅质岩石风化物

形成这类风化物的主要是化学组成中二氧化硅含量很高的岩石，它们或是含有大量石英，或是由硅质胶结而成，如石英岩、石英砂岩、硅质砾岩和硅质页岩等。这类岩石组成中由于含有大量石英或玉髓、蛋白石等，岩性坚硬，抗物理风化和化学风化能力强。因此它们风化层厚度极薄，砂质或粉质，多石砾，缺乏盐基成分，呈酸性反应，吸附阳离子的能力差，各种营养元素十分贫乏，分散的石英颗粒及岩石碎屑保肥、保水能力很低。因此，这类风化物所形成的土壤植物适生性差，尤其是在干旱地区，植物不易成活，只适宜种植耐瘠薄、耐干旱的先锋树种，如松柏类树种就较为适宜在硅质风化物发育的土壤中生长。

（二）长石质岩石风化物

长石质岩石主要是指含有正长石矿物成分的岩石，包括岩浆岩中的花岗岩、正长岩、酸性斑岩、流纹岩及沉积岩中的长石砂岩和变质岩中的片麻岩等。这类风化物比较容易发生物理性崩解，通常形成厚层砂壤质或壤质风化物。由于这类岩石除了含有较多的长石外，还有一定量的石英，正长石在湿热的环境下易分解生成次生黏土矿物，黏土矿物和石英混合存在，砂黏适中，土壤通透性能较好，磷、钾等营养元素比较丰富。在温暖湿润气候条件下，风化物呈微酸性到酸性反应。该风化物所形成的土壤适宜一般用材树种的生长，尤其适合各种松、杉等针叶树种和竹类的生长。

（三）铁镁质岩石风化物

铁镁质岩石是指含有铁镁成分的深色矿物所组成的岩石，包括辉长岩、玄武岩、闪长岩、安山岩及铁镁质片岩等。因为含有容易风化的深色矿物，抗化学风化和物理风化均较弱，一般形成较厚的风化层。由于这类岩石中二氧化硅含量很少，发育形成的土壤质地较黏，质地为壤质或黏壤质，富含钙、镁、磷及其他营养元素，但钾的含量较低。在较湿润的地区常呈中性反应，在干旱地区则呈微碱性反应。厚层风化物发育的土壤，植物生长状况良好。在平缓地形上，可能因土质黏重而排水不良。

（四）钙质岩石风化物

主要由碳酸钙组成的岩石称为钙质岩石，包括石灰岩、大理岩、泥灰岩、白云质灰岩及含钙质的砂岩和页岩等。石灰岩类的矿物组成中以方解石为主，可占全部矿物组成的 50% 以上。钙质岩石抗物理风化强，抗化学风化弱，形成薄层土壤。其风化过程主要是溶解和碳酸化过程，碳酸钙经受含碳酸的地表水或地下水的溶解作用而流失，不溶于水而残留的物质不足 10%，常常是一些黏土矿物，残留堆积在裸岩之间，形成厚薄不均、以薄层为主的风化物，质地黏重。由钙质岩类风化物形成的土壤，含石灰质较多，富钙但缺少磷和钾，一般呈中性至碱性，肥力水平一般较低。由于土质黏重，呈松泡的核状结构，土壤易干旱，一般植物生长不好，但喜钙耐旱的植物尚能良好生长。缓坡和阶地在水分条件良好的情况下，土层较厚，肥力较高，适合营造一般阔叶林。

二、风化产物的地球化学类型

地球岩石圈的表层，频繁地进行着各种风化作用，形成一层疏松的风化壳（weathering crust）。风化壳的物质组成、化学成分和风化速率，一方面取决于风化物的种类及其特性，另一方面也取决于风化环境，特别是气候条件。岩石的风化过程可以划分为若干阶段，气候条件影响各个阶段的进程。在一定的气候条件下出现的风化产物可分为以下几种地球化学类型。

（一）碎屑类型（阶段）

碎屑类型是岩石风化的最初阶段，岩石受强烈的物理风化作用，而化学风化作用较弱。这类风化类型多出现在寒冷地区，如山地、常年积雪的高山和具有强烈大陆性气候的荒漠地区。在崩解过程中，流水冲走了可溶性成分和细粒物质，只留下岩石碎屑残块。碎屑类型风化物的化学成分和矿物组成与原岩基本相同。

（二）钙化类型（阶段）

钙化类型风化物，一般出现在干旱和半干旱的气候条件下，如我国西北地区的新疆、黄土高原地区、华北平原部分地区和内蒙古均属这种类型。岩石矿物经过化学风化，生成易溶性钾、钠、钙、镁的氯化物和硫酸盐，稀少的雨水逐渐淋走这些盐类，使它们积累在该区域内的盆地中，形成内陆盐土分布区。但在特定的气候条件下，水量还不足以把上述各种盐类全部淋走，而往往在风化物中残留着大量溶解度较低的碳酸钙。同时，在碱性介质条件下，铝硅酸盐矿物经化学风化，也会形成各种三层型次生黏土矿物，常见的有蒙脱石、水云母等。

（三）硅铝化类型（阶段）

硅铝化类型风化物，一般存在于温带或暖温带雨量适中的地区。岩石矿物经过长期的化学风化，可溶性氯化物和硫酸盐遭到强烈淋失，甚至溶解度较小的碳酸钙也被淋溶。而硅、铝、铁等化合物尚有残留，但有微弱向下移动的现象。由于气温较高和雨量适中，原生矿物经风化产生三层型次生黏土矿物，以水云母、蛭石和蒙脱石为主。风化物呈中性至微酸性，颜色以棕色为主。这种类型风化物，多分布在东北和华北地区。

（四）富铝化类型（阶段）

在高温多雨的热带或亚热带地区，由于长期化学风化作用，原生和次生的硅酸盐矿物均遭到很大的破坏，不仅盐基物质强烈淋失，而且硅酸盐分解形成的硅酸也产生淋溶。风化物由残存铁、铝氧化物和最难风化的石英以及二层型黏土矿物高岭石等组成。热带的砖红壤或亚热带的红壤是我国富铝化类型中的代表性土壤，一般硅酸盐中硅的迁移率达 40%～70%，钙、镁、钾、钠的迁移率更大，最高的几乎接近 100%。而铁、铝移动性很小，形成富铁、铝的风化物。石英中的硅实际上不移动，而保留在风化物中。

三、风化产物的母质类型

近代形成的母质（parent material）可根据其堆积特点和搬运方式，分为定积母质和运积母质。运积母质则根据不同搬运作用的外力方式可分为各种自然沉积物。第四纪的沉积物形成的母质，在我国也有较大面积的分布。

（一）定积母质

定积母质（residual parent material）又称残积物（residual deposit），是指岩石矿物经过风化后残留在原地未经搬运的碎屑物质，多具未经磨蚀的棱角，它的组成和性质已与原岩有明显的差别。因风化物未经搬运分选，故为杂乱堆积体，没有明显层理。同时，颗粒大小极不均匀，既有大的石块或碎屑，也有细小的土粒。而下层风化物则逐渐过渡到基岩，具有连续渐变性特征。在同一外界环境条件下，不同岩石风化形成的定积母质，其性质可以有很大的差别，在不同外界环境条件下，同种岩石也会形成性状不同的定积母质。

例如，在温暖湿润气候条件下，砂岩、石英岩因矿物组成中的石英极难风化，该风化物多偏砂性。辉长岩、玄武岩等基性岩石，缺少石英而富含铁镁矿物，由于容易风化，形成的风化物十分黏重。花岗岩、片麻岩既含极难风化的石英和较难风化的正长石，又含较易风化的酸性斜长石和角闪石，因此在风化物中砂粒和黏粒分量比较均匀。

又如，同样的酸性岩浆岩，在干旱地区或高寒山区形成的定积母质常为碎屑类型，它的化学成分和矿物组成与母岩基本相同。在半干旱地区，岩石的化学风化有所发展，通过化学分解作用产生的碳酸盐（主要是碳酸钙）可大量积累在风化物中，成为钙化类型。在温暖湿润的条件下，硅酸盐矿物的水解作用显著，产生大量次生黏土矿物，成为硅铝化类型。在高温多雨的条件下，硅酸盐类矿物受到强烈的水解作用，次生黏土矿物也可被进一步分解，形成大量含水铁、铝的氧化物而残留在风化物中，成为富铝化类型。

残积物在气候寒冷的地区，其厚度一般较浅，特别是在较陡的山坡上部，因受雨水冲刷，其厚度更为浅薄，而在缓坡地带则稍厚。在潮湿炎热的热带和亚热带，由于强烈的化学风化作用，其厚度可达 10～15m，甚至超过百米，并呈红色，被称为红色风化层或红土残积物。有些红土层是第三纪或第四纪早期古气候下的风化产物，称为古红色风化壳或古红土。

残积物多分布在山区比较平缓的坡地上，是山区主要成土母质之一。

（二）运积母质

风化产物被外力作用（如重力、流水、风和冰川移动等）搬运到其他地点堆积而成的物质称为运积母质（transported parent material）。按照风化产物搬运沉积方式不同，可分为塌积物、坡积物、洪积物、冲积物、海积物、风积物和湖积物等。

1. 塌积物（colluvial deposit）　塌积物又称重积母质，是山地陡坡上风化破碎的岩石受重力作用而坍塌坠落，在坡脚形成的碎屑堆积体。它的组成以带棱角的碎石砾为主，无明显层次和分选性，在山麓常见的石堆就是由塌积物构成的。塌积物具有不稳定的倾向，易发生坍塌和滑坡。

2. 坡积物（slope deposit）　山坡上部风化的碎屑物质，经雨水或雪水的侵蚀冲刷，并在重力作用下被搬运到山坡的中、下部而形成的堆积物，称为坡积物，多分布在山坡或山麓地带。其特点是搬运距离短，分选程度差，层次不明显，岩石碎块多带棱角，磨圆度低。在山坡中上部，堆积层薄，颗粒较粗。在坡积物上部与残积物过渡衔接地带，称为坡积-残积物。在山麓的坡积物常可形成宽阔的裙状地貌，称为坡积裙，并常与山下洪积扇堆积汇合在一起。坡积物构成的坡地和坡积裙是我国林业的重要土壤资源。

3. 洪积物（diluvial deposit） 在山区由于骤融的雪水或间歇性暴雨形成的洪水，将岩石碎屑和夹杂的泥沙沿山坡搬运到山前平缓地带，由于地势变得开阔，水流速度逐渐减缓，所携带的物质便不断沉积，所形成的堆积物称为洪积物。在沉积的地方往往形成扇形地貌，称为洪积扇，在山谷出口处（即扇形顶）沉积的物质多是分选性差的砾石和粗沙，沉积层次不明显。接近洪积扇边缘的沉积物质多为细沙、粉沙和黏粒，沉积层次比较明显。因此，由扇顶向扇缘推移，存在着土壤质地由粗到细、肥力逐渐增高的趋势。

4. 冲积物（alluvial deposit） 冲积物是指风化碎屑受河流（经常性水流）侵蚀、搬运，在流速减缓时沉积于河床的沉积物。冲积物总体上可以分为三类：泛滥平原、冲积扇和三角洲。由于所处地势不同，沉积物的性质也有所不同，在山地河谷，一般沉积物多为砾石和砂粒，分选性差。在开阔的平原河谷，沉积的物质较细，主要为粉粒、细砂和黏粒。此种沉积物分布范围大，面积广，所有江河在其中下游沿岸都有这种沉积物分布。

一般来说，冲积物都有几点明显的共同特征。一是具有明显的成层分选性，这是由于不同年份以及季节性雨量的差异，各时期的河水流量和流速均不相同，搬运和沉积的物质颗粒大小不同，从而造成上下层质地发生变化，形成水平层理和交错层理。二是成带性，因流速不同，除了在同一地方上下层发生质地变化外，也有区域性变化，如河流上下游及离河道远近，其质地均有不同。总的趋势是，上游粗，下游细，近河粗，远河细。三是冲积物多属近代河流沉积物，通常沉积层深厚，营养物质丰富，如我国三大冲积平原（东北平原、华北平原和长江中下游平原）均是由大面积冲积物构成的。

5. 海积物（marine deposit） 海积物属于海相沉积，河流最终将大量的泥沙沉积在海洋、河口和海湾，其中较粗的颗粒靠近海岸沉淀下来，较细的颗粒沉积到了远处。由于海岸上升或江河入海的回流，沉积物露出水面就成为陆地。各地海积物质地粗细不一，有全为砂粒的沙滩，也有多为黏粒的泥滩。这种沉积物质营养物质比较丰富，并含有多量易溶性盐类，是形成滨海盐渍土的主要成土母质。

6. 风积物（eolian deposit） 风积物是以风力作用形成的沉积物，由岩石碎屑经风力的吹扬作用而不断被磨蚀、搬运、沉积而成。风积物的特点是：分选性强，颗粒粗细均匀，砂粒磨圆度高，沉积层次分明。沙丘是由风力吹扬作用形成的丘状沙质沉积物，如我国西北地区的内陆性新月形沙丘、旧河道两旁的河岸沙丘和沿海的滨海沙丘，都属于风积物。

7. 湖积物（lacustrine deposit） 湖积物属于湖泊的静水沉积物，多分布在大湖周围地区。沉积物质地较黏重，但仍有一定的分选性，常出现不同质地的层次。此种沉积物养分和水分均很丰富，形成的土壤肥力很高。湖积物中的铁质，在厌氧条件下与磷酸结合形成蓝铁矿$[Fe_3(PO_4)_2 \cdot 8H_2O]$，有时还会形成菱铁矿（$FeCO_3$），使湖泥呈青灰色，这是湖积物的重要特征。我国湖南的洞庭湖、江西的鄱阳湖及江苏的太湖周围都属此种沉积物。

（三）第四纪沉积物

第四纪据今100万年左右，当时在各种外力（如冰川、河流、风蚀等）作用下，进行剥蚀、搬运的风化物，堆积覆盖在地层的最上层，这些沉积物是形成近代土壤的重要母质。我国地域辽阔，南北气候差别很大，加上海陆分布和地形的影响，使我国第四纪沉积物

（Quaternary deposit）的特点更加复杂。我国的第四纪沉积物主要包括黄土及黄土性物质、红土和冰碛物。

1. 黄土（loess）及黄土性物质（loess-like material）　　黄土是指在地质时代中的第四纪期间，以风力搬运为主的一种特殊的黄色粉土沉积物。我国黄土的成因很复杂，一般认为是在气候干旱或半干旱，季节变化极明显的条件下形成的。黄土为淡黄或暗黄色，土层厚度可达数十米，粉砂质地，粗细适宜，通体颗粒均匀一致，疏松多孔，通透性好，具有发达的直立性状，含有 10%~15% 的碳酸钙，常形成石灰质结核。黄土在我国主要分布区域是太行山以西，大别山、秦岭以北，遍及陕西、甘肃、宁夏、山西、河南等地。此外，我国黄土分布的高度变化也很大，在海拔 4500m 的帕米尔高原上和海拔 <100m 的吐鲁番盆地中也有黄土的分布。

黄土性物质又称次生黄土，是由原生黄土经风力以外的营力侵蚀、搬运后再堆积在洪积扇前沿、低阶地与冲积平原上形成的。黄土性物质有层理，很少夹古土壤，垂直节理不发育，不易形成陡壁。例如，在江苏西部和南京至镇江一线，广泛分布着由次生黄土构成的丘陵，通常称下蜀黄土。它的特点是土层深厚，无明显层次，颗粒细小均匀，为棕黄色粉砂质黏土，具棱柱状结构，并含有大量铁锰结核及胶膜。由于地处较潮湿地区，碳酸钙被淋溶至底部多呈结核状，上部呈微酸性反应。

2. 红土（red earth）　　在我国华中、华南及西南广大地区，从第四纪以来，由于受海洋性气团的影响，气候炎热而潮湿，各种堆积物强烈风化，形成深厚的富含铁、铝质的红色黏土，它属于富铝化类型的风化物，其中含有较多的铁、铝氧化物和高岭石等。红土一般呈褐红色，质地黏重，压缩性较低，通气透水性不良，常呈酸性至强酸性反应。红土地区雨量大，降雨集中，当地面覆盖差时，暴雨就容易造成强烈的水土流失。红土是种植柑橘的良好土壤。丘陵红土一般氮、磷、钾供应不足，有效态钙、镁的含量也低，常因缺乏微量元素锌而产生柑橘"花叶"现象。

3. 冰碛物（glacial deposit）　　冰碛物是由冰川磨蚀和搬运的碎屑所形成的堆积物，又称冰川沉积物。冰川搬运沉积过程没有成层性和分选性，造成沉积物粗细夹杂、大小不一、互相混存，在大块石砾上可以看到明显的擦痕。根据冰碛物在冰川体内的不同位置，可分为表碛、内碛、底碛、侧碛、中碛、前碛和终碛。另外，冰碛物也可能由于冰川融化的流水搬运作用而形成冰水沉积物。

第三节　土　壤　形　成

一、土壤形成过程中的大小循环学说

根据风化过程与有机质的合成及分解过程，威廉斯提出了土壤形成过程的实质是物质的地质大循环和营养元素的生物小循环的矛盾与统一，即土壤形成过程中的大小循环学说。

（一）地质大循环

地质大循环（geological cycle）是指地面岩石的风化产物经过淋溶与搬运，到海、湖中沉积下来，再进行成岩作用形成次生岩，并随着地壳的上升，又回到陆地上来。这是地球表面周而复始的物质地质大循环过程。地质大循环涉及空间大，时间长，植物营养元素不积累。

（二）生物小循环

生物小循环（biological cycle）是指植物营养元素在生物体与土壤之间的循环。植物从土壤中吸收养分，形成植物有机体，一部分作为营养物质供动物食用的需要，而动物、植物死亡后的有机残体又回归到土壤中，在微生物的作用下转化为矿质养分供植物吸收，促进土壤肥力的形成和发展。生物小循环涉及空间小，时间短，可促进植物营养元素的积累，使土壤中有限的养分元素发挥作用。

（三）大小循环的矛盾统一是自然土壤形成的本质

地质大循环仅有养分的释放，而养分不能有效积累。而生物小循环可促进植物营养元素的积累和循环使用，使土壤中有限的养分元素发挥无限的作用。地质大循环是生物小循环的基础，即没有地质大循环，也就不可能有生物小循环。

在土壤形成过程中，这两种循环是相互渗透、不可分割的。地质大循环不断使营养物质淋溶损失，而生物小循环则从地质大循环中保存累积一系列的生物所必需的营养元素，给原始生物的生存提供物质条件，原始生物的生长繁殖又为绿色植物的产生奠定了基础。随着生物物种的进化，生物对养分的要求越来越高，也使土壤累积的营养物质在质与量两个方面同步增长。因此，生物作用对母质的影响是在不断扩大和深化的。从对土壤的肥力来说，生物小循环并不是一个封闭的体系，而是随着生物的进化发展，不断扩大循环领域，形成一种螺旋式上升的运动。土壤的形成过程正是建立在这一地质大循环与生物小循环的矛盾统一的基础之上。

在土壤形成过程中，大小循环是同时发生和存在的。如果只有地质大循环就仅能生成母质；生物如果不作用于母质，就不能形成土壤。地质大循环和生物小循环的共同作用是土壤发生的基础。在土壤形成过程中，两种循环过程相互渗透和不可分割地同时同地进行着，它们之间通过土壤相互联结在一起（图1-2）。

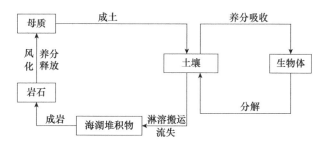

图 1-2　土壤形成过程中大小循环的关系简图
（黄昌勇和徐建明，2010）

所以说，土壤形成的实质就是在地质大循环的基础上有机质的不断合成与分解，或者说是大小循环矛盾统一发展的结果。

二、土壤形成因素

土壤形成因素（soil-forming factor）又称成土因素，是影响土壤形成和发育的基本因素，它是一种物质、力、条件、关系或它们的组合，它已经对土壤形成产生影响或将继续影响土壤的形成。土壤的特性和发育与动植物不同，不受"基因"控制，但受外部因素的制约，对这些因素的研究和划分有助于认识土壤。土壤形成过程很隐蔽或很慢，很难观察。但我们可以通过分析土壤形成因素的差异与土壤差异的相关性，从中得到部分信息。因此，成土环境一直是土壤发生学的重要研究内容。

19 世纪末，俄国土壤学家道库恰耶夫对俄罗斯大草原的土壤进行了调查，认为土壤是在五大成土因素（母质、气候、生物、地形和时间）作用下形成的。他提出土壤好像一面镜子，可反映自然地理景观，土壤是成土因素综合作用的产物，各成土因素在土壤形成中起着同等重要和相互不可替代的作用，成土因素的变化制约着土壤的形成和演化，土壤分布由于受成土因素的影响而具有地理规律性。这就是土壤形成因素学说。

20 世纪 40 年代，美国著名土壤学家詹尼（H. Jenny）在其《成土因素》一书中，发展了道库恰耶夫的成土因素学说，提出了"土壤形成因素 - 函数"的概念：

$$S=f\ (cl,\ o,\ r,\ p,\ t,\ \cdots)$$

式中，S 为土壤；cl 为气候（climate）；o 为生物（organisms）；r 为地形（relief or topography）；p 为母质（parent material）；t 为时间（time）；省略号代表尚未确定的其他因素，f 为函数。

20 世纪 80 年代初，他又在《土壤资源：起源与性状》一书中，从土壤生态系统、土壤化学和土壤物理化学等方面丰富了这一概念，视土壤为生态系统的组成部分，把成土因素看作状态因子，采用生态学理论对成土因素与土壤形成的关系进行了深入的分析，提出了土壤的发生系列，包括气候系列、生物系列、地形系列、岩成系列和时间系列等。他曾把这种研究方法和函数式称为"Clorpt"，并把它作为"土壤"（soil）的同义词来使用，这无疑是对土壤发生学理论的又一创见，使成土因素学说更为深入浅出，使土壤发育的含义更加明晰，便于理解。

此外，柯夫达（В. А. Ковда）还提出了地球深层因子对土壤形成的影响，包括火山喷发、地震、新构造运动、深层地下水及地球化学的物质富集等内生性地质现象，以及矿体和石油矿床的局部地貌改变，也会影响土壤的形成和发育的方向，但这种局部自然现象对全球土壤的形成和发育不具普遍意义。

三、成土因素在成土过程中的作用

（一）母质

母质是形成土壤的物质基础，是土壤的骨架和矿物质的来源。它在土壤形成过程中不仅是被改造的材料，而且在土壤形成过程中还具有一定的积极作用。这种作用越是在土壤形成的初期阶段表现得越显著。母质和土壤之间存在着"血缘"关系，主要表现在如下几个方面。

1）母质的机械组成影响土壤的机械组成。

2）母质的化学成分对土壤形成、性质和肥力均有显著影响，是土壤中植物矿质元素（氮素除外）的最初来源。

3）母质的层次性（非均质母质）对土壤形成过程中的物质迁移、肥力性状的影响较均质母质更为复杂，母质质地的层次性也会遗传给土壤。

（二）气候

气候决定着土壤形成过程中的水、热条件，直接影响到成土过程的强度和方向。它（水分和热量）对土壤形成的具体作用表现在如下几个方面。

1）直接参与母质的风化和物质的淋溶过程。

2）控制着植物和微生物的生长。

3）影响着土壤有机质的累积和分解。

4）决定着营养物质生物小循环的速度和范围。

温度和降水是对土壤形成具有普遍意义的因素。根据温度、降水量和生物之间的相互关系，常可将地球表面划分出不同的生物气候带。不同的生物气候带中土壤的形成和发展也有着显著的差异。

（三）生物

在土壤形成过程中，生物对土壤肥力特性和土壤类型具有独特的作用。生物因素包括植物、动物和微生物，它们可以从根本上改变成土母质的物理、化学和生物学性质，使"死"的母质转变为"活"的土壤，并与其上生长的生物构成"生态系统"。它们对土壤形成和肥力的影响可归纳为如下几个方面。

1）合成土壤氮素化合物，使母质或土壤中增添了氮素养分。

2）使母质中有限的矿质元素发挥了无限的营养作用。

3）通过生物的吸收，把母质中分散状态的养分元素，变成了相对集中状态，使土壤的养分不断富集起来。

4）由于生物的选择性吸收，原来存在于母质中的养分元素通过生物小循环，更适合于植物生长需要，使土壤养分品质不断改善。

由于生物类型，特别是绿色植物的类别不同，对土壤形成的影响也有很大差别。例如，木本植物和草本植物下发育的土壤，其性状和肥力特点差异非常明显。

（四）地形

地形在成土过程中的主要作用表现在以下两个方面。

1）影响大气作用中的水热条件，使之发生重新分配。例如，坡地接受的阳光不同于平地，阴坡又不同于阳坡；地面水及地下水在坡地的移动也不同于平地，从而引起土壤水分、养分、冲刷、沉积等一系列变化。这些差异对土壤形成和植物生长均有很大影响。

2）影响母质的搬运和堆积。例如，山地坡度大，母质易受冲刷，故土层较薄；平原水流平缓，母质容易淤积，所以土层厚度较大；而洪积扇的一般规律则是顶端（即靠山口处）的母质较粗大，甚至有大砾石；末端（即与平原相接处）的母质较细，有时开始有分选。顶端坡度大，末端坡度小，以及不同部位的沉积物质粗细不同，也会造成土壤肥力上的差异，因而在生产利用上应因地制宜。

（五）时间

时间因素对土壤形成没有直接的影响，但可体现土壤的不断发展。成土时间越长，受其他成土因素作用越持久，土壤剖面发育越完善，与母质差异越大；成土时间越短，受其他成土因素作用越短暂，土壤剖面发育分化越差，与母质差别也就越小。

时间因素通常用土壤年龄来反映。土壤年龄是指土壤发生发育时间的长短，通常把土壤年龄分为绝对年龄和相对年龄。绝对年龄是指该土壤在当地新鲜风化层或新母质上开始发育时算起迄今所经历的时间，通常用年表示；相对年龄则是指土壤的发育阶段或土壤的发育程度。土壤剖面发育明显，土壤厚度大，发育度高，相对年龄大；反之相对年龄小。

我们通常说的土壤年龄是指土壤的发育程度，而不是年数，亦即通常所谓的相对年龄。

（六）人类活动

人类活动是土壤发生发展的重要因素，可对土壤性质、肥力和发展方向产生深刻的影响，甚至起着主导作用。虽然人类活动在土壤形成过程中具有独特的作用，但它与其他5个因素有本质的差别，不能简单地将其作为第 6 个因素，与其他自然因素同等看待，具体原因如下。

1）人类活动对土壤的影响是有意识、有目的、定向的。在农林业生产实践中，在逐渐认识土壤发生发展客观规律的基础上，利用和改造土壤、培肥土壤，它的影响可以是较快的。

2）人类活动是社会性的，它受社会制度和社会生产力的影响，在不同的社会制度和不同的生产力水平下，人类活动对土壤的影响及其效果有很大的差别。

人类活动的影响可通过改变各自然因素而起作用，其效果具有双重性。利用合理，有助于土壤肥力的提高；利用不当，就会破坏土壤。例如，我国不同地区的土壤退化主要是由人类对土壤的不合理利用造成的。

上述各种成土因素可概分为自然成土因素（母质、气候、生物、地形和时间）和人为活动因素，前者存在于一切土壤形成过程中，产生自然土壤；后者是在人类社会活动的范围内起作用的，对自然土壤进行改造，可改变土壤的发育程度和发育方向。各种成土因素对土壤形成的作用不同，但都是互相影响、互相制约的，一种或几种成土因素的改变，通常会引起其他成土因素的变化。土壤形成的物质基础是母质，能量的基本来源是气候，生物的功能是物质循环和能量交换，使无机能转变为有机能，太阳能转变为生物化学能，促进有机物质积累和土壤肥力的产生，地形和时间及人为活动则影响土壤的形成速度和发育程度及方向。

四、土壤的形成过程

土壤的形成过程（soil-forming process）是指地壳表面的岩石风化物及其搬运的沉积物，受其所处环境因素的作用，形成具有一定剖面形态和肥力特征的土壤的历程。因此，土壤的形成过程可以看作成土因素的函数。在一定的环境条件下，土壤发生中有其特定基本物理化学作用，也有占优势的物理化学作用，它们的组合使普遍存在的基本成土作用具有特殊的表现，因而构成了各种特征的成土过程。

按照物质迁移和转化的特征，成土过程可分为四大类：①物质加入土体（addition）；②物质迁出土体（loss）；③物质在土体内迁移（translocation）；④物质在土体内转化（transformation）。根据土壤形成过程中物质的迁移和转化特征，把常见的成土过程归纳为表 1-1 所示的各过程。

表 1-1　常见的成土过程

成土过程	归类	简述
淋溶	3	物质自剖面的某一层段移出并具漂洗迹象
淀积	3	物质迁入剖面某一层段而形成淋溶黏化层或灰化淀积层
淋洗（排除）	2	可溶性物质自土体内淋失
富集	1	可迁移物质聚集于土体某一部分
表蚀	2	物质从土表移失
堆积	1	风、水等动力或人为作用把矿质土粒加于土表
脱钙	3	从土层中去除 $CaCO_3$ 的过程
积钙	3	在土层中积聚 $CaCO_3$ 的过程
盐化	3	易溶盐在土层中积聚而形成盐化层或盐土
脱盐	3	易溶盐从土壤盐化层中移去或减少

续表

成土过程	归类	简述
碱化	3	土壤胶体中钠饱和度提高
脱碱	3	碱化层中钠离子及易溶性盐淋失
黏粒悬迁	3	硅酸盐黏粒分散于水中，自 A 层迁至 B 层积聚
搅拌	3	生物活动、冻融交替或干湿交替作用使土壤物质搅匀
灰化	3，4	淋溶层中铁铝及有机物发生化学迁移而损失，使 A 层富硅化
脱硅（富铁铝化）	3，4	全土层内 SiO_2 的化学迁移，造成铁铝氧化物的相对积累
分解	4	土壤中矿物质及有机质的分解破坏
合成	4	土壤中新生黏粒及有机胶体的形成
暗色化	1，3	由于有机物的混合作用，浅色矿物质变为暗色
淡色化	3	由于暗色有机质的消失或迁出，土色变浅
残落物形成	1	在地表积聚了有机残落物及有关的腐殖质
腐殖化	4	有机残体在土体内转化为腐殖质
古湿有机沉积	4	以腐泥或泥类形式而沉积的具有一定厚度（<30cm）的有机沉积过程，有人把它称作地质过程
成熟化	4	积水物质通气后，有机土壤中的化学、生物和物理变化
矿质化	4	土内有机物被分解，释放出氧化物，固体残留于土中
富铁化（棕化、红化）	3，4	原生矿物的释铁作用，释出的游离铁包于土粒上，经氧化、水化变为棕色、红色、棕红色等
潜育化	3，4	在淹水条件下，氧化铁发生还原，土色变为蓝色或灰绿色，土壤糊化，有亚铁反应
疏松化	4	动植物和人类活动及冻融交替或其他物理作用或物质淋失增大了土壤孔隙的过程
硬化	4	物质堵塞了孔隙或使大孔隙崩溃，使土壤板结、密实化

资料来源：Buol et al.，1980

土壤主要的成土过程如下。

（一）原始成土过程

从岩石露出地表并着生微生物和低等植物开始到高等植物定居之前形成的土壤过程，称为原始成土过程。原始成土过程是土壤形成作用的起始点，原始成土过程也可以与岩石风化同时同步进行。根据过程中生物的变化，可把该过程分为三个阶段：首先是"岩漆"阶段。出现的生物为自养型微生物，如绿藻、硅藻等，以及其共生的固氮微生物，将许多营养元素吸收到生物地球化学过程中。其次为"地衣"阶段。在这一阶段，各种异养型微生物，如细菌、黏菌、真菌、地衣组成的原始植物群落，着生于岩石表面与细小孔隙中，通过生命活动促使矿物进一步分解，不断增加细土和有机质。最后是苔藓阶段。生物风化与成土过程的速度大大增加，为高等绿色植物的生长准备了肥沃的基质。在高山冻寒气候条件的成土作用以原始过程为主。

（二）有机质积聚过程

有机质积聚过程是在木本或草本植被下，有机质在土体上部积累的过程。这一过程在各种土壤中均存在。根据成土环境的差异，我国土壤中有机质的积聚过程可分为 6 种类型：

①土壤表层有机质含量在 10g/kg 以下，甚至低于 3g/kg，胡敏酸／富啡酸小于 0.5 的漠土有机质积聚过程；②土壤有机质含量集中在 20～30cm 及以上，含量为 10～30g/kg 的草原土有机质积聚过程；③土壤表层有机质含量达 30～80g/kg 或更高，腐殖质以胡敏酸为主的草甸土有机质积聚过程；④地表有枯枝落叶层，有机质积累明显，其积累与分解保持动态平衡的林下有机质积聚过程；⑤腐殖化作用弱，土壤剖面上部有毡状草皮，有机质含量达 100g/kg 以上的高寒草甸有机质积聚过程；⑥地下水位高，地面潮湿，生长喜湿和喜水植物，残落物不易分解，有深厚泥炭层的泥炭积聚过程。

（三）黏化过程

黏化（clayification）过程是土壤剖面中黏粒形成和积累的过程，可分为残积黏化和淀积黏化。前者是土内风化作用形成的黏粒产物，由于缺乏稳定的下降水流，黏粒没有向土层深处移动，而是就地积累，形成一个明显黏化或铁质化的土层。其特点是土壤颗粒只表现由粗变细，结构体上的黏粒胶膜不多，黏粒的轴平面方向不定，黏化层厚度随土壤湿度的增加而增加。后者是风化和成土作用形成的黏粒，由上部土层向下悬迁和淀积而成，这种黏化层有明显的泉华状光性定向黏粒，结构面上胶膜明显。残积黏化过程多发生在温暖的半湿润和半干旱地区的土壤中，而淀积黏化多发生在暖温带和北亚热带湿润地区的土壤中。

（四）钙积与脱钙过程

钙积（calcification）过程是干旱、半干旱地区土壤钙的碳酸盐发生移动积累的过程。在季节性淋溶条件下，易溶性盐类被水淋洗，钙、镁部分淋失，部分残留在土壤中，土壤胶体表面和土壤溶液多为钙（或镁）饱和，土壤表层残存的钙离子与植物残体分解时产生的碳酸盐结合，形成重碳酸钙，雨季时向下移动在剖面中部或下部淀积，形成钙积层，其碳酸钙含量一般在 100～200g/kg。钙积层碳酸钙淀积的形态有粉末状、假菌丝体、眼斑状、结核状或层状等。

我国草原和漠境地区，还出现另一种钙积过程的形式，即土壤中常发现石膏的积累，这与极端干旱的气候条件有关。

对于有一部分已经脱钙的土壤，人为施用钙质物质或含碳酸盐地下水上升运动使土壤含钙量增加的过程，通常称为复钙（recalcification）过程。

与钙积过程相反，在降水量大于蒸发量的生物气候条件下，土壤中的碳酸钙将转变为重碳酸钙从土体中淋失，称为脱钙（decalcification）过程。

（五）盐化与脱盐过程

盐化（salinization）过程是指地表水、地下水及母质中含有的盐分，在强烈的蒸发作用下，通过土壤水的垂直和水平移动，逐渐向地表积聚，或是已脱离地下水或地表水的影响，而表现为残余积盐特点的过程。前者称为现代积盐作用，后者称为残余积盐作用。盐化土壤中的盐分主要是一些中性盐，如 $NaCl$、Na_2SO_4、$MgCl_2$ 和 $MgSO_4$ 等。

土壤中可溶性盐通过降水或人为灌溉洗盐、开沟排水，降低地下水位，迁移到下层或排出土体，这一过程称为脱盐（desalinization）过程。

（六）碱化与脱碱过程

碱化（solonization）过程是交换性钠或交换性镁不断进入土壤吸收复合体的过程，该过程又称为钠质化过程。碱化过程的结果可使土壤呈强碱性反应，pH＞9.0，土壤物理性质极差，作物生长困难，但含盐量一般不高。土壤碱化机理一般有如下几种：①脱盐交换学说。土壤胶体上的 Ca^{2+}、Mg^{2+} 被中性钠盐（NaCl、Na_2SO_4）解离后产生的 Na^+ 交换而碱化。②生物起源学说。藜科植物可选择性地大量吸收钠盐，死亡、矿化后可形成较多 Na_2CO_3、$NaHCO_3$ 等碱性盐而使土壤胶体吸附 Na^+ 逐步形成碱土。③硫酸盐还原学说。地下水位较高的地区，Na_2SO_4 在有机质的作用下，被硫酸盐还原细菌还原为 Na_2S，再与 CO_2 作用形成 Na_2CO_3，使土壤碱化。

脱碱（solodization）过程是指通过淋洗和化学改良，土壤碱化层中钠离子及易溶性盐类减少，胶体的钠饱和度降低。在自然条件下，碱土 pH 较高，可使表层腐殖质扩散淋失，部分硅酸盐被破坏后，形成 SiO_2、Al_2O_3、Fe_2O_3 和 MnO_2 等氧化物，其中 SiO_2 留在土表使表层变白，而铁锰氧化物和黏粒可向下移动淀积，部分氧化物还可以胶结形成结核。这一过程的长期发展，可使表土变为微酸性，质地变轻，原碱化层变为微碱，此过程是自然的脱碱过程。

（七）富铝化过程

富铝化过程又称为脱硅（desilicification）过程、脱硅富铝化（allitization）过程。它是热带亚热带地区土壤物质由于矿物的风化，形成弱碱性条件，随着可溶性盐、碱金属和碱土金属盐基及硅酸的大量流失，而造成铁铝在土体内相对富集的过程。因此它包括两方面的作用，即脱硅作用和铁铝相对富集作用。

（八）灰化、隐灰化和漂灰化过程

灰化过程（podzoliation）是在寒温带、寒带针叶林植被和湿润的条件下，土壤中的铁铝与有机酸性物质螯合淋溶淀积的过程。在这样的成土条件下，针叶林残落物富含单宁、树脂等多酚类物质，而母质中盐基含量又较少，残落物经微生物作用后产生酸性很强的富啡酸及其他有机酸。这些酸类物质作为有机螯合剂，不仅能使表层土壤中的矿物蚀变分解，而且能与金属离子结合为络合物，使铁铝等发生强烈的螯迁，到达 B 层，使亚表层脱色，只留下极耐酸的硅酸呈灰白色土层（灰化层），在剖面下部形成较密实的棕褐色腐殖质铁铝淀积层。

当灰化过程未发展到明显的灰化层出现，但已有铁铝锰等物质的酸性淋溶有机螯迁淀积作用，称为隐灰化，实际上它是一种不明显的灰化作用。

漂灰化是灰化过程与还原离铁离锰作用及铁锰腐殖质淀积等多种现象的伴生者。漂白现象主要是还原离铁造成的，而矿物蚀变又是在酸性条件下水解造成的。在形成的漂灰层中铝减少不多，而铁的减少量大，黏粒也无明显下降。该过程在热带、亚热带山地的凉湿气候下常有发生。

（九）潜育化和潴育化过程

潜育化（gleyzation）过程是土壤长期渍水，有机质厌氧分解，而铁锰强烈还原，形成灰蓝 - 灰绿色土体的过程。有时，由于"铁解"作用，土壤胶体破坏，土壤变酸。该过程主要出现在排水不良的水稻土和沼泽土中，往往发生在剖面下部。

潴育化过程实质上是一个氧化还原交替过程，指土壤渍水带经常处于上下移动，土体中干湿交替比较明显，促使土壤中氧化还原反复交替，结果在土体内出现锈纹、锈斑、铁锰结核和红色胶膜等物质。该过程又称为假潜育化（pesudogleyization）。

（十）白浆化过程

白浆化过程是在季节性还原淋溶条件下，黏粒与铁锰的淋淀过程，它的实质是潴育淋溶，与假潜育化过程类似，国外称之为假灰化过程。在季节性还原条件下，土壤表层的铁锰与黏粒随水侧向或向下移动，在腐殖质层下形成粉砂含量高、铁锰贫乏的白色淋溶层，在剖面中、下部形成铁锰和黏粒富集的淀积层。该过程的发生与地形条件有关，多发生在白浆土中。

（十一）熟化过程

熟化（ripening）过程是在耕作条件下，通过耕作、培肥与改良，促进水、肥、气、热诸因素不断协调，使土壤向有利于作物高产方向转化的过程。通常把旱作条件下定向培肥的土壤过程称为旱耕熟化过程；而把淹水耕作，在氧化还原交替条件下培肥土壤的过程称为水耕熟化过程。

（十二）退化过程

退化（degradation）过程是因自然环境不利因素和人为利用不当而引起土壤肥力下降，植物生长条件恶化和土壤生产力减退的过程。赵其国（1991）把土壤退化分为三类，即土壤物理退化（包括坚实硬化、铁质硬化、侵蚀、沙化）、土壤化学退化（酸化、碱化、肥力减退、化学污染）和土壤生物退化（有机质减少、动植物区系减少）。

总之，随着时间的推移，母质在各种成土因素的作用下，在特定的环境中发生着不同的成土过程，最终在地球表面就形成了各种层次不同、形态各异的土壤类型。

第四节　土壤发育、土壤剖面及其形态特征

地表的岩石风化物及其再积体，受其所处环境因素的影响，而形成具有一定剖面形态和肥力特性的土壤，称为土壤发育（soil development）。土壤剖面（soil profile）是指从地面向下挖掘而暴露出来的土壤垂直切面，其深度一般是指达到基岩或达到地表沉积体的一定深度，一般在 2m 以内。土壤剖面特征反映了土壤中物质存在的状态，是土壤肥力因素的外部表现。因此，研究土壤剖面，可以了解成土因素的影响状况、肥力特性及土壤内的物质运动特点。所以，它是研究土壤性质、区别土壤类型的一种重要方法。土壤剖面形态特征的鉴别内容主要有土壤颜色、质地、结构、松紧度、新生体、侵入体等。

一、土壤的个体发育

土壤的个体发育是指具体的土壤从岩石风化产物或其他新的母质上开始发育的时候起，直到目前状态的真实土壤的具体历程。它只涉及土壤的个体（即具体的个别土壤），这种情况可以在比较短的时间内形成，也可以在很短的时间内得到改变或破坏。在不存在破坏作用（如侵蚀）的情况下，这种具体的土壤个体便向着与当地典型的土壤形成条件相适应的土壤发展，经过若干时间，由幼年土或发育微弱的土壤向成熟阶段发展，最后进入当地土壤的行列，如图 1-3 所示。但是，土壤进入当地典型土壤行列，并不是土壤的发育已告终止，而只是土壤发育与当地环境条件的发展取得了暂时的动态平衡。

二、土壤的系统发育

土壤的系统发育是指土壤的发生类型在漫长的地质时期内的发育和发展过程。它既是一个独立的历史自然体，同时也是整个地表的一个自然因素。因此，它是独立的而不是孤立的，与其他历史自然体一样，具有自己特殊的发展规律，但这种发展规律不是孤

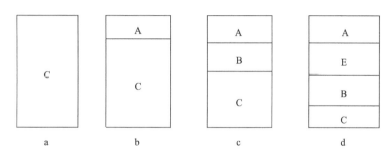

图 1-3　土壤发育的阶段序列

a.母质；b.幼年土壤；c.成熟土壤；d.老年土壤；A.淋溶层；B.淀积层；C.母质层；E.硅酸盐黏粒遭破坏，黏粒、铁、铝三者皆有损失，而砂粒与粉粒聚集的层位

立进行的，而是与周围的外在环境条件相互作用，辩证地发展着。例如，植物依靠环境因素的共同作用，在它的生活过程中向土壤提供物质，并在土壤中不断积累，当这些物质积累到一定程度时，土壤就会从一种类型转变为另一种类型。这种转变反过来又会作用于生物环境因素，刺激新的生物种类的形成，后者又回去塑造新的土壤类型。由此可见，在漫长的地质时期内，土壤与环境之间的不断作用过程，也是新的土壤类型不断产生的过程。

三、土壤风化发育的指标

土壤的风化发育程度可根据其形态特征、微形态特征、矿物风化程度及一些物理化学指标加以确定。反映土壤风化发育度的指标很多，现对常用指标简述如下。

（一）Sa 值

即硅铝率或 K_i 值，它是指土壤或黏粒中 SiO_2 及 Al_2O_3 的全量分别除以它们各自的相对分子质量，以求得两者的分子比：

$$Sa = SiO_2/Al_2O_3$$

式中，S 代表 Si，是活动性成分；a 代表 Al，是不活动成分。

Sa 值越小，表明土壤分化淋溶度越强，如某土壤黏粒中 $SiO_2 = 40\%$，$Al_2O_3 = 34\%$，则 $Sa = (40/60)/(34/102) = 2.0$。

（二）Saf 值

即硅铝铁率（silica-sesquioxide ratio），其含义与 Sa 值相似，只是把铁与铝同时进行考虑，即土壤或黏粒中 SiO_2 的分子数与 Al_2O_3 和 Fe_2O_3 分子数之和的比值，可表示为

$$Saf = SiO_2/(Al_2O_3 + Fe_2O_3)$$

（三）ba 值

即土壤风化淋溶系数（ba value），是指土壤中的盐基与氧化铝的分子比值。b 代表盐基，即 Na_2O、K_2O 及 CaO、MgO 分子数之和；a 代表 Al_2O_3 的分子数。计算公式为

$$ba = (Na_2O + K_2O + CaO)/Al_2O_3 （根据 Harrasswitz）$$

或

$$ba = (Na_2O + K_2O + CaO + MgO)/Al_2O_3 （据 H. Jenny）$$

在土壤形成过程中，Al_2O_3 比较稳定而不易被淋溶，而 Na、K、Ca、Mg 等盐基易受淋洗，ba 值越小，表示脱盐基越多，淋溶作用越强。

（四）β 值

即土壤风化淋溶指数（weathering index）。它是淋溶层钾钠氧化物与氧化铝的分子比与母质层钾钠氧化物与氧化铝的分子之比的比值：

$$\beta = \left. \text{淋溶层}\frac{K_2O + Na_2O}{Al_2O_3} \middle/ \text{母质层}\frac{K_2O + Na_2O}{Al_2O_3} \right.$$

β 值越小，说明它的淋溶强度越强。

（五）μ 值

称为土壤风化指数，通过淋溶层和母质层中氧化钾与氧化钠的比值比较而求得，即

$$\mu = \left. \text{淋溶层}\frac{K_2O}{Na_2O} \middle/ \text{母质层}\frac{K_2O}{Na_2O} \right.$$

在土壤中，胶体表面对钾的亲和性大于钠，所以钠比钾易淋失，$\mu > 1$。μ 值越大，土壤风化度越高。

（六）粉（砂）黏（粒）比

粉黏比又称为矿质土粒风化度，它是指土壤中粉砂与黏粒含量的比值。土壤形成过程中，粉砂将向黏粒变化，因此土壤风化越强，粉砂越小，黏粒越多，粉黏比就越低。

（七）CEC、ECEC 和 BS

CEC（阳离子交换量）、ECEC（有效阳离子交换量）和 BS（盐基饱和度）也是常用的土壤风化发育度指标。这些数值越高，土壤发育越完善；反之亦然。由于这些指标值会受有机质含量、耕作施肥的影响，因此常用心土作为分析对象。

（八）铁的游离度

铁的游离度是指土壤游离氧化铁（未被铝硅盐紧固的铁）占土壤全铁含量的百分数。游离氧化铁通常用连二亚硫酸盐 - 柠檬酸盐 - 碳酸氢钠混合提取液（DCB 浸提液）提取。铁的游离度越大，土壤风化越强。

（九）黏化率

黏化率是指黏化层中黏粒量与淋溶层或下部母质层黏粒含量的比值。该比值越大，说明黏化程度越高。黏化层的黏化率要求大于 1.2，黏化度极强的土壤，黏化率可高达 3～7。

四、土壤剖面的形成

自然土壤的剖面是在母质、气候、生物、地形和时间 5 种主要成土因素共同影响之下形成的。土壤剖面构造就是指土壤剖面从上到下不同土层的排列方式。一般情况下，这些土层在颜色、结构、紧实度和其他形态特征上是不同的。各个土层的特征是与该层的组成和性质相一致的，是土壤内在性状的外部表现，是在土壤长期发育过程中形成的。

在成土过程中，由于各种原生矿物不断地风化，产生各种易溶性盐类、含水氧化铁和含水氧化铝及硅酸等，并在一定条件下合成不同的黏土矿物；同时通过土壤有机质的分解和腐殖质的形成，产生各种有机酸和无机酸；在降雨的淋洗作用下引起土壤中这些物质

的淋溶和淀积，从而形成了土壤剖面中的各种
发生层次。一个发育完善的土壤剖面，必须具
备 3 个发生层次，即淋溶层、淀积层和母质层
（图 1-4）。

（一）淋溶层（A 层）

处于土体最上部，故又称为表土层，它包
括有机质的积聚层和物质的淋洗层。该层生物活
动最为强烈，进行着有机质的积聚或分解的转化
过程。在较湿润的地区，该层内发生着物质的淋
溶，故称为淋溶层（eluvial horizon）。它是土壤
剖面中最为重要的发生学土层，任何土壤都具有
这一土层。在原始植被保存较好的地区，在 A 层
之上还可出现有机质累积层（O 层）。

（二）淀积层（B 层）

淀积层（illuvial horizon）处于 A 层的下面，
是物质淀积作用造成的。淀积的物质可以来自土
体的上部，也可来自地下水的上升，可以是黏粒
也可以是钙、铁、锰、铝等，淀积的部位可以是

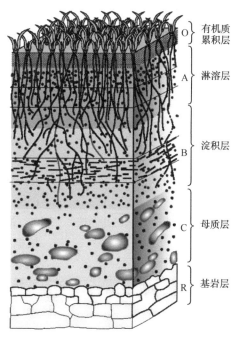

图 1-4　土壤剖面示意图

土体的中部也可以是土体的下部。一个发育完全的土壤剖面必须具备这一个重要的土层。

（三）母质层（C 层）

母质层（parent material horizon）处于土体的最下部，是没有产生明显成土作用的土层，
其组成物质就是岩石风化搬运所形成的土壤母质，母质层的下部即为基岩层（R 层）。

上述淋溶作用和淀积作用是密切联系的，是物质移动过程所导致的两种结果。土壤水携
带着溶解或悬浮的物质产生的移动称为物质的转移作用。这种转移作用分为物理性转移和化
学性转移两大类。物理性转移是指矿物质与有机物质胶粒以及其他微粒从 A 层移动到 B 层
而沉淀下来，使 B 层质地相对变黏，干燥时也可发生裂隙；化学性转移是指矿物在风化过程
中产生的可溶性盐类等从 A 层随着下渗水下移，或停积在 B 层或到达地下水层而流失。草
原区域因易溶性盐的聚积常生成石灰质和石膏质硬盘。温带森林区域含铁铝的有机和无机胶
体可悬浮在渗漏水和毛管水中，从 A 层移动到 B 层，亦可形成铁质硬盘。地下水位高而排
水不良的地方，矿物在风化过程中产生的可溶性盐类往往由剖面的下层，随毛管水上升到达
地面，形成盐结皮，这种物质转移的方向和一般情形相反。由于通气不良，特别是在地下水
位很高的情况下，B 层的下段或 C 层的一部分，将因还原作用变为蓝色或绿灰色，称为潜育
层（或灰黏层），简称 G 层。

现将各种土壤发生层次（图 1-5）说明如下。

A_0：残落物层。根据分解程度不同又可分为三个亚层。A_{01} 为分解较少的枯枝落叶层。
A_{02} 为分解较多的半分解的枯枝落叶层。A_{03} 为分解强烈的枯枝落叶层，已失去其原有的植
物组织形态。

A_1：腐殖质层。可分两个亚层。A_{11} 为聚积过程占优势的（当然也有淋溶作用）、颜色较
深的腐殖质层。A_{12} 为颜色较浅的腐殖质层。

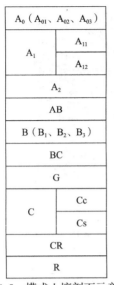

图 1-5　模式土壤剖面示意图

A_2：灰化层，灰白色，主要通过淋溶作用形成。

B：淀积层，里边含有由上层淋洗下来的物质，所以 B 层在一般情况下大都较为紧实。B 层根据发育程度还可以分出 B_1、B_2、B_3 等亚层。

AB：灰化层与淀积层的过渡层。

C：母质层。Cc 表示在母质层中有碳酸盐的聚积层。Cs 表示在母质层中有硫酸盐的聚积层。

BC：淀积层与潜育层的过渡层。

R：母岩层。

CR：母质层与母岩层的过渡层。

G：潜育层。

根据土壤剖面发育程度的不同可以有不同的土壤类型。

在实际工作中，往往不会出现那么多的层次，而且层次间的过渡情况也会各有不同，有的层次明显，有的不明显，有的是逐渐的。层次间的交线有平直的、曲折的、袋状的、舌状的等多种形式。

在描述土壤发生层的发育特征时，常用下标字母来表示该发生层的主要性状。用来修饰主要土壤发生层的小写字母及其含义如下。

b：埋藏或重叠土层。

c：结核状物质积累。常与表明结核化学成分的字母连用，如 B_{ck} 表示碳酸钙结核淀积层。

g：氧化还原过程所形成的土层，有锈纹、锈斑或铁、锰结核。

h：矿质土层中有机质的自然累积层，如 A_h 是在自然状态下未被人为耕作扰动的土层。

k：碳酸盐的累积，与钙积过程有关。

m：指被胶结、团结硬化的土层，常与表示胶结物的化学性质的字母连用，如 B_{mk} 表示碳酸盐胶结的有灰结磐层。

n：钠离子的累积，B_n 表示碱化层。

p：经耕作或其他措施扰动的土层，如 A_p 表示耕作层。

q：次生硅酸盐的聚积层，如 B_{mq} 表示 B 层已为硅酸盐胶结成硅化层。

r：地下水引起的强还原作用产生蓝灰色的潜育化过程。

s：铁、铝氧化物的累积层。

t：黏粒聚积的土层。

w：B 层中就地发生了结构、颜色、黏粒含量变化，而非淀积性土层。

x：脆磐层。土体呈中、弱结持性，结构体或土块受压时会脆裂，干时呈硬性或极硬结持性。通常为斑纹杂色，不易透水，呈粗糙的多面体或棱柱体。

y：在干旱条件下发生的石膏淋溶淀积产生的石膏聚积层。

z：盐分聚积层。

五、耕作土壤剖面

人类生产活动和自然因素的综合作用，使耕作土壤产生层次分化。耕作土壤剖面层次从上到下大体可分为三层。

（一）表土层（A层）

表土层（surface soil layer）也叫作熟土层，又可分为耕作层（cultivated horizon）和犁底层（plow pan）。耕作层是受耕作、施肥、灌溉影响最强烈的土壤层。它的厚度一般为20cm左右。耕作层易受生产活动和地表生物、气候条件的影响，一般疏松多孔，干湿交替频繁，温度变化大，通透性良好，物质转化快，含有效态养分多。根系主要集中分布于这一层中，一般占全部根系总量的60%以上。犁底层位于耕作层下，厚6～8cm。典型的犁底层很紧实，孔隙度小、非毛管孔隙（大孔隙）少，毛管孔隙（小孔隙）多，所以通气性差，透水性不良，结构常呈片状，甚至有明显可见的水平层理。这是经常受耕畜和犁的压力以及通过降水、灌溉使黏粒沉积而形成的。

（二）心土层（B层）

心土层（subsurface layer）位于犁底层以下，厚度一般为20～30cm。该层也能受到一定的犁、畜压力的影响而较紧实，但不像犁底层那样紧实。在耕作土壤中，心土层是起保水保肥作用的重要层次，是生长后期供应水肥的主要层次。在这一层中根系的数量占根系总量的20%～30%。

（三）底土层（C层）

底土层（bottom soil layer）是指在心土层以下的土层，一般位于土体表面50～60cm及以下的深度。此层受地表气候的影响很少，同时也比较紧实，物质转化较为缓慢，可供利用的营养物质较少，根系分布较少。一般常把此层的土壤称为生土或死土。

土壤剖面是自然成土过程和耕作熟化过程的外在反映。各层次的水、肥、气、热等因素是相互影响的，所以不仅要研究耕作层，心土层和底土层也不能忽视，特别是栽培具有强大根系的多年生果树和林木，更要注意对心土层、底土层性状的研究。

六、土壤剖面形态特征

（一）土壤剖面位置的选择与挖掘

1. 土壤剖面的位置选择　　根据野外初步勘查的结果，选择具有代表性且远离道路和建筑物的地方挖掘土壤剖面，以供观察记载。当然，选择地点也应考虑是否破坏原有地表景观。土壤剖面数量应根据地形复杂的程度和土壤类型及其分布情况来决定。

2. 土壤剖面的挖掘方法　　土壤剖面的地点选定后，就进行土坑的挖掘。坑为长方形，体积（宽×长×深）为0.8m×1.5m×（1～2）m。沿坑的向阳一端垂直切下，使其有个剖面壁，另一端挖成阶梯（图1-6），以便上下。挖出的表土和底土分别堆放两旁，观察面上方不要堆土和走动，以免压紧表土结构，失去原有状态。剖面观察记载和取样完毕之后，仍按底土在下、表土在上的顺序填平土坑。

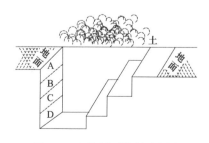

图1-6　土壤剖面纵断示意图

（二）土壤剖面形态的观察记载

土壤剖面的观察记载，是为了了解土壤的特性及其在农林业生产上的性质。其观察记载的内容如下（表1-2）。

表 1-2　土壤剖面记载表

| 剖面编号 | | 地点 | | | 土壤名称 | |

地形			地下水位	
成土母质			挖垫情况	
排灌情况			有效土层厚度	
施肥情况			践踏程度	
植被			植物生长发育状况	

层次	厚度/cm	颜色	质地	结构	湿度	松紧度	侵入体	新生体	酸碱度	石灰反应	亚铁反应	植物根系	地下管线分布

土壤性状综合评定：

调查人　　　　　　　　　　　　年　　月　　日

资料来源：朱克贵，2000

1. **剖面层次的划分和层次厚度的记载**　　剖面挖好后，先将观察面修成毛面，恢复土层的自然状态，挂上软尺，根据剖面的颜色、质地、结构、松紧状况、夹杂物等划分层次。在记载每层厚度时，以层与层之间的平均厚度为准，并分别以每层上部和下部离表土的距离来表示，不用绝对值来表示，以免发生混乱和差错。

2. **有效土层厚度**　　所谓有效土层，是指植物根系伸延容易，有一定养分可以吸取，能正常生长发育的较松软土层。

3. **土壤颜色**　　土壤颜色是土壤内在物质组成在色彩上的外在表现，它能反映土壤肥力和发育程度。例如，不同程度的灰黑色，表示土壤含腐殖质的多少，在低洼滞水情况下，土壤多显蓝灰色。

由于土壤的矿物组成和化学组成复杂，所以土壤的颜色是多种多样的。给土壤的颜色定名时，用一种颜色往往不确切，所以常用两种颜色来命名，如暗棕、黑棕、红棕等。但值得注意的是，这是有主次之分的。次色在前，主色在后，如黄棕色的黄是次色，棕色为主色。

土壤颜色主要取决于以下几种物质：石英、长石、白云母、方解石、二氧化硅粉末、钙盐和镁盐类等能使土壤呈现白色。腐殖质使土壤呈深色，当腐殖质含量高时，土壤颜色呈黑色；含量少时，土壤颜色呈暗灰色。氧化铁（一般多为含水氧化铁，如褐铁矿、针铁矿等）、氧化锰常使土壤呈铁锈色和黄色。氧化亚铁广泛分布在沼泽土、潜育土中，它可使土壤具有蓝色或青灰色，如蓝铁矿 $[Fe_3(PO_4)_2 \cdot 8H_2O]$，这类矿物为白色，但遇空气中的氧即很快变为青灰色。

4. **土壤质地**　　土壤质地是土壤中各种颗粒，如砂粒、粉粒和黏粒的质量分数的组合。土壤质地是影响土壤肥力和耕性的基本因素。

在野外常用指测法来判断土壤质地。将土壤质地分为黏质土、壤质土、砂质土、砾质土等级别。测定标准如下。

黏质土：干时成坚硬的土块或土团，用小刀可刮削出一个"镜面"，湿时黏韧，可搓成 2～3mm 的长条，弯曲不断裂。

壤质土：干时多呈块或团，但易压碎，以手指研磨时，可感觉出软滑的细粉，湿时能搓成 2～3mm 的长条，弯曲时易断裂。

砂质土：沙质疏松，以手摸能感觉到粗糙，干沙手握放开即散，湿沙可握成团，但振动即散。

砾质土：土体中大于 3mm 的粗沙（包括石砾）占 50% 以上，手摸感觉极粗糙，石砾大小不一，湿时也不能成团。

质地等级细分，可在室内用吸管法、激光粒度仪法等机械分析法来进行。

5. 土壤结构　　土壤结构是指土壤颗粒被胶结物质黏聚成大小不同、形状各异的土块。按形态可分为单粒结构、团粒结构、块状结构、核状结构和片状结构。不同土壤或土壤的不同层次结构不同。即使同一土层的土壤，结构类型也不完全一样。观察描述结构时，要仔细分辨出主要和次要结构，命名时主要结构在后，次要结构在前，如核块状结构，就是以块状结构为主。观察结构的方法，是从某土层上取部分土，散开在地面或手中，观察其自然结合的形状和大小，然后定出结构名称。

6. 土壤湿度　　土壤湿度是对土壤含水量的描述，野外以手的感觉和眼力来判断，分级标准如下。

重湿：用手挤压时土壤出水。

湿：用手挤压时土壤成面团状，但不出水。

潮：土壤放在手中有潮湿感觉。

干：土壤放在手上无湿润的感觉。

7. 土壤松紧度　　土壤松紧度是指土壤对于插入土层的工具的抵抗力，通常用小刀或土铲测定。

散碎：轻微的挤压下容易散碎。

疏松：用力不大，小刀可插入较深土层。

稍紧：用力不大，小刀可插入土层 2～3mm。

紧密：用较大的力，小刀仅插入较浅的土层。

紧：用较大的力，小刀几乎插不进土层。

土壤松紧度与土壤容重有关，可同时测定土壤容重作比较。

8. 侵入体　　侵入体（intrusions）是指位于土体之中，但不是土壤形成过程中聚集和产生的物体，如石子、砖瓦、煤渣、石灰等。通过分析侵入体可判断人为经营活动对土壤层次影响所到达的深度，以及土层的来源等。观察时应记载其名称、大小、占土体的相对百分含量、出现层位和厚度等。

9. 新生体　　新生体（new formations）指土壤形成过程中新产生和聚集的物质，如铁盘、铁锰结核、石灰结核条纹、胶膜、盐斑等。新生体是判断土壤性质、土壤组成和发生过程等非常重要的特性。观察时应记载其名称、出现的层位等。

10. 酸碱反应　　野外可用混合指示剂法测定各层的 pH。其具体步骤是：取一角勺土样（约 0.1g）放入白瓷反应盘凹穴中，加蒸馏水一滴，再加混合指示剂 3～5 滴（以能湿润土样且稍有余为准），然后轻摇白瓷盘，待稍澄清，侧倒瓷盘观察颜色，根据混合指示剂变色范围来确定土壤 pH（表 1-3）。

表 1-3 pH 4～10 混合指示剂变色范围

pH	4	5	6	7	8	9	10
颜色	红	橙	黄	草绿	天蓝	暗蓝	紫

资料来源：鲁如坤，2000

11. **石灰反应** 用 10% 盐酸滴在干土上，观察土壤起泡的情况，以此判定碳酸钙的有无和大体含量。一般可分为四级。

无：无泡沫（土壤不含石灰），用"－"表示。

少：徐徐放出泡沫（土壤含石灰在 1% 以下），用"＋"表示。

中：有明显气泡产生，但很快消失（土壤含石灰在 1%～5%），用"＋＋"表示。

多：气泡发生强烈，呈沸腾状，持续时间较长（土壤含石灰 5% 以上），用"＋＋＋"表示。

12. **亚铁反应** 在低洼地带，为确定潜育层出现的深度和潜育化程度，可用赤血盐 $[K_3Fe(CN)_6]$ 测定亚铁反应。方法是取出新鲜土块，加上 2～3 滴 10% 盐酸，再加上 2～3 滴 1.5% 赤血盐，若显蓝色，即表示有潜育化现象存在，由显示蓝色的深浅来确定潜育化程度的强弱。

13. **植物根系分布** 观察并记载其分布深度和数量。根的多少分四级。

很多：土层内根密集成网状，交织得很紧。

多：根很多，但不成根网交织。

少：土层内只有较少的根。

极少：土层内有个别的细根。

【思 考 题】

1. 风化作用有哪些类型？其特点是什么？
2. 成土母质的类型有哪些？其形成动力是什么？
3. 我国西北地区黄土高原的成土母质是什么？分析该母质的特性。
4. 矿物的养分主要是通过哪种途径释放的？
5. 岩石风化产物的主要物质组成是什么？
6. 简述矿物风化难易的顺序。
7. 土壤的剖面形态特征包括哪些？土壤形成的实质是什么？
8. 自然土壤、耕作土壤剖面主要包括哪些层次？

第二章 土壤有机质

【内容提要】

本章主要介绍土壤有机质的来源、含量与组成，土壤有机质的分解和转化，土壤有机质的主要组分与性质，土壤有机质的作用与调节。通过本章的学习，了解土壤有机质的来源、含量、组成、组分及性质，重点掌握土壤有机质的矿质化和腐殖质化过程及其影响因素、土壤有机质的作用和调节。

第一节 土壤有机质的来源、含量与组成

土壤有机质（soil organic matter）是土壤固相的重要组成成分。它是指存在于土壤中的所有含碳的有机物质，包括土壤中的各种动、植物残体，微生物体及其分解和合成的各种有机物质。尽管土壤有机质仅占土壤总质量的很小一部分（一般为1%～20%），但它通过影响土壤结构发育和土壤元素的生物地球化学过程，对土壤的形成、土壤肥力、环境保护、农林业可持续发展等方面都有着十分重要的作用和意义。一方面它含有植物生长所需要的各种营养元素，是土壤微生物生命活动的能源，对土壤物理、化学和生物学性质都有着重要影响；另一方面土壤有机质对重金属、农药等各种有机、无机污染物的行为都有显著影响；而且它对全球碳平衡起着重要作用，被认为是影响全球"温室效应"的主要因素。

一、土壤有机质的来源

自然土壤中有机质的来源十分广泛，主要包括以下几方面。

（一）植物残体

包括各类植物的凋落物、死亡的植物体及根系，这是自然状态下土壤有机质的主要来源。我国不同自然植被下进入土壤的植物残体量变异很大，热带雨林下最高，每年仅凋落物干物质量即达16 700kg/hm^2，其次为亚热带常绿阔叶和落叶阔叶林、暖温带落叶阔叶林、温带针阔混交林和寒温带针叶林。而荒漠植物群落最少，每年凋落物干物质量仅为530kg/hm^2，甚至更低。

（二）动物、微生物残体

包括土壤动物和非土壤动物的残体以及各种微生物的残体，这部分来源相对较少。但对原始土壤来说，微生物是土壤有机质的最早来源。

（三）动物、植物、微生物的排泄物和分泌物

这部分来源虽然很少，但其对土壤有机质的转化起着非常重要的作用。

农业土壤有机质的来源，还包括农田管理措施，如有机肥料的施入、秸秆还田等。此外，少免耕、灌溉等措施对土壤有机质的提升也有积极的作用。

二、土壤有机质的含量

我国地域辽阔，由于各地的自然条件和农林业经营水平不同，土壤有机质的含量差异较大。一般耕层土壤有机质含量在 5～50g/kg。2006 年全国不同区域耕层（0～20cm）土壤有机碳含量分别如下：北方为（9.29±4.58）g/kg，东北为（16.2±7.85）g/kg，西北为（9.45±3.99）g/kg，东部为（14.01±6.1）g/kg，南方水稻土为（19.33±6.45）g/kg，西南为（16.41±9）g/kg。在土壤学中，一般把耕层含有机质超过 200g/kg 的土壤，称为有机质土壤，含量低于 200g/kg 的土壤，称为矿质土壤。不同土壤有机质的含量差异很大（表 2-1），受气候、植被、地形、土壤类型、耕作措施等因素的影响。

表 2-1　全球土壤 0～100cm 土层中有机碳和无机碳的含量

土纲	面积 /×10³km²	0～100cm 土层中的有机碳和无机碳			
		有机碳 /×10¹⁵g	无机碳 /×10¹⁵g	总量 /×10¹⁵g	占全球比例 /%
新成土	21 137	90	263	353	14.3
始成土	12 863	190	43	233	9.4
有机土	1 526	179	0	179	7.2
暗色土	912	20	0	20	0.8
冻土	11 260	316	7	323	13.1
变性土	3 160	42	21	63	2.5
旱成土	15 699	59	456	515	20.8
软土	9 005	121	116	237	9.6
灰化土	3 353	64	0	64	2.6
淋溶土	12 620	158	43	201	8.1
老成土	11 052	137	0	137	5.5
氧化土	9 810	126	0	126	5.1
其他	18 398	24	0	24	1
总计	130 795	1 526	949	2 475	100.0

资料来源：黄昌勇和徐建明，2010

三、土壤有机质的组成

（一）土壤有机质的存在状态

进入土壤的有机质一般以三种类型的状态存在。

1. 新鲜的有机物　　指那些进入土壤中尚未被微生物分解的动、植物残体，它们仍保留着原有的形态特征。

2. 半分解的有机物　　经微生物的分解，已使进入土壤中的动、植物残体失去了原有的形态等特征。易分解的有机质已部分分解，多呈分散的暗黑色小块。包括有机质分解产物和新合成的简单有机化合物。

3. 土壤腐殖质　　土壤腐殖质（soil humus）是经土壤微生物作用后，由多酚和多醌类物质聚合而成的含芳香环结构的、新形成黄色至棕黑色的非晶形高分子有机化合物。它是土壤有机质的主体，占土壤有机质的 90% 以上，是除未分解和半分解的植物残体及微生物体以外的有机物质的总称，由非腐殖物质（也叫作非腐殖质）（non-humic substances）和腐殖物质（也叫作腐殖质）（humic substances）组成。

非腐殖物质为有特定物理化学性质、结构已知的有机化合物，其中一些是经微生物改变的植物有机化合物，而另一些则是微生物合成的有机化合物。非腐殖物质占土壤腐殖质的20%～30%，其中碳水化合物（包括糖醛酸）占土壤有机质的5%～25%，平均为10%，它在增加土壤团聚体稳定性方面起着极重要的作用，此外还包括氨基糖、蛋白质和氨基酸、脂肪、蜡质、木质素、树脂、核酸、有机酸等，尽管这些化合物在土壤中的含量很低，但相对容易被降解和作为基质被微生物利用，在土壤中存在的时间较短，因此对氮、磷等一些植物养分的有效性来说，这些物质非常重要。

腐殖物质是土壤有机质的主体，也是土壤有机质中最难降解的组分，一般占土壤有机质的60%～80%。

（二）土壤有机质的组成

土壤有机质的主要元素组成是C（占52%～58%）、O（占34%～39%）、H（占3.3%～4.8%）和N（占3.7%～4.1%），其次是P和S。土壤有机质的C/N一般在10左右。

土壤有机质的化合物组成取决于进入土壤的有机物质化合物的组成。各种动植物残体的化学成分和含量因动植物种类、器官、年龄等不同而有很大的差异。一般情况下，动植物残体包含的主要有机化合物为碳水化合物、木质素、含氮化合物、树脂、蜡质等。

1. 碳水化合物　　碳水化合物是土壤有机质中最主要的有机化合物，其含量占土壤有机质总量的15%～27%，包括纤维素、半纤维素、果胶质、甲壳质等。糖类有葡萄糖、半乳糖、六碳糖、木糖、阿拉伯糖、氨基半乳糖等。虽然各主要自然土类间植被、气候条件等差异悬殊，但上述各种糖的相对含量都很相近，在剖面分布上，无论其绝对含量还是相对含量均随土层深度的增加而降低。纤维素和半纤维素为植物细胞壁的主要成分，木本植物残体含量较高，两者均不溶于水，也不易化学分解和被微生物分解。果胶质在化学组成和构造上与半纤维素相似，常与半纤维素伴存。甲壳质属多糖类，与纤维素相似，但含有氮，在真菌的细胞膜、甲壳类和昆虫类的介壳中大量存在。

2. 木质素　　木质素是木质部的主要组成部分，是由羟基或甲氧基取代的苯丙烷单体经无序聚合而成的三维复杂结构。木质素主要含有对羟苯基丙烷（*p*-hydroxyphenyl propane，H）、愈创木基丙烷（guaiacyl，G）和紫丁香基丙烷（syringyl，S）三种单体，对应的前驱体分别是香豆醇、松柏醇和芥子醇。木质素是这些单体通过脱氢聚合，由C—C键和醚键等连接无序组合而成。纤维素为葡萄糖分子通过醚键连接形成的线性高聚物；半纤维素的成分则较为多样，主要为木糖和甘露糖。木质素与纤维素、半纤维素元素组成的差别见表2-2。木质素很难被微生物分解，但在土壤中可不断被真菌、放线菌所分解。由^{14}C研究指出，有机物质的分解顺序为：葡萄糖＞半纤维素＞纤维素＞木质素。

3. 含氮化合物　　动植物残体中主要含氮物质是蛋白质，它是构成原生质和细胞核的主要成分，在各植物器官中的含量变化很大，见表2-3。蛋白质的元素组成

表 2-2　木质素、纤维素和半纤维素的元素组成（%）

组成元素	有机质类别		
	木质素	纤维素	半纤维素
碳（C）	62～69	44.4	45.4
氢（H）	5～6.5	6.2	6.1
氧（O）	29～39.5	49.4	48.5

资料来源：北京林业大学，1982

表 2-3 不同植物、不同器官蛋白质含量（%）

植物或其器官	蛋白质含量
针叶、阔叶	3.5～9.2
苔藓	4.5～8.0
禾本科植物茎秆	3.5～4.7

资料来源：孙向阳，2005

除碳、氢、氧外，还含有氮（平均为 10%），某些蛋白质中还含有硫（0.3%～2.4%）或磷（0.8%）。蛋白质是由各种氨基酸构成的，一般含氮化合物易被微生物分解，生物体中常有一少部分比较简单的可溶性氨基酸可被微生物直接吸收，但大部分的含氮化合物需要经过微生物分解后才能被利用。

4. 树脂、蜡质、脂肪、单宁、灰分物质　树脂、蜡质、脂肪等有机化合物均不溶于水，而易溶于醇、醚及苯中，都是复杂的化合物。单宁物质有很多种，主要是多元酚的衍生物，易溶于水，易氧化，与蛋白质结合形成不溶性的、不易腐烂的稳定化合物。木本植物木材及树皮中富含单宁，而草本植物及低等生物中则含量很少。

5. 有机酸类、醛类、醇类、酮类及相近的化合物　有机酸主要有葡萄糖酸、柠檬酸（$C_6H_8O_7$）等。酮类、醛类、醇类和有机酸可溶于水，在植物残体被破坏时，能被水淋洗流失。这类有机物质被微生物分解后产生 CO_2 和 H_2O，在土壤通气不良的情况下，还可能产生 H_2 及 CH_4 等还原性气体。

另外，土壤有机质还含有一些灰分营养元素，如钙、镁、钠、钾、硅、磷、硫、铁、铝、锰等，以及少量的碘、锌、硼、氟等元素。这些元素在植物生活中有着重要的意义。

第二节　土壤有机质的分解和转化

土壤有机质的分解和转化过程主要是生物化学过程。进入土壤的有机质在微生物的作用下进行着极其复杂的转化过程，这种转化包括两个方面：有机质的矿质化过程和腐殖化过程。矿质化过程就是在微生物作用下，复杂的有机物质被分解成简单的无机化合物（CO_2、H_2O 和 NH_3 等），并释放出矿质营养的过程。腐殖化过程则是在微生物作用下，有机物质分解产生的简单有机化合物及中间产物转化成更为复杂的、稳定的、特殊的高分子有机化合物，使有机质及其养分保蓄起来的过程（图 2-1）。这两个过程是不可分割和互相联系的，随条件的改变而互相转化。矿化过程的中间产物又是形成腐殖质的基本材料，腐殖化过程的产物腐殖质并不是永远不变的，它可以再经过矿化分解释放其养分。

对于农林业生产而言，矿化作用为作物生长提供充足的养分。但过强的矿化作用，会使有机质分解过快，造成养分的大量损失，腐殖质难以形成，使土壤肥力水平下降。因此，适当调控土壤有机质的矿化速度，促使腐殖化作用的进行，有利于改善土壤的理化性质和提高土壤的肥沃度。必须辩证地认识两者的相互关系。

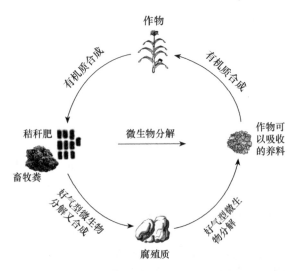

图 2-1　土壤有机质的分解与合成的示意图（陆欣和谢英荷，2011）

一、土壤有机质的矿化过程

根据土壤有机质化合物的组成，分为含碳、含氮、含磷和含硫有机物质的矿化（mineralization）。

（一）含碳有机物质的转化

含碳有机物质中，单糖和淀粉容易降解，终端产物是 CO_2 和 H_2O；半纤维素、纤维素、脂肪分解缓慢；木质素是一类复杂的酚类聚合物，比碳水化合物要稳定得多，容易在土壤中积累，可在专性细菌的作用下缓慢分解。总之，这些简单有机化合物的分解从易到难的排列次序为：单糖，淀粉，简单蛋白质，粗蛋白，半纤维素，纤维素，脂肪、蜡质，木质素。多糖在真菌和细菌所分泌的糖类水解酶的作用下，分解成为葡萄糖，可用下式表示：

$$(C_6H_{12}O_6)_n + nH_2O \longrightarrow nC_6H_{12}O_6$$
$$\text{多糖} \qquad\qquad\qquad \text{葡萄糖}$$

在通气良好的条件下葡萄糖彻底分解，并放出较多的能量。

$$C_6H_{12}O_6 + 9（O）\longrightarrow 3C_2H_2O_4 + 3H_2O$$
$$\text{葡萄糖} \qquad\qquad\qquad \text{草酸}$$

$$2C_2H_2O_4 + O_2 \longrightarrow 4CO_2 + 2H_2O$$

在通气不良条件下，分解得不彻底，形成很多有机酸类的中间产物，并产生还原性物质，如 CH_4、H_2 等，放出少量的能量。

$$C_6H_{12}O_6 \longrightarrow C_4H_8O_2 + 2CO_2 + 2H_2$$
$$\text{丁酸}$$

$$4H_2 + CO_2 \longrightarrow CH_4 + 2H_2O$$

（二）含氮有机物质的转化

土壤中超过 95% 的氮素以有机化合物的形态存在，但植物能够利用的氮主要是无机态氮化合物，如 NO_3^-、NH_4^+等。因此，自然土壤中氮素营养的供应须依靠含氮有机物的矿化，转化为矿质态氮以满足植物的需要。土壤中含氮有机物的转化主要包括以下几个过程。

1. 水解过程　　蛋白质在蛋白质水解酶的作用下，分解成简单的氨基酸一类的含氮物质。用化学反应式表示为

$$\text{蛋白质} \longrightarrow RCHNH_2COOH（或 RNH_2）+ CO_2 + \text{中间产物} + \text{能量}$$

2. 氨化（ammonification）过程　　蛋白质水解生成的氨基酸，在多种微生物及其分泌的酶的作用下，进一步分解成氨（在土中成为铵盐）的作用，称为氨化作用。氨化作用可在不同条件下进行。

（1）在充分通气条件下

$$RCHNH_2COOH + O_2 \longrightarrow RCOOH + NH_3 + CO_2 + \text{能量}$$

（2）在厌氧条件下

$$RCHNH_2COOH + 2H \longrightarrow RCH_2COOH + NH_3 + \text{能量}$$

或

$$RCHNH_2COOH + 2H \longrightarrow RCH_3 + CO_2 + NH_3 + \text{能量}$$

（3）一般水解作用

$$RCHNH_2COOH + H_2O \xrightarrow{\text{水解酶}} RCHOHCOOH + NH_3 + \text{能量}$$

$$RCHNH_2COOH+H_2O \xrightarrow{\text{水解酶}} RCH_2OH+CO_2+NH_3+\text{能量}$$

氨化作用是在多种微生物作用下完成的，包括细菌、真菌和放线菌等，它们都以有机质中的碳素为能源，可以在好氧或厌氧条件下进行。在通气良好，温度、湿度和酸碱度适中的砂质土壤上，矿化速率较大，累积的中间产物有机酸较少；而通气较差的黏质土壤上，矿化速率较小，中间产物有机酸的累积较多。对多数矿质土壤而言，有机氮的年矿化率一般为 1%～3%。假如某土壤的有机质量为 4%，有机质的含氮量为 5%，若以矿化率为 1.5% 计算，则每年每公顷耕层土壤有机质中释放的氮约为 70kg。

3. 硝化（nitrification）过程　氨化过程所生成的氨在土壤中转化为 NH_4^+，部分被带负电荷的土壤黏粒表面和有机质表面功能基吸附，另一部分被植物直接吸收。最后，土壤中大部分铵离子通过微生物的作用氧化成亚硝酸盐和硝酸盐。反应式如下：

$$2NH_4^+ + 2O_2 \xrightarrow{\text{亚硝化微生物}} 2NO_2^- + 2H_2O + 4H^+ + 600kJ$$

$$2NO_2^- + O_2 \xrightarrow{\text{硝化微生物}} 2NO_3^- + 167kJ$$

每氧化一个 NH_4^+ 转化为硝酸根离子要释放 $2H^+$，这是引起土壤酸化的重要原因。

4. 反硝化（denitrification）过程　在厌氧条件下，硝酸盐在反硝化菌作用下还原为 N_2、N_2O 或 NO 的过程称为反硝化过程。其反应式如下：

$$2HNO_3 \underset{-2H_2O}{\overset{+4H^+}{\rightleftharpoons}} 2HNO_2 \underset{-2H_2O}{\overset{+2H^+}{\rightleftharpoons}} 2NO \underset{-2H_2O}{\overset{+2H^+}{\rightleftharpoons}} N_2O \underset{-H_2O}{\overset{2H^+}{\rightleftharpoons}} N_2$$

$$\text{硝酸} \qquad \text{亚硝酸} \qquad \text{一氧化氮} \qquad \text{氧化亚氮} \qquad \text{氮气}$$

反硝化作用过程的发生需要较严格的土壤厌氧环境。有研究表明，通过反硝化作用损失的土壤氮取决于土壤中硝酸盐（NO_3^-）的含量、易分解有机质的含量、土壤通气、水分状况及温度、酸碱度等因素。而与温度、空隙水分含量、铵态氮浓度相比，土壤氧气含量与反硝化过程中 N_2O 浓度呈极显著的负相关（$r=-0.71$），二者呈现指数模型。反硝化的临界氧化还原电位为 334mV，最适 pH 为 7.0～8.2 的微碱性土壤，pH 过高或过低都不利于反硝化过程的进行。

（三）含磷有机物质的转化

土壤中的含磷有机化合物，在多种腐生性微生物的作用下，形成磷酸，成为植物能够吸收利用的养分。异养型细菌、真菌、放线菌都具有这种作用，尤其是磷细菌的分解能力最强，含磷有机物质在磷细菌的作用下，经过水解而产生磷酸。

$$\text{核蛋白质} \longrightarrow \text{核素} \longrightarrow \text{核酸} \longrightarrow \text{磷酸卵磷脂} \longrightarrow \text{甘油磷酸酯} \longrightarrow \text{磷酸}$$

在厌氧条件下，许多微生物能引起磷酸的还原，产生亚磷酸和次磷酸。在有机质丰富的情况下，进一步还原成磷化氢。同时土壤中的生物活动与有机质分解所产生的 CO_2 可以促进难溶性无机磷化合物的溶解，改善植物的磷营养。

（四）含硫有机物质的转化

土壤中含硫的有机物（如胱氨酸等），经过微生物的作用产生硫化氢。在通气良好的条件下，硫化氢在硫细菌的作用下氧化成硫酸，并和土壤中的盐基作用形成硫酸盐，不仅消除了硫化氢的毒害作用，并成为植物能吸收的硫素养分。

$$2H_2S + O_2 \longrightarrow 2H_2O + 2S$$

$$2S + 2H_2O + 3O_2 \longrightarrow 2H_2SO_4$$

在通气不良的情况下，硫化氢在厌氧环境中易积累，即发生反硫化作用，使硫酸转变为H_2S散失，并对植物和微生物产生毒害。因此，在农林业生产上应采取技术措施，改善土壤的通气性，避免反硫化作用的发生。

二、土壤有机质的腐殖化过程

土壤有机质的腐殖化（humification）过程是一个相当复杂的过程。近代研究结果表明，有机质的分解主要靠水解酶，合成腐殖质则主要是氧化酶的作用。一般认为腐殖质的形成要经过两个阶段。

第一阶段是微生物将动植物残体转化为腐殖质的组成成分（结构单元），如芳香族化合物（多元酚）和含氮化合物（氨基酸）等。

第二阶段是在微生物的作用下，各组分合成（缩合作用）腐殖质。在这一阶段中微生物分泌的酚氧化酶，将多元酚氧化为醌类，醌易于和其他组分（氨基酸、肽）缩合成腐殖酸的单体分子。

腐殖质合成的本质是以含氧芳香烃为核心，有机质降解中间产物与其聚合进一步合成大分子多聚体（往往称为二次合成），最终很可能以含氧芳香烃及其衍生物为基础，外接不同碳链的脂肪族烷烃分子而连接为巨大聚合物，这种大分子聚合体通过金属离子桥键结合到矿物表面，成为有机矿质复合体（被认为是腐殖物质的超分子结构本质）而稳定于土壤，使腐殖化过程具有了生态学意义。

腐殖质形成的生物学过程可用图 2-2 表示。腐殖质形成后是很难分解的，在不改变其形成的条件下相当稳定。但当形成条件变化后，微生物种群也发生改变，新的微生物种群就会促进腐殖质的分解，并将其贮藏的营养物质释放出来，为植物所利用。腐殖质的形成和分解与土壤肥力有密切关系，因此如何协调和控制这两种作用是农林业生产中的重要问题。

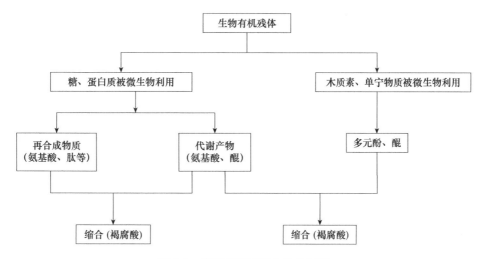

图 2-2　腐殖质形成的生物学过程

三、影响土壤有机质转化的因素

微生物是土壤有机质的分解与转化的主要参与者。因此凡可影响微生物活动及生理作用的因素都会影响有机质分解转化的强度和速度。

（一）有机质的碳氮比和物理状态

有机质碳氮比（C/N）的大小因植物的种类、老嫩程度不同而不同。一般枯老蒿秆的C/N为（65～85）：1，青草的C/N为（25～45）：1，幼嫩豆科绿肥的C/N为（15～20）：1。通常植物残体中的C/N为40：1。与植物相比，土壤微生物的C/N要低很多，稳定在（5～10）：1，平均为8：1。也就是说，微生物每吸收1份氮大约需要8份碳。但由于微生物代谢的碳只有1/3进入微生物细胞，其余的碳以CO_2的形式释放。因此，对微生物来说，同化1份氮到体内，需24份碳。当土壤有机质中C/N小于25：1时，才有细菌利用之外多余的NH_3供硝化过程的进行或供植物直接利用。而在C/N为10：1时，土壤矿质态氮累积更多。所以，幼嫩多汁而C/N较小的植物残体分解快，易矿质化，释放的氮素多，但形成腐殖质少。而C/N较大的植物残体则相反，有机质分解缓慢，易引起微生物与植物争氮，造成植物处于暂时性的"饥饿"状态。同时，由于土壤能源过多，加上通气不良，引起反硝化作用，对植物不利。所以，作物生长期内不应把C/N大的有机残体直接施入土中，应经过沤制后再施用。一般耕作土壤表层有机质的C/N在（8～15）：1，平均为（10～12）：1，处于植物残体和微生物C/N之间，受当地的水热条件和成土作用特征所控制。

另外，土壤中加入新鲜有机物质会促进土壤原有有机质的降解，这种矿化作用称为新鲜有机物质对土壤原有有机质分解的"激发效应"（priming effect），又可分为正激发效应和负激发效应。正激发效应存在两大作用：一是加速土壤微生物碳的周转，二是由于新鲜有机物质引起土壤微生物活性增强，从而加速土壤原有有机质的分解。

土壤有机质的年矿化量，一般用有机质的"矿化率"（mineralization rate）（每年因矿化而消耗的土壤有机质的数量占全部土壤有机质总量的百分数）表示，土壤有机质矿化率的大小说明有机物质分解的快慢。例如，某一土壤原来的有机质含量为20g/kg，有机质矿化率为4%，则每年土壤有机质的矿化量为150 000kg（每亩耕层土重）×20g/kg×4%＝120kg。只有每年向每亩耕地中补充的各种有机物质能转化为120kg或超过120kg时，才能保持土壤有机质的平衡或提高其含量水平。

通常把每克干质量的有机物经过一年分解后转化为腐殖质（干重）的克数，称为腐殖化系数（humification coefficient）。不同的植物和不同的腐解条件，其腐殖化系数有一定差异（表2-4）。一般来讲，水田较旱田腐殖化系数高，木质化程度高的植物残体的腐殖化系数也高，即形成较多的腐殖质。

表2-4　植物物质当年的腐殖化系数

植物物质	旱地	水田
紫云英	0.20	0.26
紫云英＋稻草	0.25	0.29
稻草	0.29	0.31

此外，新鲜多汁的、细碎化程度较高的有机物质比干枯的、未经粉碎的植物残体更容易腐解，特别是C/N大的枯老植物残体更是如此。因为粉碎后，增加与外界因素的接触面，并粉碎了包裹在残体外面抗微生物作用的木质素、蜡质等物质，因而更容易受到酶和微生物的作用，加快有机物质的矿化分解过程。

（二）土壤水、气、热状况

通气状况直接影响着分解有机质的微生物群落分解的速度和最终产物。在通气良好条件下，好氧细菌和真菌活跃，有机质分解迅速，可完全矿质化，不含氮有机化合物，分解的最终产物是CO_2、H_2O和灰分物质。含氮有机化合物的最终产物，主要是硝态氮，易被植物吸收利用。在不良通气条件下，有机质分解缓慢，而常积累有机酸，甚至形成还原性物质，如 CH_4、H_2 和 H_2S 等物质。一般认为在好氧和厌氧分解交替进行时，有利于土壤腐殖质的形成。

水分和空气存在"此消彼长"的关系，过多的水分使土壤处于厌氧状态，好氧微生物停止活动，导致未分解有机质的积累。植物残体分解的最适水势为 $-0.1 \sim -0.03MPa$，微生物抗旱能力较弱，土壤过干，大多数细菌、真菌会脱水处于休眠状态，活性显著降低。

温度能影响植物的生长和有机质的微生物降解。一般来说，在 $0^{\circ}C$ 以下，土壤有机质的分解速率很小，而在 $0 \sim 35^{\circ}C$，提高温度能促进有机物质的分解，加速土壤微生物的生物周转。研究表明，深层土壤（$0 \sim 100cm$）温度增加 $4^{\circ}C$，年土壤呼吸量增加 $34\% \sim 37\%$，并驱动了十年老碳的降解。一般土壤微生物活动的最适宜温度为 $25 \sim 35^{\circ}C$。土壤碳矿化的温度敏感性用 Q_{10} 表示，也即温度每升高 $10^{\circ}C$ 土壤碳矿化速率所增加的倍数，常用指数模型来描述。

（三）土壤特性

质地影响土壤的水、气状况及微生物的活性，从而影响有机物质的分解。在砂性土中，通气的大孔隙多，土壤保水力弱，通气良好，一般以好氧微生物占优势；在黏性土中，毛管孔隙多，保水力强，通气性差，有利于厌氧微生物的活动。因此，在黏粒含量多的土壤中植物残体的分解较缓慢。

适于土壤微生物活动 pH 大都在中性附近（pH 6.5 $\sim$ 7.5），土壤过酸（pH $<$ 4.5）或过碱（pH $>$ 8.5）时，微生物的活动都受到显著抑制。不同的土壤反应，有不同的微生物来分解土壤有机质，影响着有机质转化的方向和强度。大多数细菌在 pH 6 $\sim$ 8 时活性最高，少数在极低 pH 下也能生存，如硫细菌、真菌适宜于酸性环境（pH 3 $\sim$ 6），但适应性较强的尤其是霉菌类，在酸性、中性或碱性条件都能生长，而放线菌一般适合于在中性或微碱性条件下生长。而相对于气候因子（温度和降雨），全球表层土壤有机碳的周转时间主要受土壤性质（质地和 pH）的控制。

第三节　土壤有机质的主要组分与性质

进入土壤中的动、植物残体，经历了各种物理、化学、生物因素的共同作用，绝大部分较快地分解掉，只有一小部分转变为土壤有机质或腐殖质，其化学组成和结构也都发生了一定的变化。

表 2-5 表明，土壤有机质中木质素和蛋白质的含量比植物组织中显著增加，而纤维素和半纤维素的含量明显减少。从化合物特异性的角度来讲，人们通常把土壤有机质粗略地分为非腐殖物质和腐殖物质两大类。

表 2-5　成熟植物组织于土壤有机质部分成分比较（g/kg）

成分	植物组织	土壤有机质	成分	植物组织	土壤有机质
纤维素	$200 \sim 500$	$20 \sim 100$	粗蛋白质	$10 \sim 150$	$280 \sim 350$
半纤维素	$100 \sim 300$	$0 \sim 20$	油脂、蜡质等	$10 \sim 80$	$10 \sim 80$
木质素	$100 \sim 300$	$350 \sim 500$			

资料来源：关连珠，2016

一、土壤中的非腐殖物质

非腐殖物质主要是碳水化合物和含氮化合物。其他化合物的数量很少，甚至极微量，如表土中蜡质的含量一般只占有机碳总量的2%～6%，某些芳香酸的含量仅有几 mg/kg，但它们在土壤形成过程和土壤肥力上都有不可忽视的作用。

（一）碳水化合物

土壤中碳水化合物主要来源于植物残体，进入土壤后，大多为微生物所利用。同时在微生物分解有机质的过程中，又产生许多比较简单的单糖类，并合成一些多糖类化合物。

土壤中碳水化合物主要由多糖、糖醛酸和氨基糖等组成。其含量因土壤类型的不同变异较大。我国主要土壤表土中碳水化合物的含量占有机质总量的17%～30%，多糖类是碳水化合物的主体，其含量占有机质总量的9%～22%。它们在土壤中与黏土矿物、腐殖物质、金属离子等相结合而存在，因此增加了碳水化合物的稳定性，使其在土壤有机质中占一定的比例。

碳水化合物除了作为微生物的能源和营养外，由于它本身含有大量羟基，在糖醛酸和氨基糖的分子中还含有羧基和氨基，这些功能基使碳水化合物具有化学活性，对土壤的物理化学性质有重要影响。多糖具有胶结作用，对土壤结构的形成有重要意义。

（二）含氮化合物

土壤中95%以上的氮素是以有机态氮素存在的，而无机氮的含量是很低的。土壤中有机态氮的含量随土壤类型、土壤层次而异，其含量的高低及其变化规律大体上与土壤有机质的含量、变化规律相一致。

土壤中有机态氮可以分为水解性氮和非水解性氮两大类。根据对我国主要土壤的酸水解液的研究，水解性氮占土壤总氮量的65%～90%，它们是由 NH_4^+-N、α- 氨基糖氮、氨基酸及未知态氮所构成，它们分别占土壤总氮量的23.8%～50.5%、1.8%～8.2%、19.5%～44.7%和3.3%～34.8%。土壤中的水解性氮素和非水解性氮素均有一定的降解性。通常状况下，它们的分解速率的大小顺序是：新鲜植物残体＞生物体＞吸附在胶体上的微生物代谢产物和细胞壁的成分＞成熟的极其稳定的腐殖物质。

（三）土壤中的有机酸

土壤中的有机酸（organic acid）来源于植物残体的分解和微生物合成。在植物根分泌物中也含有一定量的有机酸。旱地土壤中分布最多的脂肪酸是乙酸和甲酸。前者可高达2～3mg/kg，后者可达 1～2mg/kg。数量较少的有乳酸、苹果酸、丙酸等。

在渍水土壤中，由于厌氧条件有利于形成有机酸，有机酸的积累量较多，主要是甲酸、乙酸、丙酸、丁酸、乳酸、草酸等。在大量施用有机肥料的土壤中也可能有较多的有机酸累积，有机酸是土壤中酸的重要来源。有机酸除了对植物根部的生理过程和植物生长有影响外，它们还可通过功能基如羧基、羟基、酮基、氨基、甲氧基等对矿物产生整合作用和溶解作用，从而破坏硅酸盐矿物的晶格构造，而使一些被束缚的养分如磷、钾等释放出来，增加养分的有效性。

二、土壤中的腐殖物质

腐殖物质是有机残体进入土壤后，经微生物的作用在土壤中重新合成的、更为复杂的而且比较稳定的特殊的（化学结构未知）多相分布的一类高分子有机化合物。它不同于动植物残体组织和微生物的代谢产物中的有机化合物，而是土壤中特有的有机化合物。腐殖物质的主体是有着不同分子质量和结构的腐殖酸（胡敏酸和富里酸的总称）及其与金属离子结合的盐类。一般占有机质总量的 50%～90%，其余部分包括由微生物代谢而产生的一些简单的有机化合物（糖类、糖醛酸类、氨基酸等）。

（一）腐殖物质组分的分离和提取

为了研究腐殖物质的组成及性质，就必须把它从土壤中分离出来。从土壤中分离腐殖物质一直是一项十分困难的工作，因为：首先，腐殖酸在土壤中与土壤矿物质部分结合成有机无机复合体，不易分开；其次，腐殖酸与非腐殖物共存，很难用溶液区分开来，也不易用物理的方法截然分开；再者，一般用温和的溶剂提取不完全，用剧烈的方法分离时又可能引起腐殖酸性质、结构特征的改变。理想的浸提剂应满足：①对腐殖酸的性质没有影响或影响极小；②获得均匀的组分；③具有较高的提取能力，能将腐殖酸几乎完全分离出来。但是，由于腐殖酸的复杂性及组成上的非均质性，很难找到满足所有条件的浸提剂。

随着现代科学技术的进展，近年来对腐殖物质的分离方法也有一定的改进。目前常用的方法是采用相对密度 1.8～2.0 的重液，把土壤中未分解的、半分解的及非腐殖物质部分分离掉，得到腐殖物质土样，再利用腐殖酸溶于碱的特性，用稀碱提取出腐殖酸的碱溶液。然后利用胡敏酸溶于碱而不溶于酸的特性，将胡敏酸和富里酸（富啡酸）分离。残留在土壤中不能为碱提取出来的腐殖物质称为胡敏素（humin）。具体分析步骤如图 2-3 所示。从腐殖物质的分离提取中可以看出，胡敏素是和土壤矿物质部分结合牢固的胡敏酸，用碱液

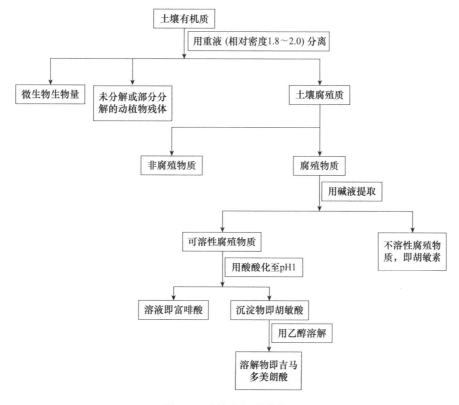

图 2-3　土壤有机质的分组

提取不出来。胡敏素在性质上基本上与胡敏酸相同。因此，腐殖物质的组成为两组腐殖酸，即胡敏酸和富啡酸。由于浸提和分离不可能完全，所以无论是胡敏酸组或是富啡酸组都可能混有一些杂物。

（二）腐殖物质的性质

腐殖物质的组成成分胡敏酸（humic acid，HA）和富啡酸（fulvic acid，FA）是基本结构相似的同一类物质，并且具有相同的含氧功能团、脂肪族组分、含氮化合物和碳水化合物等。因此，它们之间既有共同的特征，又有许多不同之处。

1. 腐殖物质的元素组成　　腐殖物质是由 C、H、O、N、P、S 等主要元素，以及少量的灰分元素，如 K、Mg、Fe、Si 等组成。其中 C 的含量为 550～600g/kg，平均为 580g/kg；氮的含量为 30～60g/kg，平均为 56g/kg。腐殖物质的 C/H（称为缩合度）为 9～12。

胡敏酸的 C 和 N 含量高于富啡酸，O 和 S 的含量较富啡酸低。在同一土壤中两组物质对比时更为明显。胡敏酸的 C/H 值常大于富啡酸。我国主要土壤中腐殖物质的元素组成见表 2-6。

表 2-6　主要土壤中腐殖物质的元素组成（无灰干基）

腐殖物质		C/（g/kg）	H/（g/kg）	O＋S/（g/kg）	N/（g/kg）	C/H
胡敏酸	范围	439～596	31～70	313～418	28～59	7.2～19.2
（$n=48$）	平均	547	48	361	42	11.6
富啡酸	范围	424～526	40～58	401～498	16～43	8.0～12.6
（$n=12$）	平均	465	48	459	28	9.8

资料来源：关连珠，2016

注：n 为测定样品数

2. 腐殖物质的相对分子质量　　据研究资料，胡敏酸和富啡酸的分子可能均为短棒形，其相对分子质量迄今还没有一致的结论。同一样品用不同方法测得的数值差异很大，但共同的趋势是，不同土壤的胡敏酸和富啡酸的相对分子质量均各有差异，而且同一土壤中胡敏酸的相对分子质量均大于富啡酸。

3. 腐殖物质的含氧功能团和电性　　腐殖酸的组分中有许多种含氧功能团，重要的有羧基（—COOH）、酚羟基（—C_6H_5OH）、羰基（＞C＝O）、甲氧基（—OCH_3）、氨基（—NH_2），此外还可能有醌基（—C_6H_5O）和醇羟基（—OH）等，其中羧基和酚羟基合称为总酸度。我国主要土壤表土中腐殖物质功能团含量见表 2-7。比较明显的区别是，胡敏酸的平均总酸度、羧基和醇羟基含量较富啡酸低。

表 2-7　腐殖物质功能团含量

	总酸度	羧基	酚羟基	醇羟基	醌基	酮基	甲氧基	羰基
胡敏酸	560～890	150～570	210～570	20～490	140～260	30～170	30～80	210～500
平均	670	360	390	390	—	—	60	290
富啡酸	640～1420	520～1120	120～570	260～950	30～120	160～270	30～120	30～310
平均	1030	820	300	610	—	—	80	270

资料来源：关连珠，2016

腐殖物质的电性来源主要是分子表面的羧基和酚羟基的氢离子解离及氨基的质子化。由于腐殖物质具有两性胶体的特征，在它的表面既带有正电荷，又带负电荷，而通常以带负电荷为主。由于羧基、酚羟基上氢离子的解离和氨基质子化的程度是随溶液中 H^+ 的浓度而变化的，因此这些电荷的数量也随着溶液 pH 的变化而不同，属于可变电荷。

带有电荷的腐殖物质胶体从土壤溶液中吸附相反电荷离子，并以阳离子为主。通常腐殖物质吸附阳离子的数量在 500～1200cmol（＋）/kg。

4. 腐殖物质的溶解度和凝聚性　胡敏酸不溶于水、呈酸性，它与 K^+、Na^+、NH_4^+ 等一价金属离子形成的盐溶于水，而与 Ca^{2+}、Mg^{2+}、Fe^{3+}、Al^{3+} 等多价离子形成的盐的溶解度就大为降低。富啡酸有相当大的水溶性，其溶液的酸性很强，它和一价及二价金属离子形成的盐类均能溶于水。

腐殖物质的凝聚与分散主要取决于分子的大小。例如，红壤中胡敏酸的分子较小，分散性大，难以被电解质絮凝，对土壤结构形成作用不大。黑土的胡敏酸分子较大，只要少量电解质就可以完全絮凝，可促进土壤团粒结构的形成。

5. 腐殖物质的颜色和光学性质　腐殖物质整体呈黑棕色，不同组分腐殖酸的颜色略有不同，这是由各自的相对分子质量和发色基团组成比例不同而引起的。胡敏酸的颜色一般比富啡酸深。

用不同波长的光源来测定各组分的光密度，可表明腐殖酸分子的大小和分子的复杂程度。在波长为 465nm 处的吸收（称为 E_4）是芳香核 C＝C 双键和功能团中不成对 π 电子跃迁的反映。因此，光密度可表征腐殖物质的芳构化度。相关分析表明，E_4 既与 C/H 值、醌基及酚羟基含量呈极显著相关，又与平均相对分子质量呈显著正相关。所以光密度 E_4 可以粗略地综合反映腐殖物质的芳构化度和分子大小。

人们还常用腐殖物质在波长 465nm 和 665nm 处的光密度比值（E_4/E_6）来说明腐殖物质所含芳环的缩合程度、芳香核上的碳与脂族侧链上的碳的比例等。通常 E_4/E_6 的值低者，其分子缩合程度和芳香碳比例较高，腐殖化程度较深。坎普贝尔（E. E. Campbell）等发现 E_4/E_6 的值与腐殖物质的平均存留时间呈相反的关系，平均存留时间较短的腐殖物质，其 E_4/E_6 的值较高，也就是说，形成年代较近的腐殖物质，其缩合程度和芳香碳比例较低。

胡敏酸的 E_4 一般比富啡酸高，而 E_4/E_6 的值一般比富啡酸低。这表明胡敏酸的分子结构较为复杂。腐殖物质的紫外、荧光和红外光谱及核磁共振波谱等也可以提供其结构信息，相关研究也较多。

6. 腐殖物质的稳定性　腐殖物质不同于土壤中动、植物残体的有机成分，它对微生物分解的抵抗力较大，要使它彻底分解，少则需要近百年，多则几百年至几千年。一般胡敏酸比富啡酸稳定，这说明在自然土壤中腐殖物质的矿化率是很低的。但一经开垦，土壤有机质的矿化率就大大增加。例如，我国东北的黑土，经开垦种植后，土壤有机质含量迅速下降，需 50～100 年才能达成新的平衡。

三、土壤腐殖物质组成的地带性变异

土壤腐殖物质组成（soil humus composition）是指腐殖物质中胡敏酸和富啡酸的比值（HA/FA 的值），常用来说明腐殖物质在不同形成条件下的腐殖化度程度和分子复杂程度。其比值越大，腐殖物质的腐殖化度程度和分子复杂程度越高。在不同地区各土类间，HA/FA 的值有明显的地带性变异。

黑土中不但有机质含量丰富，而且腐殖物质的移动性较小，对矿物的分解作用较弱。腐殖物质中以胡敏酸为主（HA/FA 的值在 1.5～2.5），胡敏酸的芳构化度和相对分子质量都较大。由黑土带往西，依栗钙土、灰钙土、漠土带序列，胡敏酸的含量逐渐降低，胡敏酸的芳构化度和相对分子质量也逐渐减小，HA/FA 的值栗钙为 1，灰钙土、棕钙土、灰漠土仅为0.6～0.8，其变化主要反映干燥度对腐殖物质形成的影响。

由黑土带往南，经棕壤、黄棕壤到红壤和砖红壤，胡敏酸在腐殖质组成中的比例逐渐降低，芳构化度和相对分子质量逐渐降低。毗邻黑土的棕壤，其 HA/FA 的值一般在 1～2，而黄棕壤 HA/FA 的值仅为 0.45～0.75。砖红壤的腐殖物质中不但以富啡酸为主体（HA/FA 在0.45 以下），且其少量的胡敏酸与富啡酸已较接近，它们几乎全部以游离态或与活性铁、铝氧化物呈结合态存在。

可见，由黑土带至红壤带，土壤腐殖质体系逐渐向相对分子质量较小，复杂程度较低的方向变化，活性逐渐增大，对土壤矿物质的分解作用逐渐增加。其变化不仅仅是由生物气候条件引起的，同时也是由土壤黏土矿物的组成和 pH 的变化所致。

在高山地区，腐殖物质体系的变化，随海拔的升高、气候植被的变化而有明显的变化，各高山土壤中腐殖物质体系的复杂程度要小得多。可见，低温不利于胡敏酸的形成，也不利于芳构化度的增大，高山土壤的胡敏酸移动性均较大。

渍水条件使各地带中水稻土有机质的组成、性质具有一些共同的特点：HA/FA 的值大多较相应的自然植被下的土壤或旱地土壤的高，但胡敏酸的光密度值大多较低。

第四节　土壤有机质的作用与调节

一、土壤有机质在土壤肥力上的作用

有机质作为土壤最精华的部分，通过对土壤结构形成和生物地球化学（biogeochemical）循环的双重控制，来调节各种土壤性质及过程（如土壤的生产力、土壤环境质量及固碳减排）。土壤有机质一方面可以通过与矿物质的结合而表现出骨骼（solid skeleton）作用；另一方面又可以通过对团聚体的包裹和黏附于矿质颗粒表面，起到土壤的肌腱（muscle tendon）作用；而游离于土壤溶液的有机质是具有生物活性的营养汁液（nutrition juice）。土壤有机质的含量是衡量土壤肥力水平的一项重要指标。

（一）提供植物需要的养分

土壤有机质是植物所需的氮、磷、硫、微量元素等养分的主要来源。大量资料表明，我国主要土壤表土中 80% 以上的氮、20%～76% 的磷以有机态存在，在大多数非石灰性土壤中，有机态硫占全硫的 75%～95%。随着土壤有机质的逐步矿化，这些养分可直接通过微生物的降解和转化，以一定的速率不断地释放出来，供植物和微生物生长发育之需。

同时，土壤有机质分解和合成过程中，产生的多种有机酸和腐殖酸对土壤矿质部分有一定的溶解能力，可以促进矿物风化，有利于某些养分的有效化。一些与有机酸和富啡酸络合的金属离子可以保留于土壤溶液中，不致沉淀而增加其有效性。

（二）改善土壤肥力特性

有机质通过影响土壤物理、化学和生物学性质而改善土壤肥力特性。

1. **物理性质** 土壤有机质，尤其是多糖和腐殖物质在土壤团聚体的形成过程和稳定性方面起着重要作用。这些物质在土壤中可以通过功能基、氢键、范德瓦耳斯力等以胶膜形式包被在矿质土粒的外表。由于它们的黏结力比砂粒强，在砂性土壤中，增加砂上的黏结性而促进团粒结构的形成。另外，它们松软、絮状、多孔，在黏性土壤中，黏粒被它们包被后，易形成散碎的团粒，使土壤变得比较松软而不再结成硬块。土壤有机质能改变砂土的分散无结构状态和黏土的坚韧大块结构，使土壤的透水性、蓄水性、通气性及根系的生长环境有所改善。

同时，由于土壤空隙结构得到改善，水的入渗速率加快，从而可以减少水土流失。腐殖物质具有巨大的比表面积和亲水基团，吸水量是黏土矿物的 5 倍，能改善土壤有效持水量，使得更多的水能为作物所利用。对农事操作来讲，由于土壤耕性变好，翻耕省力，适耕期长，耕作质量也相应地提高。

腐殖物质对土壤的热状况也有一定的影响，这是由于腐殖物质是一种深色的物质，深色土壤吸热快，在同样日照条件下，其土温相对较高。

2. **化学性质** 腐殖物质因带有正负两种电荷，故可吸附阴、阳离子；其所带电性以负电荷为主，吸附的离子主要是阳离子 K^+、NH_4^+、Ca^{2+}、Mg^{2+} 等。这些离子一旦被吸附后，就可避免随水流失，而且能随时被根系附近的 H^+ 或其他阳离子交换出来，供作物吸收，仍不失其有效性。从吸附性阳离子的有效性来看，腐殖物质与黏土矿物的作用一样，但单位质量腐殖物质保存阳离子养分的能力，比矿质胶体大 20～30 倍。在矿质土壤中，腐殖物质对阳离子吸附量的贡献占 20%～90%，腐殖物质在保肥力很弱的砂性土壤中的这一作用显得尤为突出。因此，在砂性土壤上增施有机肥以提高其腐殖物质含量后，不仅增多了土壤中养分含量，改善了砂土的物理性质，还能提高其保肥能力。

在酸性土壤中，有机质通过与单体铝的复合，降低土壤交换性铝的含量，从而减轻铝的毒害。可以推测，在较低土壤 pH 的情况下，并没有出现对植物生长不利的影响，这可能与土壤有机质和 Al^{3+} 的复合作用以及铝有机复合体在土壤中的迁移有关。

土壤中磷的有效性低主要是由于土壤对磷具有强烈的固定作用，有机质能降低磷的固定而增加土壤中磷的有效性和提高磷肥的利用率。有机质也能增加土壤微量元素的有效性。

腐殖酸是一种含有许多酸性功能团的弱酸，所以在提高土壤腐殖物质含量的同时，还提高了土壤对酸碱度变化的缓冲性能。

3. **生物学性质** 土壤有机质是土壤微生物生命活动所需养分和能量的主要来源，没有它就不会有土壤中的所有生物化学过程。土壤微生物生物量随着有机质含量的增加而增加，两者具有极显著的正相关。但因土壤有机质矿化率低，所以不像新鲜植物残体那样会对微生物产生迅猛的激发效应，而是持久稳定地向微生物提供能源。正因为如此，含有机质多的土壤，肥力平稳而持久，不易产生作物猛发或脱肥现象。

蚯蚓等土壤动物在土壤肥力上的重要性已为大家所公认，它通过影响土壤的物理和生物性质而影响对植物养分的供应。但蚯蚓的生命活动也是以土壤有机质为食物来源。据报道，一些蚯蚓专吃土壤表层的植物残体，而另一些则以已分解的有机物质为食源。蚯蚓通过掘洞、消化有机质、排泄粪便等直接改变土壤微生物和植物的生存环境。

土壤有机质通过刺激微生物和动物的活动还能增加土壤酶的活性，从而直接影响土壤养分转化的生物化学过程。此外，腐殖酸被证明是一类生理活性物质，它能加速种子发芽，增强根系活力，促进作物生长。对土壤微生物而言，腐殖酸也是一种促进其生长发育的生理活性物质。

但必须指出，有机质在分解时也可能产生一些不利于植物生长甚至有毒害的中间产物，特别是在厌氧条件下，这种情况更易发生。常见的如一些脂肪酸（乙酸、丙酸、丁酸等）的积累，达到一定浓度会对植物产生毒害作用。

二、土壤有机质在生态环境上的作用

（一）有机质与重金属离子的作用

土壤腐殖物质含有多种功能基，这些功能基对重金属离子有较强的络合和富集能力。土壤有机质与重金属离子的络合作用对土壤和水体中重金属离子的固定和迁移有极其重要的影响。各种功能基对金属离子的亲和力如下：

$$—C{=}C—OH \quad > \quad —NH_2 \quad > \quad —N{=}N— \quad > \quad \boxed{}_{N} \quad > \quad —COOH \quad > \quad —O— \quad > \quad —C{=}O$$

烯醇基　　　　　氨基　　　偶氮化合物　　　环氮　　　　羧基　　　　醚基　　　羰基

如果腐殖质中活性功能基（—COOH、酚羟基、醇羟基等）的空间排列适当，那么可以通过取代阳离子水化圈中的一些水分子与金属离子结合形成螯合复合体。两个以上功能基（如羧基）与金属离子螯合，形成环状结构的络合物，称为螯合物。胡敏酸与金属离子的键合总容量在 $200\sim600\mu mol/g$，大约 33% 是由于阳离子在复合位置上的固定，主要的复合位置是羧基和酚基。

腐殖物质 - 金属离子复合体的稳定常数反映了金属离子与有机配位体之间的亲和力，对重金属环境行为的了解有重要价值。一般金属 - 富啡酸复合体条件稳定常数的排列次序为 $Fe^{3+}{>}Al^{3+}{>}Cu^{2+}{>}Ni^{2+}{>}Cu^{2+}{>}Pb^{2+}{>}Ca^{2+}{>}Zn^{2+}{>}Mn^{2+}{>}Mg^{2+}$，其中稳定常数在 pH 5.0 时比 pH 3.5 时稍大，这主要是由于羧基等功能基在较高 pH 条件下有较高的离解度。在低 pH 时，由于 H^+ 与金属离子一起竞争配位体的吸附位，腐殖酸络合的金属离子较少。金属离子与胡敏酸之间形成的复合体极有可能是不移动的。

重金属离子的存在形态也受腐殖物质的络合作用和氧化还原作用的影响。胡敏酸可作为还原剂将有毒的 Cr^{6+} 还原为 Cr^{3+}。作为硬路易斯酸，Cr^{3+} 能与胡敏酸上的羧基形成稳定的复合体，从而可限制动植物对其的吸收性。腐殖物质还能将 V^{5+} 还原为 V^{4+}、Hg^{2+} 还原为 Hg、Fe^{3+} 还原为 Fe^{2+}、U^{6+} 还原为 U^{4+}。腐殖酸通过对金属离子的络合、螯合和吸附、还原作用，可降低重金属的毒害作用。

腐殖酸对无机矿物也有一定的溶解作用。胡敏酸对方铅矿（PbS）、软锰矿（MnO_2）、方解石（$CaCO_3$）和孔雀石 $[Cu_2(OH)_2CO_3]$ 的溶解程度比对硅酸盐矿物大。胡敏酸对 Pb^{2+}、Zn^{2+}、Cu^{2+}、Ni^{2+}、Co^{2+}、Fe^{3+}、Mn^{4+} 等各种金属硫化物和碳酸盐化合物的溶解度从最低的 ZnS（$95\mu g/g$）到最高的 PbS（$2100\mu g/g$）。腐殖酸对矿物的溶解作用实际上是其对金属离子的络合、吸附和还原作用的综合结果。

（二）有机质对农药等有机污染物的固定作用

土壤有机质对农药等有机污染物有强烈的亲和力，对有机污染物在土壤中的生物活性、残留、生物降解、迁移和挥发等过程有重要的影响。土壤有机质是固定农药的最重要的土壤成分，其对农药的固定与腐殖物质功能基的数量、类型和空间排列密切相关，也与农药本身的性质有关。一般认为极性有机污染物可以通过离子交换和质子化、氢键、范德瓦耳斯力、配位体交换、阳离子桥和水桥等各种不同机理与土壤有机质结合。对于非极性有机污染物可以通过分隔（partitioning）机理与之结合。腐殖物质分子中既有极性亲水基团，也有非极性疏水基团。

可溶性腐殖物质能增加农药从土壤向地下水的迁移，富啡酸有较低的分子质量和较高酸度，比胡敏酸更可溶，能更有效地迁移农药和其他有机物质。腐殖物质还能作为还原剂而改变农药的结构，这种改变因腐殖物质中羧基、酚羟基、醇羟基、杂环、半醌等的存在而加强。一些有毒有机化合物与腐殖物质结合后，其毒性降低或消失。

（三）土壤有机质对全球碳平衡的影响

土壤有机质也是全球碳平衡过程中非常重要的碳库。据估计，全球土壤有机质的总碳量在 1500Pg（表 2-8），是陆地生物总碳量的 2.5～3 倍。而每年因土壤有机质生物分解释放到大气的总碳量为 68×10^{15}g，全球每年因焚烧燃料释放到大气的碳远低得多，仅为 6×10^{15}g，是土壤呼吸作用释放碳的 8%～9%。可见，土壤有机质的损失对地球自然环境具有重大影响。从全球来看，土壤有机碳水平的不断下降，对全球气候变化的影响将不亚于人类活动向大气排放的影响。

表 2-8　部分系统碳库的比较

不同系统碳库	碳含量 / Pg*	不同系统碳库	碳含量 / Pg*
长寿命植物	560	海洋	38 500
土壤有机质	1 500	岩石圈	6 560 000
大气圈（1980 年）	760		

资料来源：李长生，2016

*1Pg＝10^{15}g

三、土壤有机质含量的调节

土壤有机质始终处于不断的分解和形成过程中。一方面主要由于微生物的作用，有机质逐渐地被分解。另一方面由于植物残体的输入，如在自然植被下，输入土壤的凋落物、残根以及根的分泌物和脱落物等；在农田条件下，输入土壤的根茬和根的分泌物以及有机肥料等，土壤有机又不断地得到补充。当土壤有机质分解量与输入量相等时，有机质含量将处于稳定的状况；当输入量大于分解量时，有机质含量将逐渐提高，反之则逐渐降低。因此，土壤有机质含量的变化，取决于有机质分解量和输入量的相对大小。

因此，要增加土壤中的有机质，一方面要增加土壤有机质的来源，合理安排耕作制度，实施绿肥轮作，增施各种有机肥料；另一方面则要了解影响有机质积累和分解的因素，以便调节有机质的积累和分解过程。

（一）增加土壤有机质的途径

1. 种植绿肥　　种植绿肥（green manure）是一个用来培肥土壤的有效措施。绿肥的分解较快，形成腐殖质也较迅速，施用绿肥后新增加的腐殖质和原腐殖质的消耗量相比较，除抵消一部分外，腐殖质还可以增加。

据估算，每公顷用作绿肥的紫云英有 27 000kg（包括地下鲜重），土壤腐殖质含量可提高 0.04%～0.08%。种植绿肥应依据"因地制宜、充分用地、积极养地、养用结合"的原则，同时也要考虑经济效益。在翻压绿肥时要注意翻压的深度、时间、灌水及播种等。在某些情况下，绿肥还可能引起激发效应。正激发加速了土壤中原有有机质的消耗，不利于有机质的积累，为了达到积累腐殖质的目的，每次施入的绿肥不应该太少，要使加入绿肥而增加的新腐殖质量，超过原含腐殖质的损耗量，达到提高腐殖质含量的目的，也可用换肥的办法，把一部分绿肥作为饲料，用一部分厩肥代替绿肥使用。

2. 增施有机肥料　　有机肥料的施用对土壤的作用主要表现在两个方面：一是改变或改善土壤的物理、化学和生物学性状；二是扩大土壤养分库尤其是土壤有效养分库，从而改善土壤养分状况和提高对植物所需养分的供给力。

粪肥、堆肥、沤肥和厩肥等是普遍施用的主要有机肥。长期施用有机肥，使土壤的熟化度提高，养畜积肥具有农牧相互促进的辩证关系。农林业的发展，为畜牧业提供了丰富的饲料，从而促进畜牧业的发展，而畜牧业的发展，又可为农林业提供大量有机肥料，促进农林业的发展。

3. 秸秆还田以及秸秆炭化还田　　一般是指将作物收获的秸秆切碎，不经堆腐直接翻入土壤。秸秆对促进土壤结构的形成和保存氮素以及促使土壤难溶性养分的释放比施用腐熟的有机肥效果更好。在进行秸秆还田时，要根据还田秸秆的C/N和田间肥力情况，适当添加速效N肥。如果土壤较瘦且前期施用粪肥较少，在施用时必须添加适量的速效氮肥，如碳铵等，以避免秸秆在土壤中腐解引起微生物和植物竞争有效N素，影响植物的生长发育。另外，秸秆在无氧条件下高温（350～550℃）热解，制成生物质炭还田，由于生物质炭较高的C/N，生物学稳定性高，施入土壤之后平均停留时间（MRT）大约为2000年，半衰期大约为1400年。其可作为提升土壤有机质含量的措施之一，此项技术已被农业农村部列入秸秆综合利用十大模式之一。

（二）调节土壤有机质的分解速率

土壤有机质的含量取决于年生成量和年矿化量的相对大小。年生成量与施用有机物质的腐殖化系数有关。通常腐殖化系数在0.2～0.5。一般来讲，同一物质的腐殖化系数，因不同的生物、气候条件、土壤组成性质及耕作等条件而有差别。水田较旱地腐殖化系数高。从有机物质的化学组成来看，木质化程度高的腐殖化系数也较高，即形成较多的腐殖质。黏重土壤的腐殖化系数比轻质土壤要高。土壤有机质的年矿化量受生物、气候条件、水热状况、耕作措施等各种因素的影响。一般来说，温度较低的地区，土壤有机质的年矿化量较低；耕作频繁的土壤，其年矿化量较高。我国耕地土壤有机质年矿化率在1%～4%。只有每年加入各种有机物质所生成的土壤有机质量等于年矿化量时，才能保持土壤有机质平衡。如果土壤原含有机质为2%，即每公顷土壤耕层的有机质量为2 250 000kg × 2%＝45 000kg，若矿化率为2%，则每年消耗的有机质量为45 000kg×2%＝900kg，若这种有机物质的腐殖化系数为0.25，则要加入900kg÷0.25＝3600kg干有机物质即可达到土壤有机质的平衡。

通常用腐殖化系数作为有机物质转化为土壤有机质的换算系数，表2-9是我国不同地区耕地土壤中有机物质的腐殖化系数，由于水热条件和土壤性质不同，同类有机物质在不同地区的腐殖化系数存在差异，同一地区不同有机物质的腐殖化系数也不同。

在讨论不同地区不同类型土壤有机质平衡时，可依据本地区腐殖化系数的实测值或参照表2-9的数值，对本地区土壤有机质的年形成量即年积累量做出评估。同时结合本地区土壤有机质年分解量的研究，对保持或提高土壤有机质含量所必须施入的有机物料量做出估算。

表 2-9   我国不同地区耕地土壤中有机物质的腐殖化系数

有机物料		东北地区	华北地区	江南地区	华南地区
作物秸秆	范围	0.26～0.65	0.17～0.37	0.15～0.28	0.19～0.43
	平均	0.42（9）*	0.26（33）	0.21（53）	0.34（18）
作物根	范围	0.30～0.96	0.19～0.58	0.31～0.51	0.32～0.51
	平均	0.60（5）	0.40（14）	0.40（54）	0.38（14）
绿肥	范围	0.16～0.43	0.13～0.37	0.16～0.37	0.16～0.33
	平均	0.28（14）	0.21（46）	0.24（33）	0.23（31）
厩肥	范围	0.28～0.72	0.28～0.53	0.30～0.63	0.20～0.52
	平均	0.46（11）	0.40（21）	0.40（38）	0.31（8）

资料来源：沈善敏，1998

* 括号内为样品测定个数

　　土壤有机质的转化，是通过微生物活动进行的。为了充分发挥有机质的有益作用，必须调节土壤微生物的活动，使有机质能及时分解，既不能太慢，也不能太快。因为分解得太慢，释放出来的养分太少，不能满足作物生长的需要；而分解得太快，不但会使土壤有机质产生无益的损耗，还会造成养分供应一时过多，使作物徒长或从土中逸散流失。另外，土壤有机质的过快消失，还必然会导致土壤结构的破坏，使土壤理化性状变劣，耕性恶化。因此，采取正确措施，以调节土壤有机质的分解速率，使之适应于植物生长发育的需要。

【思 考 题】

1. 土壤有机质的来源有哪些？分别有哪些元素、化合物组成？
2. 试述土壤有机质的转化过程：矿质化过程和腐殖化过程。
3. 影响土壤有机质转化的因素有哪些？
4. 论述土壤有机质的作用，列举提高土壤有机质含量常用措施，并简要解释原理。

第三章 土壤生物

【内容提要】

本章重点介绍土壤生物的组成、影响土壤生物活性的环境因素、土壤生物分布及其相互作用，并着重介绍土壤微生物的种群多样性、生物功能及表征。通过本章的学习，要求了解土壤中的生物及土壤酶的主要类型、土壤生物活性及表征，掌握微生物的多样性及其在土壤中的作用、影响微生物活性的环境因素。

土壤生物（soil organism）是土壤生态系统的重要组成部分，主要包括土壤微生物（soil microorganism）、土壤动物（soil fauna）和高等植物的根系（root）。土壤物质组成和微环境的复杂性决定了土壤具有丰富的生物多样性，而土壤生物多样性对于提高土壤氮、磷等重要养分元素的有效性，促进土壤有机质的周转和积累，改善土壤结构和质量，消除土壤障碍因子等具有重要作用。此外，土壤生物多样性能增强植物对非生物胁迫因子的抗性，赋予植物对土传病害的抵抗能力，提高植物对土壤养分和水分的利用效率。土壤生物是土壤具有生命力的主要成分，与土壤肥力及土壤健康有着密切关系，在土壤形成与发育、物质转化与能量传递等过程中发挥着重要作用，是评价土壤质量和健康状况的重要指标之一。土壤中常见的生物类群见表3-1。

表 3-1　土壤中常见的生物类群[*]

生物种类		例子
大型动物 （主要食草和食腐性）	脊椎动物	田鼠
	节肢动物	白蚁、甲虫及幼虫、千足虫
	环节动物	蚯蚓
	软体动物	蛞蝓、蜗牛
大型动物（主要捕食性）	脊椎动物	鼹鼠、蛇
	节肢动物	蜘蛛
中型动物（主要食腐性）	节肢动物	螨、弹尾虫（跳虫）
	环节动物	线蚓
微型动物（食腐性、捕食性、食真菌、细菌）	线虫	线虫
	原生动物	变形虫、纤毛虫
高等植物（自养）		植物根、根毛
微生物（主要自养）		单细胞藻类
微生物（异养）	真菌	酵母、霉菌、蕈菌
	放线菌	链霉菌等
微生物（异养和自养）	细菌	好氧细菌、厌氧细菌
	蓝细菌	蓝细菌

资料来源：熊顺贵，2001

* 动物全部异养

第一节　土壤生物的组成

土壤被誉为"地球活的皮肤"，蕴含着极其丰富的生物多样性。土壤生物作为元素生物地球化学过程的引擎，驱动着土壤圈与其他各圈层之间活跃的物质交换和循环，在全球变化中扮演着重要的角色。

一、土壤微生物

地球上分布最广、数量最多、生物多样性最复杂的生物是土壤微生物。目前已知的微生物绝大多数都是从土壤中分离、驯化、选育出来的，但只占土壤微生物实际总数的 1% 左右。土壤微生物是土壤生物中最活跃的部分，直接参与土壤有机质的分解、腐殖质合成、养分转化和推动土壤的发育和形成。主要作用表现为：产生并消耗 CO_2、CH_4、NO、N_2O、CO 和 H_2 等气体，影响全球气候的变化；分解有机废弃物，促进腐殖酸的形成；固定氮素、释放难溶矿质中的营养元素、调节植物生长的养分循环；产生植物激素、提高植物的抗逆性；与植物共同形成物理屏障，减少病原菌侵害；降解污染物，降低其毒性。

土壤微生物类群庞杂，种类繁多，其种类主要有原核微生物［古菌、细菌（狭义的）、放线菌、蓝细菌、黏细菌］、真核微生物（真菌和藻类）及无细胞结构的分子生物。

（一）土壤微生物的种群

1. 古菌（archaea）　古菌是一群细胞形态多样、生理功能迥异、基因结构独特的单细胞微生物，其生存环境代表了生物圈的极限，大多生活在超高温、高盐、强酸、强碱、严格无氧状态等极端环境。例如，极端嗜热古菌能在高达 121℃的温度下存活并生长；产甲烷菌可在严格厌氧环境利用简单二碳和一碳化合物生存和产甲烷；极端嗜盐古菌可在极高的盐浓度下生存等。近年来，随着 DNA 分子测序技术的进步，采用免培养方法可直接从环境中获得古菌基因组序列，海量基因组数据极大地推动了古菌系统发育学与进化研究的发展。古菌已由最初的广古菌（Euryarchaeota）和泉古菌（Crenarchaeota）两个门，迅速增加到近 30 个不同的门。研究也发现古菌不仅存在于强酸、缺氧、强碱等极端环境，也广泛存在于湖泊、海洋及土壤等各种普通环境中，且含量巨大，在全球地球化学循环中发挥着重要作用。古菌在土壤微生物群落及生物量占相当大的比例，甚至占到某些旱地土壤微生物的 10% 左右，其中广古菌（Euryarchaeota）和奇古菌（Thaumarchaeota）居多，它们参与碳、氮和氢的生物地球化学循环。

2. 细菌（bacteria）　土壤细菌是土壤微生物中分布最广泛、数量最多的一类，占土壤微生物总数的 70%～90%。因其个体小、代谢强、繁殖快、与土壤接触的表面积大，是土壤中最活跃的因素，在有机残体的分解过程中起着主要的作用。根据分析，10g 肥沃土壤的细菌总数相当于全球人口的总数。在土壤中普遍存在的细菌有 20 多个属，节杆菌属（*Arthrobacter*）、芽孢杆菌属（*Bacillus*）、假单胞菌属（*Pseudomonas*）、土壤杆菌属（*Agrobacterium*）、产碱杆菌属（*Alcaligenes*）和黄杆菌属（*Flavobacterium*）等在土壤中较为常见，但这些种属在不同的土壤中相对比例有很大不同。

土壤中存在着各种细菌生理群，其中纤维分解菌、固氮细菌、硝化细菌、亚硝化细菌、硫化细菌、氨化细菌等在土壤碳、氮、硫、磷循环中担当着重要角色。

3. 放线菌（actinomycete）　　放线菌广泛分布在土壤、堆肥、淤泥、淡水水体等各种自然生境中，数量及种类仅次于细菌。土壤放线菌的数量，通常是细菌数量的 1%～10%，一般农田土壤高于其他土壤，且在有机质含量高的中性偏碱土壤中比例高。放线菌绝大多数为好氧异养型，多发育于耕层土壤中，数量随着土壤深度增加而减少。土壤中常见的放线菌近 20 属，主要有链霉菌属（*Streptomyces*）、诺卡氏菌属（*Nocardia*）、小单孢菌属（*Micromonospora*）、游动放线菌属（*Actinoplanes*）和弗兰克氏菌属（*Frankia*）等。其中链霉菌属占 70%～90%；其次为诺卡氏菌属，占 10%～30%；小单孢菌属占第 3 位，只有 1%～15%。

放线菌能分解纤维素、淀粉、木质素等复杂有机物，参与土壤有机质转化过程。不少类群的放线菌产生抗生素，对防止动植物病害的传播，调节土壤微生物群落组成具有重要作用。高温型的放线菌在堆肥中对其养分转化起着重要作用。

4. 蓝细菌（cyanobacteria）　　蓝细菌是光合微生物，过去称为蓝（绿）藻，由于具有原核特征现改称为蓝细菌，与真核藻类区分开来。分布很广泛，从热带到两极都有，但以热带和温带较多，淡水、海水和土壤是它们生活的主要场所。在潮湿的土壤和稻田中常常大量繁殖。蓝细菌种类繁多，有单细胞和丝状体两类形态，其中一些固氮的种类可用来生产生物肥料。另外，固氮蓝细菌在热带和亚热带地区是保持土壤氮素平衡的重要因素。

5. 黏细菌（myxobacteria）　　黏细菌在土壤中的数量不多，但在施有机肥的土壤中常见。它是已知的最高级的原核生物，具备形成子实体和黏孢子的形态发生过程。黏细菌子实体含有许多黏孢子，具有很强的抗旱性、耐温性，对超声波、紫外线辐射也有一定抗性，条件合适时萌发为营养细胞。因此黏孢子有助于黏细菌在不良环境中，特别是在干旱、低温和贫瘠的土壤中存活。

6. 真菌（fungi）　　土壤真菌广泛分布于土壤耕作层中，每克土壤中含几万至几十万个，在数量上仅次于土壤细菌和放线菌。真菌适宜于通气良好和酸性的土壤，最适宜的 pH 为 3～6，并要求较高的土壤湿度，因而在森林土壤和酸性土壤中，往往真菌占优势或起重要作用。我国土壤真菌种类繁多，资源丰富，常见的有青霉属（*Penicillium*）、曲霉属（*Aspergillus*）、镰刀霉属（*Fusarium*）、木霉属（*Trichoderma*）、毛霉属（*Mucor*）、根霉属（*Rhizopus*）等。真菌的菌丝直径为 2～10μm，菌丝的穿插能够促进土壤的凝聚，起到改良土壤团粒结构的作用。真菌大多数营腐生生活，是土壤有机质的主要降解者，降解作用一般随土壤 pH 的下降而上升。寄生性的真菌则常引起植物病害，造成作物减产，动物寄生菌常引起动物疾病，但有的可用于害虫防治。菌根真菌可与植物形成共生结构体，促进作物生长。

7. 藻类（algae）　　藻类为单细胞或多细胞的真核生物，数量远少于上述菌类，不及土壤微生物总数 1%。土壤中藻类主要由硅藻、绿藻和黄藻组成。大多数藻类为无机营养型，分布在潮湿土壤的表层，可由自身含有的叶绿素进行光合作用增加土壤的有机质含量并放出氧气改善土壤的通气状况。也有一些藻类可分布在较深的土层中，为有机营养型，其作用是分解有机质。有些藻类可直接溶解岩石，释放出矿质元素，如硅藻可分解高岭石使硅酸盐中的钾素释放出来。另外，许多藻类在其代谢过程中可产生大量的胞外多糖，这种物质可以使土壤颗粒形成团聚体。

地衣是真菌和藻类形成的不可分离的共生体。广泛分布在荒凉的岩石、土壤和其他物体表面，通常是裸露岩石和土壤母质的最早定居者，在土壤发生的早期起重要作用。

8. 分子生物即非细胞型生物——病毒（virus）　病毒是一类超显微的非细胞生物，一种病毒通常只有一种核酸，它们是一种活细胞内的寄生物，凡有生物生存之处，都有相应的病毒存在。土壤中病毒一般以休眠状态存在，并且在控制杂草及有害昆虫的生物防治方面已显示出良好的应用前景。

（二）表征土壤微生物的指标

目前分析土壤微生物的种类、数量、分布和活性的方法大致可分为传统纯培养法、生物化学法和分子生物学方法。传统纯培养法是通过培养基最大限度地培养各种菌落，由此了解土壤中可培养微生物的种群。因受到培养条件的限制，采用传统方法培养的土壤微生物不足总数的 1%，不能全面地反映土壤微生物组成状况，且烦琐耗时。目前，最常见的表征土壤微生物的指标包括土壤微生物生物量（soil microbial biomass）、土壤微生物区系（soil microflora）、土壤呼吸强度（soil respiration intensity）、土壤酶活性（soil enzyme activity）和土壤微生物多样性（soil microbial diversity）。这里主要介绍土壤微生物多样性。

土壤微生物多样性是指土壤生态系统中所有微生物种类、它们拥有的基因以及这些微生物与环境之间相互作用的多样化程度。土壤微生物多样性是维持土壤生产力的重要组分，影响着生态系统的结构、功能及过程；它对自然因素和人为因素干扰敏感，是评价土壤质量的重要指标。土壤微生物多样性包括物种多样性、生理功能多样性、结构多样性及遗传物质多样性等不同层面。针对不同的微生物多样性研究内容，分析方法也较多，目前应用更为普遍的方法有 Biolog 微平板法、磷脂脂肪酸法和分子生物学方法。

1. Biolog 微平板法　Biolog 微平板法采用底物诱导下的代谢影响模式测算土壤微生物群落的代谢功能多样性。该方法以检测微生物细胞利用不同碳源进行代谢过程中产生的酶与四唑类显色物质［如氯化三苯基四氮唑（TTC）、四氮唑紫（TV）］发生颜色反应的浊度差异为基础，运用独有的显型排列技术分析微生物的代谢特征指纹图谱，反映不同环境条件引起的微生物群落变化。Biolog 测试板含有 96 个小孔，除 1 孔为对照不含碳源外，其余孔分别含有不同的有机碳源和一种指示剂，通过接种微生物稀释液，在一定温度下培养后，根据微生物利用碳源引起指示剂的颜色变化差异来鉴定微生物群落功能多样性。这种方法相对简单快速，并能得到大量原始数据，缺点是仅能鉴定快速生长的微生物。

2. 磷脂脂肪酸法　磷脂脂肪酸是所有微生物细胞膜的组成成分，具有结构多样性和较高的生物学特异性。不同类群的微生物体往往具有不同的磷脂脂肪酸组成，因而可以通过分析磷脂脂肪酸的种类及组成比例来鉴别微生物的多样性，且磷脂脂肪酸只存在于活细胞中，适宜追踪微生物群落的动态变化。首先利用有机溶剂浸提土壤中的磷脂脂肪酸，然后进行分离纯化，最后利用标记脂肪酸，通过气相色谱分析各种脂肪酸的含量，并与微生物鉴定系统（MIDI）数据库比对进而得到微生物的群落组成信息。这个方法无须进行生物培养就能评价微生物的多样性，但测试结果常受有机质等因素的干扰，且不同属甚至科的微生物脂肪酸的可能重叠会影响种群结构的解析。

3. 分子生物学方法　分子生物学手段应用于微生物多样性分析，使得对土壤中占绝大多数的不可培养微生物的研究成为可能。目前大多数用于分析微生物多样性的方法是基于 PCR 扩增的，针对某个基因序列的保守区域设计引物，对土壤样品的总 DNA 进行扩增，再使用一定的手段将这些长度一样而序列组成不同的序列分离开来，某种类型序列出现的频率可以近似代表某种类型微生物的丰度，借此反映土壤微生物的多样性。可用于微生物多样性分析的基因序列包括：核糖体基因序列（rRNA）、已知功能基因的序列、重复序列等。微生物 16S rRNA 是最常用的标记序列，其在漫长的进化过程中碱基组成、核苷酸序列、高级结构及生物功能等方面表现出高度保守性而有微生物"化石"之称，保守性能够反映微生物之间的亲缘关系，为系统发育重建提供线索。而 16S rRNA 序列组成也不是完全保持恒定的，其具有一定的可变性，这种可变性能够反映出不同微生物的特征核酸序列，可作为微生物多样性分析的分子基础。常规的微生物分子生物学研究方法如分子杂交、单链构象多态性（SSCP）分析、变形梯度凝胶电泳（DGGE）、限制性片段长度多态性（RFLP）分析、末端限制性片段长度多态性（T-RFLP）分析、荧光原位杂交（FISH）及克隆文库法等技术的应用使人们对环境中的微生物群落有了更深入的认识，但得到的信息量有限，分辨率普遍较低。近些年来发展起来的高通量测序技术强有力地推进了微生物生态学的研究。基于高通量测序技术进行微生物多样性研究的方法主要有两种：一种是基于 16S rRNA 基因的扩增子测序，另一种是基于环境基因组 DNA 的宏基因组测序，两种方法各有优缺点。相比之下，基于 16S rRNA 基因的高通量测序技术更加常用，并且消除了克隆问题，可以综合研究各个可变区，分析方法也相对成熟，并可通过生物信息学处理得到微生物群落的组成、结构、多样性及其与环境因子的关系等方面的信息。宏基因组测序则是直接从环境样品中提取全部微生物的 DNA，通过测序探究环境中微生物的群落结构、功能、代谢调节、进化及其与各种环境因子的关系，极大地丰富了对土壤微生物多样性及其功能的认知。

二、土壤动物

土壤动物通过取食、排泄、挖掘等生命活动改变了土壤的物理性质（如通气状况、颗粒结构、水分运动）、化学性质（如养分循环）及生物学性质（如微生物群落结构），在土壤形成及土壤肥力发展中起着重要作用。土壤动物数量庞大，种类繁多，按体型可分为微型土壤动物（原生动物、轮虫和线虫等）、中型土壤动物（如螨和跳虫等）、大型土壤动物（蚯蚓、蚂蚁等）。这里主要介绍土壤中几种重要的动物类群。

（一）蚯蚓

蚯蚓（earthworm）是土壤中无脊椎动物的主要成员，是最重要的土壤动物。一般农田每公顷土壤中蚯蚓的数量可达 30×10^4 条，在森林土壤、肥沃的菜园土壤及种植多年生牧草或绿肥的土壤中数量更多。每年通过蚯蚓体内的土壤每公顷约有 37 500kg 干重。这些土壤中的有机物可作为它们的食料，而且矿物质成分也受到蚯蚓体内的机械研磨和各种消化酶类的生物化学作用而发生变化。因此蚯蚓粪中含有的有机质、全氮、硝态氮、代换性钙和镁、有效态磷和钾、盐基饱和度以及阳离子代换量都明显高于土壤（表 3-2）。排泄的粪是有规则的长圆形、卵圆形的团粒，这种结构具有疏松、绵软、孔隙多、水稳性强、有效养分多并能保水保肥的特点。蚯蚓在最适宜的气候条件下，每天形成的土壤结构重量可超过体重的 1~2 倍，一般情况下相当于自身的体重。

表 3-2　蚯蚓粪与周围土壤养分质量分数的比较

养分种类	总碳 / (g/kg)	全氮 / (g/kg)	有效氮 / (mg/kg)	有效磷 / (mg/kg)	代换性钙 / (mg/kg)	代换性镁 / (mg/kg)	代换性钾 / (mg/kg)	盐基饱和度 /%
蚯蚓粪	51.7	3.53	21.9	67	2790	492	358	93
表土（0~15cm）	33.5	2.46	4.7	9.0	1990	162	32	74

资料来源：耿增超和戴伟，2011

此外，蚯蚓的穿行活动可显著增强土壤的通气透水性，并将作为食物的叶片、植株搬运到土壤的深层，与土壤混合，更加速了土壤有机质的分解转化，促进土壤结构的形成。因此，土壤中蚯蚓的数量往往可以作为评定土壤肥力的因素之一，大量的蚯蚓是高度肥沃土壤的标志。

（二）线虫

线虫（nematode）又称为圆虫、丝线虫或发状虫，是土壤后生动物中最多的种类，它是一种严格的好氧动物，一般生活在土壤团块或土粒间隙的水膜中，每平方米可达几百万个。土壤中线虫取食微生物和其他动物，许多种也寄生于高等植物和动物体上，常常引起多种植物根部的线虫病。

（三）螨类

栖息在土壤中的螨类（mite），体形大小变化在0.1～1mm，在土壤中的数量十分庞大，通常以分解中的植物残体和真菌为食物，也以蚕食其他微小动物为生。它们在有机质分解中的作用，是把大量的残落物加以软化，并以粪粒形态将这些残落物散布开来。

（四）蚂蚁

蚂蚁（ant）是营巢居生活的群居昆虫，在土壤中进行挖孔打洞的活动，对改善土壤通气性和促进排水流畅起着极显著的作用，并可破碎并转移有机质进入深层土壤。而蚁粪在促进作物生长方面与蚯蚓具有同样的效果。

（五）蜗牛

蜗牛（snail）大多在土壤表面觅食，出没于潮湿土壤中，是典型的腐生动物。以植物残落物和真菌为食料，能使一些老植物组织以浸软和部分消化状态排出体外。

（六）原生动物

原生动物（protista）为单细胞真核生物，细胞结构简单，数量多，分布广。不同地区和不同类型土壤中的原生动物种类和数量有差异。它们绝大多数好氧，表土中最多，下层土壤中较少。原生动物主要有3种类型：鞭毛虫、变形虫和纤毛虫。鞭毛虫以细菌作为食料，可以通过叶绿素制造有机物；变形虫在酸性土壤上层以动植物的碎屑作为食料；纤毛虫以细菌和小型的鞭毛虫为食料。原生动物在土壤中可以调节细菌数量，促进有效养分的转化，并参与土壤植物残体的分解。

此外，一些鼠类在森林土壤和湿草原土壤中也具有相当的数量，由于挖穴筑巢，常将大量亚表土和心土搬到表层，而将富含有机质的表土填塞到下层洞穴中，因此对表层土壤的疏松起一定的作用。

在土壤中还有许多昆虫，对疏松土壤都具有一定的作用，但有许多是咬食作物根部的害虫，如地老虎、蝼蛄等，对于这些作物的害虫要加强防治。

三、植物根系及其与微生物的联合

高等植物的根系虽然只占土壤体积的1%，但其呼吸作用却占土壤的1/4～1/3。植物根系通过根表细胞或组织脱落物、根系分泌物向土壤输送有机物质，这些有机物质一方面对土壤养分循环、土壤腐殖质的积累和土壤结构的改良起着重要作用；另一方面作为微生物的营养物质，大大刺激了根系周围土壤微生物的生长，使根周围土壤微生物数量明显增加。表3-3列举了根产物中有机物质的种类及其在植物营养中的作用。

表 3-3　根产物中有机物质的种类及其在植物营养中的作用

根产物中有机物质的种类		在植物营养中的作用
低分子有机化合物	糖类、有机酸、氨基酸、酚类化合物	养分活化与固持，微生物的养分和能源，刺激植物和微生物的生长
高分子黏胶物质	多糖、酚类化合物、多聚半乳糖醛酸等	有利于植物水分和养分的吸收，抵御有毒化合物的毒害，为特定根际微生物提供生存环境
细胞或组织脱落物及其溶解产物	根冠细胞、根毛细胞内含物	微生物能源，间接影响植物营养状况

资料来源：耿增超和戴伟，2011

（一）根际与根际效应

根际（rhizosphere）通常是指直接受植物根系影响的土壤区域，一般指距离根轴表面数毫米范围之内土壤 - 根系 - 微生物相互作用的微区域。根际范围的大小因植物种类不同而有较大变化，同时也受植物营养代谢状况的影响。

由于植物根系的细胞组织脱落物和根系分泌物为根际微生物提供了丰富的营养和能量，因此植物根际的微生物数量和活性常高于根外土壤，这种现象称为根际效应（rhizosphere effect）。根际效应的大小常用根际土和根外土中微生物数量的比值（R/S）来表示。R/S 越大，根际效应越明显。当然 R/S 的值总大于 1，一般为 5～50，高的可达 100。土壤类型对 R/S 的值有很大影响，有机质含量少的贫瘠土壤，R/S 的值大。植物生长势旺盛，也会使 R/S 增大。

（二）根际微生物

根际微生物（rhizosphere microorganism）是指植物根系直接影响范围内的土壤微生物。从数量来看，根际微生物数量多于根外，但因植物种类、品系、生育期和土壤性质不同，根际微生物数量有较大变异。在水平方向上，离根系越远，土壤微生物数量越少；在垂直方向上，其数量随土壤深度增加而减少。从类群来看，由于受到根的选择性影响，根际微生物种类通常要比根外少。在微生物组成中，以革兰氏阴性无芽孢细菌占优势，最主要的是假单胞菌属（Pseudomonas）、农杆菌属（Agrobacterium）、黄杆菌属（Flavobacterium）、产碱菌属（Alcaligenes）、节细菌属（Arthrobacter）、分枝杆菌属（Mycobacterium）等。若按生理群分，则反硝化细菌、氨化细菌和纤维素分解细菌在根际较多。

根际微生物数量的增加是根系分泌物提供营养、富集的结果，有益根际微生物对植物生长有促进作用，有害根际微生物加重植物病害。实行作物轮作，改变根圈微生物种群，有减轻或消除病害的作用。

（三）菌根

菌根（mycorrhiza）是指真菌侵染植物根系并与根系形成的共生联合体。这类能够侵染植物根系并建立共生关系的真菌称为菌根真菌。菌根真菌菌丝从植物根部伸向土壤中，扩大了根对土壤养分的吸收范围，并且菌根真菌分泌的维生素、生长激素和抗生素类物质，可促进植物根系的生长，增强植物抗逆性，同时菌根真菌可直接从植物获得碳水化合物和一些生长物质维系自身生长，因而植物与菌根真菌两者进行着互惠的共生生活。

已发现可形成菌根的植物有 2000 多种，其中木本植物数量最多。根据形态结构特征可将菌根分成三类：外生菌根（ectomycorrhiza）、内生菌根（endomycorrhiza）和内外生菌根。

1. 外生菌根　　外生菌根主要分布在北半球温带、热带丛林地区高海拔处及南半球河流沿岸的一些树种上。大多是由担子菌亚门和子囊菌亚门的真菌侵染而形成的。此类菌根形成时，菌根真菌在植物幼根表面发育，菌丝包在根外，形成很厚的、紧密的菌丝鞘，而只有少量菌丝穿透表皮细胞，在皮层内 2～3 层内细胞间隙中形成稠密的网状结构——哈氏网（Harting net）。菌丝鞘、哈氏网与伸入土中的菌丝组成外生菌根的整体。

具有外生菌根的树种有很多，如松、云杉、冷杉、落叶松、栎、栗、水青冈、桦、鹅耳枥和榛子等。

2. 内生菌根　　此类菌根在根表面不形成菌丝鞘，真菌菌丝发育在根的皮层细胞间隙或深入细胞内，与细胞原生质膜直接接触，进行物质和信息交换，只有少数菌丝伸出根外。

内生菌根根据结构不同又可分为丛枝菌根（arbuscular mycorrhiza，VA 菌根）、兰科菌根和杜鹃菌根，其中 VA 菌根是内生菌根的主要类型，它是由真菌中的内囊霉科侵染形成的。

内生菌根多发育在草本植物。许多森林植物和经济林木也能形成内生菌根，如柏、雪松、红豆杉、核桃、白蜡、杨、楸、杜鹃、槭、桑、葡萄、杏、柑橘，以及茶、咖啡、橡胶等。

3. 内外生菌根　　此类菌根是外生型菌根和内生型菌根的中间类型。它们和外生菌根的相同之处在于根表面有明显的菌丝鞘，菌丝具分隔，在根的皮层细胞间充满由菌丝构成的哈氏网。所不同的是，它们的菌丝又可穿入根细胞内。

内外生菌根有浆果鹃类菌根和水晶兰菌根。浆果鹃类菌根的菌丝穿入根表皮或皮层细胞内形成菌丝圈，而水晶兰菌根则在根细胞内菌丝的顶端形成枝状吸器。内外生菌根也可发育在许多林木的根部，如松、云杉、落叶松和栎等。

菌根对寄主植物的作用主要有：①扩大了寄主植物根的吸收范围，作用最显著的是提高了植物对磷的吸收。②防御植物根部病害，菌根起到机械屏障作用，防御病菌侵袭。③促进植物体内水分运输，增强植物的抗旱性能。④增强植物对重金属毒害的抗性，缓解农药对植物的毒害。⑤促进共生固氮。

（四）根瘤

根瘤（root nodule）是指原核固氮微生物侵入某些裸子植物根部，刺激根部细胞增生而形成的瘤状物，因而根瘤是微生物与植物根联合的一种形式。根瘤可分为豆科植物根瘤和非豆科植物根瘤。

根瘤菌（rhizobia）与豆科植物的共生是最重要的一类共生体系，根瘤菌进入豆科植物根内，在其中繁殖形成的根瘤，具有很强的固氮能力。

当根瘤菌侵入豆科植物根毛后，以细胞物质为营养分裂繁殖，并被根毛细胞产生的胶状物质所包围，形成侵入线，进入根的皮层组织。进而刺激皮层细胞分裂形成根瘤原基，侵入线穿入原基细胞，前端溶化放出根瘤菌。根瘤菌随后在根瘤原基中增殖发育，合成固氮酶，组成了固氮系统，出现了固氮活性，并由根瘤菌与共生植物的共同作用合成了根瘤中的豆血红蛋白。

非豆科植物根瘤中的内生菌主要是放线菌，少数是细菌或藻类。其中放线菌为弗兰克氏菌属，目前已发现有 9 科 20 多个属 200 多种非豆科植物能被弗兰克氏菌属放线菌侵染结瘤。

在我国有许多非豆科植物可与放线菌、细菌结瘤。桤木属、杨梅属、木麻黄属植物可与放线菌形成根瘤，具有固氮作用。沙棘属、胡颓子属植物可与细菌形成根瘤，根瘤同样也有固氮能力。

第二节　影响土壤生物活性的环境因素

土壤中微生物的生命活动受到许多环境因素的影响。不同环境因素对微生物的生长繁殖影响不同，同一因素因其浓度或作用时间不同对微生物的影响也不同。一般情况下，只有当外界环境条件适宜时，微生物才能进行正常的生长繁殖。外界环境不适宜时，微生物的生命活动就受到抑制或者引起变异甚至死亡。环境因素总体上分为物理因素、化学因素、生物因素和营养因素四大类。这里简述主要的几项环境因素。

一、温度

温度是微生物生长繁殖的重要环境条件之一。温度通过影响微生物细胞膜的液晶结构、酶和蛋白质的合成和活性、RNA 的结构及转录等，影响微生物的生命活动。每种微生物都有它的生长温度范围，若超过最高温度或低于最低温度时，微生物均不能生长，或处于休眠状态，甚至死亡。根据微生物的最适温度范围，将微生物划分为嗜冷、兼性嗜冷、嗜温、嗜热和超嗜热 5 种类型。它们都有各自的最低、最适和最高生长温度（表 3-4）。

表 3-4　按生长温度划分的微生物类型

类型	生长温度 /℃			生境
	最低	最适	最高	
嗜冷	0 以下	15	20	极地或大洋深处
兼性嗜冷	0	20～30	35	海水或冷藏箱，寒冷地带冻土
嗜温	15～20	20～45	45 以上	哺乳动物生活的地方，土壤表层以下的耕作层
嗜热	45	55～65	80	温泉、堆肥和土壤表层
超嗜热	65	80～90	100 以上	热泉、地热喷口、海底火山口、热带土壤表层

土壤中绝大多数微生物均属嗜温型菌，最适生长温度为 25～40℃。其中，腐生性微生物的最适生长温度在 25～30℃，它们在土壤有机质分解和养分转化中起着重要作用。温泉、堆肥、厩肥、干草堆和土壤中均有嗜热菌存在，它们参与厩肥、堆肥、干草堆等高温阶段有机质的分解作用。芽孢杆菌和某些高温放线菌是土壤中嗜热微生物的代表。土壤中的微生物在最适温度范围内，随温度升高，生长速度加快，代谢活性增强；超过最适温度时，生命活动减慢，甚至细胞中有些质粒不能复制而被消除；温度超过最高界限后，生长和代谢停止、死亡。低温效应则不同，温度在最低界限以下时，微生物虽停止生长和代谢，但无致死作用。

二、水活度

水是微生物细胞的主要成分，占细胞质量的 80% 左右，细胞中绝大多数化学反应都必须在以水为介质的条件下进行，因此水对微生物的生长影响很大。水分对微生物的影响不仅取决于它的含量，更取决于水的有效性。微生物生长环境中水的有效性常以水活度值（a_W）表示。常温常压下，纯水的 a_W 为 1，溶液中溶质越多，a_W 越小。不同环境水活度不同，一般农业土壤中水活度为 0.90～1.00（表 3-5）。

表 3-5 微生物生活环境的水活度

水活度（a_w）	环境（或材料）	微生物（代表种类）
1.00	纯水	柄杆菌、螺菌
0.90～1.00	一般农业土壤	大多数微生物
0.98	海水	假单胞菌、弧菌
0.95	人为环境或某些土壤环境	大多数革兰氏阳性杆菌
0.90	人为环境或某些土壤环境	革兰氏阳性杆菌、毛霉、镰孢霉
0.80	人为环境或少量特殊土壤环境	拜耳酵母、青霉
0.75	人为环境或少量特殊土壤环境	蓝杆菌、盐球菌、曲霉
0.70	人为环境或少量特殊土壤环境	嗜干燥真菌

资料来源：黄昌勇和徐建明，2010

微生物一般可在 a_w 为 0.60～0.99 的条件下生长。环境中 a_w 过低，会导致微生物生长的延迟期延长，比生长速率和总生长量减少，甚至使细胞脱水死亡。只有少数微生物能在较高渗透压溶液中生长发育，这些微生物称为嗜渗菌（osmophile）或嗜盐菌（halophile）。极端嗜盐菌（extreme halophile）甚至能在 15%～30% 的盐浓度下生活。

三、pH

环境酸碱度或者 pH 的改变会影响微生物对营养物质的吸收和细胞内酶的活性，因而微生物的生长繁殖均需要一定的 pH 环境。每种微生物都有其最适宜的 pH 和一定的 pH 适应范围，若超出其适应的范围，微生物的生长会受到抑制甚至死亡。大多数细菌、藻类和原生动物的最适宜的 pH 为 6.5～7.5，在 pH 4.0～10.0 也可以生长。放线菌一般在微碱性环境生长；酵母菌和霉菌则适宜于 pH 5.0～6.0 的酸性环境，而生存范围可在 pH 5.0～9.0。大多数土壤 pH 为 4～9，能维持各类微生物生长发育。只有少数微生物要求极低 pH 和极高 pH，称为嗜酸菌（acidophile）和嗜碱菌（alkaliphile），可在 pH 3 以下的酸性矿泉、酸性热泉、酸性土壤，pH 9 以上的碱性土壤或碱湖中生存。

四、Eh 和氧气

由于微生物要利用环境中的各类物质给出电子时产生的能量才能生长，因此微生物所处环境的氧化还原电位（Eh）对微生物的生长有显著影响。根据微生物与环境 Eh 和氧气的关系，可将其划分为好氧型、兼性好氧或兼性厌氧型、厌氧型三类。好氧微生物需要在有氧气或氧化还原电位高（Eh 在 100mV 以上）的条件下生长；厌氧微生物必须在缺氧或 Eh 在 100mV 以下的条件下生长；兼性好氧或兼性厌氧微生物适应范围广，在有氧或无氧，氧化还原电位较高或较低的环境中都能生长。

因此，结构良好、通气的旱作土壤中有较丰富的好氧微生物生长发育。淹水下层土壤、覆盖作物秸秆土壤或施用新鲜有机肥的土壤，常常是厌氧微生物占优势。

五、生物因素

土壤中微生物按照来源不同，可分为土著微生物和外源微生物。土著微生物由于长期生活在土壤中，对土壤环境有较强的适应性，当土壤环境变恶劣时能存活下来，环境好转时又重新繁殖。而随污水、淤泥、动植物残体和人、畜粪便等进入土壤的外源微生物在土壤只能短时间生长、繁殖，由于适应性、竞争性差而不能在土壤中持久存在。若土著微生物和外源微生物为互生互利关系，则外源微生物存活时间变长或可定居，若两者为拮抗关系，则外源微生物可能很快消失。这涉及微生物肥料和农药有效性问题。

土著微生物本身也存在互生、共生、拮抗现象，它们间互为生存、互相制约，使土壤微生物呈现丰富的多样性，如土壤纤维素分解菌为固氮菌提供能源，固氮菌为纤维素分解菌提供氮素营养；好氧微生物消耗土壤中的氧，降低土壤 Eh，为厌氧微生物创造了生活环境；放线菌产生抗生素，抑制土壤中的病原菌生长。

六、土壤管理措施

任何能改变土壤性质的管理措施都可能影响到微生物的生长发育。这里讨论土壤耕作和施用杀虫剂和其他化学制剂的影响。

（一）土壤耕作

土壤耕作方式是影响土壤环境和质量的重要因素，常规耕作、覆盖耕作和免耕等耕作措施对土壤微生物的影响程度不同，而同一土壤耕作方式因土壤类型、气候、田间管理措施等因素的不同对土壤微生物的影响也不同。研究发现，耕作方式对不同稻田土壤微生物活性的影响不同：一些研究发现翻耕处理稻田微生物数量和微生物活性要高于免耕处理，土壤耕作有利于水稻土壤微生物活性的提高且大幅度增加了细菌、真菌和放线菌微生物三大类群的数量；而另一些研究则发现，免耕的稻田土壤中微生物类群总数远高于翻耕，免耕处理真菌的数量比翻耕稍小，而细菌、放线菌数量明显增加。

（二）施用杀虫剂和其他化学制剂

大田施用的除草剂和叶面杀虫剂的剂量很少会达到足以直接伤害土壤微生物。正常用量的除草剂，对根瘤菌没有直接伤害，但对豆科植物有伤害或矮化，对结瘤数和固氮作用产生不良影响。杀菌剂、熏蒸剂及其他毒性强的化学剂可造成土壤微生物区系的破坏，应禁用或慎用。

第三节　土壤生物分布及其相互作用

土壤随着自然地理条件的变化显示出明显的水平和垂直地带性分布特征，这种土壤环境差异必然对土壤生物数量的消长和种群的结构产生不同影响；而随着土层深度、土壤结构变化的土壤微环境也会对土壤生物的分布产生影响。存在于各类土壤中的土壤生物不仅与土壤环境中的理化因素发生相互作用，生物群落内部之间也发生着极为复杂的相互作用，正是这些相互作用使得生物群落保持生态平衡。

一、土壤生物的分布

（一）土壤生物的地理分布

在不同的自然地理条件下，气候、植被、土壤性质的因素差别很大，各类生物对不同生态因素的反应也不同。因此，生态环境的差异必然对生物数量的消长和种群的结构产生不同影响，使生物呈现明显的地理分布特征。通常在纬度和海拔梯度的影响下，物种丰富度从热带到两极逐渐下降，随海拔升高而下降。过去普遍认为，微生物的分布不同于动植物，不具有明显的地带性和区域分布特征，而是呈全球性随机分布。事实上，不同的生境类型间，微生物群落组成存在明显的差异性。中国科学院南京土壤研究所对我国一些主要的土类进行过微生物生态分布的调查，发现在富含有机物的黑土、草甸土、磷质石灰土、某些森林土或植被茂密的土壤中，微生物的数量比较多，而西北干旱、半干旱地区的栗钙土、棕钙土和盐碱土，以及华中、华南地区的红壤、砖红壤中，微生物的数量就比较少。Firer 等对北美到南美土壤细菌多样性的空间变异研究表明，土壤细菌群落的多样性和物种丰富度随地上生态系统类型的变化而变化，地下土壤细菌群落与地上生物群落之间存在对应关系。

近年来，微生物分子生物学数据也从遗传角度展示，土壤微生物的分布存在地理分布的差异。Cho 和 Tiedje 对来自 4 个大陆 10 个样点的土壤样品中的假单胞菌（*Pseudomonas*）进行了研究，结果显示在不同的样点和大陆间并没有重合的基因型，表明不同样点间假单胞菌存在显著的地方性分化。Whitaker 等研究了 5 个地理分隔样点中的古菌 *Sulfobolus*，通过分析分离株的发育起源发现系统发育树上不同的进化分枝与 5 个地理区域相对应，说明同一取样区域的微生物具有同样的进化史，而不同区域的微生物，其进化史不同。这一研究结果表明，微生物种群的地方性分化的确存在。

（二）土壤剖面中微生物的分布

土壤具有各种微生物生长发育所需的营养、水分、空气、酸碱度、温度等条件，是生物生活和繁殖的良好栖息地。土壤生物在剖面中的分布与紫外辐射、营养、水、通气、温度等因素有关。以微生物为例，表土因受紫外线的照射和水分缺乏，微生物容易死亡而数量少，在 5～20cm 处微生物数量最多，在植物根系附近微生物数量更多。在耕作层 20cm 以下，微生物的数量随土层深度增加而减少。

（三）土壤团聚体中的生物分布

土壤团聚体解决了土壤中的水气矛盾，提高了土壤保肥供肥能力，是微生物在土壤中生活的良好微环境。团聚体内外的条件不同，微生物的分布也不一样。在团聚体中，微生物随机分布而形成微菌落，与土壤黏粒紧密结合在一起（图 3-1）。

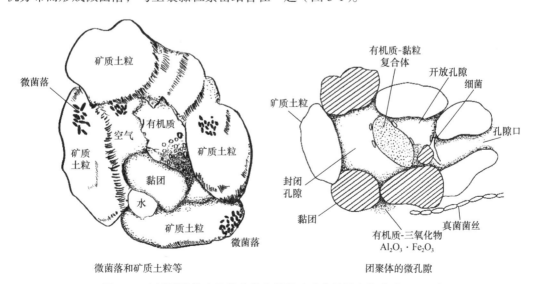

图 3-1　土壤团聚体中的微菌落和微孔隙（黄昌勇和徐建明，2010）

二、土壤生物之间的相互作用

土壤生物存在于自然生态系统中，不仅与土壤环境中的理化因素发生相互作用，生物群落内部之间也存在着极为复杂的相互关系。一般来说，土壤生物之间主要分为竞争、互生、共生、拮抗、捕食和寄生关系。

（一）竞争关系

竞争关系（competition）是指生活在一起的两种生物由于使用相同的资源（空间或有限营养）而相互竞争使两者的存活和生长都受到不利影响。竞争的胜负取决于它们各自的生理特性及对所处环境的适应性。自然界普遍存在的这种为生存而进行的竞争，是推动生物进化、发展的动力。例如，在微生物群落内部，种内和种间微生物都常常存在着对营养和空间的竞争，特别在一些亲缘关系相近的微生物之间。同样，在微生物与高等植物之间也存在竞争关系，如在利用肥料氮的过程中，微生物有时会对无机态氮与植物存在着强烈的竞争。

（二）互生关系

互生关系（syntrophism）是指一种生物的生命活动（主要是代谢产物）创造或改善了另一种生物的生活条件。互生关系的微生物是一种松散的联系，对于环境条件也有一定的要求。自生固氮菌与纤维素分解菌之间的关系是土壤微生物间互生关系的典型例子。固氮菌生活需要一定的有机物，但它不能利用纤维素物质；纤维素分解菌能分解纤维素产生葡萄糖、醇等，但它的生活需要氮素养料。当纤维素分解菌和固氮菌生活在一起时，纤维素分解菌与固氮菌相互供给碳源和氮源，但如果环境中有丰富的氮源化合物和简单的糖类，互生关系就会解除。

根际微生物与高等植物的互生关系广泛存在。根际是一个对微生物生长有利的特殊生态环境。植物根系能合成氨基酸、多种维生素，进行着活跃的代谢，并向根外分泌无机和有机物质，成为微生物重要的营养来源和能量来源。死亡的根系和根的脱落物也是微生物的营养源。一方面，微生物生活在根系邻近土壤，依赖根系的分泌物、外渗物和脱落细胞而生长；另一方面，有些根际微生物产生的代谢物可抑制植物病原菌的生长。

（三）共生关系

共生关系（symbiosis）是指两种生物共同生活在一起时在形态上形成了特殊共生体，在生理上产生了一定的分工，互相有利，甚至互相依存，当一种生物脱离了另一种生物时便难以独立生存。共生关系可以认为是互生关系的高度发展。

在土壤微生物与高等植物的共生关系中，研究最多的是根瘤和菌根。根瘤菌虽可以自由生活在土壤中，但在这种情况下它们不能固氮。而只有当根瘤菌侵入豆科植物根内，在其中繁殖，与其形成根瘤，才具有固氮能力。在自然界中，大部分植物都长有菌根，菌根是由菌根菌与高等植物根系结合形成的特殊共生体，它具有改善植物营养、调节植物代谢和增强植物抗病能力等功能。兰科植物的种子若无菌根菌的共生就不会发芽，杜鹃花科植物的幼苗若无菌根菌的共生就不能存活。

（四）拮抗关系

拮抗关系（antagonism）是指一种生物在其生命活动过程中，产生某种代谢产物或改变生境，从而抑制其他生物的生长繁殖，甚至杀死其他生物的现象。根据拮抗作用的选择性，可将生物间拮抗关系分为非特异性拮抗关系和特异性拮抗关系两类。非特异性拮抗是指生物产生的代谢物对一般生物，甚至包括其自身生长都有一定的抑制和毒害作用。例如，在乳酸发酵中，由于乳酸菌的生命活动产生大量乳酸，有阻碍许多腐败细菌生长的作用。另外，微生物的拮抗作用有时是特异性的，其代谢具有选择性地抑制或杀灭其他一定类群的生物。

土壤中微生物之间的拮抗关系是一个比较普遍的现象。抗生素产生菌广泛分布于土壤中，其中链霉菌属中大多数种，芽孢杆菌属和假单胞菌属以及真菌中的青霉属、木霉属的一些种，都能分泌抗菌性物质。土壤中微生物产生的抗菌物质是防治植物病原菌的生物制剂，已广泛应用于农业生产。

（五）捕食关系

捕食关系（predation）是指一种生物直接捕食另一种生物的现象。例如，一些个体较大的原生动物能捕食细菌、藻类、真菌和其他较小的原生动物。在土壤中，捕食性真菌被认为是一些由土壤生物引起的植物病害的生物控制剂。线虫和原生动物都可以被真菌的各种网状的菌丝、黏性的表面和陷阱所捕捉。这些生物被捕捉后，菌丝侵入其体内，消化和吸收其细胞和养分。

（六）寄生关系

寄生关系（parasitism）是指一种生物需要在另一种生物体内生活，从中摄取营养才能得以生长繁殖。寄生者通过宿主的细胞物质或宿主生命过程中合成的中间物得以生长繁殖，而使宿主受害。

在微生物间的寄生作用，最典型的是噬菌体与宿主细菌间的寄生关系。噬菌体本身不具有生理代谢作用，当它们侵入宿主细胞后，即将自己的核酸整合在宿主核酸中，并指导合成自己的核酸和蛋白质，形成大量子代噬菌体，并且引起宿主细胞的裂解死亡。

微生物寄生植物体的例子极其普遍。很多种细菌、放线菌、真菌和病毒都能寄生于植物，其中包括许多植物病原菌。在植物病害中，真菌病害是最主要的一类，占90%以上。植物寄生微生物有严格寄生的，也有兼性寄生的。前者只在活的寄主植物体内生长、发育、繁殖。在寄主体外时，则处于休眠状态。后者能在寄主植物体内生长、繁殖，营寄生生活，也能在其他自然环境中，如土壤和动植物残体中生长，营腐生生活。

人们广泛利用寄生关系来杀灭有害微生物，防治动植物病害。例如，应用绿脓杆菌噬菌体清除绿脓杆菌以治疗创面感染，用食菌蛭弧菌防治大豆假单胞菌引起的大豆叶斑病，利用苏云金芽孢杆菌防治松毛虫和利用白僵菌防治青菜虫等。

第四节　土壤生物活性及表征

土壤酶是土壤新陈代谢的重要因素，它与生活着的微生物细胞一起推动着物质转化。土壤酶活性是土壤中生物学特性的总体现，它表现了土壤的综合肥力特征及土壤养分的转化进程，因此土壤酶的活性强度，可作为评价土壤肥力水平的一项重要的辅助指标。另外，土壤微生物合成的代谢产物——生物活性物质直接影响植物的生长、产品数量和质量，因而也备受关注。

一、土壤酶

（一）土壤酶的种类及功能

土壤酶绝大部分来源于微生物，动物和植物也是其来源，但土壤动物释放的土壤酶数量十分有限。这些土壤酶可分为两类，一类是存在于活细胞内的胞内酶，一类是存在于土壤溶液中或吸附在土壤颗粒表面的胞外酶。目前，已发现能够在土壤中累积的土壤酶有 50～60 种，按反应机制可分为氧化还原酶、水解酶、转移酶和裂解酶，其主要类型及功能见表 3-6。

表 3-6　土壤酶主要类型及功能

名称	功能
脱氢酶（dehydrogenases）	促进有机物脱氢，起传氢的作用
葡萄糖氧化酶（glucose oxidase）	氧化葡萄糖为葡萄糖酸
醛氧化酶（aldehyde oxidase）	催化醛氧化为酸
尿酸氧化酶（urafe oxidase）	催化尿酸为尿囊素
联苯酚氧化酶（p-diphenol oxidase）	促酚类物质氧化生成醌
磷苯二酚氧化酶（catalase oxidase）	促酚类物质氧化生成醌
抗坏血酸氧化酶（ascorbate oxidase）	将抗坏血酸转化为脱氢抗坏血酸
过氧化氢酶（触酶 catalase）	促过氧化氢生成 O_2 和 H_2O
过氧化物酶（peroxidase）	催化 H_2O_2、氧化酚类、胺类转化为醌
氢酶（hydrogenase）	活化氢分子产生氢离子
酚 -O- 羟化酶（phenol-O -hydroxylase）	促酶氧化为 O- 二酚
吲哚 -3- 甲醛（IA）氧化酶（IA oxidase）	催化 IA 转化为吲哚 -3- 甲酸
硫酸盐还原酶（sulfate reductase）	促 SO_4^{2-} 转化为 SO_3^{2-}，再转化为硫化物
硝酸盐还原酶（nitrate reductase）	催化 NO_3^- 转化为 NO_2^{2-}
亚硝酸盐还原酶（nitrite reductase）	催化 NO_2^- 还原成 NH_2（OH）
羟胺还原酶（hydramine reductase）	促羟胺转化为氨

（氧化还原酶类）

名称	功能
羧基酯酶（carboxylesterase）	水解羧基酯，产羧酸及其他产物
芳基酯酶（arylesterase）	水解芳基酯，产芳基化合物及其他
脂酶（lipase）	水解甘油三酯，产甘油和脂肪酸
磷酸酯酶（phosphatase）	水解磷酸酯，产磷酸及其他
核酸酶（nuclease）	水解核酸，产无机磷及其他
核苷酸酶（nucleotidase）	核苷酸脱磷酸
植素酶（plytase）	水解植素，生成磷酸和肌醇
芳基硫酸盐酶（arylsulphatase）	水解芳基硫酸盐，生成硫酸和芳香族化合物
淀粉酶（amylase）	水解淀粉，生成葡萄糖
纤维素酶（cellulase）	水解纤维素，生成纤维二糖
昆布多糖酶（laminarinase）	水解昆布类藻多糖，最终产物为葡萄糖
菊糖酶（inulase）	水解菊糖，产果糖及低聚糖
木聚糖酶（xylanase）	水解木聚糖，产木糖
葡聚糖酶（dextranase）	水解葡聚糖，产葡萄糖
果聚糖酶（levanase）	水解果聚糖，产果糖
聚半乳糖醛酸酶（polygalacturonase）	水解该底物，产半乳糖醛酸

（水解酶类）

续表

名称	功能
α- 葡萄糖苷酶或麦芽糖酶（α-glucosidase）	水解麦芽糖产葡萄糖
β- 葡萄糖苷酶或纤维二糖酶（β-glucosidase）	水解纤维二糖，产葡萄糖
α- 半乳糖苷酶或蜜二糖酶（α-galactosidase）	水解该底物，产半乳糖
β- 半乳糖苷酶或乳糖酶（β-galactosidase）	水解该底物，产半乳糖
蔗糖酶或转化酶（invertase）	水解蔗糖，产葡萄糖和果糖
蛋白酶（proteinase）	水解蛋白质，产肽和氨基酸
肽酶（peptidase）	断肽链，生成氨基酸
天冬酰胺酶（asparaginase）	水解天冬酰胺，产天冬氨酸和氨
谷氨酰胺酶（glutaminase）	水解谷氨酰胺，产谷氨酸和氨
酰胺酶（amidase）	促单羧酸酰胺水解，生成单羧酸和氨
脲酶（urease）	水解尿素，生成 CO_2 和 NH_3
无机焦磷酸盐酶（inorganic pyrophosphatase）	水解焦磷酸盐，生成正磷酸盐
聚磷酸盐酶（polymetaphosphatase）	水解聚磷酸盐，生成正磷酸盐
ATP 酶（adenosine triphosphatase）	水解 ATP，生成 ADP
葡聚糖蔗糖酶（dextransucrase）	进行糖基转移
果聚糖蔗糖酶（levan sucrase）	进行糖基转移
氨基转移酶（aminotransferase）	进行氨基转移
硫氰酸酶（rhodanase）	转移硫氰酸根（CNS⁻）
天冬氨酸脱羧酶（aspartate darboxylase）	裂解天冬氨酸为 β- 丙氨酸和 CO_2
谷氨酸脱羧酶（glutamate decarboxylase）	裂解谷氨酸为 γ- 氨基丙酸和 CO_2
芳香族氨基酸脱羧酶（aromatic amino and decarboxylase）	裂解芳香族氨基酸，如色氨酸脱羧酶，裂解色氨酸，生成色胺

（第一列分组：水解酶类、转移酶类、裂解酶类）

在土壤中，与土壤碳氮循环有关的土壤酶主要有淀粉酶（amylase）、纤维素酶（cellulase）、木聚糖酶（xylanase）或转化酶（invertase）、肽酶（peptidase）、蛋白酶（proteinase）、脲酶（urease）等。与磷循环有关的土壤酶主要有磷酸酯酶（phosphatase）、核酸酶（nuclease）、无机焦磷酸盐酶（inorganic pyrophosphatase）、聚磷酸盐酶（polymetaphosphatase）等。与硫循环有关的土壤酶有硫氰酸酶（rhodanase）、硫酸盐还原酶（sulfate reductase）和芳基硫酸盐酶（arylsulphatase）。

（二）土壤酶的存在状态与特性

土壤酶较少游离在土壤溶液中，主要吸附在土壤有机和矿质胶体上，并以复合状态存在于土壤胶体中。土壤黏粒和粉粒比砂粒吸附的酶多，蒙脱石类的矿物比高岭石和水化云母能更强烈地吸附酶，土壤腐殖质吸附的酶活性大于矿质土壤，土壤微团聚体中酶的活性比大团聚体中酶的活性强。酶与土壤有机质或黏粒结合，虽然对酶的动力学性质有影响，但它的稳定性却因此而增强，降低了被蛋白酶降解或被钝化剂钝化的风险。

（三）土壤酶活性及其影响因素

土壤酶活性是指土壤中胞外酶催化生物化学反应的能力。土壤的理化性质直接或间接影响着土壤酶的活性，它影响植物和微生物向土中分泌酶的情况、酶在土壤中的稳定程度和酶活性的显现水平。改变土壤物理或化学状况，是调节土壤酶活性的一项有效措施。

1. 土壤物理性质　土壤物理性质主要通过以下几个方面影响土壤酶的活性。

（1）土壤质地　同一土类的黏质土壤比轻质土壤具有较高的酶活性。

（2）土壤结构　小团聚体的土壤酶活性较大团聚体的强。

（3）土壤容重　耕地土壤容重在 $1.0\sim1.2g/cm^3$，土壤磷酸酶活性在容重增大时变化较小，蔗糖酶和脲酶活性减弱，而过氧化氢酶和脱氢酶的活性则增强。

（4）土壤水分　渍水条件降低转化酶（如蔗糖酶）的活性，但可提高脱氢酶的活性。

（5）温度　适宜温度下各种酶活性均随温度升高而升高。

（6）通气状况　土壤空气循环受阻，有机质积累大于分解，土壤酶活性则较低。

2. 土壤化学性质　土壤化学性质主要通过以下几个方面影响土壤酶的活性。

（1）土壤有机质　有机质是土壤酶的有机载体，有机质的含量和组成及有机矿质复合体组成、特性决定着土壤酶的稳定性，一般情况下，土壤有机质含量高的土壤酶活性高。

（2）土壤 pH　在一般的土壤 pH 范围内，土壤酶活性与土壤 pH 呈正相关。但磷酸酶则不一样，在土壤中存在着酸性、中性和碱性磷酸酶。前者在酸性土壤中最适 pH 为 4，而后者则在 pH 6～8 和 pH 10 的土壤里活性最高。脲酶在中性土壤中活性最高，蔗糖酶在酸性土壤中活性最高，而脱氢酶在碱性土壤中活性最高。

3. 耕作管理　耕作管理主要通过以下几个方面影响土壤酶的活性。

（1）施肥　施有机肥常可提高土壤酶的活性，施用矿质肥料对土壤酶活性影响因土壤、肥料和酶的种类不同而异。

（2）灌溉　灌溉可能增加脱氢酶、磷酸酶的活性，降低转化酶活性。

（3）翻耕　翻耕通常会降低上层土壤酶活性，进行长期翻耕和不翻耕处理的表土中，磷酸酶和脱氢酶活性与有机碳、氮和含水量呈正相关，不翻耕的表层土较翻耕的土壤酶活呈加大趋势，但也会存在例外。

（4）农药施用　除杀真菌剂外，施用正常剂量的农药对土壤酶活性影响不大。农药施用后，土壤酶活性可能被农药抑制或增强，但其影响一般只能维持几个月，然后恢复正常水平。

二、生物活性物质

（一）植物激素

在植物根际大量繁殖的微生物会利用根分泌的各种无机盐和有机物质合成生长素、赤霉素和细胞分裂素等植物激素，显著地促进植物生长。固氮菌属（*Azotobacter*）产生吲哚-3-乙酸，假单胞菌属（*Pseudomonas*）的许多菌株可产生赤霉酸和类似赤霉素，以及合成各类吲哚衍生物、生长素和泛酸等。在某些节杆菌属（*Arthtrobacter*）和芽孢杆菌属（*Bacillus*）细菌中也发现了植物激素（吲哚乙酸、赤霉素）；许多腐生真菌和病原真菌也能转化色氨酸为吲哚乙酸。

（二）植物毒素

产生植物毒素的细菌多为假单胞菌属的细菌，它们的代谢产物经证实能抑制植物生长。小型真菌是土壤和根圈内最重要的毒素产生菌。青霉、曲霉和根霉的某些种都能产生棒曲霉素，除对植物有强烈抑制作用外，还能抑制某些革兰氏阴性细菌及许多放线菌、真菌和原生动物。青霉和曲霉的某些种能产生青霉酸，能强烈抑制植物生长，抗菌谱很广。

（三）抗生素

放线菌是产生抗生素类物质最多的微生物类群，其中70%的抗生素来源于链霉菌，如链霉菌不同菌株能产生井冈霉素、多抗霉素、中生菌素、宁南霉素、链霉素、灭瘟素、春雷霉素等抗生素，它们可杀灭病原菌，对防止动植物病害的传播，调节土壤微生物群落组成，促进植物生长具有重要作用。土壤真菌也是产生抗生素的重要类群，青霉菌产生的灰黄霉素对植物病原真菌具有较强的杀灭作用。细菌当中的部分类群也能产生抗生素，假单胞菌产生的硝吡咯菌素对多种子囊菌、担子菌、半知菌类病原真菌都有强烈的抑菌作用，是假单胞菌防治核盘菌（*Sclerotinia sclerotiorum*）引起的菌核病和丝核菌（*Rhizoctonia solani*）根腐病等病害的主要机制。

（四）其他活性物质

除以上活性物质外，许多土壤微生物还能产生多糖、多肽、氨基酸和维生素等物质。微生物合成维生素的能力随其种属不同而有很大差别，固氮菌不同菌株能产生维生素 B_1、维生素 B_6、维生素 B_3、维生素 B_7、维生素 B_{12} 等 B 族维生素，假单胞菌产生生物素，以及霉菌产生核黄素和 β - 胡萝卜素等。根圈土壤中微生物可产生氨基酸，供作物根系吸收，参与植物营养。土壤微生物产生的多糖约占土壤有机质的 0.1%，这种物质与植物黏液、矿物胶体和有机胶体结合在一起，可以在幼龄、尚未木栓化的根表面形成不连续的膜，保护根免受锐利的土粒的损伤和病原微生物的入侵。

【思 考 题】

1. 土壤生物有哪些类型？它们在土壤物质循环中各有什么作用？
2. 土壤微生物有哪些重要类群？表征土壤微生物的指标有哪些？
3. 根际效应是指什么？根际效应的大小如何表示？根际土壤与非根际土壤的生物学特征有何不同？
4. 影响土壤微生物生长繁殖的环境因素主要有哪些？
5. 土壤剖面和团聚体怎样影响微生物的分布？土壤生物的地理分布有什么特征？
6. 土壤生物之间包括哪些相互作用？
7. 土壤酶有哪些类型？土壤酶在土壤中的分布如何？其活性受到哪些因素的影响？
8. 土壤微生物产生哪些生物活性物质？这些生物活性物质在农业生产上有哪些应用？

第四章 土 壤 水

【内容提要】

　　本章重点讲述土壤水分的类型、水分含量的表示方法和测定，以及土壤水分常数和土壤水的有效性，土水势的概念、组成及测定方法，简要介绍土壤水分运动和田间土壤水分平衡特征以及土壤水分状况的调控。通过本章的学习，要求掌握土壤水分类型、含水量的表示方法及测定方法、土壤水分常数、土水势及各分势的物理意义、土壤水分运动方式及其推动力，了解土水势的测定方法、土壤水分特征曲线及其用途、土壤水分田间平衡，理解土壤水的调控方法。

第一节　土壤水的基本性质

　　土壤水存在于土壤颗粒表面和孔隙中，是土壤肥力四要素之一，在土壤中发挥着极其重要的作用。因为形成土壤剖面的土层内各种物质的运移主要是以溶液形式进行的，同时，土壤水参与了土壤内许多物质的转化过程，如矿物质的风化、有机化合物的合成与分解等。因此，了解水分在土壤中的变化、运移机理，以及土壤水与土壤其他组成部分相互关系的规律，有助于认识土壤的形成过程。土壤水是作物吸水的主要来源，也是自然界水循环的重要环节。土壤水处于不断的变化和运动中，必然影响到作物的生长和土壤中许多化学、物理和生物学过程。

　　需要注意的是，土壤水并非纯水，而是稀薄的水溶液，不仅溶有各种溶质，还有胶体颗粒悬浮或分散于其中。例如，在盐碱土中，土壤水所含可溶性盐分的浓度相当高。我们通常所说的土壤水实际上是指在 105℃时从土壤中驱逐出来的水。

一、土壤水的类型

　　土壤水可以是液态的，也可以是气态或固态的。土壤水的类型划分与土壤水的研究方法有关。关于土壤水的研究方法主要包括数量法和能量法。数量法是按照土壤水所受的不同力的作用来研究水分的形态、数量、变化和有效性，在一般农田条件下容易被应用，也容易为农民所理解和采用，具有很强的实用价值，在早期土壤水的研究工作中被广泛应用。能量法则是从土壤水受到各种力作用后自由能的变化，去研究土壤水的能态和运动与变化规律。能量法能精确定量土壤水的能态，因而在研究分层土壤中的水分运动、不同介质中水分转化（如地表蒸发等），以及在土壤 - 植物 - 大气连续体（SPAC）中水分的迁移等过程中，一般用能量法，关于能量法将在下一节介绍。

　　我国土壤学的研究长期以来主要沿用数量法。根据土壤水分所受的各种力的作用把土壤水分为以下几类（图 4-1）：一是吸附水，或称束缚水，受土壤吸附力作用保持，又可分为吸湿水和膜状水；二是毛管水，受毛管力的作用而保持；三是重力水，受重力支配，容易进一步向

土壤深层运动；四是地下水，它是向下渗透
的重力水在土壤孔隙中累积形成的具有一定
厚度、可以流动的水分饱和层。上述各种水
分类型，彼此密切交错联结，很难严格划分。
在不同的土壤中，其存在的形态也不尽相同。
例如，粗砂土中毛管水只存在于砂粒与砂粒
之间的触点上，称为触点水，彼此呈孤立状
态，不能形成连续的毛管运动，含水量较低。
在无结构的黏质土中，非活性孔隙多，无效
水含量高。而在质地适中的壤质土和有良好

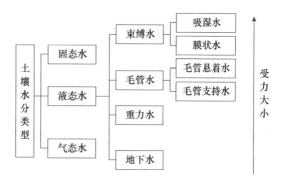

图 4-1 土壤水分类型

结构的黏质土中，孔隙分布适宜，水、气比例协调，毛管水含量高，有效水含量也高。

（一）吸湿水

吸湿水（hygroscopic water）是指固相土粒依其表面的分子引力和静电引力从大气和土
壤空气中吸附的气态水。吸湿水附着在土粒表面成单分子或多分子层，水分子呈定向紧密排
列，密度为 $1.2 \sim 2.4 g/cm^3$，无溶解能力，不能自由移动，也不能被植物吸收利用。吸湿水含
量受到土粒的比表面积、大气相对湿度、黏粒和有机质含量等因素的影响，比表面积越大、
大气湿度越高，吸湿水含量越高。

（二）膜状水

膜状水（film water）是指吸湿水含量达到最大后，被土粒剩余的分子引力和静电引力吸
附的分布于吸湿水外围的液态水膜。膜状水能从膜厚的地方向薄的部位移动，这部分能移动
的水可被植物所吸收利用，因此膜状水只有部分是有效的。

（三）毛管水

毛管水（capillary water）是指借助土壤毛管吸引力而保持于土壤毛管孔隙中的水。毛管
水可在土壤中自由移动，既能被土壤保持，又能被植物吸收利用，还具有溶解养分的能力。
根据毛管水是否与地下水相连通，可将毛管水分为毛管悬着水和毛管支持水。

毛管悬着水（capillary suspending water）是指在地下水埋藏较深的情况下，降水或灌溉
水等由地面进入土壤，借助于毛管力的作用保持在上层土壤的毛管孔隙中。它与来自地下水
上升的毛管水并不相连，好像悬挂在上层土壤中一样，因此将其形象地称为毛管悬着水。毛
管悬着水是山区、丘陵、岗坡地等地势较高处植物吸收水分的主要来源。

毛管支持水（capillary supporting water）是指借助于毛管力由地下水上升进入土壤中的
水。从地下水面到毛管上升水所能到达的相对高度叫作毛管水上升高度。毛管水上升的高
度和速度与土壤孔隙的粗细有关，在一定的孔径范围内，孔径越大，上升的速度越快，但
上升高度低；反之，孔径越小，上升速度越慢，上升高度则越高。不过孔径过小的土壤，
上升速度极慢，上升的高度也有限。砂土的孔径大，毛管支持水上升快，高度低；无结构
的黏土孔径细，非活性孔隙多，上升速度慢，高度也有限；而壤土的上升速度较快，高度
最高。

在毛管水上升高度范围内，不同深度土层的含水量不同。靠近地下水面处，土壤孔隙几
乎全部充水，称为毛管水封闭层。从封闭层至某一高度处，毛管上升水上升快，含水量高，
称为毛管水强烈上升高度，再往上，只有更细的毛管中才有水，所以含水量就减少了。

毛管水上升高度特别是强烈上升高度，对农业生产有重要意义。如果它能达到根系活动层，为作物源源不断利用地下水提供了有利条件。但是若地下水矿化度较高，盐分随水上升至根层或地表，也极易引起土壤的次生盐渍化，危害作物。其主要的防止办法就是开沟排水，把地下水位控制在临界深度以下。所谓临界深度，是指含盐地下水能够上升到达根系活动层并开始危害作物时的埋藏深度，即这时由地下水面至地表的垂直距离。在盐碱土改良的水利工程上，计算临界深度，往往采用毛管水强烈上升高度（或毛管水上升高度）加上超高（即安全系数 30～50cm）。一般土壤的临界深度为 1.5～2.5m，砂土最小，壤土最大，黏土居中。

（四）重力水

重力水（gravitational water）是指当土壤含水量超过田间持水量时，过量的水分不能被毛管吸持，而在重力的作用下沿着大孔隙向下渗漏成为多余的水。重力水在土壤中属于过剩水，能被植物吸收利用，但存留时间很短，一般视作无效水。

关于地下水，本章不做介绍。

二、土壤水分含量的表示方法

土壤水分含量是表征土壤水分状况的一个指标，又称为土壤含水量、土壤含水率、土壤湿度等。土壤含水量有多种表达方式，常用的有以下几种。

（一）质量含水量

质量含水量（mass water content）是指土壤中水分的质量与干土质量的比值，无量纲，常用符号 θ_m 表示。质量含水量可用小数形式、百分数形式表示（%），也可用质量比表示（g/g），可由式（4-1）计算求得：

$$\theta_m = \frac{m_1 - m_2}{m_2} \times 100 \tag{4-1}$$

式中，θ_m 为土壤质量含水量（%）；m_1 为湿土质量（g）；m_2 为干土质量（g）；$m_1 - m_2$ 为土壤水的质量（g）。

定义中的干土一词，一般是指在 105℃ 条件下烘干的土壤。而另一种意义的干土是含有吸湿水的风干土（也叫气干土），即在当地大气中自然干燥的土壤，其质量含水量一般比 105℃ 烘干的土壤高几个百分点。由于大气湿度是变化的，因此风干土的含水量不恒定，故一般不用它计算 θ_m。

（二）体积含水量

体积含水量（volumetric water content）是指单位容积土壤中水分所占的容积分数，又称容积湿度、土壤水的容积分数，用符号 θ_v 表示。θ_v 也可用小数、百分数（%）或体积比（cm^3/cm^3）的形式表达，若以百分数形式可由式（4-2）求得：

$$\theta_v = \frac{V_w}{V_s} \times 100 \tag{4-2}$$

式中，θ_v 为体积含水量（%）；V_w 和 V_s 分别为土壤水所占体积和土壤总体积（单位一般为 cm^3）。

由于水的密度近似等于 1g/cm³，可推知 θ_v 与 θ_m 的换算公式为

$$\theta_v = \theta_m \cdot \rho \tag{4-3}$$

式中，ρ 为土壤容重。

一般来说，质量含水量多用于计算干土的质量，如土壤农化分析等。多数情况下，体积含水量被广泛使用，这是因为 θ_v 也表示土壤水的深度比，即单位深度土壤内所含水的深度。若不特别指出，土壤含水量是指体积含水量。

（三）相对含水量

相对含水量（relative water content）是指土壤含水量占某一标准（田间持水量或饱和含水量）的百分数。它可以说明土壤水的饱和程度、有效性和水、气的比例等，是农业生产上常用的土壤含水量的表示方法。计算公式为

$$相对含水量（\%）＝100\times 土壤含水量/田间持水量$$

或 $$＝100\times 土壤含水量/饱和含水量 \tag{4-4}$$

一般情况下，研究植物生长适宜的含水量、适宜的耕作含水量等，以田间持水量为标准，该标准在生产中应用更为广泛。通常认为，相对含水量为 60%～80%（田间持水量为计算依据），是适宜一般农作物生长及微生物活动的水分条件。而在研究土壤微生物时，了解土壤中水分和空气的比例，或计算排水量时，一般用饱和含水量作为相对含水量的标准。

（四）土壤储水量

土壤储水量是指一定面积和厚度土壤中所含水的绝对数量，在土壤物理、农田水利学、水文学等学科中经常用到这一术语和指标，主要有水深和绝对水体积两种表达方式。

1. 水深（D_w） 水深指在一定厚度（h）、一定面积（A）土壤中所含水量相当于相同面积水层的厚度。D_w 与 θ_v 的关系如式（4-5）所示：

$$D_w＝\theta_v \cdot h \tag{4-5}$$

D_w 适于表示任何面积土壤一定厚度的含水量，其单位是长度单位，一般用 mm 表示，与降水量、蒸发量、灌溉量等指标的单位相统一，直接比较计算比较方便。

计算一定厚度土壤的 D_w，如果土壤含水均一，可直接用式（4-5）计算，如果土壤含水不均一，则得分层由式（4-6）计算：

$$D_w＝\sum_{i=1}^{n}\theta_i \cdot h_i \tag{4-6}$$

式中，n 为土壤剖面含水均一的层次数；θ_i 为第 i 层土壤容积含水量；h_i 为第 i 层土壤厚度（cm）；D_w 为土体含水水深（cm）。

2. 绝对水体积（容量） 即一定面积、一定厚度土壤中所含水量的体积。在数量上，它可简单地由 D_w 与面积相乘得出，但需要注意二者的单位要统一。在灌排计算中常用到这一参数，以确定灌水量和排水量。绝对水体积与土壤的面积和厚度都有关系，在应用中需标明计算面积和厚度，所以不如 D_w 方便。一般在不标明土体深度时，通常指 1m 土深。

三、土壤水分含量的测定方法

常用土壤水分含量的测定方法主要有以下几种。

（一）质量法

1. 经典烘干法 经典烘干法是目前国际上沿用的标准方法。测定时，先在田间地块选择代表性取样点，按所需深度分层取土样放入铝盒并立即盖好盒盖（以防水分蒸发影响测定结果），称取其质量 m_1（湿土加铝盒质量），然后打开盒盖，置于 105～110℃烘箱烘干至

质量恒定（需 6～8h），再称取质量 m_2（烘干土加铝盒质量）。土壤质量含水量可按式（4-7）求出（空铝盒质量 m_3 在取样前或烘干后称取）：

$$\theta_{\mathrm{m}}(\%) = \frac{m_1 - m_2}{m_2 - m_3} \times 100 \qquad (4\text{-}7)$$

一般应取 3 次以上重复，求取平均值。

该经典方法简便、可靠，但也有不足之处，如比较费力，且定期测定土壤含水量时，不可能在原处再取样，而不同位置上由于土壤的空间变异性，给测定结果带来一定误差。另外，烘干至质量恒定需时较长，不能即时得出结果。

2. 快速烘干法　　包括红外线烘干法、微波炉烘干法、乙醇燃烧法等。这些方法虽可缩短烘干和测定的时间，但需要特殊设备或消耗大量试剂，测定结果准确性较差且受有机质含量的影响较大，同时也不能避免由于每次取出土样和更换位置等所带来的误差。

（二）中子法

该方法是将一个快速中子源和一个慢中子探测器置于套管并埋入土内（图 4-2）。其中的中子源（如镭、锢、铍）释放出高速度的中子，当这些快中子与水中的氢原子碰撞时，会改变运动方向并失去一部分能量而变成慢中子。土壤水越多，产生的慢中子也就越多。慢中子被慢中子探测器量出，经过校正即可求出土壤含量水。此法虽较精确，但目前的设备只能测出较深土层中的水。另外，如果土壤中有机质含量较高，其中的氢原子同样也会影响测定结果。

（三）TDR 法

时域反射仪（time domain reflectometry，TDR）法目前在国内外应用十分广泛。它是利用电磁波脉冲测定土壤水分或盐分的一种仪器，其系统类似一个短波雷达系统，由一对平行的金属传导杆连接在信号处理装置上构成（图 4-3a）。测定时，将传导杆插入土壤，当电磁波脉冲沿传导杆传播时，电磁波信号在传导杆末端反射并返回信号处理装置，信号处理装置可以测量电磁波脉冲发射与返回之间的时间以及反射时的脉冲幅度的衰减，即可计算土壤水盐含量（图 4-3b）。

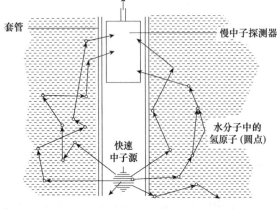

图 4-2　中子仪工作原理（黄昌勇和徐建明，2010）

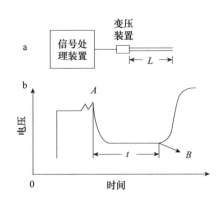

图 4-3　TDR 系统构成（a）与测定原理（b）（关连珠，2016）

L 为传导杆的长度；t 为传播时间；A、B 为传播时间的起点和终点

依据电磁波理论，电磁脉冲在导电介质中传播时，其传播速度与介质的介电常数 ε 有关。土壤的介电常数近似等于实际测得的介电常数，称为土壤表观介电常数（ε_a）。Topp 等在 20 世纪 80 年代初通过大量实验证明，电磁脉冲在土壤中传播时，其介电常数 ε_a 与土壤体积含水量 θ_v 有很好的相关性，与土壤类型、密度等几乎无关，经验公式为

$$\theta_v = -5.3 \times 10^{-2} + 2.92 \times 10^{-2} \varepsilon_a - 5.5 \times 10^{-4} \varepsilon_a^2 + 4.3 \times 10^{-6} \varepsilon_a^3 \tag{4-8}$$

由 TDR 系统测定电磁脉冲在波导棒中的传播时间 t，计算 ε_a，即可求得土壤的含水量。用 TDR 测定土壤含盐量的计算推导在此不做讨论。

TDR 可以直接、快速、方便、较为准确地同时原位监测土壤水盐状况，与其他测定方法相比，它具有较强的独立性，测定结果几乎与土壤类型、密度、温度等无关。

土壤含水量的测定方法还包括射线法、计算机断层"CT"扫描法、频域反射仪法（FDR）、探地雷达法（GPR）、遥感法、宇宙射线法等，本节不再一一介绍。需要说明的是，遥感法和宇宙射线法是一种非接触式、大面积、多时相的水分监测方法，目前只适合区域尺度下土壤表层水分状况的动态实时监测，不适合于田间尺度深层土壤水分的监测，而且精度有限，其应用有待进一步深入研究。

第二节　土壤水分能量状态

经典物理学把能量分为动能和势能两种基本形式，自然界的物体总是由势能高处向势能低处运动，在运动过程中会对外做功，自由能会降低。土壤水的能量状态是指在受到各种力的作用后，其自由能的变化状态。由于土壤水的运动速率很慢，其动能一般忽略不计，因而土壤水的能量主要表现为由位置或内部状况所产生的势能。水分在土壤 - 植物 - 大气系统的迁移与能量紧密相关，其运动主要是由不同部位水分势能的差异驱动的。早在 1907 年，Buckingham 就提出来应用能量的观点来研究土壤水的问题，并由此引出了土水势的概念。

一、土水势及其分势

土水势（soil water potential）是指单位数量纯水可逆、等温、无限小量在标准大气压下从指定高度的纯水水体中移动到土壤中某一点（成为土壤水），所必须做的功。从概念可以看出，土水势不是土壤水分所具有的绝对势能值，而是以标准状态（标准大气压）纯自由水（通常假定为零）作为参比的相对值。由于土壤水在各种力的作用下的势能要比标准状态下的纯自由水低，因而一般情况下土水势为负值。

土壤水总是由土水势高处流向土水势低处。同一土壤，湿度越大，土壤水能量水平越高，土水势也越高，土壤水便由湿度大处向湿度小处流动。但是不同土壤则不能只看含水量的高低，更重要的是要看它们土水势的高低，只有这样才能确定土壤水的流向。例如，含水量为 15% 的黏土的土水势一般低于含水量只有 10% 的砂土，如果这两种土壤互相接触时，水将由砂土流向黏土。

用土水势研究土壤水有许多优点：首先，可以作为判断各种土壤水分能态的统一标准和尺度；其次，土水势的数值可以在土壤 - 植物 - 大气之间统一使用，把土、根、叶等的水势进行统一比较，判断它们之间水流的方向、速度和土壤水的有效性；最后，对土水势的研究还能为土壤水分状况提供一些精确的测定手段。

在土水势的研究和计算中，一般要选取一定的参考标准。土壤水在各种力，如吸附力、毛管力、重力等的作用下，与同样温度、高度和大气压等条件的纯自由水相比，其自由能必然不同，这个自由能的差用势能来表示，即为土水势（符号为 ψ）。

引起土水势变化的原因或动力不同，因此土水势由若干分势组成，包括基质势、重力势、压力势、溶质势、温度势等。

（一）基质势（ψ_m）

基质势（matric potential）是指在不饱和的情况下，受土壤吸附力和毛管力的制约，土水势低于纯自由水参比标准的水势。假定纯水的势能为零，则土水势是负值。这种由吸附力和毛管力所制约的土水势称为基质势（ψ_m）。土壤含水量越低，基质势也就越低。反之，土壤含水量越高，则基质势越高。至土壤水完全饱和，基质势达最大值，与参比标准相等，即等于零。

（二）重力势（ψ_g）

重力势（gravitational potential）是指由重力作用而引起的土水势变化。所有的土壤水都受到重力的作用，与参比标准的高度相比，高于参比标准的土壤水，其所受重力作用大于参比标准，重力势为正值。高度越高，则重力势的正值越大，反之重力势越低。

参比标准高度一般根据研究需要而定，可设在地表或地下水面。在参考平面上取原点，选定垂直坐标，则土壤水分所具有的重力势为

$$\psi_g = \pm mgz \tag{4-9}$$

式中，m 为土壤水的质量（kg）；g 为重力加速度（一般取 9.8m/s^2）；z 为土壤水距离参考平面的垂直距离（m）。当坐标位于原点之上，式（4-9）取正号，反之为负。也就是说，位于参考平面以上的各点的重力势为正值，而位于参考平面以下的各点的重力势为负值。

（三）压力势（ψ_p）

压力势（pressure potential）是指在土壤水饱和的情况下，由于受压力作用而产生的土水势变化。在不饱和土壤中土壤水的压力势一般与参比标准相同，等于零。但在饱和的土壤中，其孔隙都充满水，并连续成水柱。在土表的土壤水与大气接触，仅受大气压力，压力势为零。而在土体内部的土壤水除承受大气压外，还要承受其上部水柱的静水压力，其压力势大于参比标准，为正值。在饱和土壤越深层，土壤水所受的压力越高，正值越大。此外，有时被土壤水包围的孤立的气泡，它周围的水也可产生一定的压力，称为气压势，这在目前的土壤水研究中很少考虑。对于水分饱和的土壤，土壤水的压力势为

$$\psi_p = \pm \rho g h V \tag{4-10}$$

式中，ρ 为水的密度（一般取 1kg/m^3）；g 为重力加速度（一般取 9.8m/s^2）；h 为土壤水距离表层水面的垂直距离（m）；V 为土壤水的体积（m^3）。

（四）溶质势（ψ_s）

溶质势（solute potential）是指由土壤水中溶解的溶质引起的土水势的变化，也称渗透势，一般为负值。土壤水中溶解的溶质越多，溶质势越低。需要特别注意的是，溶质势只有在土壤水运动或传输过程中存在半透膜时才起作用，在一般土壤中不存在半透膜，所以溶质势对土壤水运动影响不大，但对植物吸收水分和养分却有重要影响，因为根系表皮细胞可视作半透膜。例如，在盐碱土中，由于土壤溶液中可溶性盐分浓度高，溶质势较低，会造成植物根系吸水困难而生长受损，甚至死亡。

渗透势的产生原理如图 4-4 所示：U 形管的左臂盛水，右臂盛糖溶液，中间用半透膜隔开，半透膜能透过水分子而不能透过溶解的糖分子（图 4-4a）。图中膜的放大部分（图 4-4b）表示水分子可以自由地在水和溶液间来回运动，而糖分子不能穿过半透膜。因为糖的效应降低了 U 形管右臂溶液一边水分的自由能，水分从左臂运动到右臂的量多于从右臂到左臂。最终达到平衡时（图 4-4c），两边液体高度差即代表渗透势。

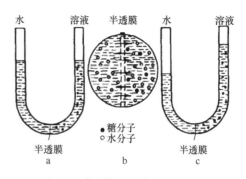

图 4-4　渗透作用和渗透压示意图
（黄昌勇，2000）

ψ_s 的大小等于土壤溶液的渗透压，但符号相反，其测定与植物细胞渗透压的方法相同：

$$\psi_s = -P = -\frac{c}{\mu}RT \tag{4-11}$$

式中，P 为渗透压；c 为溶液浓度（g/L）；μ 为溶质分子量（g/mol）；R 为气体常数［取 8.314J/（mol·K）］；T 为绝对温度（K）。

（五）温度势（ψ_T）

温度势（temperature potential）是由于温度场的温差所引起的土水势的变化。土壤中任意一点土壤水分的温度势是由该点的温度与标准参考状态的温差所决定，其值可由式（4-12）求得：

$$\psi_T = -S_e \Delta T \tag{4-12}$$

式中，S_e 为单位数量土壤水的熵值；ΔT 为温差（K）。

温度通过改变土壤水分的熵值影响土水势，但温度对土水势的主要影响是通过改变土壤的物理性质（黏性、表面张力和渗透势）来实现的。通常认为，由温差所引起的土壤水分运动通量相对很小，因而 ψ_T 常常被忽略。

土壤水势是以上各分势之和，又称总水势（ψ_t）（total water potential），用数学表达为

$$\psi_t = \psi_m + \psi_g + \psi_p + \psi_s + \psi_T \tag{4-13}$$

在不同的含水状况下，决定土壤 ψ_t 大小各分势是不同的，应注意参比标准及各分势的正负。在土壤水饱和情况下，若不考虑半透膜的存在，则 ψ_t 等于 ψ_p 与 ψ_g 之和；若在不饱和情况下，则 ψ_t 等于 ψ_m 与 ψ_g 之和；在考虑根系吸水时，一般可忽略 ψ_g，根的表皮细胞存在半透膜性质，ψ_t 等于 ψ_m 与 ψ_s 之和，若土壤含水量达到饱和状态，则 ψ_t 等于 ψ_s。

二、土壤水吸力

土壤水吸力（soil water suction）是指土壤水在承受一定吸力的情况下所处的能态，简称吸力，但并不是指土壤对水的吸力。前面讨论的基质势 ψ_m 和溶质势 ψ_s 一般为负值，在使用中不太方便，所以将 ψ_m 和 ψ_s 的相反数（正数）定义为吸力（S），也可分别称为基质吸力（matric suction）和溶质吸力（solute suction）。由于在土壤水的保持和运动中一般不考虑 ψ_s，因此一般所说的吸力是指基质吸力，其值与 ψ_m 相等，但符号相反。吸力同样可用于判明土壤水的流向，土壤水总是有自吸力低处向吸力高处流动的趋势，但具体运动方向还需考虑其他力的作用（或能量驱动）。

三、土水势的定量表示方法

土水势的定量表示是以单位数量（单位质量或单位体积）土壤水的势能值为准的。单位体积土壤水的势能值用压力单位表示，标准单位为帕（Pa），也可用千帕（kPa）和兆帕（MPa），习惯上也常用巴（bar）和大气压（atm）表示；单位重量土壤水的势能值用相当于一定压力的水柱高度的厘米（cm）数表示。它们之间的换算关系如下：

1Pa＝0.0102cm 水柱

1atm＝1033cm 水柱＝1.0133bar

1bar＝0.9896atm＝1020cm 水柱

由于土水势的范围很宽，由零到上万个大气压（或巴），使用起来不太不便，有人建议使用土水势的水柱高度厘米数（负值）的对数表示，称为 pF。例如，土水势为－1000cm 水柱则 pF＝3，土水势为－10 000cm 水柱则 pF＝4。这样就可以用简单的数字表示很宽范围的土水势。

四、土水势的测定

土水势的测定方法很多，主要有张力计法、压力膜法、超速离心机法、冰点下降法、水气压法、沙型漏斗法等。由于测定原理有所差异，其测定范围也不同。它们或测定不饱和土壤的总土水势，或测定基质势。饱和土壤的土水势，仅包括压力势和重力势，只要测量与参考界面的距离并确定好正负值即可。

（一）张力计法

基质势的测定常用是张力计（tensiometer）法，田间、盆栽和室内均可使用。张力计的构造如图 4-5 所示，它的底部是一个细孔陶土管，上有无数孔径为 1.0～1.5μm 的细孔，在一定压力下水能通过，但空气不能。其上连接一塑料管或抗腐蚀的金属管，管上连一水银压力表（负压表）。测定时，把贮水管内注装满去空气纯水，用塞子密封后插入或埋入待测深度，使陶土管与周围土壤紧密接触。这样陶土管内的水通过细孔与土壤水相连并逐渐达到平衡。于是仪器内的水承受与土壤水相同的吸力，其数值可由真空压力表或水银压力表显示出来。受陶土管孔径的限制，张力计一般只能测定 $8.0 \times 10^4 \sim 8.5 \times 10^4$ Pa 的土壤水吸力。超过这个范围就有空气进入瓷杯而失效。田间植物可吸收的土壤水大部分在张力计可测范围内，所以它有较高的实用价值。特别需要注意的是，张力计内的水柱不能有气泡，整个仪器必须密封保持真空，在安装前必须进行校正。

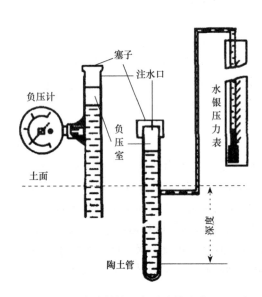

图 4-5　张力计结构示意图（关连珠，2016）

（二）压力膜法

压力膜（pressure membrane）仪主要是由压力源、压力膜、加压室、压力表等部分组成（图 4-6）。其原理在于给土样施加一定的压力，将土壤中所受水吸力小于该值的土壤水赶出土壤，平衡后土壤水吸力与所施加的压力值相等，从而得到相对应的土壤水分的基质势值。与张力计相比，该种方法测定范围更大，可以达到 0～1.5MPa。

其他测定土水势的方法在很多实验教材多有介绍，本节不再赘述。

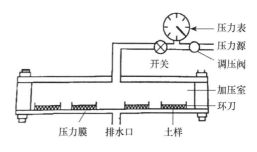

图 4-6 压力膜仪结构示意图

五、土壤水分常数及土壤水的有效性

（一）吸湿系数

吸湿系数（hygroscopic coefficient）又称为最大吸湿量（maximum hygroscopicity），是指干土在相对湿度近饱和的空气中吸附水汽分子的最大量。当土壤含水量等于吸湿系数时，土壤中的水分类型只有吸湿水，土壤水吸力约为 31×10^5Pa。土壤吸湿系数的大小主要取决于土壤中黏粒和有机质的含量，富含有机质的黏性土壤吸湿系数大。土壤吸湿系数可以来用粗算土壤的凋萎系数。

（二）最大分子持水量

最大分子持水量（maximum molecular moisture holding capacity）是指土壤中的膜状水达到最大含量时的含水量。此时含水量为吸湿系数的 2～4 倍，土壤水分类型包括吸湿水和膜状水。

（三）萎蔫系数

表 4-1 不同质地土壤的萎蔫系数（%）

土壤质地	萎蔫系数
粗砂壤土	0.96～1.1
细砂土	2.7～3.6
砂壤土	5.6～6.9
壤土	9.0～12.4
黏壤土	13.0～16.6

资料来源：吕怡忠和李保国，2006

萎蔫系数（wilting coefficient）是指当植物产生永久萎蔫时的土壤含水量（permanent wilting percentage）。当土壤含水量达到萎蔫系数时，土壤水分类型包括吸湿水及部分没有被植物吸收利用的膜状水。萎蔫系数是植物可以利用的土壤有效水的下限。萎蔫系数的大小主要受土壤质地、植物种类和气候状况的影响。一般情况下，土壤黏性越强，萎蔫系数越大；在同一土壤质地条件下，植物耐旱性越强，萎蔫系数越小。不同质地土壤萎蔫系数范围如表 4-1 所示。

土壤萎蔫系数可以通过实验直接测定，或按照该土壤最大吸湿量的 1.34～1.50 倍换算得出，但换算得到的数据精度较差。

（四）田间持水量

毛管悬着水达最大量时的土壤含水量称为田间持水量（field capacity）。土壤含水量达到田间持水量时，土壤水分类型包括吸湿水、膜状水和毛管悬着水。田间持水量是反映土壤保水能力的一个指标，也是大多数植物可以利用的土壤水分上限，经常被作为灌溉水量定额的最高指标。当一定深度的土体储量达到田间持水量时，若继续供水，该土体的持水量将不再增加，而只能进一步湿润下层土壤，或以重力水形式渗漏出根层，造成水分浪费。

田间持水量的大小受土壤质地、结构、有机质含量和松紧状况等诸多因素的影响。不同质地和耕作条件下，土壤田间持水量差异很大。结构良好、富含有机质的黏质土壤，田间持水量较大。

（五）毛管持水量和毛管水断裂量

毛管上升水达到最大量时的土壤含水量称为毛管持水量（capillary water capacity）。在此含水量时，土壤水分类型包括吸湿水、膜状水和毛管上升水。

当土壤含水量达到田间持水量时，土面蒸发和作物蒸腾损失的速率起初很快，而后逐渐变慢；当土壤含水量降低到一定程度时，较粗毛管中悬着水的连续状态出现断裂，但细毛管中仍充满水，蒸发速率明显降低，此时的土壤含水量称为毛管水断裂量。在壤质土中它大约相当于该土壤田间持水量的75%。

（六）饱和持水量

饱和持水量（saturated water capacity）是指土壤全部孔隙都充满水时的含水量，也称全持水量。土壤达到饱和持水量时，土壤水分类型包括了吸湿水、膜状水、毛管水和重力水。在自然条件下，只有在降雨量或者灌溉量较大的情况下，土壤含水量才能达到该值。

尽管从理论上讲，固定的土壤应该有其固定的土壤水分常数值，但由于土壤本身的复杂性及测定条件的限制，土壤水分常数值并不固定，而多是在一个较为固定的范围内变动。

（七）土壤水分的有效性

不同类型的土壤水分对植物生长的有效性（availability）是不同的。土壤水分有效性的高低在很大程度上取决于土壤吸水力和植物根系吸水力的相对大小。当土壤吸水力大于根系吸水力时，植物直接吸收利用土壤水，此时土壤中的水分称为无效水，反之则为有效水。其中因其吸收难易程度不同又可分为速效水（或易效水）和迟效水（或难效水）。土壤水的有效性实际上是用生物学的观点来划分土壤水的类型。土壤水分类型与土壤水分常数、能态和有效性的关系如图4-7所示。

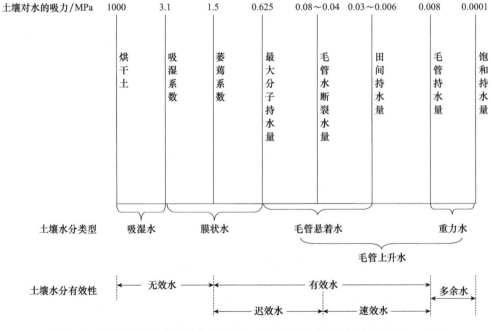

图 4-7　土壤水分类型与土壤水分常数、能态和有效性的关系（关连珠，2016）

　　一般把萎蔫系数和田间持水量作为土壤有效水的下限和上限。因此，可以根据萎蔫系数、田间持水量和自然含水量来简单推算某种土壤的有效水最大含量和当前有效水的实际含量。

　　　　土壤有效水的最大含量（%）＝田间持水量（%）－萎蔫系数（%）　　　（4-14）

　　　　土壤有效水的实际含量（%）＝自然含水量（%）－萎蔫系数（%）　　　（4-15）

　　由式（4-14）可知，影响土壤田间持水量和萎蔫系数的因素都会影响土壤有效水的最大含量。一是土壤因素，表 4-2 给出了土壤质地与有效水最大含量的关系；二是植物本身的吸水能力，根系吸水能力越强，最大有效水含量范围越大。因此，在干旱地区选择合适的抗旱植物品种，培育健壮的根系，对提高土壤水分的利用率很有必要。

表 4-2　土壤质地与有效水最大含量的关系

土壤质地	田间持水量 /%	萎蔫系数 /%	有效水最大含量 /%
砂土	12	3	9
砂壤土	18	5	13
轻壤土	22	6	16
中壤土	24	9	15
重壤土	26	11	15
黏土	30	15	15

资料来源：黄昌勇，2000

　　土壤水是否有效及其有效程度的高低，在很大程度上取决于土壤水吸力和根吸力的对比。一般土壤水吸力＞根吸力则为无效水，反之为有效水。从土壤 - 植物 - 大气连续体（SPAC）系统中可以知道，土壤水有效性不仅取决于土壤含水量或土壤水吸力与根吸水力的大小，同时，还取决于由气象因素决定的大气蒸发力及植物根系的密度、深度和伸展的速度等。

六、土壤水分特征曲线

（一）概念

　　土壤水的基质势或土壤水吸力是随土壤含水量而变化的，不同的土壤水分能态对应不同的含水量，两者之间的关系曲线称为土壤水分特征曲线（soil moisture characteristic curve）或土壤持水曲线。土壤水分特征曲线表示土壤水的能量和数量之间的关系，是研究土壤水分的保持和运动所用到的反映土壤水分基本特性的曲线，具有重要的理论和应用价值。

　　当土壤水分处于饱和状态时，含水量为饱和含水量 θ_s，而吸力 S 或基质势 ψ_m 为零。若对土壤施加微小的吸力，土壤中尚无水排出，则含水量维持饱和值。当施加的吸力增加至某一临界值 S_a 后，由于土壤中的最大孔隙不能抗拒所施加的吸力，于是土壤开始排水，相应的含水量开始降低（图 4-8）。土壤开始排水后，空气随之进入土壤，该临界值 S_a 为进气吸力（或称为进气值）。一般来说，砂质土壤或结构良好土壤的 S_a 比较小，而黏质土壤的 S_a 相对较大。当吸力值进一步增加，次级孔径的孔隙接着排水，土壤含水量随之进一步减少。随着

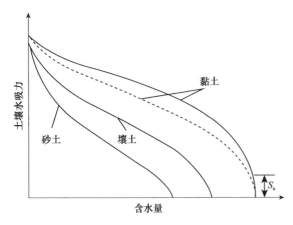

图 4-8　不同质地土壤水分特征曲线示意图

吸力不断增加，土壤中的孔隙由大到小依次不断排水，含水量越来越小，当吸力值很高时，只在十分狭小的孔隙中才能保持着极为有限的水分。

由于土壤结构及机械组成的复杂性，目前土壤水分的基质势与含水率的关系尚不能根据土壤的基本性质从理论上分析得出，因此水分特征曲线只能通过实验的方法来进行测定，根据多组土壤水吸力和含水量的数值进行曲线拟合，以函数的形式表示土壤水吸力与含水量间的对应关系。常用经验公式形式有

$$S = a\theta^b$$
$$S = a\ (\theta/\theta_s)^{\ b}$$
$$S = A\ (\theta_s - \theta)^{\ n}/\theta^m$$
$$S = a\ (f - \theta)^{\ b}/\theta^c$$
$$(\theta - \theta_r)\ /\ (\theta_s - \theta_r) = (S_e/S)^{\ \lambda}$$
$$\theta_s = [1 + (a|S|^n)]^{-m}$$

式中，S 为土壤水吸力（或基质势）（cm 或 Pa）；θ_s、θ 分别为饱和含水率（进气含水量）、体积含水量；θ_r 为剩余含水量（在很大吸力下保存在微小孔隙中而不能排出的水分含量）；S_e 为进气吸力；f 为孔隙度；a、b、c、A、m、n、λ 为相应的经验常数。

（二）影响因素

不同质地土壤的水分特征曲线各不相同，差别很明显（图 4-8）。一般情况下，土壤的黏粒含量越高，同一吸力条件下土壤的含水量越低，或同一含水量条件下其吸力值越高。这是因为土壤中黏粒含量越高，土壤中细小孔隙越多。由于黏质土壤孔径分布较为均匀，故随着吸力的提高含水量缓慢减少。而对于砂质土壤来说，大部分孔隙都比较大，当吸力达到一定值后，这些大孔隙中的水首先排空，土壤中仅有少量的水存留，故水分特征曲线呈现出一定吸力以下较为平缓，而较大吸力时较为陡直。

水分特征曲线受到土壤结构的影响，在低吸力范围内尤为明显。土壤越密实，则大孔隙数量越少，而中小孔径的孔隙越多。因此，在同一吸力值下，一般容重越大的土壤相应的含水量越高。

温度对土壤水分特征曲线也有影响。温度升高时，水的黏滞性和表面张力下降，基质势增大（土壤水吸力减小）。在含水量较低时这种影响表现得更加明显。

土壤水分特征曲线还和土壤是吸湿（water sorption）还是脱湿（dehydration）过程有关。即使在恒温条件下，同一土壤的脱湿过程和吸湿过程测得的水分特征曲线是不同的，图 4-8 中黏土实线为脱湿过程，而虚线则是黏土的吸湿过程。这种土壤吸湿和脱湿过程中水分特征曲线不重合的现象称为滞后现象（hysteresis）。滞后现象在砂土中比在黏土中明显，这是因为在一定吸力下，砂土由湿变干时要比由干变湿时含有更多的水分。产生滞后现象的原因可能是土壤颗粒的胀缩性及土壤孔隙的分布特点。

此外，土壤水分特征曲线受到大孔隙、水质等因素的影响。

（三）用途

作为土壤的重要物理参数，土壤水分特征曲线在土壤物理研究中具有重要的实用价值。首先，可利用它进行土壤水吸力和含水量之间的换算；其次，它可以间接反映出土壤孔隙大小的分布；第三，可用来分析不同质地土壤的持水性和土壤水分的有效性；第四，应用数学、物理的方法对土壤水分运动进行定量分析时，它是必不可少的重要参数。

第三节　土壤水分运动

土壤水分并非静止不动的，而是处于不停的运动状态中。土壤中的水分运动包括饱和流、非饱和流和气态水运动三种形式，前两者指土壤液态水的流动，后者指土壤中气态水的运动。土壤水的流动是由于相邻土层间存在土水势差，流动方向是从较高水势处到较低水势处。

一、饱和流

土壤孔隙全部被水所填充时的水流，简称饱和流（saturated flow），这主要是重力水的运动。农田淹水灌溉、大量持续降雨、地下泉水的涌出和水库库底周围土壤的入渗等情况都可能导致土壤饱和流的出现。土壤饱和流的运动方向可能是垂直向下的，或是水平的，也可能是垂直向上的，但大多数情况下是非常复杂的多向复合流。

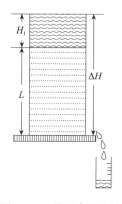

图 4-9　一维垂直饱和流
H_1 为水层厚度；L 为水流路径直线长度；ΔH 为总水势差

在饱和条件下，土壤的基质势为零，盐分浓度一般较低，且不考虑植物吸水，因而渗透势可忽略。因此，饱和流的推动力主要是重力势梯度和压力势梯度，基本上服从饱和状态下多孔介质的达西定律（图 4-9），即单位时间内通过单位面积土壤的水量（土壤水通量）与土壤水势梯度成正比，用公式表示为

$$q = -K_s \frac{\Delta H}{L} \tag{4-16}$$

式中，q 为土壤水通量；$\Delta H/L$ 为水势梯度；L 为水流路径直线长度；K_s 为土壤饱和导水率；负号代表水流的方向。

K_s 反映的是土壤的饱和渗透性能，对特定土壤而言，它是土壤导水率的最大值，是一个常数。它主要取决于土壤孔隙状况，土壤质地、结构、有机质含量等影响孔隙状况的因素均会对其产生影响。砂质、结构良好和有机质含量高的土壤往往具有较大的 K_s。在生产中，土壤保持适当的饱和导水率是十分必要的，过大或过小都可能会对土壤产生不良影响。土壤饱和导水率过小，土壤透水、通气性差，有毒有害的还原性物质易积累，在灌溉和降雨时也容易造成地表径流。反之，若 K_s 过大，则容易漏水漏肥。

二、非饱和流

当土壤中只有部分孔隙被水所填充时的水流，简称非饱和流或不饱和流（unsaturated

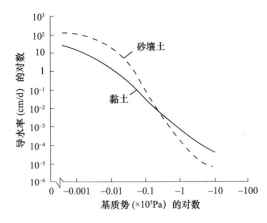

图 4-10　不同质地土壤基质势与导水率之间的关系（黄昌勇，2000）

flow），这主要是毛管水和膜状水的运动。土壤在大部分条件下处于非饱和状态，这时土壤的压力势为零，若不考虑植物吸水（即渗透势假定为零），土壤水分运动的主要推动力是重力势和基质势。非饱和流也可以用达西定律来表述，公式如下：

$$q = -K(\psi_m) \, d_\psi / d_x \qquad (4\text{-}17)$$

式中，q 为土壤水通量；d_ψ / d_x 为总水势梯度；$K(\psi_m)$ 为非饱和导水率；符号代表水流的方向。

对某一土壤而言，$K(\psi_m)$ 不是一个常数，其大小随土壤基质势（或含水量）的变化而变化（图 4-10）。在基质势较大、含水量较高的情况下，$K(\psi_m)$ 较高。随着基质势的降低（含水量降低），$K(\psi_m)$ 逐渐减小。从图 4-10 中也可看出，不同质地土壤间 $K(\psi_m)$ 随基质势的变化存在较大差异，在基质势较高时，砂质土壤的 $K(\psi_m)$ 高于黏土，而在基质势较低时则相反。这种差异和两种土壤的大小孔隙分布比例紧密相关。

三、气态水运动

土壤气态水（soil water in vapor phase）的运动包括扩散（diffusion）和凝结（condensation）两种方式。

（一）扩散

土壤中水汽扩散运动遵循一般气体的扩散规律，可以用式（4-18）表示：

$$q_v = -D_v \times \frac{d_{p_v}}{d_x} \qquad (4\text{-}18)$$

式中，q_v 为水汽通量；D_v 为水汽扩散系数；$\frac{d_{p_v}}{d_x}$ 为水汽压梯度；$-$ 表示水汽运动方向。

土壤中水汽扩散运动的方向和速度是由土水势梯度和温度梯度共同引起的水汽压梯度所决定的。在非盐化土壤中，由土水势引起的水汽压梯度很小，当土壤基质吸力由 0bar 增加到 100bar 时，伴随的水汽压变化仅仅只有 1.6Mbar。但是，由温度变化而引起的水汽压差非常显著。因此，温度梯度的影响要远远大于土壤水势梯度，是土壤水汽运动的主要推动力，水汽运动一般表现为从温度高处向温度低处运动。

（二）凝结

水汽凝结是指土壤中的水汽总是由湿度高、水汽压高处向温度低、水汽压低处运动，当水汽由暖处向冷处扩散时便可结成液态水。水汽凝结有两种现象值得注意，即"夜潮"现象和"冻后聚墒"现象。

当水汽由温度高向温度低处扩散时，遇冷会凝结成液态水，这就是水汽的凝结。在昼夜温差较大时，夜间表层土壤温度低，下层温度高，会引起下部土层水汽向表层运动，使表土潮湿，称为"夜潮"现象。该现象多出现在地下水埋深度较浅的"夜潮地"。

由于冬季表土冻结，水汽压降低，而冻土层以下土层的水汽压较高，于是下层水汽不断向冻层汇集、冻结，使冻层不断加厚，其含水量逐渐增加，这就是"冻后聚墒"现象。虽然它对土壤上层的增水作用有限（2%～4%），但对缓解春季的土壤旱情有一定意义。"冻后聚墒"的多少，主要取决于该土壤水分状况和冻结强度，含水量越高、冻结强度越大，"冻后聚墒"就越明显。

"夜潮"和"冻后聚墒"现象都可以在一定程度上增加土壤表层的含水量。虽然通过水汽凝结增加的土壤水分的量有限，但在干旱地区是生物需水的重要来源。凝结水在森林土壤中也有一定的意义，一些地区的森林土壤的凝结水量有时可高达70mm/年。

第四节　土壤水分田间循环及其调节

土壤水是自然界水循环的重要组成部分。降水或灌溉水到达地面后，一部分可能形成地表径流汇入地表水体，另一部分则经过入渗过程，成为土壤水。土壤水在土水势梯度和水汽压梯度的作用下进行再分布，一部分可能进一步下渗，成为地下水；一部分被作物吸收利用；一部分经作物叶面蒸腾作用和土面蒸发损失到大气中，为大气水；还有一部分则可能在较长时间内保存在土壤中。土壤水始终处在不停的运动之中，并参与自然界的水循环过程。了解和认识土壤水分循环的途径和规律，对于田间土壤水分的合理管理有积极的指导意义。

一、土壤水分田间循环

（一）土壤水分的入渗过程

入渗（water infiltration）过程一般是指水分自地表垂直向下进入土壤的过程，但也包括水分侧向甚至向上进入土壤的过程。土壤入渗能力决定着降水或灌溉水进入土壤的数量，不仅关系到对当季作物供水的数量，而且还关系到供水以后或来年作物利用的深层水的储量。在山区、丘陵和坡地，入渗过程还决定着地表径流和渗入土内水分两者的数量分配。

土壤的入渗能力主要由两方面因素决定，一是供水速率，二是土壤本身的入渗能力。当供水速率小于入渗能力时（如低强度的喷灌、滴灌或降雨），水分的入渗量取决于供水速率的大小，但当供水速率大于土壤入渗能力时，入渗量取决于土壤入渗能力，它由土壤的干湿程度和孔隙分布状况（受质地、结构、松紧程度等影响）所决定。

土壤入渗能力和土壤侵蚀（水蚀）密切相关。干燥、粗质地及具有良好结构的土壤，都拥有良好的入渗能力，可以降低侵蚀。反之，入渗能力较弱，地表径流量大，发生侵蚀的可能性也随之增大。例如，在我国西北黄土高原地区的幼年黄土性土壤和黑垆土，土壤结构不同导致了渗透性能的明显差异，侵蚀状况表现不同。

土壤的入渗能力通常用入渗速率来表示，即在土面保持有大气压下的薄水层，单位时间通过单位面积土壤的水量。单位是mm/s、cm/min、cm/h或cm/d等。无论土壤入渗能力是强还是弱，入渗速率都会随入渗时间的延长而减缓，最后达到一个比较稳定的数值（图4-11）。这种现象在壤质和黏质土壤上均比较明显。土壤学上常

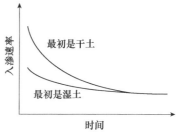

图4-11　土壤入渗速率随时间的变化（黄昌勇，2000）

表 4-3　不同质地土壤的最后入渗速率（mm/h）

土壤	最后入渗速率
砂土	>20
砂质和粉质土壤	10~20
壤土	5~10
黏质土壤	1~5
碱化黏质土壤	<1

资料来源：黄昌勇，2000

用指标是初始入渗透率和最后入渗速率。对于某一特定的土壤，一般只有最后入渗速率是一比较稳定的参数，故常用其表达土壤渗水强弱，又称为透水率或渗透系数。不同质地土壤的最后入渗速率参考范围如表 4-3 所示。

（二）土壤水分的再分布

当地面水层消失，入渗过程停止。但进入土壤的水分在重力、吸力梯度和温度梯度造成的土水势梯度的作用下会继续运动，在土层深厚，没有地下水出现的情况下，这一过程称为土壤水分的再分布。该过程属于土壤不饱和流运动，推动力是土壤各点的重力势梯度和基质势梯度，再分布的速度取决于各点水势梯度的大小。这个过程很长，可达 1~2 年，甚至更长的时间，它对研究植物从不同深度土层吸水有重要意义，因为某一土层水分的损失不完全是由植物吸收所致，而是上下土层的来水量、该层向下再分布的水量和植物吸水量三者共同作用的结果。

土壤入渗结束后，上部土层接近饱和，下部土层仍未饱和，必然要从上层吸取水分，于是开始了土壤水分的再分布过程。这时土壤水的流动速率取决于再分布开始时上层土壤的湿润程度、下层土壤的干燥程度及其导水性质。开始时上层土壤湿润深度浅而下层土壤又相当干燥，吸力梯度大，土壤水的再分布就快。反之，若开始时湿润深度大而下层又较湿润，吸力梯度小，再分布过程主要受重力势梯度的影响，进行得就慢。再分布的速度通常是随时间的延长而逐渐减慢，这是因为湿土层失水后含水量降低，导水率也随之减小，湿润峰（入渗水与干土交界的平面）向下移动的速度也跟着减慢，湿润峰在再分布过程中也逐渐消失。质地中等的土壤在一次灌水后，土壤水的再分布过程如图 4-12 所示。

而对于不同质地层次的土壤，如北方常见的砂盖垆（质地上粗下细）和垆盖砂（上细下粗），其水分再分布情况略有不同。砂盖垆最初的入渗速率高，当湿润峰达到细土层时，由于导水率显著降低，入渗速率急剧下降。如供水速度较快，在细土层上可能出现暂时的饱和层。

在垆盖砂的情况下，当温润峰到达粗土层时，由于湿润峰处的土壤水吸力大于砂土层的水吸力，所以水分并不能立即进入砂层，而在细土层中积累，待其土壤水吸力低于砂土层吸力时，水分才能进入砂层。但因砂土饱和导水率高，渗入的水很快向下流走。所以无论表土下是砂土层还是细土层，在水分再分布过程中最初是土层先积蓄水，然后才下渗。

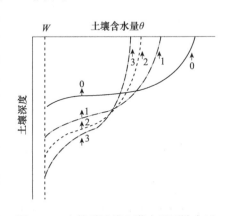

图 4-12　中等质地壤土灌水后再分布过程中水分的剖面变化（黄昌勇，2000）
W 是灌水前土壤湿度；0、1、2、3 分别代表灌水后及 1d、4d、14d 后的土壤水分剖面分布

（三）土面蒸发

土壤水以水汽的形式从土表向大气逸失的现象称为土面蒸发（soil surface evaporation）。土面蒸发是土壤水分无效损耗的重要形式，也是导致土壤干旱的一个主要因素，其强弱主要取决于大气蒸发能力（辐射、气温、湿度和风速等）和土壤供水能力（含水量的高低和水分

分布）两个方面，两者共同决定了土壤的蒸发强度。土壤蒸发强度指单位时间内单位面积地面上所蒸发的水量。辐射、气温、湿度和风速等外界条件决定了蒸发过程中能量的供给和水汽扩散速度，而土壤含水量和土壤水分分布特征是土壤水分向上运输的条件。

当土壤供水充分时，由大气蒸发能力决定的最大可能蒸发强度称为潜在蒸发强度。需要注意的是，在地下水位埋藏较浅、矿化度较高的情况下，土壤蒸发过程对盐碱化的形成有重要影响。

根据大气蒸发潜力和土壤供水能力所起的作用、土面蒸发所呈现的特点及规律，水分饱和土壤的土面蒸发过程可分为三个阶段。

1. 蒸发稳定阶段　　在蒸发的初始阶段，地表含水量高于某一临界值时，尽管土壤含水量有所降低，但地表处的水汽压仍维持近饱和状态。在外界气象条件稳定时，水汽压梯度基本上无变化，含水量的降低并不影响水汽的扩散通量。在此阶段，表层的蒸发强度不随土壤含水量的降低而变化，称为稳定蒸发阶段（图 4-13AB 段）。稳定蒸发阶段蒸发强度主要由大气蒸发力决定，近似为水面蒸发强度 E_0，所以也叫作大气蒸发力控制阶段。该阶段土壤含水量下限（临界含水率）的大小与土壤性质及大气蒸发能力有关。一般认为该值等于毛管水断裂量时的含水量，为田间持水量的 50%～70%。在该阶段，土壤水分以很大的蒸发强度通过土面蒸发持续散失，水分无效损耗很大，因此在降雨或灌溉后，及时进行中耕或地面覆盖，可以蓄水保墒，减少土壤水分的损失。

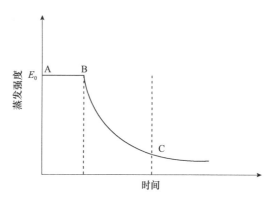

图 4-13　土面蒸发过程示意图

2. 蒸发迅速降低阶段　　当表土含水率低于临界含水率时，土壤导水率随土壤含水量的下降（土壤水吸力的增加）而不断减小，土壤供水能力不断降低，表层土壤消耗的水分得不到及时补充，因此含水量进一步降低，地表处的水汽压也随之不断降低，蒸发强度随之减弱。此时土壤的蒸发强度主要取决于土壤导水率，所以也叫作土壤导水率控制阶段（图 4-13BC 段）。通过中耕加速表土干燥是减少该一阶段土面蒸发的有效措施。

3. 水汽扩散（vapor diffusion）阶段　　当表土含水率很低时，土壤输水能力降低至接近于零，下层土壤的液态水已不能运行至地表补充表土蒸发损失的水分，土壤表面形成干土层。干土层以下的土壤水分只能以水汽扩散的方式穿过干土层而进入大气。在此阶段，蒸发强度很低，变化速率十分缓慢而且稳定，其大小主要取决于干土层水汽扩散的能力和干土层厚度。一般来说，只要表土存在 1～2mm 的干土层就能显著降低蒸发强度，因此通过压实表层土壤，减少大孔隙数量可以有效防止水汽向大气扩散。

4. 土壤水分平衡　　土壤水分的来源主要包括降水、灌溉、地下水上升和凝结水。其中，大气降水和人工灌溉是土壤水的主要来源。在地下水埋藏较深的区域，上升地下水一般忽略。相对于降水和灌溉，凝结水量很小，一般也忽略不计。

大气降水或灌溉水到达地面后，主要消耗途径是植物蒸腾、地表径流、地表蒸发和水分下渗。部分水可能由于土壤下渗能力的限制而形成地表径流，但是更多的水分会经过下渗进

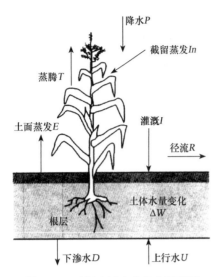

图 4-14　田间土壤水分收支示意图
（关连珠，2016）

入土壤成为土壤水，并在土壤中进行再分布。进入土壤的水分或可能继续下渗进入地下水，或通过植物的蒸腾和地面蒸发进入大气，另外还有相当一部分会较长时间保留在土壤中，根据土水势梯度而不停移动。

虽然土壤中的水分流动过程非常复杂，但仍然遵循质量守恒原则。土壤水分平衡是指在某一时期内，一定面积和厚度的土体，水分含量的变化量等于该时期内水分的收入项与支出项之差（图 4-14）。

一般情况下，我们不考虑土壤凝结水，土壤水分平衡可以用式（4-19）表述：

$$\Delta W = (P + I + U) - (ET + R + In + D) \quad (4\text{-}19)$$

式中，ΔW 为计算时段内土壤水含量的变化值；P 为计算时段内的降雨量；I 为计算时段内的灌溉量；U 为计算时段内上行水总量；ET 为计算时段内的蒸散量（包括计算时段内土面的蒸发量 E 和植物蒸腾量 T）；In 为计算时段内的植物截留量；R 为计算时段内的地表径流量；D 为计算时段内的下渗水量。若 ΔW 为正，土壤水量增加，为负则水量减少。以上各值在研究或应用中一般用 mm 表示，也可用绝对水含量（体积）来表示。

降雨量 P 和灌溉量 I 很容易通过常规方法测定得到，而田间蒸腾 E 和土面蒸发 T 常合在一起，统称蒸散 ET。截流是降水或喷灌时被植物地上部分所截获而未达到土表的那部分水量，苗期一般很少，但生长中后期后有时可占降水量的 2%～5%，这部分来水未参与土面蒸发而直接从植物地上部分蒸发掉，但截流量统计起来较难，且数量不大，许多情况下予以忽略。地表径流 R 与植物截留 In 有着同样的情况，当降雨强度较小不产生地表径流时，R 也可以忽略。因此，根据具体情况，在应用中经常将式（4-19）中的部分计算项省略掉。

根据水分收支状况可将土壤水分平衡进一步分为淋洗型、平衡型和蒸发型三种类型。其中，淋洗型是指进入土壤的水分量大于消耗量；平衡型是指进入量大致等于消耗量；蒸发型为进入量小于消耗量。

土壤水分平衡在实践中用处很多，根据土壤水分平衡式，用已知项可以求得某一未知项，就是所谓的土壤水量平衡法。在研究土壤水分状况的周期性变化、确定农田淹没时间及研究土壤 - 植物 - 大气连续体（SPAC）中的水分行为时经常用到。

二、土壤水分状况及其调控

由于降雨、灌溉和地下水及深层土壤水分上行的不断补充，再加上各种途径的不断损耗，土壤中的水分不断运动，含水量不断发生变化。不同地区的气候、植被、地形、地质、土壤性质及耕作措施等多因素的综合影响，导致不同时期土壤水分含量出现明显的差异性。例如，我国北方地区一年中土壤水分状况可以大致分为四个时期：第一，土壤湿度相对稳定期。每年的 11 月中旬到第二年的 3 月，由于气温较低，植物生命活动弱，土面蒸发和植物蒸腾耗水量很低，当然同时也伴随着"冻后聚墒"的现象，这个阶段含水量比较稳定。第二,强烈的蒸发干旱期。4~6月降雨量少,大气相对湿度低,土壤蒸发量大,土壤水分损失严重,土壤含水量一般达到全年中的最低水平。第三,土壤水分积累期。7~9月降雨量增大,土壤水分明显增加,达到一年中的最大值。第四,土壤失水期。10~11月降雨量减少,但蒸发量较大,土壤含水量降低。但是,我国东北红松天然林土壤的含水量季节变化不明显,全年土壤比较湿润,没有明显的干旱现象。此外,即使在同一地区,不同质地的土壤水分状况也存在较大差异。粗质地的土壤持水能力弱,少量降雨便能湿润深层土壤,其水分循环深度明显高于同一地区的细质地土壤。

土壤水的调控对于农林业生产非常重要。气候条件、地形地质状况、土壤特性、植物种类等因素均会影响土壤水分状况,各地区应根据具体情况,采取相应措施。土壤水分的调控需要充分考虑保蓄和调节两个关键环节,根据影响土壤水分保持、运动和蒸发的因素,采取相对应的措施,为植物的生长创造最适宜的水分条件。

土壤水分调控的原则是促进水分尽快入渗,减少地表径流和重力水的淋失,防止冲刷和减少地面蒸发,做到经济用水,充分发挥有效水的效能。常用土壤水分的调节措施包括如下几项。

（一）耕作措施

通过秋耕、中耕、镇压等措施,破除与大气直接连通的毛管孔隙,降低通过毛管孔隙运送至地表的水量。通过去除杂草,减少其对土壤水分的无效损耗,同时也可以降低其与其他植物的养分竞争。

（二）地面覆盖

薄膜、秸秆、留茬免耕等地面覆盖措施能够隔离土壤与大气的直接联系,也可以提高土壤水分的保蓄能力和渗透能力,是干旱、半干旱区田间水分调控的常见措施。也有文献报道,生草覆盖也可以有效降低土面蒸发,虽然其也会消耗一部分土壤水分,但其耗水量低于土面蒸发量,从而有利于土壤水分的保持。

（三）合理灌溉

在干旱地区和干旱季节,如果条件允许,要注意及时灌水,以保证植物的正常生长发育。干旱区和半干旱区水资源相对短缺,需要充分考虑节水灌溉,提高水分运输效率。当前常用的节水灌溉方式有滴灌、喷灌、地下灌、精准灌溉等。

（四）生物节水

不同植物类型及品种对水分的利用效率差异很大。利用抗旱和高水分利用效率、高产优质的动植物品种,特别是以农作物为主的生物节水,产生更大的经济和生态效益,是未来提高土壤水分利用效率的必然趋势。

（五）其他措施

土壤水分的调控措施非常多,难以一一提及。其他措施还包括:通过增施有机肥、土壤改良剂等,以改善土壤结构,提高土壤的蓄水能力;实施梯田、小型蓄水用水工程等工程措施,梯田可以通过改变局部地形,达到拦蓄雨水,增加土壤水分,防止水土流失的目的;通过建设山坡截流沟、水窖和涝池等设施,拦蓄地表径流,防止水土流失;建设和保护地表植被,综合提升区域蓄水保水的能力。

另外,需要特别注意的是,当降雨量过大,农田出现积水时,需要及时排水,防止涝害、渍害的发生。

【思　考　题】

1. 简述土壤水分的类型、特征及其有效性。

2. 土壤水分含量的表示方法有哪些？

3. 简述常用土壤水分常数的种类和意义。

4. 什么是土水势？包括哪些分势？有何应用意义？

5. 什么是土壤水分特征曲线？有什么意义？

6. 土壤饱和流、不饱流和水汽运动的推动力有何不同？

7. 土面蒸发可以分为几个阶段？各个阶段有什么特点？

8. 土壤水分的来源和消耗途径有哪些？

9. 如何调控土壤水分？

第五章 土壤空气和热量

【内容提要】

　　重点讲述土壤空气的来源、组成特点、土壤通气性及其调节，土壤热量的来源、热特性及其对土壤热量转移的影响，同时简单描述土壤热量平衡和土温的调节方法。要求理解土壤空气的组成特点及原因；重点掌握土壤气体运动方式、土壤热特性和土壤通气性及温度的调节。

第一节 土壤空气

　　土壤空气（soil air）是土壤三相组成的基本物质，也是重要的土壤肥力因子，与土壤水分共同存在于土壤孔隙中，直接影响着植物的生长发育、土壤微生物的活动、土壤养分的转化及吸收等过程。了解土壤空气的组成特点，掌握土壤空气的运动变化规律，对于进一步改善土壤通气性，为植物的生长发育创造良好通气条件具有重要意义。

一、土壤空气组成

　　土壤空气包括土壤孔隙中的自由气体、土壤水中的溶解态气体以及被土壤颗粒所吸附的气体。土壤空气最主要的来源是大气，其次是土壤生物（动植物、微生物）的生命活动所产生的气体，还有少部分来源于土壤中的化学反应。

　　由于大气是土壤空气的主要来源，因此其组分与地表大气基本一致，但受其他两部分来源的影响，其各种组分的数量比例和大气存在一定差异（表 5-1）。

表 5-1　土壤气体与大气各种组分的体积分数的差异（%）

气体种类	O_2	CO_2	N_2	水汽（相对湿度）	其他气体
近地面的大气	20.94	0.03	78.05	60～90	0.98
土壤空气	18.00～20.03	0.15～0.65	78.80～80.29	100	0.98

资料来源：黄昌勇和徐建明，2010；关连珠，2016

　　由表 5-1 可知，土壤空气和近地面的大气的差异主要表现在以下几个方面。

（一）土壤空气中的 CO_2 含量高于大气

　　土壤空气中 CO_2 的含量比大气高数倍至数十倍，这主要是由土壤生物（动植物、微生物）活动所致，土壤有机质的分解、动物和微生物的代谢及植物根系呼吸都会产生大量的 CO_2。此外，土壤中碳酸盐类物质与土壤酸类物质的反应也可产生 CO_2。

（二）土壤空气中的 O_2 含量低于大气

　　有机质分解和生物的代谢活动需要消耗大量的 O_2，生物活动越旺盛，O_2 消耗量越大，含氧量越低，CO_2 含量越高。

（三）土壤空气中的水汽含量一般高于大气

在一般含水条件下，土壤空气的相对湿度多接近饱和。土壤空气相对湿度饱和有利于土壤微生物的活动，但未必能够满足植物生长的需求。

（四）土壤空气中还原性气体含量较高

在土壤通气状况不良，如在板结或土壤过黏的条件下，土壤有机质分解不完全，会产生一些 CH_4、H_2S、NH_3、H_2 等还原性气体，这些气体在土壤中积累，会对植物生长和土壤养分的转化产生不良影响，甚至毒害作用。因而，对于通气不良的土壤要及时采取措施改善其通气状况。

（五）土壤空气组分具有时空变异性

大气组分相对比较稳定，而土壤空气的组成则随着时空的变化而不断变化，土壤水分、深度、温度、生物活动、气候变化和耕作措施等都会对土壤空气的组成与分布产生影响。一般情况下，随着土层深度的增加，土壤空气中 CO_2 含量增加，O_2 含量减少，二者含量此消彼长，总和维持在 19%～22%。温度升高会导致根系呼吸加强，微生物活动加快，土壤空气中 CO_2 含量增加，因此，夏季土壤中 CO_2 含量最高。此外，地表覆盖可以阻碍土壤空气与大气间的自由交换，致使覆盖土壤中 CO_2 含量明显高于无覆盖土壤，而 O_2 含量变化则相反。

（六）土壤空气存在形态不同于大气

大气中的各组分是以自由态存在的，而土壤空气中的组分以自由态、吸附态和溶解态三种形式存在。自由态气体是土壤空气的主体，存在于土壤孔隙中，易于移动，有效性高；吸附态气体是指被土壤颗粒表面所吸附的各组分，移动性和有效性较低；溶解态气体是指溶解在土壤水中的气体。20℃时 O_2 在水中的溶解度为 $0.31cm^3/L$，溶解氧的数量对水田氧的供应极为重要。气体在水中的溶解度不仅与其本身的性质有关，还受到气体分压和温度的影响，其溶解度随气体分压的增高和温度的降低而增大。

二、土壤空气的作用

土壤空气与植物的生长发育、土壤水分和养分的转化供应密切相关，其作用主要表现在以下几个方面。

（一）影响种子萌发

土壤的通气状况对种子的萌发至关重要。种子的萌发需要基本的水分和氧气条件，缺 O_2 会影响种子内物质的转化和代谢，同时土壤有机质厌氧分解所产生的还原性物质，能够抑制多种植物种子的萌发。

（二）影响根系的生长发育和吸收功能

通气良好的土壤有利于植物根系的生长发育。在通气良好的土壤中，大多数植物根系生长状况良好，长度大、颜色浅、根毛多；反之，则根系短而粗、颜色暗、根毛量少。据报道，土壤空气 O_2 浓度低于 10% 时，根系发育就会受到抑制；低于 5% 时，绝大部分植物的根系停止发育。

通气良好的土壤可促进某些养分的吸收，提高其肥效。通气不良时，根系呼吸作用减弱，吸收养分和水分的能力下降，特别是对 K 的吸收影响最大，然后是 Ca、Mg、N、P 等。

（三）影响土壤生物的活性和养分状况

土壤空气的数量对微生物活动有显著的影响。O_2 充足时，好氧微生物活动旺盛，有机质分解迅速且彻底，氨化过程加快，同时也有利于硝化过程的进行，故土壤中有效态氮丰富；缺 O_2 时，有机质分解慢且不彻底，利于反硝化作用的进行，易造成氮素的损失或导致 NO_2^--N 的累积而毒害植物根系。

土壤空气中 CO_2 的增多，使土壤溶液中 CO_3^{2-} 和 HCO_3^- 浓度增加，这虽有利于土壤矿物质中的 Ca、Mg、P、K 等养分的释放溶解，但过多的 CO_2 往往会使 O_2 的供应不足，从而影响根系对这些养分的吸收。

（四）影响土壤氧化还原状况和有毒物质的含量

土壤通气性对其氧化还原状态有很大影响。通气良好时，土壤处于氧化状态；若通气不良，则处于还原状态。土壤中产生的 CH_4、H_2S 等还原性气体对植物有毒害作用。例如，土壤溶液中 H_2S 含量达到 0.07mg/kg，水稻即表现出枯黄、稻根发黑。另外，土壤缺氧时也会使一些变价元素以低价还原态存在，如 Fe^{2+}、Mn^{2+} 等含量的增加会对作物产生毒害。同时，缺氧还会导致土壤酸度增大，有利于致病霉菌的发育，并使植物生长不良、抗病力下降而易感染病害。

三、土壤通气性及其机制

土壤空气不是静止不变的，它在土壤内部不断运动，并不断与大气进行交换。土壤通气性是指土壤空气与大气进行交换及气体在土体内部的扩散和流通的性能。为保证土壤生物的正常生命活动，土壤中的 O_2 必须得到及时补充，CO_2 及时排出，从而为其创造良好的、相对稳定的气相条件。通气不良的土壤条件难以保障土壤微生物和根系的正常呼吸，不利于微生物的活动、植物的生长发育和土壤养分的转化。如果土壤空气和大气不进行气体交换，土壤中的氧气可能会在 12~40h 消耗殆尽。因此，良好的通气性是维持和提高土壤肥力的一个必要条件。土壤空气运动包括对流和扩散两种方式，也是土壤通气的机制。

（一）土壤空气对流

土壤空气对流也称为质流，是指土壤与大气间在总气压梯度推动下，气流由高压区向低压区进行的整体流动。对流运动不是土壤空气中个别气体成分的运动，而是所有成分都参与的整体交换过程。土壤空气对流可用式（5-1）来表示：

$$q_v = -(k/\eta)\nabla P \tag{5-1}$$

式中，q_v 为空气的容积对流量；k 为通气孔隙透气率；η 为土壤气体的黏滞度；∇P 为土壤空气压力的三维梯度。

土壤空气对流是在温度、大气压、地面风力、降雨和灌溉、植物根系吸水等因素的综合影响下产生的。当土壤温度高于气温时，土壤空气受热膨胀压力上升而进入大气，而大气则下沉透过土壤孔隙进入土壤，形成冷热气体对流。如果气温上升，大气压上升，部分大气进入土壤；气温下降则大气压下降，土壤空气排出释放进入大气。当降雨或灌溉时，土壤含水量增加，水分占据更多的土壤孔隙，则部分土壤气体被挤出土壤进入大气；当蒸散作用导致土壤水分减少时，部分大气又会重新进入土壤孔隙。地面风力也可以降低大气压，促进土壤空气与大气间的气体对流。

（二）气体扩散

气体扩散是指气体分子由分压（或浓度）高处向分压（或浓度）低处的运动。气体扩散是土壤通气的主要机制，其推动力是气体分子的分压梯度（或浓度梯度）。土壤空气和地面大气的部分组分在数量上存在一定差异，因而会产生浓度差异，形成各分压梯度，从而促进个别组分在土壤和大气间的扩散过程。土壤空气中 CO_2 的浓度高于大气，而 O_2 的浓度低于大气，于是在土壤和大气间产生了 CO_2 和 O_2 的分压（或浓度）梯度，显示出土壤 CO_2 向大气扩散，而大气中的 O_2 向土壤中扩散的现象，这种现象通常称为土壤呼吸。气体扩散和对流的区别在于它不是所有气体组分都参加，而是个别组分参与的运动过程。

土壤气体扩散一部分发生在气相中，另一部分发生在液相。在通气孔隙中的气体扩散维持着土壤与大气间的气体交换，而发生在液相中的气体扩散则对活生物组织的 O_2 供给和 CO_2 的释放起着重要作用。土壤气体扩散过程可用菲克第一定律表示：

$$q_d = -D \cdot (d_c/d_x) \tag{5-2}$$

式中，q_d 为某种气体的扩散通量（单位时间通过单位面积扩散的质量）；D 为该气体在土壤中的扩散系数（量纲为面积/时间）；c 为该气体的浓度（单位容积扩散物质的质量）；x 为扩散距离；d_c/d_x 为该气体的浓度梯度。

利用分压梯度计算扩散通量比浓度梯度更为便利，因此，式（5-2）中的浓度梯度可用分压梯度 d_p/d_x 来替代，式（5-2）可转化为

$$q_d = -(D/B) \cdot d_p/d_x \tag{5-3}$$

式中，B 为偏压与浓度的比。

扩散系数 D 的大小与温度、气压、气体种类、土壤含水量、土壤大孔隙的多少和连续性密切相关。D 的大小和温度的平方成正比，和气压成反比；不同气体的 D 值不同，在相同条件下，O_2 的扩散系数往往高于 CO_2，可以达到 CO_2 扩散系数的 1.25 倍；在土壤含水量较高的情况下，由于水分的阻碍，土壤孔隙中气体分子的扩散移动距离会大大增加，D 会随之降低；砂土、疏松土壤或结构良好的土壤通常具有较高的 D 值。

四、土壤通气性的调节

土壤通气性是影响土壤微生物活动和植物根系生长的重要因素。通气状况良好的土壤不仅有利于好氧微生物的活动，促进养分转化过程的顺利进行，而且可以提高根系吸收水分和养分的能力。土壤通气性主要取决于通气孔隙的数量和大小及土壤含水量，凡是可以改善通气孔隙和含水量的方法和手段都可以起到调节土壤通气性的作用，常用措施如下。

（一）调节土壤含水量

调节土壤水分含量的措施，同样也是调节土壤空气状况的重要手段。因为土壤空气和水分共同存在于土壤孔隙中，土壤水分的变化必然会导致土壤空气含量的相应变化。采用喷灌、滴灌、渗灌等灌溉方式，既可节约水资源，又可使土壤在灌溉时保持良好的通气性能。具体调节措施可以参考土壤水分状况的调节。

（二）改良土壤质地和结构

土壤质地和结构是影响土壤孔隙状况的重要因素，黏质或结构不良土壤的通气孔隙度小，粗细孔隙比例不协调，水气矛盾突出，严重影响土壤的通气性。可以采用客土法等改良土壤质地，增加土壤通气孔隙度；可通过增施有机肥、增种绿肥等方法，促进土壤团粒结构的形成，提高土壤的通气性。但在通气不良或易淹水的土壤，有机肥和绿肥的使用需谨慎，使用不当会引起其分解过程中大量耗氧，加重缺氧危害。

（三）加强耕作管理

土壤耕作可以破除土壤板结，使土壤变得疏松，增加土壤通气孔隙，有利于土壤与大气间的气体交换。此外，耕作也是调节土壤水分的重要措施，因为在土壤水分过多的情况下，土壤空气容量减少。在一些雨后积水地区，应完善排水系统，及时排水，保证土壤气体流动的通畅。

第二节 土壤热量

土壤热量（soil heat）是土壤肥力四要素之一，对种子的萌发、植物的生长、微生物的活动、有机质的分解转化、矿物的风化、养分的转化以及土壤水气状况等诸多方面都有着强烈的影响。因此，了解土壤热量收支状况、热性质及土温的变化规律对土温的调控、土壤肥力的维持及提升具有十分重要的意义。

一、土壤热量的来源

土壤热量主要来自太阳辐射热、生物热和地球内热三个方面。

（一）太阳辐射热

太阳辐射热是土壤热量的最基本来源。太阳辐射能 99% 为短波辐射，当辐射能透过地球大气层时，一部分热量被大气吸收散射，这部分能量占 10%～30%；另一部分被云层和地面反射，只有约 43% 的能量被土壤所吸收。虽然地球仅获得约 20 亿分之一的太阳辐射能，但却是土壤最重要的热量来源，远远高于从其他方面获得的热量。

（二）生物热

微生物分解有机质的过程中会释放一定的热量，这些热量一部分为微生物所利用，大部分释放到土壤提高土温。据估算，有机质含量为 4% 的土壤，每英亩[①]耕层有机质的潜能高达 $6.18×10^9～6.99×10^9$ kJ，相当于 20～50t 无烟煤的热量。蔬菜栽培和早春育苗时，施用有机肥可以利用其分解释放的热量提高土温，促进幼苗早发快长。

（三）地球内热

地球内部温度很高，其热量不断向地表传递。但地壳导热能力差，地面从地球内部获得的热量不超过 226J/（cm²·年），与太阳辐射能相比，其对土壤温度的影响很小，一般可忽略。但在地热异常区，如温泉、火山口附近，这一因素甚至成为土壤热量的主要来源。

二、土壤热量平衡

（一）土壤热量平衡公式

太阳辐射到达地表后，一部分能量被反射，用于加热近地面空气，多数能量则被土壤吸收，用于土面蒸发、植物蒸散与大气之间的湍流，热交换上只有少部分通过热交换传导至土壤表面以下土层。根据能量守恒定律，土壤热量收支平衡可用式（5-4）表示：

$$Q=R±P±L_E±B \tag{5-4}$$

式中，Q 为土壤在单位时间获得或损失掉的能量；R 为地面辐射平衡；P 为土壤与大气间的湍流交换量；L_E 为蒸发、蒸散或水汽凝结而造成的热量损失量或增加量；B 为土壤表层与下

---

① 1英亩≈4046.856m²

层之间的热交换量。各项之间的加减号表示热量传导方向，指向地面为＋，相反为－。一般情况下，白天由于土壤表层强烈吸收太阳辐射能，Q 值为正，表现为土壤温度增高；夜晚地表不断散失热量，温度低于下部土层，导致土壤热量的负值交换，Q 值为负，土壤温度降低。

（二）土壤温度的变化

土壤温度的变化是太阳辐射平衡、土壤热量平衡和土壤热学性质共同作用的结果。时间、纬度、海拔、地形、坡向、大气透明度以及地面覆盖状况等因素都会影响到土壤热量的收支平衡，导致土壤温度具有明显的时空分布及变化特征。

1. 土壤温度的月（季节）变化　　图 5-1 是不同深度土壤温度的月变化。全年 15cm 深度土壤的平均温度高于气温；30cm、90cm 深度土壤在秋冬季节比气温高，而春夏较低。图 5-2 中间虚线为一年的月平均土温，除表层土温在短时间内的变化可能较大外，深层土温的变化是相当平缓的。在晚秋 - 冬天 - 早春，表土温度低于深层土壤，热流由土壤深处向地表传导，而在晚春 - 夏天 - 早秋，则表土温度高于深层土壤，热流由表土层向下层传导。一般来说，土温季节变幅随深度的增加而减小，且土温的最高值滞后于气温，并随深度的增大，滞后性明显。这是因为土壤热传导需要一个过程，所以表现出明显的滞后性。

2. 土壤温度的日变化　　在温带地区，气温从早晨日出后开始上升，在 14：00 达到最高，在这个过程中，表土温度也随之上升，但有滞后现象存在。在夜间，表土温度常低于深层，则热运动朝向地表方向。若气温低于表土温度，热运动进一步朝向大气（图 5-3）。

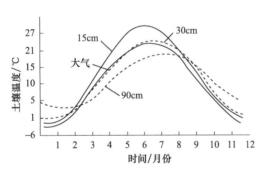

图 5-1　气温和土温的月变化动态（黄昌勇，2000）

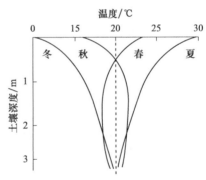

图 5-2　无冰冻地区土温剖面的季节变化
（黄昌勇，2000）

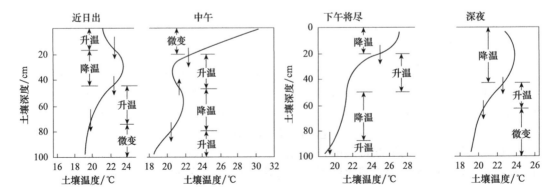

图 5-3　夏季土壤温度随深度的日变化（黄昌勇，2000）

单箭头代表热量传输的方向；双箭头代表土层区间

大量的研究结果表明，土壤温度的日变化及年变化可以用式（5-5）描述：

$$T (z, t) = T_{ave} + A_z \sin \left[\frac{2\pi}{\Delta} t + \phi (z) \right] \tag{5-5}$$

式中，$T(z,t)$为t时刻深度z处的土壤温度；T_{ave}为土壤表面的年（或日）均温度，为常数；A_z为深度z处土壤温度的年（或日）变幅；$\phi(z)$为一个与深度z有关而与时间无关的函数，它表征土壤温度波动的滞后性；Δ为波动周期（当考虑年变化时为365，当考虑日变化时则为24）。

3. 土壤温度的影响因素

（1）纬度和海拔　　在高纬度地区，受太阳入射角的影响，单位面积土壤接受的太阳辐射能少，土壤温度较低。低纬度地区土温相对较高。随着海拔的增高，大气层变得稀薄，透明度增加，土壤获取的太阳辐射能增多，但高山地区气温低，而且地表盖度低，地面反射增加，所以高海拔地区土壤的温度仍然低于平地。一般海拔升高100m，温度下降0.6~1℃。

（2）地形　　不同坡向和坡度的土壤，太阳辐射强度、蒸发强度、土壤水分状况、植物的种类和覆盖度均有很大差异，导致土壤温度变化的差异性。

（3）土壤性质　　土壤的含水量、质地、颜色、有机质含量、土壤结构及紧实程度均会对土壤温度产生不同程度的影响。含水量越高，增温越慢；沙性土为热性土，表土增温快，黏性土为冷性土，表土增温慢；颜色深、有机质含量高的土壤吸热多，浅色土反射率高，吸热少；疏松多孔的土壤导热率低，表土温度上升快；紧实土壤的表土温度上升慢。

三、土壤热特性

土地温度的变化，一方面受热源的制约，即外界环境条件的影响。另一方面则主要取决于土壤本身的热特性。土壤热特性主要包括土壤的热容量、导热性和热扩散性。

（一）土壤的热容量

土壤的热容量（soil heat capacity）是指单位质量或容积的土壤每升高或降低1℃所需要吸收或放出的热量。一般用C代表质量热容量［mass heat capacity，J/（g·℃）］，用C_v代表容积热容量［volume heat capacity，J/（cm³·℃）］。两者之间的换算关系如下：

$$C_v = C \cdot \rho \tag{5-6}$$

式中，ρ为土壤容重（g/cm³）。

由于不同土壤间组分上的差异较大，各组分的热容量明显不同（表5-2）。

表 5-2　土壤不同组分的热容量

土壤组成物质	质量热容量 /［J/（g·℃）］	容积热容量 /［J/（cm³·℃）］	土壤组成物质	质量热容量 /［J/（g·℃）］	容积热容量 /［J/（cm³·℃）］
粗石英砂	0.745	2.163	Al_2O_3	0.908	—
高岭石	0.975	2.410	腐殖质	1.996	2.515
石灰	0.895	2.435	土壤空气	1.004	0.0013
Fe_2O_3	0.682	—	土壤水分	4.184	4.184

资料来源：黄昌勇，2000

注：— 表示不含该项值

土壤热容量的大小不仅与固、液、气三相比例有关，更与各组分含量密切相关。根据固、液、气组分的热容量和单位容积中三相所占的体积，容积热容量 C_v 可以用式（5-7）表示：

$$C_v = C_{vs} \cdot V_s + C_{vw} \cdot V_w + C_{va} \cdot V_a \tag{5-7}$$

式中，C_{vs}、C_{vw}、C_{va} 分别为土壤固、液、气三相各自的容积热容量；V_s、V_w、V_a 分别为单位容积土壤固、液、气三相各自所占的容积。

土壤气体热容量很小，仅为 0.0013J/（$cm^3 \cdot ℃$），可以忽略不计，且 V_w 等于土壤容积含水量 θ_v，因此式（5-7）可写成：

$$C_v = C_{vs} \cdot V_s + C_{vw} \cdot \theta_v \tag{5-8}$$

C_{vs} 和 C_s 可根据式（5-6）进行换算，根据土壤容重（ρ）定义，$V_s = \rho / \rho_s$。由此得出：

$$C_v = \rho C_s + C_{vw} \cdot \theta_v \tag{5-9}$$

一般情况下，水的容积热容量为 4.18J/（$cm^3 \cdot ℃$）。有机质含量不高时，固相物质的质量热容量可以取近似值 0.85J/（$g \cdot ℃$），则式（5-9）可变为

$$C_v = 0.85\rho + 4.18\theta_v \tag{5-10}$$

由此可以看出，土壤容积热容量主要受土容重和含水量的影响，随容重和含水量的增加而增大。对特定土壤而言，其固相物质组成和容重变化很小，而含水量变化比较明显，因此土壤热容量变化主要受土壤含水量变化的影响。砂土中含水量一般较低，而空气含量较高，热容量低，被称为"热性土"，而黏土中含水量较高，空气含量较低，热容量大，称为"冷性土"。

由于土壤孔隙为水分和空气所共同占据，而水、气含量变化的主要影响因素是水，所以在生产实践中，常用调控水分的方法来调节土温。例如，涝洼地通过排水、松土散墒等措施来提升土温，夏季用灌水来降低土温。

（二）土壤的导热性

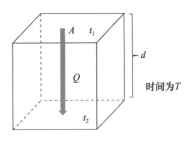

图 5-4　土壤导热率示意图

土壤将热量传导至邻近土层的性质称为土壤导热性（soil heat conduction），土壤的导热能力常用土壤导热率（heat conductivity，λ）来表示，其定义为：在单位厚度（1cm）土层，温差为 1℃时，每秒钟通过单位断面（$1cm^2$）的热量，单位为 J/（$cm^2 \cdot s \cdot ℃$）。

如图 5-4 所示，设土壤两端的温度分别为 t_1 和 t_2，土壤厚度为 d，一定时间 T 内流动的热量为 Q，则一定时间内单位面积 A 上流过的热量为 Q/AT，两端的温度梯度为 $(t_1 - t_2)/d$，导热率 λ 可以表示为

$$\lambda = \frac{Q/AT}{(t_1 - t_2)/d} \text{ 或 } \frac{Qd}{AT(t_1 - t_2)} \tag{5-11}$$

土壤不同组分间导热率差异较大（表 5-3），其中固体部分导热率最大，气体导热率最小，水分介于两者之间。由于空气导热率远低于水分和矿物质，可以忽略不计，而土壤固相组成相对稳定，不易变化，所以土壤导热率的大小主要取决于土壤含水量的多少。土壤干燥时，导热率小；土壤湿润时，导热率增大。

表 5-3　土壤不同组分的导热率

土壤组成物质	导热率 / [J/（cm² · s · ℃）]	土壤组成物质	导热率 / [J/（cm² · s · ℃）]
石英	4.427×10^{-2}	腐殖质	1.255×10^{-2}
湿砂粒	1.674×10^{-2}	土壤水	5.021×10^{-3}
干砂粒	1.674×10^{-3}	土壤空气	2.092×10^{-4}
泥炭	6.276×10^{-4}		

资料来源：黄昌勇，2000

　　影响 λ 大小的因素包括土壤质地、含水量、紧实度和孔隙状况等。一般情况下，土壤质地越粗，λ 越高。不同质地土壤的 λ，均随土壤含水量的增加而增大。质地较粗的土壤，有较少的水分就可以在土粒间形成水膜，热量易于通过，所以在最初供水时 λ 显著增加，继续增加供水，λ 很快接近最高值，随水变化的幅度变小。较黏重的土壤比表面积大，需要较多的水分才能形成包被土粒的水膜，所以，最初供水时 λ 增加不多，继续供水，λ 才显著增加。在其他条件相同时，土壤越疏松，λ 越小，土壤越紧实，λ 越大。此外，λ 不仅与土壤的容积组成有关，而且与土粒的大小、形状以及空间排列都有关。

　　λ 的大小对土壤温度变化影响很大。λ 低的土壤，热量不易传递，导致表土白天受热后，升温较快，而夜间由于下层热量不易补给，降温较快，造成土壤昼夜温差较大。而 λ 大的土壤相反，昼夜温差较小，土温比较稳定。冬季麦田干旱时，λ 低，昼夜温差大，夜晚土温低，易形成冻害。所以，为冬小麦灌"越冬水"，可以增加土壤热容量和 λ，提高土壤温度，减小昼夜温差，减轻冻害。

（三）土壤热扩散性

　　土壤热扩散性（soil heat diffusion）是土壤传递热量后温度变化的性能，常用热扩散率（heat diffusivity，D）来表示。D 是指在标准状况下，在土层垂直方向上，每 cm 距离内土温相差 1℃时，每秒流入 1cm² 土壤断面的热量，使单位体积（1cm³）土壤所发生的温度变化，单位是 cm²/s。

　　D 的大小反映了土壤导热率 λ 引起土壤温度变化能力的强弱，其值等于土壤导热率 / 容积热容量，用公式表示如下：

$$D = \frac{\lambda}{C_v} \qquad (5-12)$$

　　由式（5-12）可知，D 与 λ 成正比，与 C_v 成反比。由于土壤含水量和孔隙度直接影响 λ 和 C_v 的大小，因此，D 也随土壤含水量和孔隙度的变化而变化。但两者间的关系并不是简单的线性关系。一般情况下，D 随土壤含水量的增加而增大，在某一含水量时达到最大值，之后随含水量增加而减小（图 5-5）。原因主要是由于土壤含水量超过临界值继续增加时，C_v 的增速高于 λ 所致。

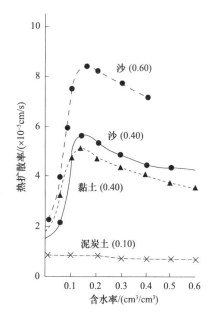

图 5-5　土壤质地和含水率对热扩散率的影响（黄昌勇，2000）

图中括号数字为固相所占体积比

四、土壤温度调节

（一）以水调温

因为水具有较大的热容量和导热率，所以通过土壤水分的调节可以改变土壤的热状况。在气温和土温较高时，灌水可以增加土壤热容量，也可加速地面蒸发，降低土温，防止作物高温灼伤。冬季冻前灌水，可以保持土温，减轻冻害。土壤过湿条件下，可以通过排水和降低地下水位来减小土壤热容量和导热率以提高土温。

（二）施用有机肥

多施有机肥可以通过加深土壤颜色增强土壤的吸热能力，同时其分解还可以释放生物热。因此，在冬春季节施用有机肥可以起到提高土温的作用。

（三）地面覆盖

人工覆盖是常用的调温手段。在温室或塑料大棚下，白天土温显著增高，夜晚也有一定的保温效果。此外，秸秆、杂草等也是常用的地面覆盖物，夏季可降温，冬季可保温。这类物质属于热的不良导体，不仅可以阻碍土壤对太阳辐射的吸收，而且可以减少蒸发散热损失。因此，在覆盖条件下，土温的日变幅较小。

（四）耕作管理措施

中耕可以疏松表土，降低热容量和导热率，有利于早春表土增温，农谚讲"锄头底下有火"就是这个道理。镇压可压实表土，提高热量的传导能力，起到稳定土温的作用。此外，耕作管理对土壤水分的调节作用，也会影响土壤温度的变化。垄作可以增加太阳辐射的吸收，提高土温。

（五）设置风障，建设防护林

风障和防护林可以有效降低风速，减少土壤与冷空气间的热交换，同时也可以减少土壤水分的蒸发损耗，增加土壤的热容量，对防止土温下降有一定作用。

【思 考 题】

1. 简述土壤空气的组成及特点。
2. 土壤通气性的机制有哪两种形式？各有什么特点？
3. 如何调节土壤空气状况？
4. 土壤热性质有哪些？影响因素有哪些？它们如何影响土壤温度？
5. 冬小麦临冬灌水的目的是什么？而炎热夏季作物大量灌水的目的又是什么？
6. 砂土、黏土分别被称为热性土和冷性土，为什么？
7. 农谚云："锄头底下有水，锄头底下有火"，其原理是什么？

第六章 土壤质地、结构与孔性

【内容提要】

重点介绍了土壤粒级、土壤质地的概念及分类标准，不同质地土壤的肥力特点；土壤比重和容重的概念、特点及作用；土壤孔隙度的概念、类型、特点及影响因素；土壤结构的类型、特点及评价，土壤结构性与土壤侵蚀间的关系、土壤团粒结构的形成及促进团粒结构的措施；土壤耕性、黏结性、黏着性、可塑性、胀缩性的概念及影响因素、改良土壤耕性的措施。

通过本章学习，要求了解土壤孔隙类型、孔隙的计算，以及三相关系的换算。了解土壤颗粒大小分级、物质组成和特性。了解土壤质地的概念、分类与测定方法，掌握不同质地土壤的生产性状。认识土壤结构的种类和特性，了解土壤团粒结构的形成过程与特性。

土壤是由固、液、气三相构成的分散系。大小不等的矿物颗粒是固相部分的主体，是土体的骨架。土壤水、空气、土居生物都在骨架内部的孔隙中移动、生活。因此，土壤固相骨架内的大小土粒组成和土粒排列方式如何，对土壤水、肥、气、热状况及土壤生物有重要影响。土壤耕作可调节和改良土壤的结构、孔性等物理性状，促进土壤肥力恢复和提高，以利于作物根系的生长。

第一节 土 壤 质 地

一、土壤固体颗粒及其特性

（一）土壤固体颗粒

土壤是由众多大小不等的土壤固体颗粒堆积成的一个松散体，是一个多孔多相的复杂体系，其中土壤固体颗粒占土壤固体重量的 95% 以上。土壤固体颗粒表面和土壤孔隙不仅是土壤各种反应过程发生的场所，而且对土壤性质和功能的好坏具有重要的影响。

土壤矿物质是以大小不同的颗粒状态存在的。相对稳定的土壤矿物质颗粒称为单粒，由单粒黏合而形成的次生颗粒称为复粒或团聚体（aggregate）。通常情况下，单粒和复粒是共存的。不同粒径的土壤矿物质颗粒，其性质和成分均不一样。因此，要明确土壤中基本颗粒的性质，首先要将复粒进行处理，分散成单粒后，进行颗粒性质的分析。

（二）土壤粒级

按土粒的大小，分为若干组，称为土壤粒级（粒组），同组土粒的成分和性质基本一致，组间则有明显差异。土壤粒级大小差别极大，大的直径可达 1mm，小的仅有 0.001mm 或小于 0.001mm，大小相差千倍乃至万倍。由于不同粒径土粒的差异，必然表现出不同性质。

粒级是根据其直径大小而表现出的不同性质进行划分的。目前，世界各国采用的粒径划分标准均有所不同。常见的土壤粒级分类有中国制、卡钦斯基制、美国制和国际制（表6-1）。

表 6-1　常见的土壤粒级制

当量粒径/mm	中国制（1987）	卡钦斯基制（1957）			美国制（1951）	国际制（1930）
>10	石块	石块			石砾	石砾
10~3	石砾					
3~2	石砾	石砾				
2~1					极粗砂粒	粗砂粒
1~0.5	粗砂粒		粗砂粒		粗砂粒	
0.5~0.25			中砂粒		中砂粒	
0.25~0.2	细砂粒	物理性砂粒	细砂粒		细砂粒	细砂粒
0.2~0.1						
0.1~0.05					极细砂粒	
0.05~0.02	粗粉粒		粗粉粒		粉粒	粉粒
0.02~0.01						
0.01~0.005	中粉粒		中粉粒			
0.005~0.002	细粉粒		细粉粒			
0.002~0.001	粗黏粒	物理性黏粒			黏粒	黏粒
0.001~0.0005	细黏粒		黏粒	粗黏粒		
0.0005~0.0001				细黏粒		
<0.0001				胶质黏粒		

资料来源：黄昌勇和徐建明，2010

国际制粒级划分标准原为瑞典土壤学家爱特伯（A. Atterberg）于1905年拟定，经1930年第2届国际土壤学会大会采纳而得名。其分级标准为十进制，简明易记，多为西欧国家采用。该制分为四个基本粒组——砾、砂、粉、黏。此制曾广为采用，后因分级过少而在此制基础上重新增加粒级，使得不少国家形成了各自的粒级制。我国也曾用过，直到现在仍有不少土壤学者赞成用此制度。美国制由美国农业部于1951年提出，其划分标准比国际制更细致，尤其体现于砂粒的划分。苏联土壤学家卡钦斯基在1957年提出的土壤粒级分类标准，既细致又简明，细致方案对粉粒划分较准，符合我国许多土壤中粉粒多样化的特点；简明方案则先以粒径1mm为界分出粗骨和细土两部分，而细土中又以粒径0.01mm为界划分出"物理性砂粒"和"物理性黏粒"，运用起来易于掌握，我国多采用此制。中国科学院南京土壤研究所拟定了一套我国的粒级分类制，1987年公布于《中国土壤》（第二版），但应用时间较短，尚需在生产实践和科学研究中不断总结，日趋完善。

（三）土粒的基本特性

土壤中按颗粒粒径大小划分出各级土粒，称为土壤颗粒成分或机械成分；颗粒成分的百分含量称为颗粒组成（particle-size composition）或机械组成（mechanical composition）；测定土壤颗粒组成的方法称为颗粒分析或机械分析。

各粒级的划分虽是人为的，但具有充分的科学依据。大小不同的颗粒表现出不同特点，这与土粒表面活性有关。一定体积的土壤，组成它的颗粒直径越小，土体总表面积越大，黏结、吸附及其他物理或化学性质表现得越为明显。从表 6-1 可知，土壤粒级的基本级别可分为 4 级，即石砾、砂粒、粉粒和黏粒。不同粒级有其各自特性，对土壤肥力具有不同程度的影响。

1. 石砾（gravel）　石砾多为岩石碎块，但直径较小，是最粗的土壤，山区和河漫滩土壤中常见。其矿物组成或与母岩基本一致，或主要为石英，一般速效养分很少，吸持性能很差，但通透性极强。在农业土壤工作中，常把小于 3mm 作为土粒粒径的上限，室内制备供分析用的土壤样品是将砾筛分出去。但当石砾的数量达到影响土壤性质时，应加以记载，列在分析报告中。

2. 砂粒（sand）　砂粒是不规则颗粒状的，多是物理风化的产物，矿物组成主要是石英，也有长石、云母等的碎块（片），有时还含有少量的角闪石、锆石、辉石和电气石等深色或重矿物，在酸性岩山体的山前平原和冲积平原土壤中常见。石英和长石等常见的砂粒矿物表面往往局部地附着有氧化铁、锰或碳酸钙的沉淀。细小颗粒有时也成胶膜包被在砂粒的表面，使得砂粒的颜色并不完全同于其原矿物的颜色。矿物颗粒较粗，比面较小，吸持性较弱，矿质养分较低，无黏结性和黏着性，表现松散。由于粒间孔隙较大，通透性良好。

3. 粉粒（silt）　粉粒颗粒大小介于砂粒和黏粒之间，在黄土中含量较多。粉粒主要由细小的原生矿物和次生的非晶质二氧化硅组成。与砂粒比较次生矿物相对增加，而石英相对减少。比表面积比砂粒大，吸持性能增强，养分含量比砂粒高，具有一定的黏结性、黏着性、可塑性和胀缩性，但表现微弱。通气透水能力比砂粒差。

4. 黏粒（clay）　黏粒是化学风化的产物，属于土壤胶体范畴。是直径小于 0.002mm 的土壤颗粒，矿物组成以次生矿物为主，在某些土壤类型的黏化层中含量较多，粒径更小，比表面积巨大。据资料显示，细砂粒的比表面积仅为 $0.1m^2/g$，而黏粒可达 $10\sim1000m^2/g$，因此，黏粒具有很强的黏结性、黏着性、可塑性、胀缩性和吸附能力，矿质养分丰富。但由于粒间孔隙极小，则通透性能极差，有明显的可塑性和湿胀、干缩性。

各粒级土粒的一些理化性质见表 6-2。

表 6-2　各粒级土粒的一些理化性质

颗粒名称	颗粒直径 /mm	吸湿系数 /%	最大分子持水量 /%	毛管水上升高度 /cm	渗透系数 /（cm/s）	膨胀性占初的体积 /%	可塑性 /% 下限至上限	CEC /（cmol/kg）
石砾	3.0～2.0	—	0.2	0	0.5	—	不可塑	
	2.0～1.5	—	0.7	1.5～3.0	0.2	—	不可塑	
	1.5～1.0	—	0.8	4.5	0.12	—	不可塑	
粗砂粒	1.0～0.5	—	0.9	8.7	0.072	—	不可塑	
中砂粒	0.5～0.25	—	1.0	20～27	0.056	0	不可塑	
细砂粒	0.25～0.10	—	1.1	50	0.030	5	不可塑	
	0.10～0.05	—	2.2	91	0.005	6	不可塑	
粗粉粒	0.05～0.01	<0.5	3.1	200	0.0004	16	不可塑	约为 1

颗粒名称	颗粒直径 /mm	吸湿系数 /%	最大分子持水量 / %	毛管水上升高度 /cm	渗透系数 / (cm/s)	膨胀性占最初的体积 /%	可塑性 /% 下限至上限	CEC / (cmol/kg)
中粉粒	0.01～0.005	1.0～3.0	15.9	—	—	105	28～40	3～8
细粉粒	0.005～0.001	—	31.0	—	—	160	30～48	10～20
黏粒	<0.001	15～20	—	—	—	405	34～87	35～65

资料来源：王萌槐，2002。—代表未检测，空白代表未检出

二、土壤质地的概念与分类

（一）土壤质地的概念

土壤质地是土壤本身较为稳定的自然属性，已被广泛地用来表征土壤的物理性质。自然界中各种土壤类型总是具有大小不同的颗粒成分和不同的颗粒组成。在土壤学中，按土壤颗粒组成进行分类，将颗粒组成相近而土壤性质相似的土壤划分为一类并给予一定的名称，称为土壤质地（soil texture）。因为自然界土壤中颗粒组成比较复杂，所以就出现了不同的质地类别和质地名称，如砂土、壤土、黏土等，同一类别中由于砂黏程度的差别而有不同质地名称，如砂壤土、轻壤土、中壤土、重壤土等。

土壤质地是土壤的最基本物理性质之一，对土壤的通透性、保蓄性、耕性及养分含量等都有很大的影响，它概括反映土壤内在的肥力特征，是评价土壤肥力和作物适宜性的重要依据。不同的土壤质地具有明显不同的农业生产性状，了解土壤的质地类型，对农业生产具有重要的指导价值。

（二）土壤质地分类

自然界土壤质地分类是按照土壤颗粒组成的比例对土壤所做的分类，如砂土、壤土、黏土等。划分土壤质地的目的在于认识土壤的特性并合理利用土壤和改良土壤，土壤质地分类标准各国不同，现将国内外常见到的质地分类标准介绍如下。

1. 国际制　国际制土壤质地分类标准于 1930 年第 2 届国际土壤学会大会通过，与国际制土壤粒级划分标准相配套。国际制土壤质地分类为 3 级分类法，按砂粒（2～0.02mm）、粉粒（0.02～0.002mm）和黏粒（<0.002mm）三粒级含量的比例，将土壤质地划分为 4 类 12 级，其具体分类标准见表 6-3。

表 6-3　国际制土壤质地分类

质地分类		各级土粒含量 /%		
类别	名称	黏粒（<0.002mm）	粉粒（0.02～0.002mm）	砂粒（2～0.02mm）
砂土类	1. 砂土及壤质砂土	0～15	0～15	85～100
壤土类	2. 砂质壤土	0～15	0～45	55～85
	3. 壤土	0～15	30～45	40～55
	4. 粉（砂）质壤土	0～15	45～100	0～55

续表

质地分类		各级土粒含量 /%		
类别	名称	黏粒（<0.002mm）	粉粒（0.02~0.002mm）	砂粒（2~0.02mm）
黏壤土类	5. 砂质黏壤土	15~25	0~30	55~85
	6. 黏壤土	15~25	20~45	30~55
	7. 粉（砂）质黏壤土	15~25	45~85	0~40
黏土类	8. 砂质黏土	25~45	0~20	55~75
	9. 壤质黏土	25~45	0~45	10~55
	10. 粉（砂）质黏土	25~45	45~75	0~30
	11. 黏土	45~65	0~35	0~55
	12. 重黏土	65~100	0~35	0~35

　　国际制土壤质地分类以黏粒含量为主要标准，黏粒含量小于 15% 为砂土类或壤土类；黏粒含量 15%~25% 为黏壤土类；黏粒含量大于 25% 为黏土类。根据粉粒含量，凡粉粒含量大于 45% 的，在质地名称前冠 "粉（砂）质"；当砂粒含量在 55%~85% 时，则冠以 "砂质"字样；当砂粒含量>85% 时，则称壤质砂土或砂土。此质地分类标准在西欧和我国都有应用，应用时根据土壤各粒级的质量百分数可查出任意土壤质地名称。例如，某土壤含砂粒 50%，粉粒 30%，黏粒 20%，则可以从表 6-3 中查得该土壤质地属于 "黏壤土"。

　　2. 美国制　　美国制土壤质地分类标准由美国农业部土壤保持局制定，采用 3 级分类法，根据砂粒（2~0.05mm）、粉粒（0.05~0.002mm）和黏粒（<0.002mm）3 个粒级的不同组合比例，划定 12 个质地名称。具体分类常用三角坐标图表示，如图 6-1 所示，等边三角形的三个边分别表示砂粒、粉粒、黏粒的含量。根据土壤中砂粒、粉粒、黏粒的含量，在图中查出其点位再分别对应其底边做平行线，三条平行线的定点即为该

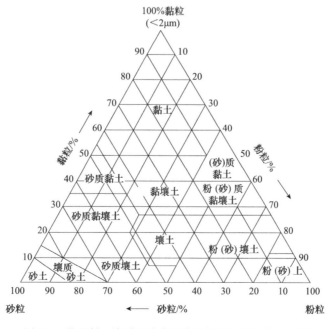

图 6-1　美国制土壤质地分类三角坐标图（林大仪，2002）

土壤的质地。

例如，某土壤砂粒含量 35%，粉粒含量 30%，黏粒含量 35%，三条平行线交点落在黏壤土范围，该土壤的质地即为"黏壤土"。

3. 卡钦斯基制 苏联科学家卡钦斯基提出的质地分类标准有简制和详制两种。其中简明方案应用较广泛。简制的特点是考虑到土壤类型的差别对土壤物理性质的影响。划分质地类型时，不同类型土壤，同一质地的物理性黏粒和物理性砂粒含量水平不等。此外，简制以土壤中物理性砂粒（粒径>0.01mm）或物理性黏粒（粒径<0.01mm）的质量百分数为标准，将土壤划分为砂土、壤土和黏土 3 类 9 级，是一种两级分类法，没有出现粉粒级，在质地名称中没有"粉质"字样（表 6-4）。

表 6-4 卡钦斯基质地分类（简制）

质地分类		物理性黏粒（<0.01mm）含量 /%			物理性砂粒（>0.01mm）含量 /%		
类别	质地名称	灰化土类	草原土及红黄壤类	碱化土及强碱化土类	灰化土类	草原土及红黄壤类	碱化土及强碱化土类
砂土	松砂土	0～5	0～5	0～5	100～95	100～95	100～95
	紧砂土	5～10	5～10	5～10	95～90	95～90	95～90
壤土	砂壤土	10～20	10～20	10～15	90～80	90～80	90～85
	轻壤土	20～30	20～30	15～20	80～70	80～70	85～80
	中壤土	30～40	30～45	20～30	70～60	70～55	80～70
	重壤土	40～50	45～60	30～40	60～50	55～40	70～60
黏土	轻黏土	50～65	60～75	40～50	50～35	40～25	60～50
	中黏土	65～80	75～85	50～65	35～20	25～15	50～35
	重黏土	>80	>85	>65	<20	<15	<35

注：在分析结果中，不包括粒径大于 1mm 的石砾，粒径大于 1mm 的石砾含量须另行计算；一般按粒径>1mm 的石砾百分含量确定石质程度（0.5%～5% 为轻石质，5%～10% 为中石质，>10% 为重石质）。对于盐基不饱和土壤，应把 0.05mol/L HCl 处理的洗失量并入"物理性黏粒"总量中，而对于盐基饱和土壤，则应把它并入"物理性砂粒"总量中

4. 中国质地分类制 20 世纪 30 年代，熊毅提出一个较为完整的土壤质地分类，分为砂土、壤土、黏壤土和黏土 4 组共 22 个质地。1987 年，中国科学院南京土壤研究所等单位综合国内相关研究成果，拟定出我国土壤质地分类暂行系统，在《中国土壤》（第二版）中公布，共 3 类 12 级质地。该分类系统考虑了中国气候带分布造成的土壤质地北砂南黏的情况（表 6-5），如北方土中含有 1～0.05mm 砂粒较多，因此砂土组将 1～0.05mm 砂粒含量作为划分依据；南方土中含有 <0.001mm 细黏粒较多，因此以 <0.001mm 细黏粒含量作为划分依据；壤土组的主要划分依据为 0.05～0.01mm 粗粉粒含量。分类依据虽与我国国情较为符合，但实际应用中发现质地分类标准还需进一步补充与完善。

以上四种质地分类方法虽有差异，但都将质地归纳为砂质土、壤质土和黏质土三大类别，这三大类别也在生产上表现出不同的特点和问题。1949 年以来我国在研究工作和生产中应用较多的是卡钦斯基制，但在全国第二次土壤普查的汇总工作中，采用了国际制质地分类。

表6-5　中国土壤质地分类

质地类别	质地名称	颗粒组成 /%		
		砂粒（1～0.05mm）	粗粉粒（0.05～0.01mm）	细黏粒（<0.001mm）
砂土	极重砂土	>80		
	重砂土	70～80		
	中砂土	60～70		
	轻砂土	50～60		
壤土	砂粉土	≥20		<30
	粉土	<20	≥40	
	砂壤	≥20	<40	
	壤土	<20		
黏土	轻黏土			30～35
	中黏土			35～40
	重黏土			40～60
	极重黏土			>60

资料来源：熊毅和李庆逵，1987

注：空白表示没有数据约束

此外，我国山地和丘陵上，砾质土壤分布较为广泛，但它们的物理性质对耕作和植物生长均有不同程度的影响。因此，中国科学院南京土壤研究所暂拟了我国砾质土壤的分类，即按土壤中石砾（粒径1～10mm）含量的多少，将土壤分为无砾质（≤1%）、少砾质（1%～10%）和多砾质（>10%）3级，在农业土壤（包括苗圃地土壤）确定质地时冠于相应质地名称之前。就农业土壤和苗圃土壤而言，如果石砾含量达到>1%，就会影响苗木（植物）生长或磨损耕作机具。但对于山地丘陵区林业土壤来说，由于不同区域土壤差异较大，原中国林业部综合调查队拟定了石质性土壤分类标准（表6-6）。

表6-6　土壤的石质性程度分级

石砾含量 /%	砾、石性质程度	
	砾径 3～30mm	石径>30mm
10～30	少砾质 XX 土	少石质 XX 土
30～50	中砾质 XX 土	中石质 XX 土
>50	多砾质 XX 土	多石质 XX 土

资料来源：耿增超，2002

注：XX 表示土的质地名称

三、土壤质地和土壤肥力的关系

土壤质地与土壤肥力的关系较为密切。土壤蓄水、供水、保肥、供肥、容气、通气、保温、导温和耕性等，均受土壤质地的影响。尽管质地分类方法不同，但都划分为砂质土、黏质土、壤质土三大类别，不同质地土壤具有不同的肥力特点。

（一）砂质土类

砂质土（sandy soil）类是指含砂粒较多、与砂土性状相近的一类土壤，其物理性黏粒含量<15%，主要分布于新疆、青海、甘肃、宁夏、内蒙古、北京、天津、河北等地的山前平原及各地沿江（河）或沿海地带。这类土壤粒间孔隙大，总孔隙度低，毛管作用弱，透水性强而保水性弱。矿物成分以石英为主，养分含量低。由于土壤大孔隙多，通气性好，氧气充足，好氧微生物活动旺盛，土中有机养分分解迅速，不易积累，易发生植物苗木生长后期脱肥现象，即"发小苗不发老苗"。砂质土往往水少气多，热容量小，土温不稳定，白天易升温，夜间易冷却，对植物生长不利。特别早春时节，砂质土易于转暖，因土温容易上升而称为"热性土"，有利于早春作物播种，但稳温性差。砂质土耕性好，松散易耕，宜耕期长，耕作上不必垄作，畦可宽但不宜长；耕作质量较好，耕后疏松不结块，植物种子容易出苗和扎根。

总之，砂质土土层较薄，保水肥能力较低。但由于砂质土通透性好，易于耕作，土温昼夜变幅大，对水分和养分的保蓄能力差，作物早发苗，后期生长受阻，施肥后作物肥效快，但持续时间较短，即肥劲猛而短。同时，表层石砾还可减少水分蒸发，防止土壤侵蚀。但当土壤中石砾或石块达到一定数量时将阻碍种子萌发、植物生长和土壤管理。针对这类土的特点，应加强抗旱保墒措施，注意灌水技术；应注意基肥与追肥并重，勤施薄施，防止后期脱肥，导致植物苗木早衰现象。此外，晚秋时节，砂质土上的植物苗木容易遭受冻害，应注意加强防寒措施。

（二）黏质土类

黏质土（clayey soil）类是指含黏粒较多，包括黏土及类似黏土性质的一类土壤，其物理性黏粒含量>45%，主要分布于地势相对较低的冲积平原、山间盆地和湖洼地区。这类土壤的土粒间孔隙小，毛管细而曲折，透水性差，易产生地表径流，保水抗旱力强，易涝不易旱，栽培作物时宜深沟垄作，以利透水通气，并避免还原物质的产生。黏质土壤往往水多气少，热容量大，温度不易上升，特别是早春升温阶段由于土温不易上升而被农民称作冷性土，对早春作物播种不利。黏质土壤土粒细小，比表面积大，表面能高，吸附能力强，养分含量较丰富且保肥力强，特别是钾、钙、镁等含量较高，供肥比较平稳，但表现前期弱而后期较强，即"发老苗不发小苗"。在早春温度低时，由于肥效缓慢易造成作物苗期缺素问题。黏质土保肥力强，肥效稳而持久，有利于禾谷类作物生长，籽实饱满。由于黏质土比表面积大，土壤黏结性、黏着性强、耕作费力、耕后质量较差，宜耕期短。农民常形容为"天晴一把刀，下雨一包糟"，这是黏质土类湿时黏着难耕，干时坚硬不散碎的写照。

总之，黏性土通透性和耕性差，土温变幅小，对水分和养分的保蓄能力强，作物大多晚发苗，后期生长良好，施肥后作物见效迟缓，但持续时间铰长，即肥力稳而长。由于土质黏重，耕性不好，植物根系伸展范围小，农作物和林木易风倒。在生产上应该注意改良黏质土壤，同时注意植物苗期的施肥和整个生长期的中耕、松土。

（三）壤质土类

壤质土（loamy soil）由于砂粒、粉粒和黏粒的比例适宜，兼有砂质土和黏质土的优点；克服了两者的不足，其性状表现均适合农作物生长发育的要求，是农业上较为理想的土壤质地。因此，北方也称为二合土。主要分布于黄土高原、华北平原、松辽平原、长江中下游平原、珠江三角洲、河间平原及河间冲积平原。壤质土，砂黏适中，大小孔隙比例适当，通气透水性好，土温稳定。养分丰富，有机质分解速度适当，既有保水保肥能力，又供水供肥性强，耕性表现良好。壤质土壤中水、肥、气、热及植物扎根条件协调，适种范围较广，对水分有回润能力。耕性也好，既发小苗，也发老苗。

总之，壤质土类的土壤性质是兼具黏质土和砂质土的优点，耕性好，适种的作物种类多，是较理想的质地类型。

四、质地改良途径

不同作物的生物学特性及耕作栽培要求不同，所需的土壤条件也有所不同，土壤质地是重要的土宜条件之一。在砂质土上生长的作物，一般生长期较短，后期不致脱肥；耐旱耐瘠的作物及要求早熟的作物以砂质土为宜；需肥较多的谷类作物宜在黏壤至黏土中生长。可见，过黏或过砂均难以满足作物正常生长发育的需求，需加以改良。主要改良途径如下。

（一）掺砂、掺黏，客土调剂

搬运别处（层）质地不同的土壤，掺和到当地（层）过砂或过黏的土壤里，以改良土壤质地，由于黏或砂是搬运来的，故称"客土"。实施客土法工作量大，一般要就地取材，因地制宜。在砂地附近有黏土或河泥，可搬黏压砂；黏土地附近有砂土或河砂，可搬砂压黏。有的土壤剖面中上下层土壤质地有明显差别，则可翻淤压砂或翻砂压淤，如河流冲积母质上发育的土壤，可利用深耕犁进行翻耕，或用人工办法先将表土翻到一边，再将底土翻起来作客土用，然后耕地平土，使上下层土壤掺和，以达到改良耕层质地的目的。逐年客土调剂，使之达到三泥七砂或四泥六砂的质地。例如，四川西昌黄联关镇黏质土，亩[①]掺紫色潮砂 $60 m^3$，小麦增产 9.7%，黄花苜蓿增产 64.3%。客土的材料若掺黏宜用河泥、塘泥，由于富含有机质，不仅可改良质地，同时也培肥了土壤。若掺砂不宜用河滩地的粗砂，而应用粉粒多的"潮砂"。

（二）引洪漫淤、引洪漫沙

洪水中所携带的淤泥是冲蚀地表的肥土，含养料丰富。在有引洪条件的地区，放淤或漫沙是改良土壤质地行之有效的办法。对沿江河的砂质土壤，利用洪水中携带的泥沙来改良砂土和黏土。但要注意引洪漫淤改良砂土时，要提高进水口，以减少砂粒的流入量，引洪漫沙时则要降低入水口，以使有更多的粗砂进入。在引洪之前需开好引洪渠道，地块周围打好围埂，并划分畦块，按块放淤或漫沙；在引洪漫淤过程中，注意边引边排，做到留沙留泥不留水。在西北地区，用此法改良土壤质地效果较为明显。例如，山西省河曲县曲峪村，引洪改河滩，淤土造良田，压住了沙石，淤平了河滩，形成了 4000 亩好田地；新疆南部在戈壁滩上引洪漫淤，创造了戈壁滩变良田的好典型。"一年洪水三年肥"就是漫淤肥田的真实写照。

（三）耕作管理

不同质地的土壤，采用不同的耕作管理措施。如果表土与心土质地差异较为明显，则可用深耕深翻的方法，把两层土壤混合，以改良质地。如果在地表处有黏质紧实如铁磐、砂姜层等，则不利于植物根系延伸，应通过深耕以破除其对作物生长的影响。如果在土层底部分布有丰富的砂砾，开垦为水田时，可以在表土下铺上一层黄泥加石灰，人为造塇以防止漏水漏肥。

第二节　土壤结构性

尽管在土壤学发展过程中不同研究者对土壤结构的定义不同，但土壤结构（soil structure）

---

① 1亩≈666.67m²

应包含两个方面的意义：土壤结构体和土壤结构性。土壤中各级土粒往往不是分散成单粒状态存在的，而是相互胶结形成复粒。土壤中单粒、复粒的数量、大小、形状、性质，以及其相互排列和相应的孔隙状况等综合特性，称为土壤结构性。土壤结构性是土壤一项重要的物理性质，它是良好土壤孔性的基础，与土壤质地具有互补性，是农田土壤管理的主要内容。土粒在胶结物（有机质、碳酸钙、氧化铁等）的作用下，相互团聚在一起形成大小、形状、性质不同的土团称为土壤结构体。因此土壤结构的定义为土壤颗粒相互排列的形式及其所产生的综合性质。

土壤的结构性影响着土壤中水、肥、气、热状况，可在一定程度上反映土壤肥力水平。它和土壤质地密切相关，质地过黏或过砂的土壤结构性较差，但由于土壤质地较稳定，变化速度非常缓慢，难以大面积进行改变，但土壤结构可通过人为定向培育进行改良。此外，土壤结构性与耕作也有密切关系。

一、土壤结构体的类型、特征及其改良

土壤结构体的类型（soil structure type），通常是根据结构体的大小、形状及与土壤的关系划分。农业生产上，将适宜于作物生长的土壤结构，称为良好的结构体，对作物生长不利的结构体，称为不良结构体。常见的土壤结构体有如下类型（图6-2）。

图 6-2　土壤中常见的几种结构体

（一）块状结构体

属立方体形，即结构体的纵轴和横轴大体相等，边面棱不甚明显，内部紧实。熟化度较低的表层土壤或缺乏有机质而黏重的底土多为块状（blocky）结构。根据其大小可进一步划分为：大块状结构（直径>100mm）、块状结构（50～100mm）和碎块状结构（5～50mm）。形状与块状相似，但较块状结构小，略呈圆形，表面不平的称为团块状。按其大小进一步划分为：大团块结构，直径 50～30mm；团块状结构，直径 30～10mm；小团块状结构，直径小于 10mm。

这类结构体一般出现在土质黏重、缺乏有机质的土壤中，在田间土壤表层最为常见，底土和心土层有时也可见到。如果表层土壤坷垃多，则它们相互支架，往往形成大的空洞，助长蒸发，加速土壤水分丢失，同时还会压苗，使幼苗不能顺利出土。研究表明，直径大于4cm 的坷垃危害程度明显，直径大于 10cm 的坷垃危害严重，2～4cm 的坷垃危害不大。具有这类结构体的土壤，内部紧实，孔隙少，水气不通，微生物活动弱，养分不能释放，根系不能进入，像石头，结构体间形成大孔隙，漏风跑墒，拉断根系，调节水、肥、气、热的能力较差，耕性也不好。因此，在农业生产上，播种前应通过耙、耱、碾压等措施将块状结构体破碎，对于较顽固的，在小雨后进行，以适宜作物生长需求。

但在盐碱地中，这类结构体在一定程度上能减缓反盐的作用，这是因为土表坷垃多，减弱了毛管作用，抑制了含盐地下水的蒸发从而减少了盐分在表层土壤的累积。农民常把盐碱地上造坷垃形容为"一个坷垃一碗油"，正是这一结构体作用的体现。

（二）核状结构体

核状结构体（nutty structure）属立方体形，边面明显的多棱角碎块，内部紧实，泡水后不易散碎。在黏重的心土层或由氢氧化铁胶结土粒后形成核状结构。根据其大小进一步划分为：大核状（直径＞10mm）、核状（7～10mm）和小核状（5～7mm）。

这种结构体一般由氧化物、钙质胶结剂胶结而成，常出现在黏土而缺乏有机质的心土和底土层中，如红壤下层由氢氧化铁胶结而成的核状结构，坚硬而泡水不散。

（三）柱状结构体

柱状结构体（columnar structure）沿垂直轴发育，纵轴远大于横轴，在土中直立，具明显的光滑垂直侧面，横断面形状不规则。根据横断面的直径进一步划分为：大柱状结构（＞5cm）、柱状结构（3～5cm）和小柱状结构（＜3cm）。

这种结构往往是碱化土壤的标志特征，在水田土壤、碱土、黄土母质中比较常见，是干湿交替作用形成的。柱状结构坚硬紧实，孔隙少，干旱时常出现大裂缝，漏水漏肥，过湿时土粒膨胀黏闭，通气不良。

（四）棱柱状结构体

棱柱状（prismatic）结构体形状同柱状结构体，不同之处在于棱角尖锐明显，横断面略呈三角形。黏重土壤的底土，由于干湿交替频繁形成棱柱状结构体。根据横断面的直径进一步划分为：大棱柱状结构（＞5cm）、棱柱状结构（3～5cm）和小棱柱状结构（＜3cm）。

这种结构常见于质地黏重而又干湿交替频繁的心土和底土中，结构体表面常覆盖有胶膜物质。

（五）片状、板状结构体

横轴远大于纵轴，呈扁平状结构体。在雨后土壤表面结壳或老耕作土壤的犁底层多形成这种结构体。根据片的厚度划分，大于3mm的为板状，小于3mm的为片状（platy）。这种结构体是由于水的沉积作用或某些机械压力所形成，在冲积物和老耕地的犁底层中常见。此外，粉质土壤在雨后或灌水后所形成的地表结皮层，也属于片状结构。

这种结构土粒排列紧密，通透性差，不利于通气透水，水分蒸发强烈，严重制约着作物的生长及发育。因此，生产上要进行雨后和灌水后中耕松土，破除地表结壳层。

（六）团粒状结构体

包括团粒和微团粒。近似于球形（spheroidal），疏松多孔的小土团称为团粒结构体（crumb structure），是含有机质丰富肥沃土壤的标志特征。团粒结构体的直径一般为0.25～10mm，小于0.25mm称为微团粒。

微团粒结构体在调节土壤肥力的作用中有着重要意义。首先，它是形成团粒结构的基础，在自然状态下，最初是土粒与土粒相互联结成黏团，然后不断地团聚成微团粒，微团粒再团聚成团粒。其次，微团粒在改善旱地土壤方面的作用虽然不及团粒，但对长期淹水条件下的水稻土，微团粒的数量在水稻土的耕层占有绝对优势。我国南方农民俗称的蚕沙土，泡水不散、松软、土肥相融，对水稻生长有利。研究表明，微团粒结构是衡量水稻土肥力和熟化程度的重要标志之一。微团聚体数量越多，水稻土的肥力越高，产量高而且稳定。因此，团粒和微团粒均是土壤中良好的结构体，是各种结构体中最理想的一种。

这种结构体由有机质胶结而形成，常出现在表土中，具有良好的物理性能，其数量的多少和质量的好坏，可反映土壤肥力水平。团粒具有水稳性（泡水后结构体不易分散）、力稳性（不易被机械力破坏）和多孔性，改良土壤结构性就是指促进团粒或类似结构的形成。

二、土壤结构的评价

土壤结构直接或间接影响植物生长。评价土壤结构，除了评定土壤颗粒（包括团聚体）外，还需考虑土壤孔隙的大小分布、土壤的通气、透水性能以及不同水分吸力时的土壤持水量和生物活性等。对土壤结构体的评价一般可分为形态评价、团聚体数量指标评价、土壤孔隙性评价、结构体稳定性评价和土体构造评价。

良好的土壤结构，表现在结构体内外的孔隙分配，即有较多的孔隙容量，又有适当的大小孔隙分配，有利于通气蓄水。此外，良好的结构应有一定的稳定性，保持良好的孔隙状况，避免因降雨、灌溉、耕作等破坏而使孔隙状况恶化。

（一）土壤结构的形态评价

形态描述宜在田间直接进行，包括观察团聚体的大小、形状、结持性、表面粗糙度及根系穿插等情况，可参照土壤结构体的类型及特征进行评价。

（二）土壤团聚体数量指标评价

主要根据经过干筛后所得到的各级团聚体数量，结合相应的指标进行评价。这些指标主要有平均重量直径、几何平均直径、结构系数、团粒稳定性系数、平均重量比表面积、分形维数、结构体破坏率、团粒偏度系数。当大于 0.25mm 水稳性团聚体数量大于 70% 时可以认为土壤结构性较好。

（1）平均重量直径（mean weight diameter，MWD）

$$MWD = \sum_{i=1}^{n} x_i w_i \tag{6-1}$$

式中，x_i 为任一粒级范围内水稳性团粒的平均直径（mm）；w_i 为对应于 x_i 的团聚体百分含量。

（2）几何平均直径（geometric mean diameter，GMD）

$$GWD = \exp\left[\left(\sum_{i=1}^{n} w_i \lg x_i\right) \Big/ \left(\sum_{i=1}^{n} w_i\right)\right] \tag{6-2}$$

式中，x_i 为任一粒级范围内水稳性团粒的平均直径（mm）；w_i 为对应于 x_i 的团聚体百分含量。

（3）结构系数（structure coefficient）

$$K = \frac{b-a}{b} \times 100\% \tag{6-3}$$

式中，K 为结构系数；a 为微团聚体分析获得的黏粒含量；b 为机械组成分析获得的黏粒含量。

（4）团粒稳定性系数（aggregate stability index，ASI）

$$ASI = X_1 + X_2 + X_3 + \cdots + X_i \tag{6-4}$$

式中，X_i 为各粒级团聚体的保存概率。平均重量直径、几何平均直径、结构系数和团粒稳定性系数越大，团聚程度越高，土壤结构越稳定。

（5）平均重量比表面积

$$MWSSA = \sum_{i=1}^{n} \frac{6M_i}{\rho_i d_i} \tag{6-5}$$

式中，ρ_i 为默认土壤密度，取值为 2.65g/cm³；M_i 为直径小于 d_i 的团粒累积质量（g）；d_i 为两筛分粒级间的平均直径（mm）。

（6）分形维数（fractal dimension，D）：

$$D = 3 - \lg (M_i / M_0) / \lg (d_i / d_0) \tag{6-6}$$

式中，M_i 为直径小于 d_i 的团粒累积质量（g）；M_0 为各粒级团粒总质量（g）；d_i 为两筛分粒级间的平均直径（mm）；d_0 为最大粒级团粒的平均直径（mm）。

（7）结构体破坏率（PAD）

$$PAD = \frac{P - Q}{P} \times 100\% \tag{6-7}$$

式中，P 为大于 0.25mm 的风干团聚体质量百分比（%）；Q 为大于 0.25mm 的水稳性团聚体质量百分比（%）。平均重量比表面积、分形维数、结构体破坏率越大，土壤质地越细，分散性越强，土壤结构就越差。

（8）团粒偏度系数（C_s）

$$C_s = \frac{\sum\limits_{i=1}^{n} (x_i - x_0)^3 w_i}{100\sigma} \tag{6-8}$$

式中，x_i 为相邻两粒级团粒的平均直径（mm）；x_0 为所有团粒的平均直径（mm）；w_i 为第 i 粒级团粒质量百分比（%）；σ 为团粒组成标准差。偏度系数大于 0 表示土壤团粒分布呈正偏态，即含量占优势的团粒直径大于平均直径，团聚程度高，土壤结构越好，偏度系数小于 0 则相反。

（三）土壤孔隙性评价

土壤颗粒的不同排列构成不同孔隙的几何特征，直接影响土壤中水、热、溶质和气体运动及植物根系的生长。因此，土壤孔隙的大小、数量、连续性及其分配是评价土壤结构的重要指标。可以通过颗粒的不同排列、总孔隙度、土壤通气孔隙度、毛细管孔隙度以及土壤中大小孔隙的分布来评价土壤结构。结构性理想的土壤耕层总孔隙度应为 50%～56%，其中通气孔隙至少应大于 8%，最好能达到 15%～20%。

（四）结构体稳定性评价

土壤结构体的稳定性可分为机械稳定性、水稳定性和生物稳定性。机械稳定性是结构体抵抗因机械耕作而破坏的能力；水稳定性是结构体抵抗因雨滴冲击和水分散而破坏的能力；生物稳定性是结构体抵抗因生物分解而破坏的能力。

机械稳定性一般是通过力稳性团聚体（mechanical stable aggregate）进行评价，是指在一定外力作用下不完全破坏，降水、灌水及农机具频繁耕作的外力作用是导致土壤结构体被破坏的主要原因。若土粒没有一定的力稳性，团粒很易受到破坏，难以发挥团粒结构的功能。力稳性结构仅保持土壤结构的短期稳定，但对抵抗土壤侵蚀有重要作用。

水稳定性一般是通过水稳性团聚体（water stable aggregate）进行评价的。水稳性团聚体是指土壤结构体经水浸后保持土壤结构体形态不破碎。土壤结构水稳定性的好坏常用分散系数和结构系数来评价。分散系数是微团聚体分析中的黏粒含量与机械组成分析中黏粒含量的百分比，分散系数越低，土壤结构性越好，土壤抗蚀性就越强。结构系数是机械组成分析中黏粒含量减去微团聚体分析中黏粒含量然后与机械组成分析中黏粒含量的百分比，结构系数越大，土壤抗蚀性越强。土壤微团粒分析与土壤机械组成分析方法相似，其区别之处是微团粒分析时土壤只采用机械浸泡分散，以保证土壤微团粒免遭破坏，而机械组成分析加化学分散剂。

生物稳定性一般是通过生物稳性团聚体（biological stable aggregate）进行评价。生物稳性团聚体是指结构体抗拒微生物对有机物质分解使土壤结构破坏的能力。由于有机 - 无机相的复合体，有机质常包被于矿质土粒的表面或弱附在团粒之间，随着有机质被分解，结构体也逐步分解。另外，团粒的生物学稳定性还取决了有机质与矿物质相结合的牢固程度，同类有机物质与黏土矿物结合得越紧密，稳定性越高。人工合成的结构改良剂所形成的团粒生物学稳定性一般强于由腐殖质黏结形成的团粒。

由于团粒结构是在有机质参与的胶结和复合作用下经多级团聚而形成，故具有良好的机械稳定性、水稳定性和生物稳定性。

（五）土体构造评价

土体构造包括耕层构造、质地剖面、结构剖面和孔度剖面。耕层构造是土壤耕层的三相搭配及上下垒结，旱地保持三相比为 2：1：1，上松下紧的耕层构造较理想。质地剖面是土壤上下层次的质地组合状况，上砂下黏较理想，即上层质地偏砂，可迅速接纳较大的降水，防止地面径流形成，减少水土流失。下层质地偏黏，起保水保肥的作用，减少养分下渗流失，同时有助于地下水上升回润表层土壤。结构剖面是土壤上下层次的结构体类型及其排列状况，水田土壤自上而下出微团粒 - 块状 - 棱柱状结构剖面较理想。

三、土壤结构性与土壤侵蚀

在水、风等外营力作用下，土粒随地表径流沿坡面或侵蚀沟向下流失的现象称为土壤侵蚀（soil erosion）。当降水强度大时，地表土壤，特别是裸露坡地的土壤易于发生水力侵蚀。

土壤因子对侵蚀的影响可概括地用式（6-9）表示：

$$E = K \frac{D}{A \cdot P \cdot p} \tag{6-9}$$

式中，E 为土壤侵蚀度；K 为比例常数；D 为土壤分散系数；A 为土壤表层的入渗量；P 为土壤表层的渗透度；p 为土壤颗粒的大小。

式（6-9）表明，土壤侵蚀程度与土壤的分散系数成正比，与土壤颗粒大小成反比。据国内资料介绍，四川邛崃森林土壤中山地棕壤的分散系数仅为 2%～4%，而山地灰化土的分散系数则高达 28%～65%，可见后者分散高，土壤侵蚀度大，因此，森林采伐后要注意防止土壤侵蚀。

暴雨的初期或历时短暂的次暴雨，结构性好的土壤由于透水性好，土壤入渗能力强，不易形成径流，这时土壤侵蚀主要是由于雨滴对土壤的分散和冲击作用而产生的。因此，只在结构性差的土壤上才容易产生径流，并把细碎的土粒带走。在土壤团聚化程度高、抗分散能力强的地方，即使产生微弱径流，含沙量也很低。但是，当暴雨继续时，由于降水量远远超过土壤的入渗能力，径流量和径流速度都同时增加，对地表做功加强，土壤侵蚀作用就取决于表层土壤颗粒与其下部颗粒的结合力大小，团聚化程度高、结构疏松的土壤反而比表面平滑紧密的土壤易受侵蚀。颗粒越小，黏结力越强，越利于抵抗侵蚀。

因此，在生产实践中，应结合不同类型土壤结构与土壤侵蚀间的关系，通过修筑梯田、等高栽植、造林种草、合理培肥等具体措施，改善土壤结构，减缓和防治土壤侵蚀。

四、团粒结构的形成

不同类型的土壤结构的形成过程不同，在形成机制上有很大的差异，土壤结构的形成过程一般是指团粒结构的形成过程。土壤团粒结构的形成大体上可分为两个阶段：第一阶段是单粒经过凝聚、胶结等作用形成复粒（微团粒）；第二阶段是复粒进一步黏结，在成型动力作用下进一步相互逐级黏合、胶结、团聚，依次形成二级、三级……微团聚体，再经多次团聚，使若干微团聚体胶结起来，形成各种大小形状不同的团粒结构体。因此，土壤团粒结构的形成是在多种作用参与下进行的，但归纳起来表现为两个方面，即土粒的凝聚和成型动力的作用。

（一）土粒的凝聚作用

单粒经黏聚形成复粒，再经进一步依次胶结团聚形成微团聚体、团聚体和较大结构体。可使单粒聚合成复粒并进一步胶结成大的结构体的作用主要有以下几种。

1. 黏粒的黏结作用　　黏粒具有较大的比表面积，它们之间可借助分子引力相互黏结起来。土粒愈细，黏结力愈大，越利于形成土壤复粒。可见，黏粒在土壤结构的形成过程中具有重要的作用，尤其是在土壤有机质缺乏时，显得最为明显。

2. 水膜的黏结作用　　在潮湿的土壤中黏粒带负电荷，可吸附极性水分子并使之做定向排列，形成薄的水膜，当黏粒相互靠近时水膜为邻近的黏粒共有，黏粒就通过水膜联结在一起。土粒愈细，总毛管黏结力愈大。当土壤含水量进一步增加时，水膜厚度增大，毛管黏结力减弱。

3. 胶体的凝聚作用　　带负电荷的黏粒因外围有扩散层而悬浮分散，其实质是分散在土壤悬液中的胶粒相互凝聚而析出的过程。带负电荷的黏粒与阳离子（Ca^{2+}）相遇，因电性中和而凝聚。因此，在农业生产上常施石灰（石膏）促使土粒凝聚而改善土壤结构。Fe^{3+}和Al^{3+}的凝聚力虽强于Ca^{2+}，但均会导致土壤中磷的固定，且Al^{3+}具有潜在的毒害或酸化等作用，因此，一般很少应用。

4. 胶结作用　　土壤中的土粒、复粒通过各种物质的胶结作用进一步形成较大的团聚体，土壤的胶结物质大体上有以下两类。

（1）无机胶体的胶结作用　　土壤中的$Fe_2O_3 \cdot XH_2O$、$Al_2O_3 \cdot YH_2O$、$SiO_2 \cdot ZH_2O$等，常以胶膜形态包被在一起。由于凝胶的不可逆性，由此形成的结构体也具有相当程度的水稳性。但这样形成的结构，往往是致密紧实的结构体，如核状结构，对协调水肥的能力极差。我国南方红壤中的结构体主要是由含水的铁、铝氧化物胶结而成的。这些结构体由于相当致密，其内部孔隙度小，孔径也小，对土壤的调节作用小于有机胶体胶结的结构体。

（2）有机质的胶结作用　　土壤中的腐殖质、多糖类、蛋白质、木质素以及许多微生物的分泌物和菌丝均有团聚作用。其中以腐殖质，特别是胡敏酸的胶结作用，对结构形成的作用较大。同时抗微生物的分解能力强，形成的团粒结构更稳定。腐殖质中的胡敏酸的缩合程度高且分子质量大，具有较强的胶结能力。腐殖质是最理想的胶结剂（主要是胡敏酸），与钙结合形成不可逆凝聚状态，其团聚体疏松多孔，水稳性强；多糖类是微生物分解有机物质的产物，它只是通过—OH与黏土矿物上的氢键连接起来，发挥着胶结作用，故胶结的结构稳定性差，但对进一步形成团粒结构有着重要的作用；真菌的菌丝体能缠结土粒，细菌分泌的黏液也能胶结土粒，但这些有机物很容易被微生物分解，胶结的质量较差。

此外，木质素、蛋白质都有一定的团聚作用。许多微生物的细胞（包括菌丝及细胞分泌物），也有一定的胶结力。根系分泌物及蚯蚓肠道黏液等都可把分散的土粒黏结成稳定的团粒。

（二）土壤结构的成型

在土粒相互黏聚的基础上，所有结构体的形成均有一个切割造型的过程，将会产生大量团粒。

1. 干湿交替和冻融交替作用　　土壤具有湿胀干缩的性能，而各组成部分的湿胀干缩程度又有差异。若湿润土块进行干燥时，胶体失水而收缩，使土体出现裂缝而破碎。当干湿交替时，胀缩性的差异使土体产生不等的变形而依脆弱线开裂成小块；在土体吸水时孔隙中闭蓄的空气所产生的压力，还会使土体破碎。土块越干，通过水体湿润时，这一作用越明显，达到一定程度时就会发生爆破，进而促使土体破碎形成结构。

土壤孔隙中的水结冰时，体积增大，会对土体产生压力。在不同孔径大小的孔隙内，水分的冰点有所差异，结冰有先后，在土壤内产生不均匀的压力，使土体产生裂痕，一旦冰体融化，土壤就会沿裂痕酥散，这有助于团粒结构的形成。我国北方秋冬季翻起的土垡，经过一冬的冻融交替后，土壤结构状况得到改善，就是这一作用的应用。

2. 生物的作用　　植物根系在生长过程中对土壤进行分割和挤压作用。植物根系的穿插挤压，对土壤能够产生切割作用，可使土体破碎形成不同大小的块状结构。同时，根系的分泌物及其死亡残体，被微生物分解后形成的多糖和胡敏酸又能团聚土粒，放线菌、真菌菌丝体对土壤的缠绕也能促进土粒团聚。根系愈强大，分割挤压作用愈强，具有垂直主根的豆科植物和具有强大须根的禾本科配合种植，效果更好。此外，土壤中的蚯蚓、昆虫等，对土壤结构形成也均有一定作用。

3. 耕作的作用　　合理的耕作和施肥（有机肥）可促进团粒结构形成。耕耙把大土块破碎成块状或粒状，中耕松土可把板结的土壤变得细碎疏松。当然，适时的合理耕作、中耕、耙、镇压等耕作活动，具有切碎、挤压等作用，能破碎大土块或结皮，有利于促进团聚体的形成。同时耕作使土肥相融、促进良好结构的形成。但不合理的耕作，反而会破坏土壤团粒结构。例如，过度耕耙时，由于机械压力及好氧条件的作用，可能会破坏已有的团粒结构；若长期保持同一耕作深度，由于机械压力的作用，易于形成犁底层，不仅破坏土壤结构体，同时也会引发相应的生态问题。

五、团粒结构在土壤肥力上的意义

（一）团粒结构土壤的大、小孔隙兼备

团粒具有多级孔性，总的孔隙度大，即水、气总容量大，又在各级（复粒、微团粒、团粒）结构体之间发生了不同大小的孔隙通道，大、小孔隙兼备，蓄水（毛管孔隙）与透水、通气（非毛管孔隙）同时进行，土壤孔隙状况较为理想。同团粒结构土壤比较，非团聚化土壤的孔隙单调而总孔隙度较低，调节水、气矛盾的能力低，耕作管理费力，以往曾称这些土壤为"无结构"土壤，此名称虽不恰当，但从肥力调节来看也不无道理。团粒越大，则总孔隙度和非毛管孔隙度也同步增加，尤其是后者，因而调蓄能力随之加强。不过，在不同的生物气候带，对适宜的土壤团粒大小要求稍有不同，在湿润地区以 10mm（直径）左右的团粒为好，而干旱地区则以 0.5～3mm 的为好。在发生土壤侵蚀的地方，>2mm 的团粒抗蚀性强，1～2mm 的抗蚀性弱，而<1mm 的几乎没有抗蚀作用。

（二）团粒结构土壤中水、气矛盾得到了解决

在团粒结构土壤中，团粒与团粒之间是通气孔隙（非毛管孔），可以透水通气，把大量

雨水甚至暴雨迅速吸入土壤。在单粒或大块状结构的黏质土壤中，非毛管孔隙很少，透水性差，降雨量稍多即沿地表流走，造成水土流失，而土壤内部仍不能吸足水分，在天晴后很快发生土壤干旱。

团粒结构土壤又有大量毛管孔隙（在团粒内部），可以保存水分。这种土壤中的毛管水运动较快，可以不断供应植物根系吸收的需要。在"无结构"的黏质土壤中，虽可保存大量水分，但其孔隙过细，常常被束缚水充塞而阻碍毛管水运动。在砂质土中，难以形成团粒结构，土壤通气透水性极好，但缺乏毛管孔隙以保存水分，容易漏水漏肥。"无结构"的黏质土则通气不良。有资料说明，在黏土的通气孔度（非毛管孔度）小于 8% 时，甜菜缺苗严重，出现缺氮症状，严重减产。在良好的团粒结构土壤中，毛管水上升的速度较快，但土表团粒结构因干燥而收缩，与其下的结构脱离，使毛管中断，减少水分向地面移动而蒸发损失；在单粒或大块状结构的土壤中，水分沿毛管上升至表土而蒸发的损失均较大。

总之，在非团粒结构土壤中，水、气难以并存，不能同时地、适量地供应植物以水分和空气。在团粒结构土壤中，水分和空气兼蓄并存，各得其所，团粒内部的毛管孔可以蓄水，团粒间的非毛管孔是透水和通气的过道。

（三）团粒结构土壤的保肥与供肥协调

在团粒结构土壤中的微生物活动强烈，因而生物活性强，土壤养分供应较多，有效肥力较高。而且，土壤养分的保存与供应得到较好的协调。在团粒结构土壤中，团粒的表面（大孔隙）和空气接触，有好氧微生物活动，有机质迅速分解，供应有效养分。在团粒内部（毛管孔隙），储存毛管水而通气不良，只有厌氧微生物活动，有利于养分的储藏。所以，每一个团粒既好像是一个小水库，又是一个小肥料库，起着保存、调节和供应水分和养分的作用。在单粒和块状结构土壤中，孔隙比较单一，缺少多级孔隙，上述保肥和供肥的矛盾不易解决。

（四）团粒结构土壤宜于耕作

黏重而"无结构"土壤的耕作阻力大，耕作质量差，宜耕时间短；结构良好的土壤，由于团粒之间接触面较小，黏结性较弱，因而耕作阻力小，宜耕时间长。

（五）团粒结构土壤具有良好的耕层构造

团粒结构的旱地土壤，具有良好的耕层构造。肥沃的水田土壤耕层则有一定数量的水稳性微团粒，在一定程度上可以解决水、气并存的矛盾（微团粒之间是水，微团粒内部有闭蓄空气）。

不过，我国大多数耕地土壤缺少团粒和微团粒，特别是在南方高温多雨地区。因此，要通过合理的耕作来保持良好的孔性和耕层构造，或创造非水稳性团粒，在干旱季节仍能起保墒作用。

六、促进团粒结构的措施

良好的土壤结构状况，在保水保肥、及时通气排水、调节水气矛盾、协调肥水供应及根系在土体中穿插等方面具有极为重要的作用。在农业生产过程中，大多数土壤的团粒结构，因受耕作和施肥等因素的影响而易于破坏。团粒结构是具有调节水、气、热肥功能的良好结构体，在生产上采取施用有机肥、合理轮作、合理灌溉、合理耕作等措施，促使团粒结构的形成。促进土壤团粒结构形成措施，主要包括以下几个方面。

（一）深翻施用有机肥

在深耕过程中，农机具对土壤产生推拉、切割、翻转等作用，使土体破碎，改变了土壤原有的结构状态。再结合施用有机肥使"土肥相融"，有机胶体与矿质胶体紧密结合，效果更好。有机肥改善土壤结构的作用取决于施用量、施用方式及土壤含水量。一般旱地土壤施用有机肥量越大，效果越好；但水田施用有机肥还要注意排水条件，若土壤含水量过高，往往改土效果较差。

（二）种植绿肥

种植绿肥是增加土壤有机质含量，改良土壤结构的有效措施。豆科绿肥根系发达，穿插作用明显，对下层土壤具有强大的切割、挤压作用，加上下层蚯蚓等土壤动物的作用，紧实的土层自然变得较为疏松。此外，绿肥压青作肥料，既能增加植物生长所需的养分物质，又可以形成大量腐殖质，有利于团聚体的形成。

（三）合理耕作

耕作对土壤结构的影响取决于耕作机械的种类、土壤初始结构状况、耕作时土壤含水量及耕作的次数等。耕作时，耕层土壤容重降低，常常导致土壤表层与底层间的孔隙状况受到破坏，使得土壤通透性降低，易于形成犁底层，影响作物正常生长。此外，耕作次数过多，不但破坏土壤的团粒结构，而且不利于土壤有机质的保蓄。因此，农业生产上应合理耕作。

合理的土壤耕作有利于土壤团粒结构的形成，耕作结合耙、耱等措施可以疏松土壤和碎土，破除土表结皮和板结，有利于形成暂时的非水稳性团粒结构；耕作结合施肥，特别是施有机肥与土粒充分混匀，使土肥相融，有利于发挥有机胶结剂的作用，形成良好的水稳性团粒结构。为了创造良好的土壤结构体，在耕作时要掌握水分状况，不宜过干或过湿，土壤过干耕作，黏质土会造成大块状结构，粉质土会形成碎屑状结构。若土壤过湿时耕作，同样会造成大块状结构。耕地次数要适当，一般不宜过多，黏重的土壤宜多耙，壤质土要适量。另外，还可以进行中耕等措施，来改良土壤结构。

（四）施用结构改良剂

应用土壤结构改良剂也是培育良好土壤结构的有效措施。土壤结构改良剂分为两种类型：一是天然结构改良剂，二是人工结构改良剂。天然结构改良剂是根据土壤结构形成的基本原理，利用植物残体、泥炭、褐煤等原料，提取腐殖酸、纤维素、木质素、多糖醛物质作为团粒的胶结剂，施入土中，促进土粒团聚形成良好结构。

人工结构改良剂是模拟天然团粒结构胶结物的分子结构、性质，利用现代有机合成技术人工合成的高分子聚合物，如水解聚丙烯腈钠盐和聚乙烯醇等。人工结构改良剂的机理主要有：①多价阴离子的聚合物通过同黏粒上的正电荷之间的静电引力使团粒稳定。②结构改良剂的有机物分子上的羧基和黏粒之间的氢键。③结构改良剂转化不溶性物质使土粒胶结成水稳性团粒。人工结构改良剂胶结作用强，施用量较小。目前，人工结构改良剂主要有乙酸乙烯酯和顺丁烯二酸共聚物、水解聚丙烯腈、聚乙烯醇及聚丙烯酰胺等。

第三节　土　壤　孔　性

土壤孔性是指土壤孔隙数量（孔隙度）和大小孔隙分配及其在各土层中的分布状况。

不同的土壤或同一土壤不同时期，其孔隙状况均存在一定差异，而且同一土层的不同部位，孔隙状况也不相同。孔隙是容纳水、气的场所，孔隙数量的多少直接关系到土壤容纳水、气的能力，而大小孔隙的分配及其在土层中的分布与土壤保持水、气的比例及其有效性有密切关系。

土壤是一个复杂的多孔体。土壤的孔隙性是土壤固体颗粒间所形成的不同形状和大小孔隙的数量、比例及分布状况的总称。它关系着土壤水、气、热的流通和贮存以及对植物的供应协调程度，是土壤的重要物理性质，对土壤肥力也有多方面的影响。

一、土壤孔隙的数量

土壤孔隙（soil pore space）的数量用孔隙度表示，它是指土壤中孔隙的容积占土壤总容积的百分数，土壤孔隙度一般难以直接测定。

（一）土壤比重

土壤比重（soil specific gravity）是指单位体积的土壤固相颗粒（不包括粒间孔隙的体积）的质量与水的密度之比。单位体积土壤固相颗粒（不包括粒间孔隙）的质量，称为土壤密度（soil density），单位为 g/cm^3。土壤密度与土壤比重在数值上是相等的，只是密度有量纲，比重无量纲。

$$土壤密度＝土壤固相质量 / 土壤固相体积 \quad\quad (6-10)$$

土壤固相颗粒包括矿物质颗粒和有机质颗粒两部分。不同的矿物具有不同的比重，比重的大小主要取决于矿物组成。例如，氧化铁等重矿物的含量多，则土壤比重大，反之则比重小。有机质的比重一般比矿物比重小，有机质含量越高，土壤的比重越小，常见土壤矿物的比重见表6-7。

表 6-7 土壤中常见矿物和腐殖质的比重

矿物种类	比重	矿物种类	比重
石英	2.60～2.68	赤铁矿	4.90～5.30
正长石	2.54～2.57	磁铁矿	5.03～5.18
斜长石	2.62～2.76	三水铝石	2.30～2.40
白云母	2.77～2.88	高岭石	2.61～2.68
黑云母	2.70～3.10	蒙皂石	2.56～2.74
角闪石	2.85～3.57	伊利石	2.60～2.90
辉石	3.15～3.90	腐殖质	1.40～1.80
纤铁矿	3.60～4.10		

对于铁、锰含量较高的土壤（如红壤）或粒级（如含铁、锰结核的砂粒），其比重值较大，可达 2.75～2.80 或更大；腐殖质的比重小，所以富含腐殖质的土壤的比重较小。多数土壤的比重为 2.50～2.80，因此，一般以 2.65 作为各种矿物成分比重的平均值，故土壤的比重一般取平均值为 2.65。

在同一土壤中，不同大小土粒的腐殖质含量和矿物组成不同，因而其比重也不同（表6-8）。可见，同一种母质发育的各种土壤由于小地形部位不同而造成质地差异，导致其比重也有所不同。

表 6-8　森林土壤表层各级土粒的比重

粒级 /mm	腐殖质 / (g/kg)	比重
全土样	29.5	2.62
0.10～0.05	0	2.66
0.05～0.01	4.3	2.66
0.01～0.005	14.8	2.62
0.005～0.001	53.7	2.59
<0.001	64.2	2.59

资料来源：黄昌勇，2000

（二）土壤容重

1. 概念　　土壤容重（soil bulk density）是指单位容积原状土（包括土壤孔隙体积）的干重，其单位用 g/cm^3 或 t/m^3 表示，与土壤密度单位一样，也称土壤假比重。土壤结构和孔隙状况保持原状而没有受到破坏的土样称为原状土，其特点是土壤仍保持自然状态下的各种孔隙。可用式（6-11）表示：

$$土壤容重＝土壤固相质量 / 土壤体积 \qquad （6-11）$$

它的数值总是小于土壤密度，两者的质量均以 $105～110℃$ 下烘干土计。土壤容重的数值大小，受质地、耕作、松紧度、结构等的影响。一般砂质土壤容重在 $1.2～1.8g/cm^3$，黏质土容重在 $1.0～1.5g/cm^3$。土壤经耕作以后，疏松多孔，容重小，而紧实板结土壤的容重大。有结构的土壤，其结构内、外均有孔隙，故其容重较土粒分散而未形成结构的土壤小。

2. 作用　　土壤容重是衡量土壤物理性质的一个基本参数，在土壤工作中用途广泛。

（1）判断土壤的松紧度　　土壤松紧度是指土壤疏松和紧实的程度，可反映土壤对作物的适宜程度，它是土壤质地、结构、土粒排列和水分含量、有机质含量等各性状的综合反映。疏松或团粒结构的土壤容重小，紧实板结的土壤容重大（表6-9）。此外，降水、灌水等可使土壤容重增大，但施用有机肥、人为耕作等措施可使容重减少。

表 6-9　土壤容重、松紧程度和孔隙度的关系

松紧程度	土壤容重 / (g/cm³)	孔隙度 /%	松紧程度	土壤容重 / (g/cm³)	孔隙度 /%
最紧	<1.00	>60	稍紧	1.26～1.30	52～50
松	1.00～1.14	60～56	紧	>1.30	<50
适合	1.14～1.26	56～52			

一般作物生长适合的容重为 $1.0～1.2g/cm^3$，禾谷类作物可适应的土壤容重为 $1.1～1.3g/cm^3$。若土壤太松散，作物根系扎不稳，且易蒸发跑水，若土壤太紧实又造成作物根系难以伸长发展和透水通气困难的问题。

（2）计算土壤孔隙度　　根据实测土壤的容重与密度进行计算，计算公式推导过程将在土壤孔隙性中讨论。

（3）计算土壤质量　　根据土壤容重可以计算土壤的质量。

$$单位容积的土壤质量（t）＝土壤体积（m^3）× 容重（t/m^3） \qquad （6-12）$$

例如，通常所说1亩耕地耕作层重量为 150 000kg，就是根据土壤容重计算出来的：每亩土壤的面积为（10 000/15）m^2，耕作层以 0.2m、土壤容重以 $1.13t/m^3$ 计，则土重＝

10 000/15×0.2×1.13≈150t＝150 000kg。

此外，也可用于计算工程土方量。例如，在土工建设或土地整理工程中，有2000m² 面积应挖去0.2m厚的表土，其容重为1.3t/m³，则应挖去的土方为2000m²×0.2m＝400m³，土壤质量为400m³×1.3t/m³＝520t。

（4）估算各种土壤成分储量　　根据容重和土壤成分（水分、有机质、可溶性盐、各种养分、某种污染物等）的含量，来计算该成分在一定土体中的储量，作为灌溉排水、养分和盐分平衡计算和施肥的依据。

例如，1亩耕地耕作层重量按150t计，土壤耕层土壤含水量为5%，要求灌溉后含水量达到25%，那么1hm² 的灌水定额为

$$150t×15×（25\%-5\%）＝450t。$$

又如，1hm² 农地的耕层（厚0.2m）容重为1.3g/cm³，有机质含量为15g/kg（按土壤质量计），则该农地耕层土壤中的有机质储量为10 000m²×0.2m×1.3t/m³×0.015＝39.0t。

3. 影响土壤容重的因素　　各种类型土壤容重差异很大，其数值大小，受土壤质地、结构、有机质含量以及各种自然因素和人工管理措施的影响（表6-10）。凡是造成土壤疏松多孔或有大量大孔隙的，容重小，反之造成土壤紧实少孔的，则容重大。一般是表层土壤的容重较小，而心土层和底土层的容重较大，尤其是淀积层的容重更大。同样是表层土壤，随着有机质含量增加及结构性改善，容重值相应减少。若经常受到耕作的挤压，土壤容重增大，反之则小。

表 6-10　不同类型土壤容重的范围

土壤类型	容重 /（g/cm³）	土壤类型	容重 /（g/cm³）
有机土	0.2～0.6	黏质和壤质耕作土壤	0.9～1.5
未经耕作的林下和草地表层土壤	0.8～1.1	壤质和砂质耕作土壤	1.2～1.7

资料来源：夏冬明，2007

（三）土壤孔隙度

1. 概念　　土壤中各种形状的粗细土粒集合和排列成固相骨架，骨架内部有宽狭和形状不同的孔隙，构成复杂的孔隙系统。土壤孔隙度（soil porosity）是反映土壤总体积中孔隙体积所占比例的多少，即单位土壤容积内各种大小孔隙容积所占的百分数，它表示土壤中各种大小孔隙度的总和，一般简称孔度。由于土壤孔隙的形状是极不规则的，它是立体的或三维空间的，用现代几何学方法还很难计算出真实的容积和孔径。目前计算土壤的孔隙度，通过土壤容重和土壤密度进行计算。

$$
\begin{aligned}
土壤孔隙度（\%）&＝\frac{孔隙容积}{土壤容积}×100\\
&＝\frac{土壤容积-土粒容积}{土壤容积}×100\\
&＝\left(1-\frac{土粒容积}{土壤容积}\right)×100\\
&＝1-\frac{土壤容重}{土壤密度}×100
\end{aligned}
\tag{6-13}
$$

一般土壤孔隙度在 30%～60%，在农林业生产上，土壤孔隙度以 50% 或稍大于 50% 为好。

2. 土壤孔隙比　　土壤孔隙数量也可用孔隙比来表示，即土壤中孔隙的容积与土壤固相容积，即固体颗粒容积的比值。

$$土壤孔隙比 = \frac{孔隙度}{1-孔隙度} \tag{6-14}$$

土壤孔隙比为 1 或稍大于 1 为最好。孔隙比优于孔隙度之处在于，当孔隙容积发生变化时，只是式中分子改变，而以孔隙度表示孔隙容积变化时，则分数的分子、分母均在变化，孔隙比常用于土工和土力学工作中，农业和土壤物理工作中则以孔隙度为主。

一般而言，土壤质地越粗，容重越大，而土壤总孔隙度就越小。土壤质地越细，容重越小，则土壤总孔隙度就越大。

二、土壤孔隙的类型

土壤孔隙度反映土壤所有孔隙的总量。由于土壤孔隙大小、形状很不规则，很难通过直接测定确定其孔隙大小，在土壤学上则选择了一种与孔径大小有关的另一可测定的土壤性质来间接确定孔隙直径，故称当量孔径（equivalent pore diameter）。当量孔径定义为：与土壤水吸力相当的孔隙直径，它与孔隙的形状和均匀性无关。选择水吸力来间接确定土壤孔隙直径，是由于二者有密切关系，其关系为

$$D = \frac{3}{T} \tag{6-15}$$

式中，D 为孔隙直径（mm）；T 为水吸力（cm 或 hPa），可理解为土壤对水的吸力。

当量孔隙与土壤吸力成反比，孔隙越小则土壤水吸力越大。土壤孔隙度或孔隙比，只说明土壤固相与孔隙容积的数量比例，难以反映土壤孔隙间的差别。若土壤的孔隙度相同两种土壤，其内部大小孔隙的数量分配不同，则二者之间的保水、通气及其他性质均会表现出显著的差异，因此应将土壤孔隙按其大小和功能进一步细分。

（一）土壤孔隙的分类

土壤孔隙直径大小根据其大小和功能，通常划分为三种类型。

1. 非活性孔隙（inactive pore）　　也称无效孔隙。孔径小于 0.002mm，也有研究认为以小于 0.0002mm 为非活性孔隙的。存在于非活性孔隙中的水分，土壤对水的吸力很强，植物根系很难吸收甚至不能吸收，因而对植物基本无效。植物根系生长发育要求一定大小的孔隙，一般草类植物根系能长入的孔隙为孔径 0.1mm，小麦根系能长入的孔径为 0.2mm，根毛可长入的孔径要求 0.01mm，可见无效孔隙对根系生长发育不利。在这种细小孔隙中，由于孔径太小，土粒表面吸附的水膜几乎将孔隙充满，植物根毛也较难插入此类孔隙，微生物在此孔隙中活动困难。这种孔隙中所保持的水分靠土粒表面吸附力的作用，水分不能移动或移动极其缓慢。

土壤质地愈黏重，土粒分散度愈高，土粒排列愈紧密，则非活性孔隙愈多。非活性孔隙较多的土壤虽然能保持大量的水分，但土壤水分的有效性很低。另外，这种孔隙没有毛管作用，通气透水状况极其微弱，植物扎根困难，土壤的紧实度高，耕作阻力大，在农业利用上是不良的。

2. 毛管孔隙（capillary pore）　　是指土壤中毛管水所占据的孔隙，当量孔径为 0.02～

0.002mm。毛管孔隙中的水分，水吸力为 $1.5 \times 10^4 \sim 1.5 \times 10^5 Pa$，对植物是有效的，而且植物的根系和微生物都可在其中生长和活动。在壤质土和黏质土中均有较多的毛管孔隙，可将水分保蓄在毛管孔隙中，补给植物不断的需求。植物根毛可直接插入粗孔隙，故毛管水是对植物最有效的水分。毛管孔隙的数量，可用毛管孔隙度来表示，是指毛管孔隙体积占土壤体积的百分数。

3. 非毛管孔隙 　　这类孔隙比较粗大，当量孔径大于 0.02mm，土壤水吸力 $<1.5 \times 10^4 Pa$。这部分孔隙不具有毛管引力，水分不能在其中保持，在重力作用下迅速排出或下渗补充地下水，成为通气的通道，故称为通气孔隙。同时，植物根毛、根系和微生物均可在通气孔隙中活动。通气孔隙又可分为粗孔（孔径＞0.2mm）和中孔（0.02～0.2mm）两种。粗孔排水更为迅速，许多植物细根可伸入其中，中孔可有某些原生动物真菌活动其中，植物根毛可以伸入而细根则难以伸入。

通气孔隙发达的土壤可接纳大量的降水或灌溉水，不致造成地表径流或上层滞水。砂质土壤中多为粗大的通气孔隙，缺少细孔；通气透水性好，但保水性很差，容易漏水漏肥，而黏质土壤则相反。一般旱地土壤通气孔隙保持在 10% 以上较为适宜。

在土壤学中，也有将土壤孔隙仅划分为两类的，即大孔隙（macropore）和小孔隙（micropore）。大孔隙相当于通气孔隙，小孔隙包括非活性孔隙和毛管孔隙。农业生产上，旱作土壤耕层的土壤总孔隙度为＞50%；通气孔隙度不低于10%；大小孔隙之比在 1∶2～1∶4 较为合适，在此范围内，才能更好地保证作物的正常生长发育。因此，在评价其生产意义时，孔径分布比孔隙度更为重要。

（二）各种孔隙度的计算

基于土壤孔隙分类的基础上，势必产生各级的孔隙度，其计算如下：

$$非活性孔隙度（\%）= \frac{非活性孔容积}{土壤总容积} \times 100 \qquad (6-16)$$

$$毛管孔隙度（\%）= \frac{毛管孔容积}{土壤总容积} \times 100 \qquad (6-17)$$

$$非毛管孔隙度（\%）= \frac{非毛管孔容积}{土壤总容积} \times 100 \qquad (6-18)$$

$$总孔隙度（\%）= 非活性孔隙度 + 毛管孔隙度 + 非毛管孔隙度 \qquad (6-19)$$

三、影响土壤孔隙性的因素

土壤孔隙性主要受来自外部环境条件（自然因素、人为因素）和土壤本身某些属性的影响，而其中则以内因为主导，自然因素与人为因素是影响土壤本身属性进而影响土壤孔性的。

（一）土壤质地

质地不仅影响孔隙数量，也影响土壤孔隙直径大小。在土壤缺乏有机质时，土壤质地是影响孔性的基本因素。质地轻的土壤，因粗土粒多，单位容积的土壤中土粒所占的容积较大，而孔隙度所占容积较小，砂质土总孔度小，一般为33%～45%，但常常给人以"多孔"印象，因大孔隙多，故透水通气好。黏质土总孔度多，一般可达45%～60%，以毛管孔隙和非活性孔隙为主，但常给人以"少孔"的印象，因通气孔隙较少，故透水通气差。壤质土总孔隙度一般为45%～52%，大小孔径搭配适当。因此，砂壤土和轻壤土的孔隙分配对土壤的水-气关系最为合适。

（二）土粒排列松紧

在一定容积的土壤中，由于土粒排列的松紧不同，孔度有很大的差异。假定一种"理想土壤"的土粒是大小相等的光滑球体，这些球体排列最松时的孔隙度为47.64%，排列最紧实时孔隙度则为25.95%。然而在真实土壤中，土粒排列和孔隙状况要复杂得多。由于土粒粗细不等，一是排列方式不同，呈相互镶嵌；二是土团、根系、虫孔等存在，使土壤孔隙系统更为复杂。因此，要如实地、全面地了解各种大小、形状的孔隙分布和连通情况是很困难的。通常，我们只需要知道孔隙的总量和松紧情况，则通过容重和总孔隙度进行较好的量化。一般耕作土壤的耕作层，土粒大多是疏松排列，总孔隙度多在50%以上。

（三）土壤结构

同样质地的土壤，若有团粒结构存在，会改善土壤的松紧和孔隙状况，其容重变小，孔隙度相应增大，大小孔隙的比例也可得到改善。土粒往往不是分散存在的，而是相互胶结形成结构，则结构内有孔隙，结构之间还有孔隙，因此有结构土壤的孔度较无结构土壤的孔度多。一般而言，砂质土壤大多数是没有结构的，有结构的土壤主要是指可以形成团粒结构含腐殖质较多的壤质和黏质土壤的表层。其他土层如犁底层，土粒排列紧实，呈片状结构，质地黏重的底土和心土层一般多为块状和柱状结构。这些结构往往使土壤的孔隙度大大降低，尤其以减少通气孔隙、增加无效孔隙居多，大小孔隙比例失调，透风跑墒，对农业生产不利。

（四）耕作措施和土层厚度

合理耕作，可疏松土壤，形成大小适宜的土团，进而改善土壤结构，调节孔隙状况，对土温、墒情、通气、养分转化及植物根系生长等起到很好的协调作用。

（五）土壤有机质含量

施用有机肥可提高土壤有机质含量，特别是黏质土壤，可明显改善土壤孔隙状况。有机质不仅本身疏松多孔，又能促进土壤形成结构，因此富含有机质的土壤孔度较高，泥炭土的孔度可达80%以上。

第四节　土壤耕性

土壤耕作（soil tillage）是土壤管理的主要技术措施之一，土壤耕作的目的就是通过调节和改良土壤的机械物理性质，以利于作物根系的生长，促进土壤肥力恢复和提高。

一、土壤耕性的含义

土壤耕性（soil tilth）是指土壤在耕作时和耕作后所表现的各种性质，是土壤对耕作的综合反映，包括耕作的难易、耕作质量和宜耕期的长短。土壤耕性的好坏直接关系到能否给作物生长发育创造一个良好的土壤环境和提高劳动效率。耕性好的土壤耕作阻力小，容易耕作；耕后能形成有团粒结构的疏松土层；适宜耕作的时期长。

土壤耕性的好坏，一般从以下三方面进行衡量。

（一）耕作的难易

耕作的难易程度是指土壤在耕作时对农机具产生阻力的大小，它决定了人力、物力和机械动力的消耗，直接影响机器的耗油量、损耗及劳动效率。农业生产上，一般把土壤耕作的难易程度，作为判断土壤耕性好坏的首要条件。耕作时要求阻力尽量小，以便于耕作，节省能源。耕作阻力大的称难耕，耕作阻力小的称易耕。例如，砂土耕作阻力小，耕作容易，省劲省工；黏土则相反。

（二）耕作质量好坏

土壤质量好坏是指耕后土壤表现的状态及其对作物生长发育产生的影响。土壤耕作后能否形成疏松平整、结构良好、适宜于作物生长的土壤条件，是衡量土壤耕性的重要标志。凡耕作后土壤松散、容易耙碎、结构良好、松紧度适宜，有利于种子发芽及幼苗生长的，称为耕作质量好，反之称为耕作质量差。

（三）宜耕期长短

宜耕期长短是指在保证耕作质量和劳动效率的前提下，宜于耕作时间的长短。它反映了土壤在耕作时对含水量要求的严格程度，一般以适宜于耕作的土壤含水量范围表示土壤宜耕期。在宜耕期进行耕作，由于土壤的黏结性、黏着性、可塑性弱，耕作阻力小，所需能量最小，相应土块破碎程度最好。砂土宜耕期长，对含水量要求范围较宽，表现为干湿条件下均好耕。黏土宜耕期短，对含水量要求较严，一般只有一两天或更短，一旦错过时间耕作就既费时、耕作质量又不好。因此，掌握适宜的土壤含水量进行耕作是保证耕作质量的关键。

二、影响土壤耕性的因素

土壤耕性的好坏是由土壤的物理机械性质决定的。土壤物理机械性质是土壤在不同含水量情况下所表现的物理性质，包括土壤的黏结性、黏着性、可塑性、胀缩性以及受农机具的切割、穿透和压板等作用而发生变化的性质。

（一）土壤黏结性

土壤的黏结性（soil coherence）是土粒间由于分子引力互相黏结在一起的性质，即土壤的内聚力。这种性质使土壤具有抵抗外力破碎的能力，也是耕作时产生阻力的主要原因之一。土壤黏结性产生的原因主要有范德瓦耳斯力、氢键、静电引力和水膜的表面张力等，但对于多数矿质土壤而言，起黏结作用的力是范德瓦耳斯力。土壤黏结性用单位面积上的黏结力（g/cm^2）来表示。

不同土壤的黏结性是不同的，其影响因素主要有两个方面：一是土壤比表面积的大小，二是土壤含水量。黏结性的强弱首先取决于土壤比表面积的大小，比表面愈大，土粒相互间接触的面愈大，黏结性愈强，反之则小。一般而言，黏质土黏结性大于壤质土和砂质土；2∶1型黏土矿物黏结性大于1∶1型黏土矿物；代换性钠离子占的比例越高，造成土粒分散作用越强，使土粒黏结性增强；腐殖质的黏结性大于砂粒，小于黏粒，故腐殖质可使砂质土具有黏结性而团聚，使黏质土从黏重板结状态变得疏松。水分对土壤黏结性有影响，可分为由干到湿和由湿到干两种情况。当由干到湿时，因为常规的压力不可能使土粒靠近到产生范德瓦耳斯力，因而土粒之间无黏结性，呈分散单粒状态；水分增加后，由于水膜的连结力，黏结性才有所体现。随着水分继续增加，土粒之间距离进一步增大，黏结性又逐渐减小。当土壤由湿到干时，土壤含水量多时，黏结性小，随着含水量减少；土粒间水膜变薄，黏结性增加，土体收缩，黏结性进一步加强，致使土块从湿润状态转变为干燥状态时，变得非常坚硬板结，难以破碎。

（二）土壤黏着性

土壤黏着性（soil stickiness）是指在一定含水量条件下，土壤黏附于外物的特性。黏着性的大小也以 g/cm^2 表示。这种性质使土壤在耕作时黏着耕机具，增加摩擦阻力，造成耕作困难。黏着性同样受土壤比表面积及含水量的影响较大，比表面积愈大，与外物的接触面愈大，黏着性就愈强。土壤在一定含水量条件下才出现黏着性，土壤是通过水来黏附于外物的，即土粒 - 水膜 - 外物。当土壤含水量增加时，先出现黏结性，当水膜增厚至水膜黏附外物时黏着性才出现；随着水分继续增加，水膜加厚，黏着性又逐渐减弱，直至黏着力消失。在进行耕作时，黏着性使耕作阻力加大。特别黏重的土壤由于黏着性很强，阻力太大，往往需要用水淋湿犁铧，以减轻黏着性，才能使耕作机具前进，农业生产中群众称此现象为"提壶看洒"。

（三）土壤可塑性

土壤可塑性（soil plasticity）是指土壤在一定含水量范围内，可被外力任意改变成各种形状，当外力去除后和土壤干燥后仍能保持变形的性能。土壤具有可塑性的原因是片状土粒在有水的情况下可以滑动，塑造成了任何形状，干燥后黏结性增强又可保持改变了的形状。可见，土壤质地与可塑性密切相关。黏质土在一定水分条件下，可搓成条、球、环状等，干燥后仍能保持相应的形状，表现出明显的可塑性。而砂质土呈"一盘散砂"状态，无可塑性。二者间的差异，是因为土壤中黏粒本身呈薄片状，接触面大，在水分作用下，黏粒外面形成水膜，施加外力作用后，黏粒沿外力方向滑动。这样就改变原来颗粒的排列方式，形成了有序的排列，并由水膜的拉力固定而保持其形变。

可塑性是在一定水分条件下产生的，开始表现可塑性时的含水量称为可塑性下限（下塑限），水分继续增加至塑性消失时的含水量称为可塑性上限（上塑限），上、下限之间的含水量差值称为塑性值。在这一范围内，土壤表现出塑性，塑性值大的可塑性强，一般黏质土的塑性值大于壤土；2∶1 型黏土矿物的塑性值大于 1∶1 型的黏土矿物。几种不同土壤塑性值见表 6-11。

土壤有机质能提高土壤上、下塑限，但一般不改变塑性值。这是因为土壤有机质吸水性虽较强，但其本身缺乏塑性，因此有机质含量高的土壤，需有机质吸足水分后才形成塑性的水膜，提高塑限值。

表 6-11　土壤质地与可塑性的关系

土壤质地	物理性黏粒 /%	下塑限 /%	上塑限 /%	塑性值
中壤偏重	>40	16～19	34～40	18～21
中壤	28～40	18～20	32～34	12～16
轻壤偏重	24～30	21±	31±	10
轻壤偏砂	20～25	22±	30±	8
砂壤	<20	23±	28±	5

资料来源：林成谷，1996

土壤可塑性与耕作密切相关。土壤在可塑性范围内会影响耕作质量，不宜耕作。若在此时耕作，不仅耕作阻力大，而且耕后成泥条，不散碎，不能形成良好结构。

（四）土壤膨胀性与收缩性

土壤吸水后体积膨胀增大的性质称为膨胀性（swelling），干燥土体收缩称收缩性（shrinkage）。只在塑性土壤中表现，这一特性不仅与耕作质量有关，也影响土壤水气状况和根系延展。

土壤膨胀时，使土体变得紧实，不仅对周围土壤产生强大压力，可能对植物根系产生机械损伤；而且可使土体透水、通气困难，影响作物生长发育；土壤收缩时，产生龟裂并形成大的裂隙，使下层水分蒸发加快，导致土层干燥。此外，土壤收缩时也易拉断植物根系。

不同质地的土壤，其膨胀性与收缩性差异较大。黏质土的膨胀收缩性强，但受黏质土中黏土矿物类型的影响。蒙脱石是膨胀性黏土矿物，胀缩性强，而以高岭石为主要黏土矿物的土壤，胀缩性较弱。另外，膨胀收缩性还与土壤胶体所吸附的阳离子种类有关，若胶体吸附的钠离子多，则因钠离子的水化作用较强，水膜厚而使土壤胀收缩性增强。

三、改良土壤耕性的措施

不同的土壤，其耕性的差异，主要是由土壤物理机械性不同所引起的，特别是受土壤比表面积和水分含量状况的影响较大，因此改良耕性要从以下几种措施着手。

（一）增施有机肥料

有机肥不仅能够提高土壤有机质含量、增加土壤中的养分，而且可以改善不同土壤质地的耕性，增强土壤保水保肥能力。由于有机肥中含有大量有机质，在微生物作用下，经转化形成腐殖质，其黏结性和黏着性介于砂土和黏土之间。无论是砂质土还是黏质土，增施有机肥，提高土壤有机质含量，都能在一定程度上起到改良土壤的作用，因为有机质的黏结力和黏着力比砂粒大，但是比黏粒小，可以克服砂土过砂、黏土过黏的缺点。其改良效果黏土大于砂土，因为腐殖质在黏土中容易积累，而在砂土中容易分解。另外，土壤有机质还能促进土壤结构的形成，使黏土疏松，增加砂土的保肥性。

（二）改良土壤质地

过砂、过黏的土壤，均可通过客土掺砂或掺黏的方法改善其耕性，同时结合施用有机肥效果更好。用砂土垫圈施入砂土，既节省劳力，又能改善土壤耕性。另外，还可根据质地层次情况采取翻砂压黏或翻黏压砂的办法。

（三）创造良好的结构

改善土壤黏性，降低比表面积，可使土壤耕性得到改善。团粒结构满足相应特性，能使土壤耕性得到改善。因此，通过合理轮作、施用有机肥或土壤改良剂等措施创造良好的土壤结构。

（四）合理灌溉

根据土壤水分状况合理灌排，可以调节与控制土壤水分维持在宜耕范围内，以达到改善耕性提高耕作质量的目的。利用灌水进行"闷土"，可使黏质土块松散。低洼下湿地，通过排水降低土壤含水量，控制在土壤下塑限含水量以下，避免土壤可塑性与黏着性出现，也能减少耕作阻力、改善土壤耕性。

【思 考 题】

1．一般可将土壤划分为哪几个基本粒级？简述不同粒级土粒的特性。

2．什么是土壤质地？试述不同质地的土壤肥力特点。

3．举例说明哪些土壤质地为不良质地，并提出相应的改良措施。

4．土壤比重、土壤容重及孔隙度间有何关系？

5．简述土壤孔隙类型及其影响因素。

6．常见的土壤结构体类型有哪些？

7．如何客观地评价土壤结构性？采取哪些措施可以改善土壤结构性？

8．如何理解农林业生产上的冷性土和暖性土？

9．试举例说明土壤结构性和土壤侵蚀间的关系。

10．如何判断和调节土壤耕性？

第七章 土壤胶体化学与表面反应

【内容提要】

　　土壤胶体是土壤固体颗粒中最细小而性质最活跃的组分。胶体表面带有电荷是土壤具有一系列化学性质的根本原因，因此土壤胶体化学主要是土壤胶体表面化学。本章主要介绍了土壤胶体的概念、构造、种类、性质及土壤对阳离子的吸附与交换，概要介绍了土壤胶体对阴离子的吸附作用。通过本章的学习，要求理解土壤阳离子交换量的概念，掌握阳离子交换作用的基本规律，认识土壤阳离子交换作用对土壤肥力的影响和意义。

第一节　土壤胶体的概念

一、土壤胶体与胶体分散系

　　胶体化学中将一种或多种物质以不连续的粒子形式（分散相）分布在一种连续均匀介质（分散介质）中所构成的体系称为分散体系，其中分散相粒子的直径大于100nm的称为粗分散体系（如水分饱和的沙层等）；小于1nm的称为分子分散体系（如各种溶液）；粒子直径介于此二者之间的，称为胶体分散体系（如云雾、牛奶等）。

　　土壤胶体与其周围的溶液构成了土壤胶体分散系，其分散相是土壤胶体颗粒（soil colloidal particle），分散介质是水。土壤黏粒大部分为片层状，其长度和宽度往往达到微米级，而其厚度通常为1～100nm，因而具有胶体的特性，故土壤胶体（soil colloid）被定义为直径小于2μm的土壤固体颗粒。

二、土壤胶体的构造

　　土壤胶体分散系包括胶体和本体溶液两大部分，胶体则由胶核及双电层（electric double layer）构成，如图7-1所示。胶核是指固相胶体颗粒，其主要成分有黏土矿物、氧化物和腐殖质。双电层一般是由土壤胶核表面的电荷及其吸附的反号离子所构成，具体可细分为决定电位离子层和补偿离子层。决定电位离子层决定着胶粒的电荷符号和电位大小，它取决于胶核本身的带电情况，如黏土矿物和腐殖质胶体的表面一般带负荷，其电位为负值。带电胶核吸引溶液中带相反电荷的离子形成补偿离子层。距离决定电位离子层较近的反号离子受到胶核表面电荷的静电引力较大，离子活动性小，能随胶核一起移动，称为非活性补偿离子层；而距离较远的反号离子所受引力较小，离子

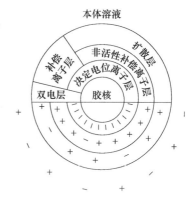

图7-1　土壤胶体分散系示意图
（熊顺贵，2001）

胶体表面为负电荷，"＋"表示阳离子，"－"表示阴离子

活动性大，呈扩散式分布，称为扩散层。扩散层中的离子很容易与本体溶液中电荷符号相同的离子进行交换。如图 7-1 所示，带负电荷的胶体吸引阳离子在表面产生聚集，因此胶体表面阳离子的浓度高于本体溶液中的阳离子的浓度，而胶体表面阴离子的浓度则低于本体溶液中阴离子的溶液。

第二节　土壤胶体的类型

土壤胶体成分复杂，按其化学组成可分为无机胶体、有机胶体和有机无机复合胶体三类。无机胶体即结晶硅酸盐矿物和各种氧化物；有机胶体主要为腐殖质；有机无机复合胶体为二者的复合物，同时也是自然条件下最常见的土壤胶体类型。

一、无机胶体

土壤矿物（soil mineral）是无机胶体的物质基础。土壤几乎包含了元素周期表中的所有元素。按照各种元素的质量百分数从高到低依次有氧、硅、铝、铁、碳、钠、钙、钾、镁和其他元素，其中氧和硅分别占了 49.0% 和 33.0%，前 4 种元素合计则占到了 92.93%。因此，土壤矿物主要以氧化物为主，又以硅酸盐（silicate）和铝硅酸盐（aluminosilicate）最多。

土壤无机胶体主要是指土壤黏粒部分，包括成分较复杂的结晶层状次生硅酸盐黏土矿物，以及成分简单、水化程度不等的氧化铁、氧化铝和氧化硅等。

（一）黏土矿物

黏土矿物（clay mineral）是指土壤中的次生层状硅酸盐（secondary phyllosilicate）黏土矿物，它来源于成土母岩中原生矿物的风化。黏土矿物是最主要的无机矿质胶体，是土壤胶体产生离子交换作用的重要载体。层状硅酸盐黏土矿物颗粒多为不同形态的薄片（图 7-2），这是由其结晶层状构造决定的。从内部结构来看，它们都是由硅氧片和铝氧片重叠化合而成。根据其化合情况可将黏土矿物分为不同类型，主要有高岭石、伊利石和蒙脱石等。

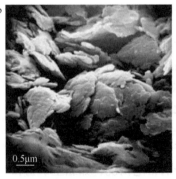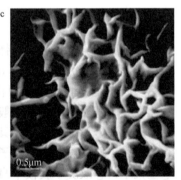

图 7-2　三种黏土矿物的透射电镜图（Weil and Brady，2017）
a. 高岭石；b. 伊利石；c. 蒙脱石

1. **黏土矿物的晶体结构**　硅氧片（silicon tetrahedral sheet）由硅氧四面体（tetrahedron）在水平方向上延伸而成。每一个硅氧四面体由一个硅离子（半径＝0.039nm）与 4 个氧离子（半径＝0.132nm）组成，它们可砌成一个锥形体，共 4 个面，即硅氧四面体

（图 7-3）。许多硅氧四面体连接起来形成硅氧片（图 7-4），硅氧片中的顶层氧离子电价不饱和。

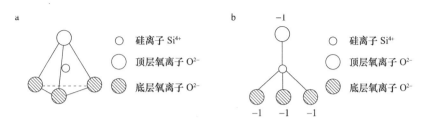

图 7-3　硅氧四面体的构造

a. 立体结构图；b. 平面构造图；-1 表示硅氧四面体形成后氧离子剩余的电荷数，图 7-4 至图 7-6 类似

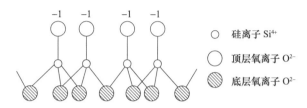

图 7-4　硅氧片的构造

　　铝氧片（aluminum octahedral sheet）由铝氧八面体（octahedron）在水平方向上延伸而成。铝氧八面体为一个铝离子（半径＝0.057nm）与 6 个氧离子所组成，它具有 8 个面，即铝氧八面体（图 7-5）。铝氧八面体相互连接成片，即铝氧片（图 7-6）。铝氧片中的氧离子电价不饱和，可与硅氧片通过共用氧离子结合，形成硅酸盐黏土矿物。

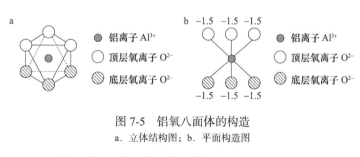

图 7-5　铝氧八面体的构造

a. 立体结构图；b. 平面构造图

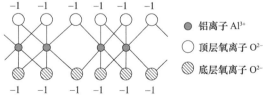

图 7-6　铝氧片的构造

　　2. 黏土矿物的种类和性质　　层状硅酸盐黏土矿物可通过硅氧片和铝氧片在垂直方向上重叠化合而成。硅氧片和铝氧片相互重叠后，正负离子达到中和，因而可形成较为稳定的结构体。根据重叠方式的不同，可以形成种类多样的层状硅酸盐黏土矿物。

（1）1∶1型黏土矿物（1∶1-type clay mineral）　1∶1型黏土矿物由一个硅氧片和一个铝氧片构成，硅氧片的顶层氧与铝氧片的底层氧共用形成单位晶层，每个晶层的一面是氢氧离子组（铝氧片），另一面是氧离子（硅氧片的底层），其代表性矿物为高岭石（图7-7），分子式为 $Al_4Si_4O_{10}(OH)_8$。

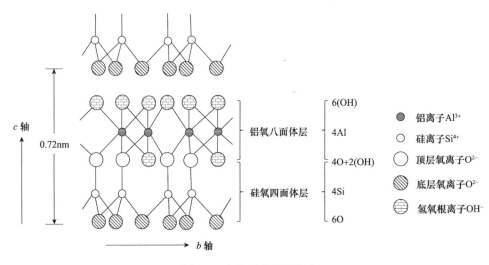

图7-7　高岭石的晶层构造

高岭石（kaolinite）的单位晶层间通过氢键紧密相连，它的联结力强，晶层间距离小（0.72nm）且较为固定，不易扩展，膨胀系数仅5%左右，水分子与其他离子很难进入其间，故含高岭石较多的土壤透水性较好。高岭石晶粒多呈六角形片状，矿物颗粒较大，为0.1～5.0μm，比表面积小，为5～20m²/g，而且仅有外表面，其胀缩性很弱，阳离子交换量小。因而富含高岭石的土壤保肥力差，但高岭石类矿物吸附的阳离子存在于晶体表面，因此有效度大。

高岭石类矿物在南方热带和亚热带地区的土壤中很常见，在东北、华北和西北地区土壤中含量很少。

（2）2∶1型膨胀性黏土矿物（expanding 2∶1-type clay mineral）　2∶1型黏土矿物由两个硅氧片夹一个铝氧片构成，铝氧片的顶层氧和底层氧分别与硅氧片的顶层氧共用形成单位晶层，每个晶层两面均为硅氧片的底层氧；其单位晶层间联结力较弱，因此具有膨胀性。该类黏土矿物的典型代表有蒙脱石和蛭石，被称为蒙脱石类矿物。

蒙脱石（montmorillonite）的分子式为 $Al_4Si_8O_{20}(OH)_4$，其单位晶层间通过分子引力联结（图7-8），该作用力较弱，因此水分子和其他阳离子容易进入而使得晶层间距扩大，在0.96～2.14μm变化，具有膨胀性。由于晶层联结力弱，晶层易碎裂，蒙脱石颗粒比高岭石小，一般为0.01～1.0μm。蒙脱石不仅有很大的外表面，更有巨大的内表面，比表面积可达700～800m²/g。蒙脱石阳离子交换量大，保肥力强，但其吸附的阳离子多在胶粒晶层之间，被内表面固持，所以离子有效度低。蒙脱石的胀缩性和吸湿性都很强。蒙脱石含量高的土壤土块坚硬，干燥时易开裂。

蛭石（vermiculite）也是2∶1型膨胀性黏土矿物。与蒙脱石不同的是，其硅氧片中的硅

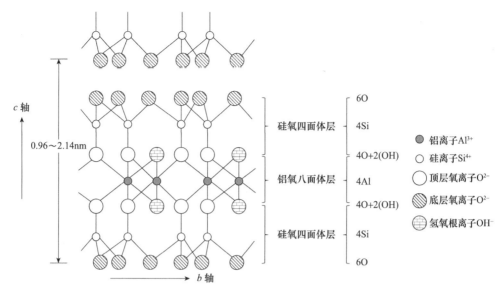

图 7-8　蒙脱石的晶层构造

大部分被铝所取代，铝氧片中的铝也有不少被镁取代，因而蛭石具有比蒙脱石更多的净负电荷，具有很高的阳离子吸附能力，阳离子交换量达 150cmol（＋）/kg。蛭石的膨胀性比蒙脱石要小得多，其晶层间距为 1.45nm，属有限膨胀型。它具有一些内表面，但较蒙脱石小，晶体颗粒介于蒙脱石和高岭石之间。蛭石在黄棕壤和黄壤中含量较高。

　　蒙脱石类矿物种类多样，成分复杂；除蒙脱石外，富含铝的叫作拜来石，富含铁的叫作绿脱石，富含镁的叫作皂石。温带湿润半湿润的气候条件有利于蒙脱石类矿物的形成，这类矿物多存在于土壤黏粒的最细部分。我国东北和华北地区的栗钙土、黑钙土和褐土等土壤中富含蒙脱石类矿物。

　　（3）2∶1 型非膨胀性黏土矿物（nonexpanding 2∶1-type clay mineral）　代表矿物为伊利石（水云母），其分子式为 $K_2(Al、Fe、Mg)_4(Si、Al)_8O_{20}(OH)_4 \cdot nH_2O$。伊利石（illite）的晶层与蒙脱石相近，不同的是伊利石硅氧片中的硅约有 15% 为铝所取代，由此产生的正电荷不足由层间钾离子补偿（图 7-9）。联结晶层的钾键远较分子引力大，因而晶层联结紧密，不易扩展，属非膨胀性矿物。这类矿物的胀缩性、黏结性、可塑性及阳离子吸附能力等特性远不及蒙脱石，但强于高岭石。伊利石是土壤中含钾的黏土矿物，钾离子被固定在硅氧片的六角形网孔中；当晶层破裂时，被固定的钾可重新释放出来供植物利用。

　　伊利石类矿物分布广泛，特别是在西北干旱地区和高寒地带及风化度浅的土壤中。在长江中下游河湖冲积物上发育的土壤中也含有较多此类矿物。

（二）铁铝氧化物

　　铁铝氧化物（iron and aluminum oxides）胶体包括褐铁矿（$2Fe_2O_3 \cdot 3H_2O$）、水赤铁矿（$3Fe_2O_3 \cdot H_2O$）、针铁矿（$Fe_2O_3 \cdot H_2O$）、水铝矿（$Al_2O_3 \cdot H_2O$）、三水铝矿（$Al_2O_3 \cdot 3H_2O$）等晶质矿物和氢氧化铁 [$Fe(OH)_3$]、氢氧化铝 [$Al(OH)_3$] 等非晶质矿物。铁铝氧化物是铝硅酸盐深度风化的产物，其构造比层状硅酸盐黏土矿物简单，图 7-10 为三水铝矿（gibbsite）的晶层构造。

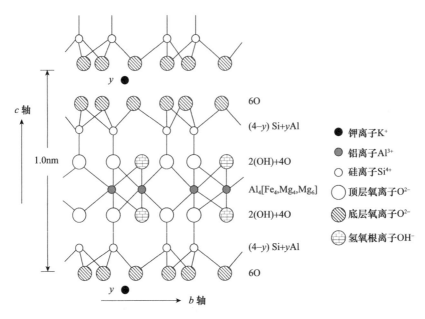

图 7-9　伊利石的晶层构造

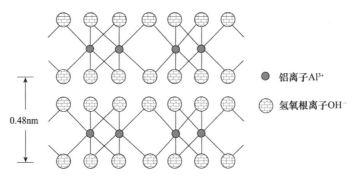

图 7-10　三水铝矿的晶层构造（Weil and Brady，2017）

铁铝氧化物均为两性胶体，其电荷随土壤溶液的酸碱性而发生变化。当环境溶液 pH 低于它的等电点时，胶体表面带正电荷；高于它的等电点时，胶体带负电荷。现以三水铝矿［$Al_2O_3 \cdot 3H_2O$ 或 $2Al(OH)_3$］为例说明。

当环境溶液 pH 低于等电点时，胶体带正电：

$$Al(OH)_3 \Longleftrightarrow Al(OH)_2^+ + OH^-$$

$$Al(OH)_2^+ + OH^- + HCl \Longleftrightarrow Al(OH)_2^+ + Cl^- + H_2O$$

当环境溶液 pH 高于等电点时，胶体带负电：

$$Al(OH)_3 \Longleftrightarrow Al(OH)_2O^- + H^+$$

$$Al(OH)_2O^- + H^+ + NaOH \Longleftrightarrow Al(OH)_2O^- + Na^+ + H_2O$$

纯氢氧化铁的等电点约为 7.1，氢氧化铝等电点约为 8.1，所以它们在大多数酸性或中性土壤中都带正电荷。实际土壤中氧化铁或氢氧化铝胶体都被有机胶体所覆盖，因此测定这些胶体的等电点时，其数值都大大低于纯净氢氧化铁、氢氧化铝的等电点。

铁铝氧化物常以胶膜状态包被土壤颗粒，使其形成稳定性很强的土壤结构。铁铝氧化物吸附阳离子的能力低；在酸性条件下能吸附阴离子，对磷酸根有固定作用。在温带地区土壤中，这些矿物常与层状硅酸盐矿物混存；热带亚热带土壤中此类矿物含量更高，对该区域土壤胶体的性质影响颇大。

（三）氧化硅

氧化硅（silicon oxide）胶体的分子式为 $SiO_2 \cdot H_2O$ 或 H_2SiO_3。一般情况下，氧化硅表面可解离出 H^+，使得胶核带负电，其解离反应如下所示。土壤反应越偏碱性，硅酸的解离度也越大，所带的负电荷也越多。

$$H_2SiO_3 \rightleftharpoons H^+ + HSiO_3^- \rightleftharpoons 2H^+ + SiO_3^{2-}$$

（四）水铝英石

水铝英石（allophane）是一类非晶质、无定型的胶体，其成分为水化的硅、铝二三氧化物，简化的分子式为 $xSiO_2 \cdot yAl_2O_3 \cdot nH_2O$。很多土壤中含有水铝英石，尤以火山灰发育的土壤中更为普遍。

水铝英石硅氧四面体中 Si^{4+} 被 Al^{3+} 置换可产生净负电荷，同时表面的 Al-OH、Si-OH 在溶液碱性增加时可解离带负电荷。因此水铝英石表面可吸附阳离子，其表面积很大，阳离子交换量可达 154～210cmol（＋）/kg。

$$\begin{array}{l} =\!\!\!= Al\text{-}OH \xrightarrow{\text{pH 升高}} =\!\!\!= Al\text{-}O^- + H^+ \\ \equiv Si\text{-}OH \qquad\qquad \equiv Si\text{-}O^- + H^+ \end{array}$$

在一定条件下，水铝英石表面也可带正电荷。当溶液酸度增加，即 pH 降低时，其表面产生质子化作用，H^+ 加到矿物边角的氢氧根上。这样，水铝英石表面带净正电荷，从而可吸附 $H_2PO_4^-$、SO_4^{2-}、NO_3^- 和 Cl^- 等阴离子。

$$=\!\!\!= Al\text{-}O\cdots H + H^+ \xrightleftharpoons{\text{pH 降低}} =\!\!\!= Al\text{-}OH_2^+$$

二、有机胶体

腐殖物质是最主要的有机胶体，其余还包括木质素、蛋白质、纤维素等。有机胶体是由碳、氢、氧、氮、硫和磷等组成的无定型高分子有机化合物；它高度亲水，可以从大气中吸收水分子，最高可达其本身质量的 80%～90%。腐殖物质的负电荷是其表面羧基（—COOH）、羟基（—OH）和酚羟基去质子化产生的，氨基（—NH₂）与质子结合可带正电荷。整体而言，腐殖物质带的负电荷比黏土矿物数量大，一般阳离子交换量在 200cmol（＋）/kg 左右，高者可达 500～1000cmol（＋）/kg。因此，腐殖物质在耕作土壤中的含量虽然不多，但所起的保肥作用很大。有机胶体易被微生物分解，不如无机胶体稳定，但可通过有机肥料施用、秸秆还田和绿肥种植等措施进行调节和控制，对农业生产的意义重大。

三、有机无机复合胶体

土壤无机矿质胶体和有机胶体很少单独存在，大多结合成为有机无机复合胶体（organo-mineral complex）。黏土矿物表面存在着许多活泼的基团，腐殖物质表面也有多种官能团，在它们之间必然产生各种物理化学作用，因而两者可通过机械混合、非极性吸附和极性吸附结合在一起，形成稳定性和性质各异的有机无机复合胶体。实际上，有机无机复合胶体的形成过程和机制是比较复杂的，目前还不十分清楚，可能的结合方式有下列几种。

1）有机无机胶体通过 Ca^{2+} 而结合，结合原理可用下式表示：

$$\text{>Si-O-Ca-OOC} \diagdown \quad \diagup \text{COO-Ca-O-Si<}$$
$$\text{>Si-O-Ca-OOC} \diagup ^{R} \diagdown \text{COO-Ca-O-Si<}$$

　　　　　　无机胶体　　有机胶体　　无机胶体

通过 Ca^{2+} 结合的有机无机复合胶体与土壤水稳性结构形成有关，对土壤肥力有促进作用。

2）有机胶体可与铁铝直接结合，如胡敏酸与铁铝结合有两种方式：它可与 Fe^{3+} 或 Al^{3+} 结合形成铁或铝胡敏酸化合物，也可与胶态铁铝结合形成铁或铝胡敏酸凝胶。

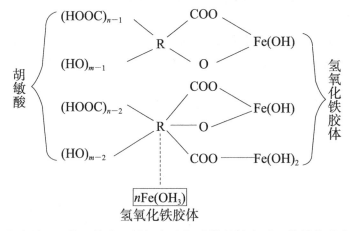

氢氧化铁胶体

在高温多雨和冷湿地区的土壤中，铁铝与有机胶体的结合对土壤结构稳定性有很大意义。

3）有机胶体可与无机胶体直接结合。有机胶体可借助高度分散的状态直接渗入黏土矿物的晶层或包围整个晶体的外部而进行结合。

$$\text{>Si-Al(OH)-OOC} \diagdown \quad \diagup \text{COO-Al(OH)-O-Si<}$$
$$\text{>Si-Al(OH)-OOC} \diagup ^{R} \diagdown \text{COO-Al(OH)-O-Si<}$$

　　　　铝硅酸盐　　　胡敏酸　　铝硅酸盐

新形成的腐殖质也可以键状结构形成胶膜状态把矿质胶体包围起来，经过高湿、干燥、冰冻或氧化作用之后，固定在矿物胶体或较粗颗粒的表面上形成一层胶膜。

我国劳动人民在长期生产实践中，充分体会到有机无机复合胶体的重要性，创造了施用有机肥加速土壤有机无机复合胶体形成的措施，群众称之为土肥相融。土壤有机无机复合胶体的形成有利于改善土壤结构和化学性质。与单独存在相比，复合体中的胡敏酸分解速率显著减慢，并可增加土壤有效磷含量，增强土壤的缓冲性。

第三节　土壤胶体的性质

一、比表面积

胶体的首要特性是有很大的比表面积。比表面积（specific surface area）是指单位质量（或体积）物体的表面积，单位为 m^2/g。同等质量的土壤颗粒，其颗粒越细小，则比表面积越大。假设标准球体的密度为 ρ，半径为 r，则其比表面积可表示为 $3/\rho r$，即比表面积与半径成反比，所以以球体越小，比表面积越大。若将土壤中的石砾假设为直径为 2cm 的球体，胶体为直径 2μm 的球体，前者的比表面积仅为后者的万分之一。尽管在实际土壤中这种变化程度会因颗粒物质组成的改变而减小，但胶体的比表面积仍然十分可观。

不同类型土壤胶体的比表面积差异很大，于天仁等（1996）测定了我国南方几种主要土壤中胶体物质的比表面积（表 7-1）。可以看到，土壤胶体的比表面积与土壤黏土矿物类型有关，2∶1 型黏土矿物蒙脱石含量较高的土壤，其比表面积明显较大，这与蒙脱石具有大量内表面有关。相比而言，含高岭石和氧化物较多的土壤胶体比表面积则较小。

表 7-1 不同土壤胶体的比表面积

土壤类型	主要黏土矿物	比表面积 /（m²/g）	表面类型
红壤	高岭石类和三水铝石	57	以外表面为主
第四纪红色黏土	高岭石类、水云母和部分混层矿物	92	外表面大于内表面
基性岩发育的热带幼年土	蒙脱石类和高岭石类	245	以内表面为主

资料来源：于天仁等，1996

二、表面电荷

胶体表面都带有电荷。土壤胶体的种类不同，其电荷产生机制也各异。根据土壤胶体表面电荷（surface charge）的来源，可将其分为永久电荷和可变电荷两种类型。

（一）永久电荷

永久电荷（permanent charge）是由黏土矿物晶格内的同晶置换作用产生的。同晶置换（isomorphous substitution）是指在成矿过程中，由电性相同、半径接近的其他离子代替矿物晶格中的中心阳离子而矿物晶格结构保持不变的现象。例如，硅氧片中的 Si^{4+} 可以被 Al^{3+} 置换，铝氧片中的 Al^{3+} 为 Mg^{2+} 所置换，置换的结果使得黏土矿物产生多余的负电荷，这些负电荷由吸附在矿物外表面或层间表面的 Na^+、K^+、Ca^{2+}、Mg^{2+}、Al^{3+} 或 H^+ 等阳离子所平衡。同晶置换现象在 2∶1 型层状硅酸盐黏土矿物中最常见，无论在硅氧片或铝氧片中都能发生；蒙脱石类和伊利石类土壤矿物的同晶置换程度较高，它们的表面电荷以永久电荷为主。高岭石则只发生少量同晶置换。由于同晶置换是在黏土矿物形成时发生在矿物晶格内部的，因此这种电荷不随外界环境条件的改变而改变，因而称为永久电荷。

（二）可变电荷

胶体表面可变电荷的数量和性质会随着介质 pH 的变化而改变，因此称为可变电荷（variable charge）。可变电荷产生的主要原因是晶体边缘断键或表面官能团的解离。

氧化硅和铁铝氧化物表面羟基的解离程度会受到溶液 pH 的影响，因此属于可变电荷表面。腐殖物质胶体表面的羧基和苯羟基的去质子化也受到 pH 的控制，同样为可变电荷胶体。这些可变电荷胶体的表面官能团会随着溶液 pH 的升高而去质子化程度增强，因此可变负电荷增多。1∶1 型黏土矿物（高岭石）表面的硅氧烷（Si-O-Si）断键可产生硅烷醇（Si-OH），它和另外一面的铝醇基（Al-OH）也都可产生质子化或去质子化过程而产生可变负电荷。

我国北方土壤的矿质胶体多为 2∶1 型黏土矿物，所以永久负电荷量大，又因土壤 pH 较高，可变电荷多是负电荷；在此条件下腐殖物质胶体的负电荷量也很大，因而土壤胶体带的负电荷多。南方土壤的矿质胶体以 1：1 型黏土矿物高岭石为主，还有相当数量的铁铝氧化物，因而以可变电荷为主；较低的土壤 pH 使得可变正电荷所占比例增高。总体而言，负电荷胶体（negatively-charged colloid）的数量多于正电荷胶体（positively-charged colloid），因而通常土壤胶体整体带负电荷。

三、表面电位

在土壤胶体的双电层结构中，补偿离子层中反号离子的分布不仅取决于来源于胶体表面电荷的静电引力大小，而且受离子自身热运动的影响。静电引力使这些离子趋于靠近胶核周围，而离子的热运动又使离子具有逃逸的趋势，在这两种相反力的同时作用下，胶核周围离子的数量随着距离胶核表面距离的增加而减少，由稠密变为稀疏，这就是扩散式分布。扩散层实际上是胶粒向本体溶液逐渐过渡的部分。在土壤具有足够的水分时，胶体的双电层形成得比较完整，厚度较大；在土壤水分不足时，不足以形成完整的双电层，外层离子被挤压在一个较小的空间内，若增加土壤水分，双电层又能扩展开来。

扩散层中离子的分布可用玻尔兹曼（Boltzmann）方程来定量描述：

$$c_x = c_0 e^{\frac{-ZF\varphi_x}{RT}} \tag{7-1}$$

式中，φ_x 是距离胶粒表面 x 处的电位；c_x 和 c_0 分别是距离表面 x 处反号离子的浓度和本体溶液中反号离子的浓度，F 为法拉第常数，R 为气体常数，T 为绝对温度。式（7-1）表示距离表面 x 处反号离子的浓度是此处电位的函数。

根据古伊（M. Gouy）和查普曼（D. L. Chapman）提出的双电层模型，扩散层中的电位随距表面距离的增大呈指数关系下降，φ_x 与胶体的表面电位（surface potential）φ_0 之间存在如下关系：

$$\varphi_x = \varphi_0 e^{\kappa x} \tag{7-2}$$

$$\kappa = \sqrt{\frac{F^2 \sum_i Z_i^2 c_{0i}}{\varepsilon RT}} \tag{7-3}$$

式中，c_{0i} 为本体溶液中第 i 种离子的浓度，Z_i 为第 i 种离子的化合价，ε 为介质的介电常数。由于 κ^{-1} 的单位同距离的单位一样，因此被称为双电层的厚度。从式（7-3）可知，反号离子浓度越大，化合价越高，则双电层厚度越小。

四、胶体的分散和凝聚过程

胶体颗粒分散在土壤溶液中称为胶体悬液（colloidal suspension）。悬液体系中同种胶体颗粒表面带有相同的电荷，因而存在一定强度的排斥作用，使得悬液保持稳定分散的状态，此时胶粒的双电层可以充分扩展。如果向此悬液中加入电解质溶液，扩散层中反号离子的浓度迅速升高，双电层厚度减小，如果电解质浓度足够大，则悬液中的胶体颗粒会通过碰撞而黏结，产生凝聚现象，此时原本分散的胶体颗粒变为聚沉态。在实际土壤中，灌溉或降雨、有机肥料、化肥和改良剂的施用等措施都会引发土壤胶体的分散和凝聚过程。

土壤胶体的分散和凝聚受到电解质类型和浓度的影响。电解质浓度越高，胶粒的双电层被压缩得越厉害，厚度越小，则容易产生凝聚。农业生产上常使用土壤干燥或冻结、晒田等方法来增加土壤溶液中的电解质浓度以促进胶体的凝聚，以此改善土壤结构和一些不良的物理性质。

土壤胶体通常带负电，溶液中阳离子的化合价也会影响凝聚过程。阳离子的价数越高，引发凝聚的能力越强。常见阳离子引发凝聚的能力强弱存在以下顺序：

$$Fe^{3+} > Al^{3+} > Ca^{2+} > Mg^{2+} > NH_4^+ > K^+ > Na^+$$

土壤胶体的凝聚过程有些是可逆的，当灌水不当使得土壤水分含量过多或渍水，且土壤胶体吸附一价阳离子（K^+、NH_4^+、Na^+）较多时，土粒呈现分散态，此时细土粒会阻塞土壤孔隙造成通气透水性下降，而当多余水分蒸发后，这种分散状况可以得到改善。但高价阳离子所引起的凝聚通常是不可逆的，故施用石灰和石膏也可改善上述不良性状。

此外，带相反电荷胶体颗粒的共存会引发双电层的重叠，也可促使胶体凝聚。

第四节　土壤胶体对阳离子的吸附与交换

一、阳离子吸附

通常情况下土壤胶体带负电荷，因此可以吸引阳离子在胶核表面产生聚集。当某种阳离子在胶核表面的浓度高于土壤溶液中的浓度时，土壤胶体即对该种阳离子产生了吸附。

土壤胶体对阳离子的吸附作用可防止土壤溶液中过多的养分流失，同时当土壤溶液中该种养分浓度降低时，它们又可通过阳离子交换作用重新进入土壤溶液，被作物吸收利用。土壤绝大部分有效养分都是以这种形态存在的，一般把这部分能被土壤胶体吸附而又能被交换下来的养分称为交换态养分，它对作物当季养分吸收利用效率具有决定性作用。如果某种交换态养分少，那么土壤溶液中的这种养分也不会多，可能导致作物缺乏该种养分元素。

二、阳离子交换作用

（一）阳离子交换作用的概念

土壤胶体所吸附的阳离子多数位于胶粒扩散层中，这些阳离子能与土壤溶液中的其他阳离子进行交换，称为交换性阳离子（exchangeable cation），该过程叫作阳离子交换（cation exchange）作用。阳离子从溶液中转移到胶粒上的反应称为离子吸附（ion adsorption）过程，而原来吸附在胶粒上的阳离子重新回到溶液中的过程称为离子解吸（ion desorption）。

（二）阳离子交换作用的特征

1. 可逆性（reversibility）　　阳离子交换反应速度很快，往往在很短的时间内就可以达到平衡。溶液中的阳离子与胶体表面的阳离子始终处于动态平衡中，一旦溶液的离子组成或浓度发生改变，土壤胶体上的交换性离子就要和溶液中的离子产生逆向交换，被胶体表面静电吸附的离子可重新回到溶液中直至建立新的平衡。例如，胶粒上吸附的 Ca^{2+} 被 K^+ 代换进入溶液中后，若溶液中 Ca^{2+} 浓度升高，则溶液中的 Ca^{2+} 又可重新回到胶粒表面，而吸附性 K^+ 又被解吸到溶液中。该过程是植物营养与施肥技术的理论依据，当植物根系从土壤溶液中吸收了某种阳离子养料后，溶液中该种离子的数量又通过土壤胶粒上同种交换性阳离子的解吸反应获得补给，通过施肥、施土壤结构改良剂及其他土壤管理措施可恢复和提高土壤肥力。

2. 等价离子交换（charge equivalence） 各种阳离子之间的交换是以离子化合价为基础的等物质的量的交换（不是等质量或等个交换）。例如，1 个二价的钙离子交换 2 个一价的钾离子，即 1mol 的 Ca^{2+} 交换 2mol 的 K^+。如下式所示。

$$\begin{array}{c} NH_4^+ \quad NH_4^+ \\ K^+ \\ K^+ \end{array}\boxed{土壤胶体}\begin{array}{c} Na^+ \\ Na^+ \end{array}+4Ca^{2+} \rightleftharpoons Ca^{2+}\boxed{土壤胶体}Ca^{2+}+Mg^{2+}+2Na^++2K^++2NH_4^+$$

3. 遵循质量作用定律（ratio law） 根据质量作用定律，参与反应的某种离子在溶液中浓度大，或者反应生成物包含弱解离性物质（如沉淀），则该种离子在离子交换过程中被吸附的可能性大。例如，在土壤中施用铵态氮肥时，铵态氮很容易被吸附保持。据此原理，我们可以人为增加土壤溶液中有益离子的数量来控制离子交换的方向，以达到培肥土壤的目的。给酸性土壤施用石灰时，由于交换反应能生成 $Al(OH)_3$ 沉淀，因此该反应有利于 Ca^{2+} 的吸附和 Al^{3+} 的解吸，这也是石灰改良酸性土壤的基本原理，具体如下式所示。

$$\begin{array}{c} H^+ \quad Al^{3+} \\ H^+ \\ H^+ \end{array}\boxed{土壤胶体}\begin{array}{c} Al^{3+} \\ Al^{3+} \end{array}+4Ca(OH)_2 \rightleftharpoons Ca^{2+}\boxed{土壤胶体}Ca^{2+}+2Al(OH)_3\downarrow+2H_2O$$

（三）阳离子交换作用的影响因素

阳离子交换能力是指一种阳离子将胶粒上另一种阳离子交换出来的能力。阳离子交换能力的强弱与下列因素有关。

1. 离子化合价 根据库仑定律，离子的化合价越高，受到胶粒的静电引力作用就越大，因而高价离子的交换能力大于低价离子。通常而言，三价阳离子的交换能力高于二价阳离子，二价阳离子高于一价阳离子。反之，胶粒吸附的阳离子价数越低，则越易被解吸。

2. 离子半径及水化程度 同价离子的交换能力取决于离子半径及水化程度。离子的水化是指在离子静电场的影响下，水分子被吸附到离子表面并发生定向排列的过程。对于化合价相同的阳离子，离子半径越大，单位表面积上所负的电量即电荷密度越低，因此对水分子的吸引力较小，则离子所吸附的水分子减少，即水化程度弱或离子水化半径小，因此半径越大的离子与胶粒之间的距离越小，则与胶粒之间的吸引力便越大，因而具有较强的交换能力。在各种阳离子中，H^+ 虽是一价的，但由于半径极小，水化程度弱而运动速度大，所以交换能力强于钙。

土壤中常见阳离子的交换能力强弱顺序为

$$Fe^{3+}>Al^{3+}>H^+>Ca^{2+}>Mg^{2+}>K^+>NH_4^+>Na^+$$

3. 离子浓度 离子交换作用受质量作用定律的支配，因此如果交换能力较弱的离子浓度足够大时，也可以把交换力较强而浓度较小的离子从胶粒表面代换下来，如石灰中的 Ca^{2+} 替换酸性土壤胶体表面 Al^{3+} 的反应。

三、阳离子交换量及其影响因素

在一定 pH 时，土壤所能吸附和交换的阳离子容量用每千克土壤所吸附一价离子的厘摩尔数表示，称土壤的阳离子交换量（cation exchange capacity，CEC），单位为 cmol（＋）/kg，其中 1cmol = 0.01mol。一种土壤阳离子交换量的大小代表了该土壤保持养分能力的强弱，即通常所说的保肥性高低。CEC 大的土壤保持速效养分能力强，反之则弱。土壤阳离子交换量可作为评价土壤供肥蓄肥能力的指标。一般认为，交换量在 20cmol（＋）/kg 以上的土壤保肥力强，10～20cmol（＋）/kg 者为中等，小于 10cmol（＋）/kg 者为保肥力弱的土壤。

土壤阳离子交换量的大小主要取决于土壤中胶体的含量和电荷数量和负电荷数，其包括以下几个方面。

（一）土壤质地

土壤中具有吸附能力的土粒主要是黏粒、小部分细粉粒和腐殖质。质地越黏重的土壤，其黏粒含量越高，阳离子交换量也越大。例如，北方的沙土和砂壤土阳离子交换量小于 7cmol（＋）/kg，壤土为 7～20cmol（＋）/kg，黏土可达 20～30cmol（＋）/kg 或更高。

（二）腐殖质含量

腐殖质带大量负电荷，它的阳离子交换量比无机胶体大，一般为 100～400cmol（＋）/kg。腐殖质含量越丰富的土壤，其阳离子交换量也越大。我国华南地区的红壤，其腐殖质含量每增加 1% 可使土壤的阳离子交换量增加约 1cmol（＋）/kg，而对于长江中下游地区的土壤，相同数量的腐殖质引起土壤阳离子交换量的增量在 2cmol（＋）/kg 以上。

（三）无机胶体的种类

若仅从土壤质地与阳离子交换量的关系来看，华南地区广泛分布的红壤质地黏重，然而阳离子交换量仅为 3～5cmol（＋）/kg，二者不相称。原因在于土壤阳离子交换量的高低还与无机胶体的种类有关。胶体数量接近而无机胶体种类不同，土壤阳离子交换量可以有很大差别。例如，广东砖红壤的细黏粒（小于 1μm）主要是由高岭石和三水铝石组成，其阳离子交换量只有 5.2cmol（＋）/kg，而内蒙古暗栗钙土的细黏粒是由蒙脱石、水云母和蛭石组成，其阳离子交换量高达 66.3cmol（＋）/kg。

通常土壤黏粒的硅铝铁率愈大，阳离子交换量也愈大。硅铝铁率是指土壤中 SiO_2 与 R_2O_3 的摩尔比，即 SiO_2/R_2O_3，其中 R_2O_3 主要包括 Fe_2O_3 和 Al_2O_3，也称为倍半氧化物。从表 7-2 可知，2∶1 型黏土矿物蒙脱石的硅铝铁率较大，阳离子交换量也较大；而 1∶1 型黏土矿物高岭石的硅铝铁率较小，阳离子交换量也低；含水氧化铁、铝的阳离子交换量则更低。

表 7-2　无机胶体 SiO_2/R_2O_3 的值与阳离子交换量的关系

无机胶体种类	SiO_2/R_2O_3	阳离子交换量 /［cmol（＋）/kg］	平均阳离子交换量 /［cmol（＋）/kg］
蒙脱石	4	60～100	80
水云母	3	20～40	30
高岭石	2	5～15	10
含水氧化铁、铝	—	极微	—

资料来源：西南农学院，1961

注：—表示极微小或接近于零

（四）土壤酸碱性

土壤胶体可变电荷的数量随土壤 pH 的变化而变化。在富含水云母、高岭石、氧化物或腐殖质的土壤中，随着 pH 的增加，土壤胶体负电荷量增加，阳离子交换量也随之增加，因此提高酸性土壤的 pH 可以提高其阳离子交换量。例如，当广东砖红壤的 pH 由自然条件下的 5 左右提高到 7 左右时，其负电荷量约增加 70%，胶体与阳离子的结合强度增加 1 倍。

我国土壤的阳离子交换量有由南向北、由西向东逐渐增大的趋势。东部地区南北方向的土壤阳离子交换量差异主要是由黏土矿物种类和 pH 不同导致的。在我国东部地区，北方土壤所含黏土矿物以水云母及蒙脱石为主，平原地区土壤又多呈中性或微碱性反应，所以阳离子交换量较大，一般为 $10 \sim 20 \text{cmol}（+）/\text{kg}$ 及以上；南方红壤呈酸性到强酸性反应，其有机胶体数量较少，所含黏土矿物以高岭石及含水氧化铁铝为主，所以阳离子交换量很小，一般在 $5 \sim 15 \text{cmol}（+）/\text{kg}$；砖红壤的黏土矿物以高岭石、赤铁矿及部分三水铝石为主，呈强酸性反应，其阳离子交换量就更低，大多小于 $10 \text{cmol}（+）/\text{kg}$，常在 $5 \text{cmol}（+）/\text{kg}$ 以下。北部地区东西方向土壤阳离子交换量的差异还与西北土壤的质地轻有关。

根据土壤阳离子交换量可计算出土壤胶体所保持各种阳离子的数量。例如，一种石灰性土壤的阳离子交换量为 $15 \text{cmol}（+）/\text{kg}$，其中 Ca^{2+} 占 80%，Mg^{2+} 占 15%；K^+ 占 5%，则可以得到该土壤耕层中 Ca^{2+}、Mg^{2+} 和 K^+ 的含量。

耕层土壤的重量按照 $15 \times 10^4 \text{kg}/$ 亩计算，Ca^{2+} 的相对原子质量为 40g/mol，则每亩耕层中交换性钙的含量为

每 kg 土壤中 Ca^{2+} 的贮量：$（15 \times 80\% \div 2 \times 40）\div 100 = 2.4\text{g}$

每亩耕层中 Ca^{2+} 的贮量：$（2.4 \times 150\,000）\div 1000 = 360\text{kg}$

同理可计算得到每亩耕层中 Mg^{2+} 的数量为 41.0kg，K^+ 的数量为 44.0kg。

四、盐基饱和度

土壤中可产生吸附作用的阳离子有 Al^{3+}、Ca^{2+}、Mg^{2+}、Na^+、K^+、NH_4^+ 和 H^+ 等。其中，H^+ 和 Al^{3+} 与土壤酸度有密切关系，这是因为交换性氢可直接增加土壤溶液中 H^+ 的浓度，铝离子则通过水解反应产生 H^+，由于它们都会使土壤变酸，故又称致酸离子。除 H^+ 和 Al^{3+} 以外的其他阳离子都能和阴离子形成盐类，故称为盐基离子（base cation）。如果我们仅知道土壤阳离子交换量的大小，尚不能确切地了解其养分状况，还需要知道 Ca^{2+}、Mg^{2+}、K^+、Na^+ 和 NH_4^+ 等所占全部阳离子的比例，因此将土壤盐基饱和度（base saturation percentage）定义为交换性盐基离子占全部交换性阳离子的百分比。

$$盐基饱和度 = \frac{盐基离子的数量 \left[\text{cmol}（+）/\text{kg}\right]}{阳离子交换量 \left[\text{cmol}（+）/\text{kg}\right]} \times 100\% \tag{7-4}$$

当土壤所吸附的阳离子全部或大部分为盐基离子时，称为盐基饱和土壤；当土壤吸附的阳离子仅有小部分为盐基离子，其余为 H^+ 和 Al^{3+} 时，该土壤称为盐基不饱和土壤。盐基饱和土壤具有中性或碱性反应，而盐基不饱和土壤则为酸性反应。

我国东部从华北平原到东南丘陵区，土壤的盐基饱和度有自北向南逐渐变小的趋势。在高温多雨的南方地区，土壤中 Ca^{2+} 等可溶性盐基离子很容易随下渗水流失，使得胶粒表面被 H^+ 和 Al^{3+} 所占据，致酸离子的吸附和盐基离子的淋失使土壤酸度增加，pH 降低，土壤盐基饱和度低。从华北到西北，伴随降雨量逐渐减少，土壤盐基离子的淋溶减弱，盐基饱和度增高。以北纬 33° 为界，可粗略地将中国土壤划分为两个大区：在北纬 33° 以北，除部分地区原有森林植被下发育的山区土壤（如棕壤、暗棕壤、灰化土等）外，土壤盐基饱和度较高，一般在 80% 以上，土壤交换性阳离子以 Ca^{2+} 为主，交换性 Ca^{2+} 可占全部盐基离子的 80% 以

上；在北纬 33° 以南，除少数石灰性冲积土、盐渍土和岩成土外，其余土壤皆为盐基不饱和土壤。一般纬度愈低，盐基饱和度愈小。我国南部地区的红壤和黄壤，其盐基饱和度一般只有 20%～30%，有的甚至小于 10%，但其盐基成分中仍以 Ca^{2+} 和 Mg^{2+} 为主。

五、交换性阳离子的有效度及其影响因素

土壤胶体所吸附的阳离子大多为养分元素，通常对植物来说都是有效的。这些离子态营养元素可以被其他阳离子交换到土壤溶液中去，然后由植物根系吸收；另外，植物根毛的细胞壁带负电荷，其所吸附的交换性 H^+ 也可以直接和土壤胶体表面的交换性阳离子进行交换。而交换性阳离子对植物的有效度（nutrient availability）受到以下因素的影响。

（一）离子饱和度

交换性离子的有效度不仅与绝对量有关，更与离子饱和度有关。土壤中某种交换性阳离子占阳离子交换量的百分率称为该种离子的离子饱和度（cation saturation）。

离子饱和度越大，其有效性就越高，表 7-3 给出了两种土壤的阳离子交换量和交换性钙离子的数量。从中可以看出，尽管乙土的交换性钙绝对含量大于甲土，但甲土的钙离子饱和度远大于乙土，因此甲土中钙的有效度大于乙土，即甲土中钙离子的利用率大于乙土。因此，如果在甲、乙两种土壤中栽培喜钙作物，则乙土比甲土更需要施用石灰肥料。

根据此原理，通常采用在根系附近集中施肥的方法（如条施或穴施）来提高肥料的有效性。此外，相同数量的化肥同时施于砂质土和黏质土中，其在砂质土中见效快，而在黏质土中见效慢，原因之一就是砂质土阳离子交换量较小，使施入养分的离子饱和度较大，从而提高了有效度。

表 7-3 土壤阳离子饱和度和有效度的关系

土壤	阳离子交换量 /[cmol（+）/kg]	交换性钙 /[cmol（+）/kg]	交换性钙的饱和度 /%	有效度
甲	8	6	75	较大
乙	30	10	33	较小

资料来源：黄昌勇和徐建明，2010

（二）互补离子效应

与某种特定交换性阳离子共存的其他交换性阳离子称为该离子的互补离子（complementary cation），又称为陪补离子。假定某一土壤胶体同时吸附着 H^+、Ca^{2+}、Mg^{2+} 和 K^+ 等离子，那么对 H^+ 来说，Ca^{2+}、Mg^{2+} 和 K^+ 都是它的互补离子；对 Ca^{2+} 而言，H^+、Mg^{2+} 和 K^+ 是它的互补离子。在胶体扩散层内共存的各种交换性阳离子之间都有互补效应。对于同种阳离子，如果互补离子不同，则其有效度也不同。对一种离子来说，若其互补离子与胶粒之间的吸附力越大，则该种离子的有效度越高。例如，Ca^{2+} 的互补离子为 H^+ 时，其有效度较高；而其互补离子为 K^+ 时，其有效度则较低。另外，K^+ 的互补离子为 Ca^{2+} 时，其有效度低于互补离子为 H^+ 时。所以施用钾肥可降低土壤交换性钙的有效度，而施用石灰可提高土壤交换性钾的有效度。

（三）黏土矿物类型

不同类型的黏土矿物吸附各种阳离子的牢固程度有所不同，因而影响交换性阳离子的有效度。对于一价阳离子（K^+、Na^+、NH_4^+ 等）饱和的黏土矿物而言，一般是水云母上的离子

有效度最低，高岭石上的次之，蒙脱石上的有效度最高。对于二价阳离子（Ca^{2+}和Mg^{2+}等）饱和的黏土矿物，情况却大不相同，黏土矿物所吸附的阳离子有效度序列为高岭石＞水云母＞蒙脱石。

（四）阳离子的固定

层状硅酸盐黏土矿物的晶格表面具有许多由 6 个硅氧四面体联成的六角形网穴，穴径约为 0.28nm，其大小与K^+的直径（0.266nm）相当。当交换性钾离子被吸附在黏土矿物（特别是水云母和蛭石）表面时，就容易落入上述网穴中，因配位作用而变成难以交换的离子，从而降低了它的有效性，这个作用称为钾的固定作用。如果向土壤中施入钾肥，经过一段时间就会有一部分肥料钾转化为固定态，被固定的钾离子数量因土壤的干燥程度加深而增加。由于NH_4^+的直径为 0.286nm，与晶格上六角形网穴直径也相近，故它也有类似的固定作用。通常心土中有机质少、全氮量低，因而固定态铵在全氮量中占较大的比例。

营养离子由交换态变为非交换态的固定过程使得其有效度降低，但却有利于养分的保持，使其不容易因解吸而淋失。干湿交替导致的黏粒胀缩运动有利于钾和铵离子的固定。冻融交替可破坏黏粒表面的晶格，因此有利于固定态钾和铵的释放。北方冬耕冻垡有利于提高土壤钾的有效性，而深施钾肥或铵态肥料可避免因表土频繁干湿交替而引起的固定。

第五节　土壤胶体对阴离子的吸附与交换

土壤胶体一般带负电，但某些胶体或胶体的局部也可带正电荷。当溶液 pH 低于可变电荷胶体的等电点时，氧化铝和氧化铁表面为正电荷，而腐殖物质上的氨基（—NH_2）也变为正电荷载体，此时胶体就可以发生阴离子吸附（anion adsorption）作用。与阳离子的吸附相比，土壤胶体对阴离子的吸附作用弱得多。在大多数情况下，带负电荷的胶体表面阴离子的浓度都低于土壤溶液中阴离子的浓度，这种现象称为土壤胶体对阴离子的负吸附（negative adsorption）。负吸附现象是负电荷胶体与阴离子之间的排斥作用引起的。土壤胶体的阳离子交换量越大，阴离子的价数越高，则负吸附现象越明显。

土壤中的阴离子种类很多，不同的阴离子和土壤胶体的亲和力不同。有的容易被土壤吸附，有的不容易产生吸附；有些阴离子既可通过离子交换被吸附，又可因为化学作用被吸附，因而土壤胶体对阴离子的吸附机理较为复杂。常见的可在土壤胶体表面产生吸附的阴离子包括PO_4^{3-}、SO_4^{2-}和CO_3^{2-}等。

一般按照土壤对阴离子吸附能力的大小和难易程度将其分为 3 类。

容易在土壤胶体表面产生吸附的阴离子包括PO_4^{3-}、HPO_4^{2-}、$H_2PO_4^-$、SiO_3^{2-}、$HSiO_3^-$和有机酸根离子，如草酸根（$C_2O_4^{2-}$）等。

不易被土壤胶体吸附，甚至发生负吸附的阴离子，如Cl^-、NO_3^-、NO_2^-等。

介于二者之间的阴离子，如SO_4^{2-}和CO_3^{2-}等。

一、阴离子的静电吸附和专性吸附

热带和亚热带地区富含铁铝氧化物和高岭石的土壤对阴离子的吸附量大于温带地区富含 2∶1 型黏土矿物的土壤，因为前者胶体的正电荷数量显著高于后者。同时需要指出的是，土壤胶体对阴离子和阳离子的吸附并不是独立的过程，由于同种胶体中正电荷表面和负电荷表面共存，因此能同时吸附阳离子和阴离子。阴离子的吸附与土壤黏土矿物类型密切相关。具体而言，2∶1 型黏土矿物很少吸附阴离子，而高岭石对阴离子有一定的吸附量。铁铝氧化物的吸附量则更大，是阴离子吸附的主体。土壤胶体对阴离子的吸附量受到溶液 pH 的显著影响。一般情况下，pH 越低，阴离子吸附量越大。

土壤胶体对 Cl^- 和 NO_3^- 的吸附属于交换吸附，它们被固持在胶体双电层的扩散层，可以被其他阴离子所交换而解吸。阴离子交换作用与阳离子交换作用相似，同样受到阴离子浓度、离子化合价和互补离子等的影响。土壤胶体对 PO_4^{3-}、SiO_3^{2-} 和 SO_4^{2-} 等的固持也有静电吸附（electrostatic adsorption）的成分，但主要是专性吸附（specific adsorption）作用。以磷酸根为例，磷酸根在土壤胶体表面的专性吸附主要是通过磷酸基团与表面羟基产生配位交换后形成内圈络合物（inner-sphere complex）来实现的，具体过程可用下式表示：

$$\boxed{土壤胶体}-O\begin{matrix}Fe\text{-}OH\\Fe\text{-}OH\end{matrix}+H_2PO_4^- \rightleftharpoons \boxed{土壤胶体}-O\begin{matrix}Fe\text{-}O\\Fe\text{-}O\end{matrix}P\begin{matrix}O\\OH\end{matrix}+OH^-+H_2O$$

二、阴离子的共沉淀吸附

土壤胶体对某些阴离子的吸附过程同时伴随有沉淀（precipitation）反应。例如，酸性土壤对磷酸根的专性吸附往往伴随沉淀生成，土壤溶液中的 Fe^{3+}、Al^{3+}、Mn^{2+} 可同时参与反应形成难溶性的羟基磷酸盐，如下式所示：

$$\boxed{酸性土壤胶体}+Al^{3+}+H_2PO_4^-+2H_2O \longrightarrow \boxed{酸性土壤胶体}+2H^++Al(OH)_2H_2PO_4$$

而石灰性土壤吸附磷酸根时，其含有的 $CaCO_3$ 可与 HPO_4^- 形成难溶性的磷酸八钙：

$$\boxed{\begin{matrix}石灰性土\\壤胶体\end{matrix}}+6H_2PO_4^-+8CaCO_3 \longrightarrow \boxed{\begin{matrix}石灰性土\\壤胶体\end{matrix}}+Ca_8H_2(PO_4)_6\downarrow+10H^++8CO_3^{2-}$$

因此，在富含活性铁铝的酸性土壤以及富含石灰的碱性土壤中，磷的有效性都因化学固定作用而大幅度降低。而施用农药后残留在土壤中的砷酸盐（AsO_4^{3-}）可与土壤中的锌、铁或铝的硫酸盐形成沉淀，此过程可以减轻砷酸盐对土壤的毒害作用。同理，可以采用施磷肥来提升重金属污染土壤的质量。

【思 考 题】

1. 什么是土壤胶体？土壤胶体有哪些类型？
2. 层状硅酸盐黏土矿物的结构和主要矿物类型有哪些？
3. 土壤胶体表面的永久电荷和可变电荷是如何产生的？
4. 什么是土壤阳离子交换量？影响阳离子交换量大小的因素有哪些？
5. 什么是土壤盐基饱和度？它有什么意义？

第八章　土壤溶液与土壤反应

【内容提要】

本章简单介绍了土壤溶液的概念、组成和作用，重点阐述了土壤溶液的两个重要化学性质——土壤酸碱性和土壤氧化还原性。通过本章学习，要求了解土壤溶液的组成、土壤酸碱性的成因以及土壤的氧化还原体系，掌握衡量土壤酸碱性及氧化还原性的指标、土壤中酸碱缓冲机制以及土壤酸碱性的调节改良措施。

第一节　土壤溶液及其组成

土壤水并不是纯水，其含有多种多样的可溶性有机和无机物质，土壤水分及其所含的空气、溶质称为土壤溶液（soil solution），是指土壤水分尚未达到饱和状态、土壤电解质达近似平衡的溶液，它是土壤化学反应和土壤形成过程的发生场所。土壤中养分的溶解与运输，各养分形态之间的转化，植物对养分、水分的吸收利用等许多过程都与土壤溶液的组成和性质有关。

一、土壤溶液的组成

溶质的种类和含量导致土壤溶液组成成分和浓度的变化，并影响土壤溶液和土壤的性质。土壤溶液中的溶质，按化学组成可分为有机物和无机物。就其与植物生长和生态环境的关系，土壤中的溶质又可分为养分、盐分、农药、重金属污染元素等。不同组成的溶质可呈离子、水合、配合等多种形态存在。另外，尚有一些以悬浮的有机、无机胶体和溶解的气体形式存在。

（一）无机盐类

土壤溶液中的无机盐类，主要是钙、镁、钾、钠的碳酸盐、重碳酸盐、硫酸盐、氯化物、硝酸盐、磷酸盐、氟化物及一些微量元素等，如表8-1所示。在长期积水的土壤中，有亚铁、亚锰的化合物；在盐碱土中，有大量的可溶性钠、钾、钙、镁盐等。土壤溶液中亚铁、亚锰、铝离子、氯离子等含量过高时对植物有害。

表 8-1　土壤溶液的无机盐和有机化合物成分

种类		主要成分 （10^{-4}～10^{-2}mol/L）	次要成分 （10^{-6}～10^{-4}mol/L）	其他*
无机盐类	阳离子	Ca^{2+}，Mg^{2+}，Na^+，K^+	Fe^{2+}，Mn^{2+}，Zn^{2+}，Cu^{2+}，NH_4^+，Al^{3+}	Cr^{3+}，Ni^{2+}，Cd^{2+}，Pb^{2+}，Hg^{2+}
	阴离子	HCO_3^-，Cl^-，SO_4^{2-}	$H_2PO_4^-$，F^-，HS^-	CrO_4^{2-}，$HMoO_4^-$
	中性物	$Si(OH)_4^0$	$B(OH)_3^0$	

续表

种类		主要成分 （$10^{-4} \sim 10^{-2}$mol/L）	次要成分 （$10^{-6} \sim 10^{-4}$mol/L）	其他[*]
有机物	自然物	羟基酸类、氨基酸类、简单糖类	糖类、酚醛类、蛋白质、乙醇等	
	人造物		除草剂、杀菌剂、杀虫剂、PCB、PAH、 石油烷烃类、表面活性剂、溶剂	

资料来源：Sumner，2000

注：PCB 为多氯联苯；PAH 为多环芳烃

[*] 在未被污染的土壤中其浓度通常不足 10^{-6}mol/L

（二）有机化合物

土壤溶液中的有机化合物主要包括可溶性氨基酸、可溶性糖类、蛋白质、腐殖质、纤维素和有机 - 金属的配合物。其中含有的有机污染物，如农药中的有机氯杀虫剂、各种有机磷杀虫剂、杀螨剂、杀菌剂、除草剂等，对其过量使用导致农药在土壤中残留浓度过高，影响植物生长及动物和人体健康。

（三）溶解性气体

土壤溶液中溶解有少量的气体，如 O_2、NH_3、CO_2、N_2 等，在厌氧性强的水稻土壤中还可发现许多还原性气体，如 H_2S、CH_4、H_2 等。

土壤溶液的组成和含量受生物、气候等环境因子的强烈影响。不同地区、不同类型、不同土壤层次以及不同季节的土壤溶液组成及含量明显不同。例如，在干旱半干旱区，盐土的组成主要是易溶性盐类，且主要集中在表土层，半干旱区碱土的溶液组成主要是强碱弱酸盐类，如碳酸钠、碳酸氢钠等，土壤溶液呈强碱性；而在湿润地区，由于降水的淋溶作用较强，土壤溶液的组成以简单有机化合物和少量盐基离子为主，溶液一般呈酸性。土壤溶液浓度以湿润地区为最低，为 0.3～1.0g/kg，并根据气候呈现季节性变化；在半干旱草原区，土壤溶液浓度在 1.0～3.0g/kg，而盐土溶液浓度高达 6.0g/kg 及以上。

二、影响土壤溶液组成的因素

土壤溶液的组成及浓度分布极其复杂，在不同的气候、生物、母质、地形地貌与人为利用条件下存在着空间、时间变异，且时空变异处于动态变化之中。土壤溶液中溶质的类型、数量、形态、活性及其时空变异共同决定了土壤溶液的性质。

土壤溶液中的溶质主要来源于风化矿物、成土过程中的产物和人类活动所产生的废弃物等。因此，许多自然环境因素通过影响矿物风化、成土过程而对土壤溶液产生影响，如气候因素所决定的降水与蒸发直接影响土壤溶液的成分和浓度；土壤生物的生理代谢过程不仅影响土壤溶液的组分，还能影响土壤溶液的性质；地下水与土壤溶液之间的物质交换；人类的生产和管理活动，如种植水稻可以改变土壤溶液的组分及浓度，不合理灌溉导致的土壤盐渍化，不合理施用农药和化肥使某些污染元素在土壤中的累积等。

影响土壤溶液组成和浓度的土壤内部过程主要有以下几种（图8-1）。

（一）土壤固相组分与液相组分之间的溶解与沉淀过程

土壤固相和液相之间物质的溶解与沉淀过程在土壤中时刻存在，在一定条件下，二者处于平衡状态。当土壤温度、湿度、酸碱性等条件发生变化时，溶解和沉淀的条件随

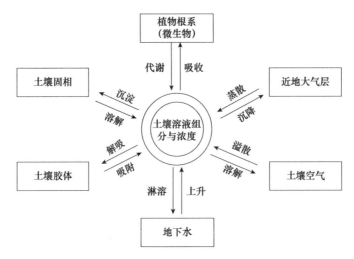

图 8-1　土壤溶液及其影响因素作用模式（李天杰等，2004）

之变化，引起土壤溶液组成和浓度发生变化。例如，随温度升高，许多无机盐类溶解度增加。

（二）土壤溶液与胶体之间的离子吸收与解吸过程

土壤溶液和土壤胶体之间的离子吸收与解吸过程影响着土壤溶液中离子的浓度。例如，向土壤中施入钾肥后，土壤溶液中钾离子浓度增加，通过阳离子交换反应，土壤溶液中的一部分钾离子可被吸附到土壤胶体上；随着作物的吸收等过程，当土壤溶液中钾离子浓度下降到一定程度时，土壤胶体上的钾离子又会解吸到土壤溶液中。

（三）土壤液相与气相之间的气体溶解与散失过程

土壤温度不同时，气体在土壤溶液中的溶解度差异显著，尤其是 O_2、CO_2 的溶解度，影响土壤中多种变化。

（四）土壤溶液与土壤生物之间的选择性吸收、被动吸收与代谢过程

植物生长所必需的营养元素大多数主要通过植物根系从土壤溶液中吸收，由于受养分离子类型、植物对养分的选择性吸收及植物生长发育阶段的影响，植物对各种养分离子的吸收并不平衡，因而引起土壤溶液的浓度和组成不断变化；另外植物在吸收养分的同时也向根外分泌一些物质，导致根际土壤溶液的变化。

（五）土壤溶液的吸收与浓缩过程 (降水和蒸散)

气候变化引起的降雨作用可改变土壤含水量，导致土壤溶液中的溶质浓度和土壤溶液组成相继发生改变；反之，土壤水分蒸散过程致使土壤溶液中水含量降低，溶质浓度相应提高，土壤溶液组成亦发生改变。

（六）土壤表面的毛管蒸发和地下水的溢出

土壤溶液中的水分沿土壤毛细管上升，到达土壤表面后蒸散至大气中，最终影响土壤溶液组成；降雨及山河水入渗转化为地下水，地下水通过泉水及泄洪等形式溢出后，亦导致土壤溶液组成发生改变。

第二节　土壤溶液中的酸碱反应

土壤酸碱性是指土壤溶液的反应，是土壤的重要属性，也是土壤的基本化学性质之一。自然土壤的酸碱反应受气候、母质、生物、水文等多种因子控制。我国土壤酸碱性差异很大，在地理分布上呈东南酸而西北碱的趋势，大多数耕作土壤 pH 在 4～9。在华北、内蒙古、新疆等地，碱性土壤的 pH 可高达 10.5，而华南地区的强酸性土壤 pH 可低至 3.6～3.8。大致以长江为界（北纬 33°），长江以南的土壤多为酸性或强酸性，长江以北的土壤多为碱性或强碱性。

土壤酸碱性不仅直接影响植物生长，而且参与土壤中的一系列化学反应，对土壤化学元素的转化、迁移、离子的形态、有效性及土壤的一系列物理、化学、生物性质产生影响。

一、土壤酸碱的成因及影响因素

（一）土壤酸性的形成

土壤酸度（soil acidity）主要来源于氢离子的不断累积。以下多种途径均可释放氢离子。

1. 水的解离（dissociation of water）　水分子虽是弱电解质，解离常数很小，但由于 H^+ 被土壤胶体吸附，其解离平衡受到破坏，此时将有新的 H^+ 解离出来。

$$HOH \Longrightarrow H^+ + OH^-$$

2. 碳酸的解离（dissociation of carbonic acid）　土壤里的微生物、植物根系及其他生物在其生命活动中不断放出 CO_2，溶于水后形成碳酸，它的解离度虽然不大，却是土壤溶液中 H^+ 的主要来源。

$$H_2CO_3 \Longrightarrow H^+ + HCO_3^-$$

3. 有机酸的解离（dissociation of organic acid）　土壤有机质在矿化分解的过程中形成多种低分子有机酸。在通气不良及存在真菌条件下，有机酸的累积能促进解离出更多的氢离子。另外，腐殖质中的胡敏酸和富啡酸也能解离出氢离子。

4. 酸沉降（acid deposition）　近些年来，燃煤、燃油、冶炼等工农业活动向大气排放了大量 pH<5.6 的酸性大气化学物质，如 SO_2、NO_x 等。这些气体可吸附于大气尘埃颗粒并沉降至土壤中，称为干沉降；也可以溶解于降雨中进入土壤，称为湿沉降，习惯上称为酸雨，是土壤 H^+ 的重要来源。酸雨被认为是威胁全球性的大气污染问题，我国各地土壤不同程度地受到酸雨的影响，酸雨对南方土壤的影响大于北方。

5. 其他无机酸　通过施肥进入土壤的生理酸性肥料因植物的选择性吸收而将酸根离子留在土壤中，使土壤酸性增强，如硫酸钾（K_2SO_4）、氯化钾（KCl）、氯化铵（NH_4Cl）等；土壤溶液中一些氧化反应所产生的酸，如硝化作用；灌溉带入土壤的酸性物质。

6. 土壤中铝的活化　吸附于胶体表面的交换性铝离子被交换进入溶液后使土壤呈酸性。胶体上交换性铝离子的形成：氢离子被土壤胶体吸附后，随着阳离子交换作用的进行，土壤盐基饱和度逐渐下降，而氢离子饱和度逐渐提高。当土壤有机矿质复合体或铝硅酸盐黏土矿物表面吸附的氢离子超过一定限度时，这些胶粒的晶体结构就会遭到破坏，导致部分铝氧八面体解体。该过程促使铝离子脱离八面体晶格的束缚，变成活性铝离子，并吸附于带负电荷的黏粒表面，转变为交换性铝离子。

$$Al^{3+}+3H_2O\longrightarrow Al(OH)_3\downarrow+3H^+$$

（二）土壤碱性的形成

当土壤溶液中 OH^- 的浓度大于 H^+ 浓度时，土壤为碱性（soil alkalinity）。土壤碱性反应及碱性土壤形成是自然成土条件和土壤内在因素综合作用的结果。土壤溶液中 OH^- 的来源主要是碱金属和碱土金属的碳酸盐和重碳酸盐的水解，以及土壤胶体表面吸附的交换性钠水解的结果。

1. **碳酸钙水解**　　在石灰性土壤和交换性钙占优势土壤中，碳酸钙 - 土壤空气中的 CO_2 分压和土壤水处于同一个平衡体系。碳酸钙可通过水解作用产生 OH^-，其反应式如下：

$$CaCO_3+H_2O\Longleftrightarrow Ca^{2+}+HCO_3^-+OH^-$$

因为 HCO_3^- 又与土壤空气中 CO_2 处于下面的平衡关系：

$$CO_2+H_2O\Longleftrightarrow HCO_3^-+H^+$$

所以石灰性土壤的 pH 主要受土壤空气中 CO_2 分压影响，pH 一般小于 8.5。

2. **碳酸钠的水解**　　碳酸钠（苏打）在水中能发生碱性水解，使土壤呈强碱性反应。

$$CO_3^{2-}+H_2O\Longleftrightarrow HCO_3^-+OH^-$$

$$HCO_3^-+H_2O\Longleftrightarrow H_2CO_3+OH^-$$

由于 Na_2CO_3、$NaHCO_3$ 水解后产生的 H_2CO_3 是弱酸，NaOH 是强碱，溶液中的含 OH^- 占优势，而使溶液呈碱性。在 Na_2CO_3、$NaHCO_3$ 较高的土壤中，由于盐的溶解度很大，溶液中 CO_3^{2-} 和 HCO_3^- 的浓度很高，故土壤的 pH 也相当高（pH 9～10）。

3. **交换性钠的水解**　　交换性钠（exchangeable sodium）的水解呈强碱性反应，是碱化土的重要特征。在可溶性盐含量高的盐渍土中，当积盐和脱盐过程频繁交替发生时，促进钠离子进入土壤胶体，使胶体表面有较多的交换性钠离子，当脱盐达到一定程度时，胶体表面的钠离子发生水解作用，产生 NaOH，使土壤呈强碱反应。

$$\boxed{土壤胶体}\text{-}Na^++H_2O\Longleftrightarrow\boxed{土壤胶体}\text{-}H^++Na^++OH^-$$

由于土壤中生物呼吸作用以及有机质分解过程不断产生 CO_2，所以交换产生的 NaOH 实际上是以 Na_2CO_3 或 $NaHCO_3$ 形态存在。

土壤碱化与盐化有着发生学上的联系。盐土在积盐过程中，胶体表面吸附有一定数量的交换性钠，但因土壤溶液中的可溶性盐分浓度较高，阻止交换性钠水解。所以，盐土的碱度一般都在 pH 8.5 以下，物理性质也不会恶化，不显现碱土的特征。只有当盐土脱盐到一定程度后，土壤交换性钠发生解吸，土壤才出现碱化特征。但土壤脱盐并不是土壤碱化的必要条件。土壤碱化过程是在盐土积盐和脱盐频繁交替发生时，促进钠离子取代胶体上吸附的钙、镁离子，而演变为碱化土壤。

（三）影响土壤酸碱性的因素

影响土壤酸化和碱化的因素主要如下。

1. **气候因素**　　大气的温度和湿度，直接影响着土壤母质或岩石、矿物的风化过程，也影响着土壤物质的转化和移动。在湿润、半湿润地区，降雨量大大超过了蒸发量，高气温、强降水最有利于土壤和土壤母质的强风化和强淋溶作用的发展。岩石、母质和土壤中的矿物在风化成土过程中释放出的盐基离子，易随水淋失，使土壤中易溶性盐分减少。而由于土壤胶体对 H^+、Al^{3+} 的吸附能力相对较强，因此造成土体中 H^+、Al^{3+} 相对富集，导致土壤酸化。干旱和半干旱气候带，其大气降水量远远低于蒸发量，使岩石、矿物风化释放出的碱金属和碱土金属的简单盐类不能彻底迁移出土体，而大量聚集在土壤和地下水中。其中的碳酸盐和重碳酸盐通过水解可产生 OH^-，使土壤向碱性方向演化。

2. **生物因素**　　土壤里的微生物、植物根系以及其他土壤生物，在其生命活动过程中，不断地放出 CO_2，溶于水后形成碳酸，解离出 H^+；微生物分解有机物料的同时产生多种有机酸等都是土壤酸化的原因。

不同植被对土壤酸碱性的形成也有一定影响。一般木本植物灰分中盐基离子较少，凋落物中含单宁树脂类物质较多，分解后易产生较强的酸性物质，导致土壤酸化和矿物质淋失；草本植物中含纤维素多，灰分中盐基离子含量高，形成的土壤多呈中性至微碱性。另外，由于高等植物的选择性吸收，富集了钾、钠、钙、镁等盐基离子，影响着碱土的形成，其中草原、荒漠草原及荒漠植被对土壤碱度的发展有积极影响。

3. **母质**　　母质是土壤中物质的来源。酸性岩发育的土壤含酸性物质较多；基岩和超基性岩富含盐基成分，风化体中碱性成分多。总之，母质性质的差异，导致形成土壤的酸碱性差异。

4. **人为因素**　　几十年来人为活动增强导致我国农田土壤普遍酸化。据报道，1980～2010 年中国主要农田土壤 pH 平均下降 0.5 个单位。在农田生态系统中，氮肥的大量施用和作物的频繁收获，土壤酸化速率明显高于森林生态系统，30 年的年均土壤酸化速率约为 $5.6keq/hm^2$，相当于森林土壤酸化速率的 3 倍。在农田土壤酸化中，大气沉降和作物收获分别贡献了 6.8% 和 34.2% 的氢离子，而施肥贡献了 55.1% 的氢离子，施肥和作物收获是农田土壤酸化的主要原因。其中氮肥是土壤酸化的主要氢离子来源，平均为 75.6%，其次为作物收获，贡献 24.4%。

二、土壤酸碱的指标

（一）土壤酸度的类型和指标

根据 H^+ 的存在方式，可将土壤酸分为活性酸和潜性酸。土壤活性酸是指与土壤固相处于平衡状态的土壤溶液中的 H^+。土壤潜性酸是指吸附在土壤胶体表面的致酸离子（H^+ 和 Al^{3+}），交换性 H^+、Al^{3+} 只有被交换到土壤溶液中时才显示酸性，故称为潜性酸。活性酸和潜性酸同属于一个平衡体系中的两种酸，活性酸是土壤酸度的根本起点，潜性酸是活性酸的主要来源和后备，土壤中潜性酸量要远远大于活性酸量。

1. **土壤活性酸**　　活性酸度（active acidity）是由于土壤溶液中游离的 H^+ 所表现的酸度。通常用 pH 表示，它是土壤酸性的强度指标。pH 是指氢离子浓度的负对数。H^+ 浓度越大，pH 越小，土壤酸度就越大；反之，H^+ 浓度越小，pH 越大；pH 等于 7 时，溶液的 H^+ 浓度和 OH^- 浓度相等，溶液为中性。

通常根据活性酸的强度即 pH 的高低，将土壤的酸碱度分为若干级别。在这方面，不同学者的分级标准往往不太一致。耕作土壤的 pH 一般在 4～9。《中国土壤》一书中，将土壤酸碱度划分为五级：

pH	<5.0	5.0～6.5	6.5～7.5	7.5～8.5	>8.5
酸碱度分级	强酸	酸性	中性	碱性	强碱

我国土壤酸碱反应大多在 4～9，长江以南的土壤多为酸性或强酸性，pH 大多在 4.5～

5.5，如华南、西南地区分布的红壤、砖红壤和黄壤。华东、华中地区的红壤 pH 在 5.5～6.5。长江以北的土壤多为中性或碱性。华北、西北的土壤含碳酸钙，pH 一般在 7.5～8.5，部分碱土的 pH 在 8.5 以上。

2. 土壤潜性酸　　土壤潜性酸度（soil potential acidity）是指土壤胶体上吸附的 H^+ 和 Al^{3+} 所引起的酸度。这些离子呈吸附态时不显示酸性，只有当它们从胶体上解离或被其他阳离子所交换而转移到溶液中以后才显示酸性。土壤潜性酸比活性酸度大得多，一般相差 3～4 个数量级。潜在酸度通常用每千克烘干土中 H^+ 的厘摩尔数表示［cmol（＋）/kg］。这是土壤酸性的数量（容量）指标。土壤潜性酸度的大小常用交换性酸度或水解性酸度表示。

（1）交换性酸度（exchangeable acidity）　　用过量的中性盐溶液（通常用 1mol/L 的 KCl 或 0.06mol/L 的 $BaCl_2$）浸提土壤时，土壤胶体表面吸附的氢离子和铝离子的大部分被交换到土壤溶液中，产生酸性。用标准碱液滴定溶液中的 H^+（交换性 H^+ 及由 Al^{3+} 水解产生的 H^+），根据消耗的碱量换算为交换性 H^+ 与交换性 Al^{3+} 的总量，即为代换性酸量（包括活性酸）。

$$\boxed{土壤胶体}\text{-}H^+ + KCl \rightleftharpoons \boxed{土壤胶体}\text{-}K^+ + H^+ + HCl$$

$$\boxed{土壤胶体}\text{-}Al^{3+} + 3KCl \rightleftharpoons \boxed{土壤胶体}\text{-}3K^+ + Al^{3+} + 3Cl^-$$

$$Al^{3+} + 3H_2O \longrightarrow Al(OH)_3 \downarrow + 3H^+$$

用中性盐浸提的交换反应是可逆的，生成的盐酸解离度很大，交换反应容易逆转，反应平衡时并不能把胶体上的致酸离子全部交换下来。因此，交换性酸只是潜性酸的一部分，并不是全部。

（2）水解性酸度（hydrolytic acidity）　　用弱酸强碱盐溶液（如 pH 8.2 的 1mol/L 乙酸钠溶液）处理土壤，Na^+ 与土壤胶体上吸附的 Al^{3+} 和 H^+ 发生交换反应所产生的酸度称为土壤的水解性酸度。由于乙酸钠水解所得的乙酸是弱酸，解离度很小，而生成的氢氧化钠与土壤交换性 H^+ 作用，得到解离度很小的 H_2O，所以使交换反应进行得比较彻底；另外，由于弱酸强碱盐的 pH 高，也使胶体上的 H^+ 易于解离。

$$CH_3COONa + H_2O \rightleftharpoons CH_3COOH + NaOH$$

$$\boxed{土壤胶体}\text{-}H^+ + NaOH + CH_3COOH \rightleftharpoons \boxed{土壤胶体}\text{-}Na^+ + CH_3COOH + H_2O$$

$$\boxed{土壤胶体}\genfrac{}{}{0pt}{}{\text{-}H^+}{\text{-}Al^{3+}} + 4NaOH + 4CH_3COOH \rightleftharpoons \boxed{土壤胶体}\text{-}4Na^+ + Al(OH)_3 + 4CH_3COOH + H_2O$$

上述反应的产物是弱酸和 $Al(OH)_3$ 沉淀，不易解离，所以反应向右进行较彻底，即土壤胶体中吸附的 H^+ 和 Al^{3+} 能较完全被交换出来（相对于交换性酸度而言）。用标准 NaOH 滴定浸出液，根据消耗的 NaOH 的量换算为土壤酸量，即土壤水解性酸度。一般情况下，土壤水解性酸度大于交换性酸度，土壤水解性酸度也可作为酸性土壤改良时计算石灰需要量的参考数据。我国几种土壤中的交换性酸量和水解性酸量的比较见表 8-2。

表 8-2　几种土壤中的交换性酸量和水解性酸量的比较　　（单位：cmol/kg）

土壤	交换性酸	水解性酸	土壤	交换性酸	水解性酸
黄壤（广西）	3.62	6.81	黄棕壤（湖北）	0.01	0.44
黄壤（四川）	2.06	2.94	红壤（广西）	1.48	9.14
黄棕壤（安徽）	0.20	1.97			

资料来源：黄昌勇和徐建明，2010

（二）土壤碱性指标

土壤碱性主要来源于土壤中交换性钠的水解所产生的 OH^- 以及弱酸强碱盐的水解。土壤碱性除用平衡溶液的 pH 来表示外，总碱度和碱化度是另外两个反映土壤碱性强弱的指标。

1. 总碱度（alkalinity）　总碱度是指土壤溶液或灌溉水中碳酸根、重碳酸根的总量。

$$总碱度（cmol/L）=（CO_3^{2-}）+（HCO_3^-） \qquad (8-1)$$

用中和滴定法测定，单位为 cmol/L。总碱度也可用 CO_3^{2-} 及 HCO_3^- 占阴离子的质量分数来表示，我国碱化土壤的总碱度占阴离子总量的 50% 以上，高的可达 90%。总碱度在一定程度上反映水质和土壤的碱性程度，可作为土壤碱化程度分级的指标之一。

2. 碱化度［钠碱化度（exchangeable sodium percentage，ESP）］　碱化度是指交换性钠离子占阳离子交换量的百分数。它是鉴别土壤碱化的指标之一。

$$碱化度（\%）= \frac{交换性钠离子}{阳离子交换量} \times 100 \qquad (8-2)$$

当土壤碱化度达到一定程度，可溶盐含量较低时，土壤就呈极强性的碱性反应，pH 大于 8.5 甚至超过 10.0。这种土壤土粒高度分散，湿时泥泞，干时硬结，耕性极差。土壤理化性质上发生的这些恶劣变化，称为土壤的"碱化作用"。

土壤碱化度常被用来作为碱土分类及碱化土壤改良利用的指标和依据。我国则以碱化层的碱化度 >30%，表层含盐量 <0.5% 和 pH>9.0 定为碱土。而将土壤碱化度为 5%～10% 定为轻度碱化土壤，10%～15% 为中度碱化土壤，15%～20% 为强碱化土壤。

三、土壤酸碱反应对植物生长和土壤肥力的影响

（一）植物生长适宜的酸碱度

植物在长期自然选择过程中，形成了各自对土壤酸碱性特定的要求，其中有的植物能在较宽的 pH 范围内生长，对土壤反应非常迟钝。有的植物对土壤反应却非常敏感，它们只能在某一特定的酸碱范围内生长，这类植物可以为土壤酸碱度起指示作用，习惯上被称为指示植物（indicator plant）。例如，茶树、映山红只能生长在酸性土壤上；甜菜、紫花苜蓿只能生长在中性到微碱性土壤上；盐蒿和盐蓬是盐土的指示植物。一般作物对土壤的酸碱性的适应性范围都比较广，对大多数作物来说，喜欢近中性的土壤，以 pH 6.0～7.5 为宜。大部分作物及树木适宜生长的土壤 pH 在微酸性、中性及微碱性范围，如表 8-3 所示。

表 8-3　主要栽培作物适宜的 pH 范围

大田作物	适宜 pH	园艺植物	适宜 pH	林业植物	适宜 pH
水稻	5.0～6.5	豌豆	6.0～8.0	槐	6.0～7.0
小麦	5.5～7.5	甘蓝	6.0～7.0	松	5.0～6.0
大麦	6.5～7.8	胡萝卜	5.3～6.0	刺槐	6.0～8.0
玉米	5.5～7.5	番茄	6.0～7.0	白杨	6.0～8.0
棉花	6.0～8.0	西瓜	6.0～7.0	栎	6.0～8.0
大豆	6.0～7.0	南瓜	6.0～8.0	红松	5.0～6.0
马铃薯	4.8～6.5	桃	6.0～7.5	桑	6.0～8.0
甘薯	5.0～6.0	苹果	6.0～8.0	桦	5.0～6.0

续表

大田作物	适宜 pH	园艺植物	适宜 pH	林业植物	适宜 pH
向日葵	6.0～8.0	梨、杏	6.0～8.0	泡桐	6.0～8.0
甜菜	6.0～8.0	茶	5.0～5.5	油桐	6.0～8.0
花生	5.0～6.0	栗	5.0～6.0	榆	6.0～8.0
苕子	6.0～7.0	柑橘	5.0～6.5	侧柏	6.0～7.5
紫花苜蓿	7.0～8.0	菠萝	5.0～6.0	柽柳	6.0～8.0

资料来源：林大仪，2002

（二）土壤中微生物适宜的酸碱度

土壤中有机质的矿化作用，各种养分形态之间的转化均离不开土壤微生物的参与，所以微生物的活性影响土壤中各种物质的转化速度和方向。

土壤中细菌和放线菌，如硝化细菌、固氮菌和纤维素分解细菌，均适合中性和微碱性环境，而在 pH 小于 5.5 的强酸性土壤中活性逐渐降低；真菌可在所有 pH 范围内活动，因而在强酸性土壤中占优势。土壤中氨化细菌适宜的 pH 为 6.5～7.5，硝化细菌为 6.5～8.5，固氮作用为 6.5～7.8。

（三）土壤酸碱反应影响土壤养分的有效性

土壤酸碱度对土壤物质的化学变化和微生物活动有广泛影响，它控制着土壤胶体的离子交换，因而对土壤溶液中养分离子的浓度、存在状态和含量有很大影响。

在正常范围内，植物对土壤酸碱性敏感的原因，是由于土壤 pH 影响土壤溶液中各种离子的浓度，从而影响各种元素对植物的有效性；不同营养元素最大有效性对应的土壤 pH 范围不同，但大部分营养元素在接近中性时有效性最大。土壤酸碱性与土壤中各种营养元素有效性的关系如图 8-2 所示。

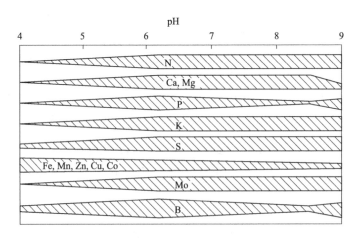

图 8-2　植物营养元素有效性与 pH 的关系（黄昌勇和徐建明，2010）

1）pH 6.5 左右时，各种营养元素有效度都较高。

2）氮在 pH 5.5 以上时有效性较高，是由于在酸性土壤中影响氮素转化的微生物活性降低。

3）磷在 pH 6.5～7.5 时有效性最高。在 pH 小于 6.5 时，土壤中活性铁、铝离子增加，易形成磷酸铁、磷酸铝，有效性降低；pH 大于 7.5 时，易形成不溶性的磷酸钙盐磷，磷有效性降低。

4）酸性土壤的淋溶作用强烈，钾、钙、镁容易流失，导致这些元素缺乏。当土壤 pH 增高时，土壤含盐基也高，钾的有效性增大。实际上，pH 增加至 6 以后，以及在中性和碱性范围中，钾的有效性一直是良好的；在 pH 高于 8.5 时，土壤钠离子增加，钙、镁离子被取代形成碳酸盐沉淀，因此钙、镁的有效性在 pH 6～8 时最好。

5）铁、锰、铜、锌、钴 5 种微量元素在中性、碱性条件下溶解度降低，造成这些微量元素缺乏；而在强酸性土壤中，其溶解度增大，有利植物吸收，但若过多，又会对植物造成毒害作用。

6）钼酸盐不溶于酸而溶于碱，在强酸性土壤中钼变为无效，在酸性土壤中易缺乏；当 pH 升高到 6 或 6 以上时，它的有效性随之而增加。硼的有效性在 pH 5～7 时最高，在强酸性土壤中硼易被淋失，而在 pH 8.5 时溶解度降低，所以施用石灰过量时也可导致硼素的缺乏。

（四）土壤酸碱反应影响土壤的物理性质

在碱性土壤中，交换性钠离子增多，使土粒分散，结构破坏。在酸性土壤中，H^+ 浓度大，易把胶体上吸附的 Ca^{2+}、Mg^{2+} 交换出来而淋失，不利于团粒结构的形成，土壤易板结，物理性质不良。中性土壤中，Ca^{2+}、Mg^{2+} 较多，土壤结构性和通气状况等物理性质良好。

（五）影响土壤中有毒物质的积累

pH 小于 5 的强酸性土壤中，矿物结构中的铝锰等均易被活化，交换性铝、锰和土壤中游离铝离子、锰离子含量增加，积累到一定浓度，可使作物受害。当游离铝离子达到 0.2cmol/kg 土时，可使农作物受害；交换性锰达到 2～9cmol/kg 土时，或植株干物质含锰量超过 1000mg/kg 时，产生锰害。通过施用石灰，改良土壤的酸性，可消除铝害和锰害。当土壤 pH 上升到 5.5～6.3 时，大部分铝被沉淀，可消除铝害；pH>6 时，锰害可全部消除。

四、土壤的酸碱缓冲性

土壤酸碱缓冲性（soil buffering）是指酸性或碱性物质加入土壤，土壤具有缓和其酸碱反应变化的性能。它可以稳定土壤溶液的反应，使酸碱的变化保持在一定范围内，从而避免因施肥、根系的呼吸、微生物活动和有机质分解等引起土壤酸碱性的剧烈变化，以及对植物生长发育和土壤微生物生活产生不良影响。

土壤 pH 变化的幅度通常小于外源施用 H^+/OH^- 的量，这是由于土壤中存在多个酸碱缓冲体系。从矿石母质变为土壤颗粒的过程中，不断有碳酸盐、硅酸盐物质从母质中剥离，这就意味着土壤酸中和能力的降低。按土壤 pH 范围可分为 3～4 个缓冲体系，分别为碳酸盐缓冲体系、交换性盐基和可变电荷位点缓冲体系、铝（氢）氧化物缓冲体系等。图 8-3 展示了两种土壤的酸碱缓冲曲线，其中 A 土壤的缓冲能力弱于 B 土壤。

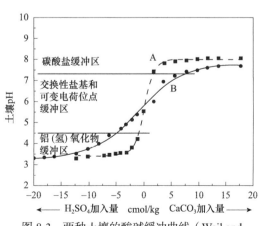

图 8-3　两种土壤的酸碱缓冲曲线（Weil and Brady，2017）

（一）土壤酸碱缓冲作用的机制

1. **土壤胶体上的交换性阳离子** 阳离子交换作用是土壤产生缓冲性的主要原因。土壤胶体吸附有 H^+、K^+、Ca^{2+}、Mg^{2+}、Al^{3+} 等多种阳离子。由于这些阳离子有交换性能，因此胶体上吸附的盐基离子能对加进土壤的 H^+（酸性物质）起缓冲作用，而胶体上吸附的致酸离子能对加进土壤的 OH^-（碱性物质）起缓冲作用。

$$\boxed{土壤胶体}\text{-}M^+ + H^+ \Longleftrightarrow \boxed{土壤胶体}\text{-}H^+ + M^+$$

$$\boxed{土壤胶体}\text{-}H^+ + MOH \Longleftrightarrow \boxed{土壤胶体}\text{-}M^+ + H_2O$$

由此可见：①土壤缓冲能力的大小与土壤阳离子交换量有关。交换量越大，缓冲能力越强。②在阳离子交换量相等条件下，盐基饱和度越高，对酸缓冲能力越大，盐基饱和度越低，则对碱的缓冲能力越大。

2. **土壤溶液中的弱酸及其盐类组成的缓冲系统的作用** 土壤中的碳酸、乙酸、硅酸等离解度很小的弱酸及其盐类，构成缓冲系统，也可缓冲酸和碱的变化。例如：

$$CH_3COOH + NaOH \Longleftrightarrow CH_3COONa + H_2O$$

$$CH_3COONa + HCl \Longleftrightarrow CH_3COOH + NaCl$$

3. **土壤中两性物质的存在** 土壤中存有两性有机物和无机物，如蛋白质、氨基酸、胡敏酸、无机磷酸等。例如，氨基酸的氨基可以中和酸，羧基可以中和碱，因此对酸碱都具有缓冲能力。

$$\underset{\underset{NH_2}{|}}{R\text{-}CH\text{-}COON} + HCl \Longleftrightarrow \underset{\underset{NH_3Cl}{|}}{R\text{-}CH\text{-}COON}$$

$$\underset{\underset{NH_2}{|}}{R\text{-}CH\text{-}COON} + NaOH \Longleftrightarrow \underset{\underset{NH_2}{|}}{R\text{-}CH\text{-}COONa} + H_2O$$

4. **酸性土壤中铝的缓冲作用** 在极强酸性土壤中（$pH < 4$），铝以 $Al(H_2O)_6^{3+}$ 形态存在，每个 Al^{3+} 周围有 6 个水分子环绕着，当加入碱性物质使溶液中 OH^- 增加时，Al^{3+} 周围的 6 个水分子中就有一两个水分子解离出 H^+ 以中和加入的 OH^-。失去 H^+ 的 Al^{3+} 极不稳定，与另一个 Al^{3+} 结合，两个 OH^- 被两个 Al^{3+} 共用，形成较大的含水复合铝离子（图8-4）。这种缓冲作用可用下式表明：

$$2Al(H_2O)_6^{3+} + 2OH^- \longrightarrow [Al_2(OH)_2(H_2O)_8]^{4+} + 4H_2O$$

当土壤溶液中 OH^- 继续增加时，Al^{3+} 周围的水分子将继续解离出 H^+ 以中和之，当土壤 $pH > 5$ 时，上述 Al^{3+} 就会相互结合而产生 $Al(OH)_3$ 沉淀，并失去其缓冲能力。

（二）土壤缓冲性能的指标——缓冲容量和缓冲曲线

使土壤 pH 改变一个单位所需要加入的酸或碱的量称为缓冲容量（buffer capacity）。缓冲容量是表示土壤缓冲能力的指标。缓冲容量越大，土壤 pH 越不易变化，缓冲能力越强。

土壤缓冲容量可通过对土壤溶液的酸碱

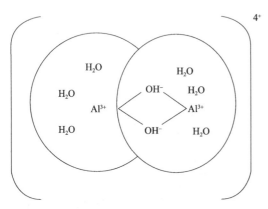

图8-4　铝离子的缓冲作用（西南农学院，1980）

滴定来求得。以横坐标表示所加的酸或碱量,以纵坐标表示相应的 pH 所绘制的滴定曲线就是缓冲曲线。从缓冲曲线的形状可反映该土壤缓冲能力的大小及最大缓冲作用的范围,并可从曲线推算出每改变一个 pH 单位所需要的碱量或酸量。

不同土壤的缓冲能力大小及具有缓冲能力的范围是不同的。图 8-5 和图 8-6 分别是黄棕壤和砖红壤的缓冲曲线。从缓冲曲线上看,黄棕壤的缓冲范围主要在 pH 6.5～7.5,砖红壤的缓冲范围在 pH 6.9～7.4、pH 8.1～8.4;从每改变一个单位所需加的碱量即缓冲容量来看,黄棕壤比砖红壤的缓冲能力强。

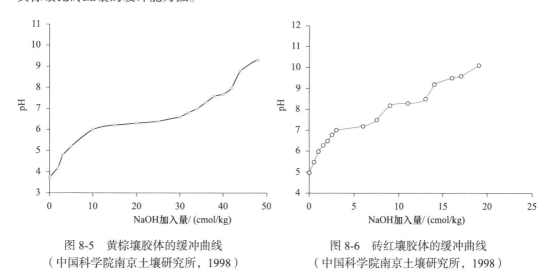

图 8-5 黄棕壤胶体的缓冲曲线　　　　图 8-6 砖红壤胶体的缓冲曲线
（中国科学院南京土壤研究所,1998）　　（中国科学院南京土壤研究所,1998）

（三）影响土壤缓冲能力的因素

1. 土壤胶体的类型和数量　　一般来说,土壤阳离子交换量越大,土壤的缓冲能力越大,所以影响土壤缓冲性强弱的因素首先是土壤胶体的数量和种类。常见土壤胶体缓冲能力大小的顺序是:腐殖质胶体＞次生黏土矿物胶体＞含水氧化物胶体。

2. 土壤质地　　不同质地土壤含有的胶体类型及数量不同,所以通过调节土壤质地,可以调节土壤的缓冲性能。一般土壤质地缓冲能力大小顺序为:黏土＞壤土＞砂土。

3. 土壤有机质　　土壤有机质虽然在土壤中含量低,但其阳离子交换量大,两性胶体含量多,因此对土壤缓冲能力的影响大,增加土壤有机质含量可增强土壤的缓冲性能。

五、土壤酸碱性的调节

（一）土壤酸性的调节

酸性土壤 pH 较低,但是控制土壤酸性主要的因素是土壤的潜性酸,即胶体上吸附的 H^+ 和 Al^{3+}。要调节和改良土壤酸性主要是通过中和土壤的潜性酸,自然界可用于调节和改良土壤酸性的最丰富的材料是石灰和石灰石粉。此外,在有条件的情况下,还可以用草木灰等碱性材料中和酸性。

1. 酸性土壤改良机理　　首先,土壤中含有丰富的 CO_2,其溶于水后形成碳酸。

$$CO_2 + H_2O \longrightarrow H_2CO_3$$

施入石灰或石灰粉后,首先对土壤溶液中的碳酸进行中和,即

$$Ca(OH)_2 + 2H_2CO_3 \longrightarrow Ca(HCO_3)_2 + 2H_2O$$

$$CaCO_3 + H_2CO_3 \longrightarrow Ca(HCO_3)_2$$

施用的石灰与酸性土壤胶体作用，胶体上的 H^+ 和 Al^{3+} 被 Ca^{2+} 和 Mg^{2+} 所交换，即

$$\boxed{土壤胶体}\text{-}2H^+ + Ca(OH)_2 \rightleftharpoons \boxed{土壤胶体}\text{-}Ca^{2+} + 2H_2O$$

$$\boxed{土壤胶体}\text{-}2Al^{3+} + 3(CaOH)_2 \rightleftharpoons \boxed{土壤胶体}\text{-}3Ca^{2+} + 2Al(OH)_3 \downarrow$$

施用石灰除了有中和土壤酸性的作用外，还能增加土壤中的钙素，这样有利于土壤中有益微生物的活动，促进有机质的分解，减少活性铁、铝对磷素的固定；而且还可以改良土壤结构。由于土壤中 CO_2 分压的影响，即使土壤局部范围内石灰施用过量，土壤 pH 也不会超过 8.5，因此用石灰来中和土壤酸性是安全的。

2. 石灰需要量（lime requirement）的计算 改良酸性土壤的石灰需要量可通过水解性酸度或交换性酸度进行大致估算。还可根据土壤阳离子交换量和盐基饱和度、土壤潜性酸量进行估算求得。

依据阳离子交换量和盐基饱和度的计算公式为

石灰需要量（kg/hm^2）＝土壤体积 × 容重 × 阳离子交换量 ×（1－盐基饱和度）

例题：假设某土壤的 pH 为 5.0，容重为 $1.2g/cm^3$，耕层厚度为 20cm，土壤含水量为 20%，阳离子交换量为 $10cmol/kg$，盐基饱和度为 60%，试计算将土壤 pH 调至 7 时，中和活性酸和潜性酸的石灰需要量（理论值）。

每公顷耕层土壤质量＝$10\,000 \times 10^4 cm^2 \times 20cm \times 1.2g/cm^3 \times 10^{-3} = 2.4 \times 10^6 kg$。

中和活性酸 pH＝5 时，土壤溶液中所含 H^+ 为 $10^{-5} mol/kg$ 土，则每公顷土壤所含的 H^+ 为 $2.4 \times 10^6 \times 20\% \times 10^{-5} = 4.8 mol$。

同理，pH＝7 时，每公顷土壤中所含 H^+ 为 $10^{-7} mol$，则每公顷土壤所含的 H^+ 为 $2.4 \times 10^6 \times 20\% \times 10^{-7} = 0.048 mol$。

所以需要中和的活性酸的量为 $4.8 - 0.048 = 4.752 mol/hm^2$。

土壤 pH 升至 7 的石灰需要量可参考图 8-7。

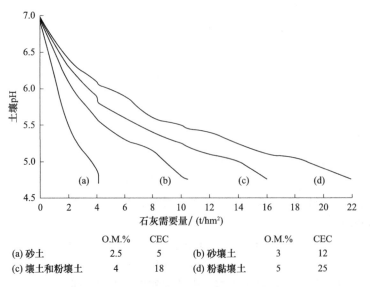

	O.M.%	CEC		O.M.%	CEC
(a)砂土	2.5	5	(b)砂壤土	3	12
(c)壤土和粉壤土	4	18	(d)粉黏壤土	5	25

图 8-7 土壤 pH 升至 7 的石灰需要量（黄昌勇和徐建明，2010）

O. M. % 指土壤有机质百分含量

所需 CaO 为 $4.752 \times 56/2 = 133.05$ g。

土壤所含的潜性酸量为 2.4×10^6 kg/ hm$^2 \times 10$ cmol/kg $\times$ （$1-60\%$）$= 9.6 \times 10^6$ cmol/hm$^2 = 9.6 \times 10^4$ mol/hm^2。

所需 CaO 为 9.6×10^4 mol/hm$^2 \times 56/2$ g/mol $= 2.68 \times 10^6$ g/hm$^2 = 2680$ kg/hm^2。

石灰需要量受多种因素影响：土壤潜性酸和活性酸、土壤有机质含量、盐基饱和度、土壤质地、作物对酸碱度的适应类性、石灰种类、施用方法等（图 8-7），因此，实际施用石灰调节土壤酸度时不能只凭理论计算值，需要综合考虑各影响因素。

（二）土壤碱性的调节

常用施石膏（gypsum application）来改良土壤碱性。石膏改良碱性土的作用如下：

$$\boxed{土壤胶体}\text{-}2Na^+ + CaSO_4 \Longleftrightarrow \boxed{土壤胶体}\text{-}Ca^{2+} + Na_2SO_4$$

$$Na_2CO_3 + CaSO_4 \Longleftrightarrow Na_2SO_4 + CaCO_3$$

施用石膏是通过离子代换作用把土壤中有害的钠离子代换出来，结合灌水使之淋洗。在重度碱化的土壤上，除施用石膏外，还可施用其他的化学物质，如硫黄（经土壤中硫细菌的作用氧化生成硫酸）和明矾（硫酸铝钾）、磷石膏、亚硫酸钙、硫酸亚铁、工业废料等，都能降低土壤碱性。

对于碱化土壤的改良，除用化学的方法外，还可配合采用农业、生物、水利等措施来进行。例如，可蓄洪洗盐脱碱，进行科学灌溉排水，降低地下水位，增施有机肥料，翻砂压碱等都是改良盐碱土行之有效的措施。

第三节 土壤溶液中的氧化还原反应

土壤氧化还原反应（soil redox reaction）是土壤溶液中的一个重要化学性质。土壤中存在着一系列参与氧化还原反应的物质，在生物作用下，进行着包括纯化学和生化过程在内的复杂氧化还原反应。它受土壤物理化学性质的影响，也影响着土壤的形成和性质。控制土壤的氧化还原性是培育肥沃高产土壤的一项重要措施，特别对淹水的稻田土壤，干湿交替频繁，土壤中氧化还原反应活跃，土壤氧化还原状况成为衡量土壤肥力的一个重要指标。

一、土壤中的氧化还原体系

氧化还原的实质是电子的转移过程，某一物质的氧化，必然伴随着另一物质的还原。电子受体（氧化剂）接受电子后，从氧化态转变为还原态；电子供体（还原剂）供出电子后，则从还原态转变为氧化态。因此，氧化还原反应的通式可表示为

$$氧化态 + ne^- \Longleftrightarrow 还原态 \qquad (8\text{-}3)$$

土壤中有多种氧化物质和还原物质共存，氧化还原反应就发生在这些物质之间。在不同条件下它们参与氧化还原过程的情况也不相同。参加土壤氧化还原反应的物质，除了土壤空气和土壤溶液中的氧以外，还有许多可变价态的元素，包括 C、N、S、Fe、Mn、Cu 等；在污染土壤中还可能有 As、Se、Cr、Hg、Pb 等。种类繁多的氧化还原物质构成了不同的氧化还原体系（redox system）。土壤中主要的氧化还原体系如表 8-4 所示。

表 8-4　土壤中主要的氧化还原体系

体系	代表性反应	E^0（V）		pe＝lg$K$
		pH＝0	pH＝7	
氧体系	$\frac{1}{4}O_2+H^++e^- \Longleftrightarrow \frac{1}{2}H_2O$	1.23	0.84	20.8
锰体系	$\frac{1}{2}MnO_2+2H^++e^- \Longleftrightarrow \frac{1}{2}Mn^{2+}+H_2O$	1.23	0.40	20.8
铁体系	$Fe(OH)_3+3H^++e^- \Longleftrightarrow Fe^{2+}+3H_2O$	1.06	−0.16	17.9
氮体系	$\frac{1}{2}NO_3^-+H^++e^- \Longleftrightarrow \frac{1}{2}NO_2^-+\frac{1}{2}H_2O$	0.85	0.54	14.1
	$NO_3^-+10H^++8e^- \Longrightarrow NH_4^++3H_2O$	0.88	0.36	14.9
硫体系	$\frac{1}{8}SO_4^{2-}+\frac{5}{4}H^++e^- \Longleftrightarrow \frac{1}{8}H_2S+\frac{1}{2}H_2O$	0.30	−0.21	5.10
有机碳体系	$\frac{1}{8}CO_2+H^++e^- \Longleftrightarrow \frac{1}{8}CH_4+\frac{1}{4}H_2O$	0.17	−0.24	2.90
氢体系	$H^++e^- \Longleftrightarrow \frac{1}{2}H_2$	0.00	−0.41	0.00

资料来源：黄昌勇和徐建明，2010

注：E^0 为标准氧化还原电位；pe 为电子活度的负对数；K 为平衡常数

　　土壤中主要的氧化物质是大气中的氧，它进入土壤，与土壤中的化合物起作用，获得电子被还原为 O^{2-}，土壤中生物化学过程的强度和方向很大程度上取决于土壤空气和溶液中氧的含量。当土壤中氧被消耗，其他氧化态物质如 NO_3^-、Fe^{3+}、SO_4^{2-}、Mn^{4+} 等依次作为电子受体。土壤中的还原剂主要是有机质，尤其是新鲜的未分解有机质，它们在适宜的温度、水分和 pH 时还原能力极强。

二、土壤的氧化还原状况

（一）土壤氧化还原状况的指标

　　1. 土壤氧化还原电位（soil redox potential）　　土壤中氧化态和还原态物质的相对比例，决定着土壤的氧化还原状况。当土壤中某一氧化态物质向还原态物质转化时，土壤溶液中这种氧化态物质浓度减少，而还原态物质浓度增加，随着这种浓度的变化，溶液的电位也就相应地改变。这种由于溶液氧化态物质和还原态物质的浓度关系而产生的电位称为氧化还原电位（Eh），单位可用 V 或 mV 表示。

$$Eh=E^0+\frac{RT}{nF}\log\frac{[氧化态]}{[还原态]} \tag{8-4}$$

式中，E^0 为标准氧化还原电位，在恒温条件下 E^0、R、T、n、F 均为常数。氧化态浓度愈高，Eh 愈大，土壤处于氧化状态；反之，还原态浓度愈高，Eh 值愈小（甚至出现负值），土壤处于还原状态。

　　2. 电子活度的负对数（pe）

$$pe=\frac{1}{n}\log K+\frac{1}{n}\log\frac{[氧化态]}{[还原态]} \tag{8-5}$$

利用平衡常数（K）与反应自由能的关系可推导出 pe 与 Eh 的关系式：

$$pe＝Eh/0.059 \tag{8-6}$$

氧化态 pe 为正值，pe 值愈大，氧化性愈强，还原态 pe 为负值，pe 值愈负，还原性愈强。

（二）土壤 Eh 的变化范围和对土壤性状的影响

1. 土壤 Eh 的变化范围　　土壤 Eh 一般为−450～720mV。旱地土壤 Eh 在 200～750mV 变动，当土壤的 Eh＞750mV 时，土壤完全处于氧化条件，有机质会迅速分解而消耗过快，有些养分由于高度氧化而成为不溶性高价化合物而使有效性降低。如果旱地 Eh 低于 200mV，则表明土壤水分过多，通气不良，应排水或松土以提高土壤氧的分压。旱地土壤适宜的 Eh 一般为 400～700mV。

水田土壤 Eh 变化较大，一般为−200～300mV。在排水种植旱作期间 Eh 可达 500mV 以上；淹水期间可低至−150mV 及以下。水稻适宜的 Eh 在 200～400mV，如果土壤 Eh 经常处在 180mV 以下或低于 100mV，水稻分蘖就会停止，发育受阻。如果 Eh 长期处于−100mV 以下，水稻甚至会死亡。

2. 土壤氧化还原状况对土壤性状的影响

（1）对土壤养分有效性的影响　　氧化还原状况显著影响土壤中无机态变价养分元素的生物有效性。对于金属元素来说，一般还原态离子有效性高。在强氧化状态下（Eh＞700mV），高价铁、锰氧化物的溶解性很差，可溶性 Fe^{2+}、Mn^{2+} 及其水解离子浓度过低，植物易产生铁、锰缺乏；而在适当的还原条件下，部分高价铁、锰被还原为 Fe^{2+} 和 Mn^{2+}，对植物的有效性增高。

在氧化态土壤中，当 Eh＞480mV 时，无机氮以 NO_3^--N 为主，利于喜硝性植物生长；在弱度还原状态以下，即 Eh 为 340～480mV 时，铵态氮和硝态氮共存，逐渐以 NH_4^+-N 为主；在中度还原状态以下，Eh＜340mV 时，则开始出现强烈的反硝化作用，引起氮素养分的气态损失和亚硝态氮的累积，同时 SO_4^{2-} 逐渐趋于还原，硫的植物有效性下降。

土壤氧化还原状况还影响有机质的分解和积累，间接地影响有机态养分的保存和释放。变价元素的氧化还原过程还间接影响到其他无机养分的有效性，在低的 Eh 下，因含水氧化铁被还原成可溶的亚铁，减少了其对磷酸盐的专性吸附固定，并使被氧化铁胶膜包裹的闭蓄态磷释放出来，同时磷酸铁也还原为磷酸亚铁，使磷的有效性显著提高。

（2）对土壤中生物活性的影响　　土壤氧化还原状况与土壤微生物活性存在密切关系。Eh 愈大，微生物活性愈强，反之则微生物活性小。在 Eh 较低时，土壤好氧微生物活性受到抑制，如硝化细菌、好氧固氮菌等有益微生物数目减少活性减弱；而反硝化细菌等厌氧微生物数量增加，影响氮素的转化。

（3）土壤氧化还原状况与有毒物质的积累　　在还原性强的土壤中，容易出现二价 Fe^{2+} 和 Mn^{2+}，甚至 H_2S 和丁酸等还原性物质的积累而对植物产生毒害作用。当 Eh＜200mV 时，土壤中铁锰化合物就从氧化态转化为还原态，当 Eh＜−100mV 时，土壤中 Fe^{2+} 浓度超过 Fe^{3+} 浓度而产生铁的毒害，当 Eh＜−200mV 时，就可能产生 H_2S 和丁酸等的过量积累而影响根系的呼吸作用，降低根系吸收养分的能力。

三、影响土壤氧化还原状况的因素及其调节

（一）影响氧化还原状况的因素

1. 土壤通气性　　土壤决定土壤空气中氧的浓度，土壤含水量低，通气性通气良好，

Eh 高。土壤排水不良，含水量高，通气性差，Eh 低。Eh 可作为土壤通气性的指标。

2. 土壤微生物活动　　土壤微生物活动需消耗氧气，微生物活动愈强烈，耗氧愈多，Eh 也愈低。

3. 易分解有机质含量　　有机质分解是耗氧过程，在一定通气条件下，土壤易分解有机质（糖类、纤维素、蛋白质和简单有机酸等）愈多，氧气消耗也愈多，Eh 也愈低。

4. 植物根系代谢作用　　植物根系分泌物可通过影响土壤微生物活动或参与土壤氧化还原反应而间接或直接影响根际土壤的氧化还原状况。水稻根系的泌氧特性对水田土壤的氧化还原状况具有较显著的影响，使根际土壤 Eh 较根外高。对旱地植物来说，根际土壤 Eh 较根系外低数十毫伏。

5. 土壤的 pH　　土壤 pH 和 Eh 的关系很复杂，理论上 $\Delta Eh/\Delta pH=-59mV$，即在通气不变的条件下，pH 每上升一个单位，Eh 下降 59mV，实际情况并不完全如此。一般来讲，Eh 在一定条件下随 pH 的升高而下降。

（二）土壤氧化还原状况的调节

1. 排水和灌溉　　由于土壤氧化还原状况的首要影响因素是通气性，而空气与水分又存在消长关系，所以土壤氧化还原状况常与水分状况密切相连，土壤水、气调节同时也伴随着氧化还原调节。强氧化条件的土壤，要解决水源问题，以促进土壤适度还原；对冷湿低洼条件下的强还原土壤，如"冷浸田"，应通过开沟排水，降低地下水位等措施创造氧化条件。

2. 施用有机肥和氧化物　　对于氧化性土壤，施有机肥可以适当加强还原作用，增加有效态铁、锰、铜等养分供应。尤其是新鲜有机物（如绿肥、枯叶、秸秆）配合灌水，可在短期内使氧化还原电位下降 100 至几百毫伏。此法对一般旱作土壤具有现实意义，但在质地黏重且有涝害威胁的土壤上应该慎用。

氧化态无机物具有抗还原作用，可以减缓渍水土壤 Eh 的剧烈下降，对于调节水田或湿地氧化还原状况有一定的意义。由于铁体系对土壤氧化还原状况影响较大，且氧化铁价格相对低廉，又不污染土壤，所以曾有人提出用氧化铁作为水田土壤的氧化还原调节剂。

3. 土壤调节措施　　凡是改善通透性的措施都利于提高氧化还原电位，如质地改良、结构改良、中耕松土、深耕晒垡等。

【思　考　题】

1. 简述酸性土壤的形成过程。
2. 影响土壤酸化的因素有哪些？
3. 土壤酸度有几种类型？活性酸和潜性酸之间有何联系与区别？
4. 什么是交换性酸度和水解性酸度，二者有何异同？
5. 土壤酸碱性对土壤性质有何影响？
6. 什么是土壤酸碱缓冲性？土壤缓冲作用的机理是什么？
7. 为什么说石灰是酸性土壤的最好改良剂？
8. 简述土壤缓冲性的重要性。
9. 土壤 Eh 的变化范围如何？
10. 影响土壤氧化还原状况的因素有哪些？

第九章　土壤养分循环

【内容提要】

本章系统阐述了土壤养分的含量、形态与有效性、循环转化过程及各养分元素有效性调节的途径。其中氮、磷、钾三种元素的循环转化及其有效性调节是本章的重点，钙、镁、硫的存在形态及其生物有效性，微量元素的形态及其转化是土壤养分研究的重要内容。

土壤养分（soil nutrient）主要是指由土壤所提供的植物生活所必需的营养元素，是土壤肥力的重要物质基础。土壤养分是植物生长发育必需的物质基础，同时也是土壤因子中易于被控制和调节的因子。矿质元素一定要具备下列三个条件，才被认为是植物所必需的（essential）：①由于该元素的缺乏，植物生长发育过程发生障碍，不能完成生活史；②去除该元素，则表现出专一的缺乏症，而且这种缺乏症是可以预防和恢复的；③该元素在植物营养生理上应表现直接的效果，而不是因为土壤或培养基的物理、化学或微生物条件的改变而产生的间接效果。按植物需要量可将土壤养分分为大量元素（或常量元素）和微量元素（或痕量元素）两类。N、P、K、S、Ca、Mg 属大量元素（macroelement），一般占植物体干重的 0.05%～5%，每公顷植物年吸收量几千克至数百千克；Fe、Mn、Cu、Mo、Zn、B、Cl、Ni 为微量元素（microelement），一般占植物体干重的 $1/10^7 \sim 1/10^3$，这些元素在土壤中的含量也较低，但对植物生命的重要性并不亚于大量元素。另外，还发现几种特定植物必需的养分，即有益元素（beneficial element），如藜科需钠，禾本科及硅藻需硅，蕨类需铝等。土壤养分可以反复地循环和利用，其典型过程为：①生物从土壤中吸收养分；②生物的残体归还土壤；③在土壤微生物的作用下，分解生物残体，释放养分；④养分重新被生物吸收。

第一节　土壤氮素养分

一、土壤中氮素的含量及其影响因素

（一）土壤氮素的含量

土壤氮可分为有机态和无机态两大部分，二者之和称为土壤全氮（soil total nitrogen），土壤全氮量是衡量土壤氮素供应状况的重要指标。一般来说，矿质土壤的全氮含量为 0.1～5.0g/kg，有机土壤的全氮含量则达 10g/kg 或者更高。我国土壤全氮含量变化很大，据对全国 2000 多个耕地土壤的统计，其变幅为 0.4～3.8g/kg，平均值为 1.3g/kg，多数土壤为 0.5～1.0g/kg。

（二）土壤中氮含量的影响因素

土壤中氮素主要以有机质形态存在，土壤全氮含量的消长取决于各地区有机质的积累和分解作用的相对强度。气候、地形、植被、成土母质及农业利用方式、年限等与土壤有机质转化密切相关的因子都会影响土壤全氮含量。

在我国，一般立地条件较差的荒山表土，全氮量多处于 1g/kg 以下，而在森林覆被下的土壤全氮量则较高。例如，云南省勐海县雨林下的暗色森林砖红壤表土全氮量达到 3.5g/kg，福建省针阔叶林下山地红壤表土全氮量在 1～3g/kg，江西省庐山黄壤的表层土壤全氮量为 2～3g/kg，东北大兴安岭、长白山一带针阔混交林的暗棕壤，其表土全氮量一般为 3g/kg，高的可达 6～7g/kg。

耕地土壤除受自然因素制约外，还更强烈地受到耕作、施肥等人为因素的影响，其全氮含量为（0.63±0.29）～（2.63±1.04）g/kg。东北黑土区全氮含量最高，黄土高原与黄淮海平原最低，长江中下游、江南、云贵高原及四川，以及华南、滇南、蒙新、青藏等地区，介于二者之间。后者中总体上又有依长江中下游、江南、蒙新、云贵高原及四川以及华南、滇南、蒙新、青藏的序列而逐渐增多的趋势。

二、土壤中氮素的存在形态及其有效性

土壤中氮素形态（forms of soil nitrogen）可分为有机态和无机态两大类，土壤中的气态氮一般不计算在土壤氮素之内。

（一）有机态氮

土壤有机物结构中结合的氮称为土壤有机态氮，一般占土壤全氮量的 95% 以上，按其溶解度和水解难易程度可分为以下三类。

1. 水溶性有机氮　　主要是一些较简单的游离态氨基酸、胺盐及酰胺类化合物，在土壤中数量很少，不超过全氮含量的 5%。分散在土壤溶液中，很容易水解，释放出 NH_4^+，成为植物的有效性氮源。

2. 水解性有机氮　　用酸、碱或酶处理能水解成简单的易溶性氮化合物，占土壤全氮的 50%～70%。按其化合物特性不同又可分为三种形态：①蛋白质及多肽类。它是土壤中氮素数量最多的一类化合物，占全氮量的 30%～50%，主要存在于微生物体内，水解后形成多种氨基酸和氨基，以谷氨酸、甘氨酸、丙氨酸为主，大多数以肽键相连接。氨基酸态氮很容易水解，释放出 NH_4^+。②核蛋白质类。核蛋白质水解后生成蛋白质和核酸，核酸水解生成核苷酸、磷酸、核糖或脱氧核糖和有机碱。由于有机碱中的氮呈杂环态结构，氮不易被释放出来，故在植物营养上属于迟效性氮源。③氨基糖类。氨基糖为葡萄糖胺，在土壤中可能来自核酸类物质，在微生物酶作用下，先分解成尿素一类的中间产物，然后转化为氨基糖。氨基糖类物质在土壤中占水解氮的 7%～18%。

3. 非水解性有机氮　　这类含氮有机物质结构极其复杂，不溶于水、酸和碱液。主要有杂环态氮化物，糖与胺的缩合物，胺或蛋白质与木质素类物质作用形成复杂结构态物质。

（二）无机态氮

土壤中无机态氮是指未与碳结合的含氮化合物，包括铵态氮（NH_4^+）、亚硝态氮（NO_2^-）、硝态氮（NO_3^-）、氨态氮（NH_3）、氮气（N_2）及气态氮氧化物，一般多指铵态氮和硝态氮。土壤中无机态氮素数量很少，表土中一般只占全氮量的 1%～2%，最多不超过 5%。土壤中无机态氮是微生物活动的产物，易被植物吸收，而且也易挥发和流失，所以其含量变化很大。

1. 土壤铵态氮（ammonium nitrogen）　　土壤铵态氮可分为土壤溶液中的铵、交换性铵

和黏土矿物固定态铵。

（1）土壤溶液中的铵　　由于溶于土壤水，可被植物直接吸收，但数量极少。它与交换性铵通过阳离子交换反应而处于平衡之中，又与土壤溶液中的铵存在着化学平衡，并可被硝化微生物转化成亚硝态氮和硝态氮。

（2）交换性铵　　是指吸附于土壤胶体表面，可以进行阳离子交换的铵离子。它通过解吸进入土壤溶液，可直接或经转化成硝态氮被植物根系吸收，也可通过根系的接触吸收而被植物直接利用。交换性铵的含量处于不断变化之中，一方面它得到土壤有机氮矿化、黏土矿物固定铵的释放以及施肥的补充；另一方面它又被植物吸收、硝化作用、生物固持作用、黏土矿物固定作用以及转变为氨后的挥发所消耗。在通气良好的旱田里，交换性铵易被氧化为硝态氮，所以含量较少，在水田里则含量较多且比较稳定。

（3）黏土矿物固定态铵　　简称固定态铵。存在于2∶1型黏土矿物晶层间，一般不能发生阳离子交换反应，属于无效态或难效态氮。其数量取决于土壤黏土矿物类型及土壤质地。

2. 土壤亚硝态氮（nitrite nitrogen）　　土壤亚硝态氮是铵的硝化作用的中间产物。在一般土壤中，它迅速被硝化微生物转化为硝态氮，因而含量极低。但在大量施用液氨、尿素等氮肥时，可因局部土壤的强碱性而导致明显积累。

3. 土壤硝态氮（nitrate nitrogen）　　土壤硝态氮一般存在于土壤溶液中，移动性大，在具有可变电荷的土壤中，可部分地被土壤颗粒表面的正电荷所吸附。硝态氮可直接被植物根系吸收。在通气不良的土壤中，数量极微，并可通过反硝化作用损失；可随水运动，易被移出根区，发生淋失。

土壤溶液中的铵、交换性铵和硝态氮因能直接被植物根系所吸收，常被总称为速效态氮。

三、土壤中氮素的循环转化及其调节

在陆地生态系统中，土壤中贮存的氮是整个生态系统氮的主体，而且最为活跃。土壤氮的转化与循环可以分为氮的输入、转化和输出三个部分，具体包括凋落物的归还、施肥、大气沉降、自生固氮、氨化、硝化、反硝化、植物吸收、NH_3的挥发、NO_3^-淋溶等过程和途径（图9-1）。

（一）土壤氮素的输入

土壤氮的输入（nitrogen input）主要包括凋落物的归还、施肥、大气沉降和自生固氮。土壤中氮的输入对于生态系统氮循环起着关键性的作用。尽管有研究表明植物可以从大气中直接吸收氮，但植物所吸收的氮绝大部分来源于土壤。土壤中氮输入的数量和质量与陆地生态系统的养分循环、土地生产力以及生态系统的健康具有密切的相关性。在通常情况下，土壤氮的来源以内循环为主，外循环所提供的氮源是十分有限的。

1. 施肥与凋落物的归还（fertilization and litter return）　　有机肥料是农田生态系统重要的氮素来源，持续施用有机肥料对提高土壤的氮贮量、改善土壤的供氮能力具有重要作用。但仅以有机肥料返回土壤氮素，难以满足作物生长的需要。含氮化肥的广泛施用对促进农业生产的发展发挥了积极作用，但在氮肥用量过高的地区，氮肥利用率低，损失量大，并易引起温室效应、地下水污染、水体富营养化、土壤酸化等环境问题。施氮肥提高了生态系统的生产力，同时对生态系统的组成、结构及许多生态过程，如水分和养分循环等将产生深远的影响。因此，养分综合管理成为一个重要的科学问题。

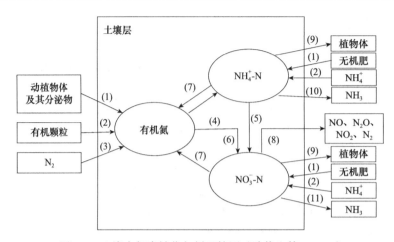

图 9-1　土壤中氮素转化与循环简图（陈伏生等，2004）

（1）凋落物归还和施肥；（2）大气沉降；（3）自生固氮；（4）氨化作用；（5）硝化作用；（6）矿化作用；（7）生物固持；
（8）反硝化作用；（9）植物吸收；（10）NH_3 的挥发；（11）NO_3^- 淋溶；（1）、（2）、（3）为土壤 N 的输入过程；
（4）+（5）为（6）；（6）+（7）为矿化、固持过程；（5）+（8）为硝化反硝化过程；（4）～（7）为土壤内部 N 的转化过程；
（8）～（11）为土壤 N 的输出过程

凋落物的归还也是土壤 N 的重要来源之一，在森林生态系统中往往成为主要来源。凋落物是生态系统土壤 N 的重要输入源，决定着土壤有机 N 库的大小。森林土壤中 N 输入主要取决于森林的类型、植物组成、土壤条件和气候条件。一般来说，阔叶林凋落物所输入土壤中的 N 多于针叶林，混交林优于纯林，天然林多于人工林，热带雨林多于温带阔叶林，而温带阔叶林优于寒温带的针叶林。

2. 大气氮沉降与灌溉（atmospheric nitrogen deposition and irrigation）　大气层发生的自然雷电现象，可使氮氧化成 NO_2 及 NO 等氮氧化物。散发在空气中的气态氮，如烟道排气、含氮有机物质燃烧的废气及由铵化物挥发出来的气体等，通过降水的溶解，最后随雨水进入土壤。近年来，由于生态环境的恶化，沙尘暴、空气浮尘、雾霾等干沉降也成为土壤氮的来源之一。以大气降水进入土壤中的氮量在正常情况下极少，对农林业生产意义不大。以尘埃形式回到地面上的氮量为每年每公顷 0.1～0.2kg。随灌溉水带入土壤的氮主要是硝态氮形态，其数量因地区、季节和灌溉量而异。

3. 生物固氮（biological nitrogen fixation）　生物固氮是陆地生态系统中另外一个重要的土壤氮源，也是地球化学中氮素循环的重要环节，生物固氮量大约为 140×10^{12}g N/ 年。以豆科植物和根瘤的共生固氮为主，各占生物固氮量的一半。尽管土壤的自生固氮很有限，但对于一些特殊的生态系统，如在干旱区，由一些真菌、细菌和地衣构成的微生物结皮所固定的氮量是土壤氮来源不可忽视的部分。自生固氮微生物的最佳适应条件比较苛刻，包括适宜能源物质的存在、低含量的土壤有效氮、适量的矿质营养、近于中性的 pH 及合适的水分等，但通过自生固氮微生物的联合活动每年可使土壤得到 66～112kg/hm^2 的氮。

固氮作用的生物化学过程对土壤肥力具有很大的作用。尽管目前生产氮肥的设备有了巨大的发展，但仍然认为生物固氮是全世界大部分土壤所固定氮的主要途径。土壤中原来的氮，以及固氮微生物所提供的氮，一直是植被生长的重要氮源。

（二）土壤氮素内部的转化

大气中的惰性氮（N_2）经过生物和非生物途径进入土壤后，主要形态是有机态氮和无机态氮。土壤中氮的内部转化主要包括氨化作用、硝化作用和固持三个过程。氨化作用、硝化作用在第二章已经做了详细叙述，在此只介绍氮素的固持作用。

1. 无机态氮的固定　　矿化作用生产的氨态氮、硝态氮和简单的氨基态氮（—NH_2），通过微生物和植物的吸收同化，成为生物有机体组成部分，称为无机氮的生物固定［又称生物固持（biological nitrogen immobilization）］。所形成新的有机态氮化合物，一部分被作为产品被输出，而另一部分和微生物的同化产物一样，再一次经过有机氮氨化和硝化作用，进行新一轮的土壤氮循环。微生物对土壤氮的吸收同化，利于土壤氮素的保存和周转。

2. 铵离子的矿物固定　　土壤中产生的另一个无机态氮固氮反应叫作铵态氮的矿物固定作用（ammonium fixation），是指离子直径大小与 2 : 1 型黏土矿物晶架表面孔穴大小接近的铵离子，陷入晶架表面的孔穴内，暂时失去它的生物有效性，转变为固定态铵的过程。这种固定作用在蛭石、半风化的伊利石和蒙脱石黏土矿物为主的土壤中尤其多见。矿物固定态铵离子的含量与土壤中其他交换性阳离子的种类和性质有关，尤其与钾离子的含量关系密切。土壤的干湿交替、酸碱度等对铵的矿物固定或固定态铵的释放也有直接的影响。在某些森林土壤 O 层和 A 层中大约有一半的氮以固定态铵或者与腐殖质化学结合态的形式被固定。铵一旦被固定后，其释放速率非常缓慢。

一般把有机态氮转变成氨态氮和硝态氮的过程（氨化和硝化作用）统称为矿化过程（nitrogenmineralizaiton）。几乎与此同时进行着相反的过程，即已矿化的氮被土壤中的微生物同化而形成有机氮（微生物体氮），这称为矿化氮的固持过程，也称同化作用（nitrogen assimilation）。同化作用既可以是生物过程，也可以是非生物过程，后者在森林土壤中具有重要地位，很可能与高碳氮比土壤有机质的化学反应有关。矿化和固持过程相互抵消后的余额称为净矿化或净固持。氮的矿化 - 固持过程对于土壤氮的转化与循环具有关键性的作用。首先，氮的净矿化 - 固持与森林生态系统的 N 有效性、养分利用效率和生产力存在着密切的关系；其次，N 的净矿化 - 固持与群落演替、植物多样性、生态系统退化和健康等之间存在反馈关系；再次，氮的矿化 - 固持过程与温室气体的产生、地下水污染等全球环境问题存在一定的相关性。研究表明，净氮矿化与微生物生物氮量呈线性关系，在降水较多的年份，微生物生物氮量表现为一个衡量，因此矿化 - 硝化作用的增加会增加氮流失的潜在危险。

（三）土壤氮素的输出

1. 植物吸收　　植物吸收是土壤中氮素输出的最主要的形式，是维持植物正常生长的必备条件。土壤中氮素的含量及其形态显著影响着植物的生长和养分利用效率。植物根系从土壤中吸收的氮主要以硝酸根离子（NO_3^-）和铵离子（NH_4^+）为主。有研究表明，植物即使在开始还原 NO_3^- 时也需要消耗能量，但大多数植物既能同化 NH_4^+，又能同化 NO_3^-。植物的根系在吸收 NO_3^- 并还原后，将沿着与 NH_4^+ 一样的途径被植物吸收。在氮素有限的生态系统中，如强酸性或是极其贫瘠的土壤中，植物也会吸收一些低分子质量的溶解态有机化合物（主要是可溶性蛋白质和氨基酸），这些植物的根系可能会直接吸收溶解性有机氮，或利用菌根同化吸收溶解性有机氮。植物对氮的吸收一方面由植物本身的遗传特性主导，另一方面与土壤中氮存在的数量、形态紧密相关，同时还受其他因子，如环境因子、土壤中其他养分状况等影响。因此，关于 N 素和植物吸收的关系以及如何提高植物对 N 的吸收率及其利用率一直是学术界研究的重点。

2. 反硝化过程　　反硝化作用（denitrification）是指土壤中某些厌氧微生物在通气不良或供氧不足条件下，将 NO_3^- 或 NO_2^- 还原成 N_2、NO、N_2O 等气态氮素而损失的过程。这些反

硝化微生物以 NO_3^- 或 NO_2^- 等代替 O_2 为最终电子受体进行呼吸代谢。NO_3^- 经呼吸产生 N_2O，最终生成 N_2 的过程称为反硝化作用或脱氮作用。参与反硝化过程的生物通常数量巨大，且大部分都是严格厌氧型微生物，如假单胞菌属（*Pseudomonas*）、芽孢杆菌（*Bacillus*）和微球菌（*Micrococcus*）等，这些微生物均从氧化有机物的过程中获得碳和能量，都是异养型微生物。在反应过程中，五价的 NO_3^- 经过一系列步骤被逐步还原成三价的 NO_2^-，二价的 NO 和一价的 N_2O，最终被还原为零价的 N_2。

$$2NO_3^- \xrightarrow{-2O} 2NO_2^- \xrightarrow{-2O} 2NO\uparrow \xrightarrow{-O} N_2O\uparrow \xrightarrow{-O} N_2\uparrow$$
$$（+5）\quad （+3）\quad （+2）\quad （+1）\quad （0）\longleftarrow 氮的价态$$

反硝化作用发生的微环境里含氧量不能超过 10%，而且含氧量越低越有利于反硝化作用的进行。反硝化作用的结果：①造成氮肥的损失。在农田土壤中，因反硝化作用造成氮的平均损失量为氮肥施入量的 25%～30%，水田的反硝化作用比旱地强得多。②引发温室效应。氮氧化物（N_2O）是一种温室气体，每摩尔 N_2O 吸收红外辐射的能力为 CO_2 的 110～200 倍。③破坏臭氧（O_3）层。NO、N_2O 可以破坏臭氧层。④消除 NO_3^- 对环境和食物链造成的污染。

3. 氨的挥发（ammonia volatilization）　有机物料、农家肥和化肥，如尿素在分解的时候都会产生氨气。氨的挥发是土壤中氮损失的另一条途径。在高 pH 的土壤中，NH_4^+ 被转化成 NH_3 释放到大气中，从而导致氮的损失，其反应式为

$$NH_4^+ + OH^- =\!=\!= NH_3\uparrow + N_2O$$

氨挥发速率主要取决于土壤表层（旱作）或田面水（水田）的 pH、温度以及氨浓度和田间风速等。因此，土壤 pH、阳离子交换量、碳酸钙含量、铵态氮肥的相伴离子种类、氮肥施用技术、作物生长状况以及气象条件等，都会影响氨挥发损失的程度。在石灰性土壤上表施铵态氮肥，易引起氨的挥发损失。在石灰性土壤上施用氮肥，其氮的损失量明显高于非石灰性土壤。此外，高温尤其是土壤表层的温度过高，也会促进氨的挥发。因此，在旱地土壤中，相比于将有机肥和化肥直接施用在土壤表面，将肥料施入几厘米深的土层能使氨挥发损失降低 25%～75%。

4. 淋洗损失（leaching loss）　淋洗是土壤 N 损失的主要非生物渠道。淋洗通常指硝态氮的淋失，铵态氮和有机氮的淋失甚少。主要是由于带负电荷的 NO_3^- 不能被土壤中占据主导地位的带负电荷的胶体吸附，因而 NO_3^- 可以随渗漏水自由地向下移动并迅速从土壤中淋失。影响淋溶的主要因素有土壤条件、植被状况和其他外界条件。但淋溶损失必须有两个先决条件：①土壤中有大量 NO_3^--N 存在；②有丰沛的下渗水流。促进或阻碍这两个条件之一的任何因素都影响氮淋洗的发生及其程度。在湿润和半湿润地区的土壤淋洗量较多，半干旱地区较少，而在干旱地区除少数砂质土壤外，几乎没有淋洗。地表覆盖也与硝盐的淋洗密切相关，植物生长旺盛季节，土壤根系密集，吸收强烈，即使在湿润地区，氮的淋失也较弱。

土壤中 NO_3^- 的淋失会导致土壤的酸化，进而引起土壤中 Ca^{2+}、Mg^{2+}、K^+ 等阳离子的伴随淋失。此外，土壤氮还可以随地表径流进入河流、湖泊等水体中，所以氮淋洗不仅能引起生态系统养分的亏缺和氮利用效率的下降，同时易造成地表水和地下水的污染，甚至导致富营养化。

（四）土壤氮素的调节

在土壤氮转化过程中，氨化作用和硝化作用使土壤有机氮转化为有效氮，反硝化作用

和化学脱氮使土壤有效氮遭受损失。黏土矿物对氮的固定是使土壤有效氮转化为无效或迟效氮的过程。土壤氮素调节是指人为活动的调节管理，即通过科学合理施肥、耕作、灌溉等措施，发挥土壤氮素的潜在植物营养功能，以满足作物高产、高效和优质的需要。在作物生产过程中，最富有实际意义的是有机氮矿化作用过程中的纯矿化量，即有机氮的矿化量与矿质氮固定量之差。纯矿化量受许多因素的影响。

1. **C/N 的影响**　　土壤氮的纯矿化量与有机质本身的碳氮比（C/N）有关，这是因为有机营养型微生物在分解有机质使之矿化过程中，需要以有机质中所含的碳作为能源，并利用碳源作为细胞体的构成物质，同时在营养上还需氮的供应，以保持细胞体中 C/N 比例的平衡。氮的来源除由有机质供应外，还可吸取利用土壤中的铵态或硝态氮，以补其不足。如果有机质本身所含 C/N 的值超过一定数值，微生物在有机质矿化过程中就会产生氮素营养不足的现象，其结果使土壤中原有矿质态有效氮也被微生物吸收而同化，这样植物不仅不能从有机质矿化过程中获得有效氮的供应，反而会使土壤中原来所含的有效氮暂时失去了植物的有效性，结果产生了土壤有效氮素的所谓微生物同化固定现象。反之，如果有机质 C/N 的值小于某一值，矿化作用结果产生的纯矿化氮较高，除满足微生物自身在营养上的同化需要外，还可提供给植物吸收利用。一般认为，如果有机质 C/N 的值大于 30∶1，则在其矿化作用的最初阶段就可能使植物的缺氮现象更为严重。如果有机质的 C/N 的值小于 15∶1 时，在其矿化作用一开始，它所提供的有效氮量就会超过微生物同化量，使植物有可能从有机质矿化过程获得有效氮的供应。

应该指出，由于土壤微生物区系及其土壤性质的不同，矿化释氮量和同化固氮量达到平衡时的 C/N 的值，不可能是一个不变的定值。上段列举的 15 是较低的标准，文献报道中有 17、20 甚至 25。鉴于一般谷类作物的 C/N 的值达到 50 以上，在实施秸秆还田时，应同时注意速效氮肥的补充。试验指出，如果有机残体的 C/N 达到了 40 以上，即使在合适的温度条件下，让它们在旱地土壤中进行分解，也需要经过 2～4 周的时间才能发挥其供氮的作用。另外，很多豆科绿肥，如紫云英、苜蓿等，由于它们的 C/N 一般在 20 以下，一旦分解，就能产生供氮的效果。

2. **施肥的影响**　　施肥促使土壤有机质的矿化作用表现在：一是施用新鲜有机物质，如秸秆、绿肥等，能激发土壤原来有机质的分解，这称为激发效应（又称起爆效应）。加入新鲜有机能源物质，引起了原来腐殖质的分解，增强了它的矿化作用。产生这种现象的原因还没有完全一致的看法，可能由于新鲜的有机能源物质促进了微生物的繁殖和活动，或改变了微生物区系，或由微生物产生的酶作用于腐殖质所致。二是使用矿质氮肥也能促进原来土壤有机氮的分解、释放，也称为激发效应（起爆效应）。目前对于这一现象的机理还不十分清楚，可能的原因有：①施入的无机氮被微生物固定，促使原来有机质氮矿化、释放。施入的氮越多，原来有机氮矿化释放氮也越多。②施入无机氮后促进植物根系发育，从而通过根系的生物作用促进氮吸收。③施入无机氮后，由于盐效应引起化学和物理性质变化如渗透压、pH 等变化造成的。

3. **淹水、灌溉的影响**　　淹水水稻有一个明显的氧化层和还原层的分异现象，使得氮素转化和分布规律与旱地土壤明显不同。氧化层的氧化还原电位较高，氮素以硝态氮为主，如果将氮肥（NH_4^+）表施在氧化层，就会产生硝化作用，转化为硝态氮，随水下渗进入还原层，由于还原层的还原性较强，在厌氧条件下产生反硝化作用，导致氮素以 N_2、NO、N_2O

从土壤中逸出。因此，在淹水土壤中施用铵态氮应尽可能施入还原层，使铵离子能被带负电的土壤胶体所吸附以防止它的损失。从灌溉的角度讲，铵态氮施入还原层后，宜保持表面水层，避免频繁的干湿交替，因为落干晒田，利于铵态氮硝化，而硝态氮的生成与积累，正好为以后复水时产生反硝化作用提供氮源，增加了反硝化脱氮的可能性。所以如何通过人为调控施肥，减少氮素损失，提高肥料氮的利用率，取得最佳的经济效益，是普遍关注的问题。

第二节　土壤磷素养分

一、土壤中磷素的含量及其影响因素

地壳中磷的含量平均为 2.8g/kg 左右（以 P_2O_5 计）。我国土壤全磷（total phosphorus）（P，g/kg）的含量为 0.44～0.85g/kg，最高可达 1.8g/kg，低的只有 0.17g/kg。

土壤磷含量主要取决于母质类型和磷矿石肥料，自然土壤含磷量多少取决于多种因素，如土壤母质类型、有机质含量、地形部位、土壤酸碱度等。我国各地土壤表层全磷量变动很大，总体上从南至北逐渐增加，从东到西（西北）也有某些增高。例如，我国南方沿海花岗岩、砂岩及浅海沉积物发育的砖红壤，全磷量一般在 0.3～0.6g/kg；某些侵蚀红壤则可低至 0.1g/kg 及以下，玄武岩发育的砖红壤全磷量较高，可达到 0.8～1.7g/kg；江南丘陵第四级红色黏土发育的红壤，其全磷量一般在 0～0.8g/kg；云贵川地区由基性岩发育的红壤和黄壤，全磷量为 1～2g/kg；其他母质发育的土壤，其全磷在 0.4～1.0g/kg，江淮丘陵平原由黄土发育的黄棕壤、黄刚土、白土等，全磷量一般在 5.0～1.2g/kg；华北黄土高原黑垆土、黄绵土等的全磷量为 1.1～1.8g/kg，东北黑土全磷量一般为 1.0～2.2g/kg，大兴安岭森林下白浆化暗棕壤表土全磷量为 2.6g/kg；内蒙古和宁夏地区黄土性母质为主发育的栗钙土、灰钙土、黄绵土和潮土，全磷量在 1.6～3.0g/kg；新疆栗钙土含有较高的全磷量，可达到 3.5g/kg。速效磷含量差异也很大，在我国从南到北逐渐增高，变动范围为 0.5～50mg/kg。南方发育于第四纪红色黏土等母质上的红壤、赤红壤等土壤，土壤速效磷含量多低于 2mg/kg，造成该地区自然植被常出现缺磷现象。石灰性土壤比酸性土壤含磷量高；土壤有机质含量高，土壤含磷量高；与土壤质地有关，黏土含磷量一般要高于砂壤土。

二、土壤中磷素的存在形态及其有效性

（一）土壤有机磷

土壤有机磷（organic phosphorus）变幅很大，可占表土全磷的 20%～80%，我国耕作土壤中有机磷含量占全磷量的 25%～56%。对于土壤有机磷化合物形态组成，目前尚不完全清楚，已知的有机磷化合物中主要包含以下 3 种。

1. 植素类　植素即植酸盐，是由植酸（又称环己六醇磷酸）与钙、镁、铁、铝等离子结合而成的。土壤中的植素是经微生物作用后形成的，在纯水中的溶解度可达 10mg/kg 左右，pH 越低，溶解度越大。植素可被某些植物吸收，但大多数需通过微生物的植素酶水解，形成 H_3PO_4，才能对植物有效。植素类磷在土壤有机磷总量中占的比例较大，一般为 20%～50%，是土壤有机磷的主要类型之一。土壤中还有一部分植素呈铁盐状态，其溶解度比钙、镁盐更小。

2. 核酸类　　核酸是一类含磷、氮的复杂有机化合物，是直接从生物残体特别是微生物体中的核蛋白质分解出来的。核酸态磷在土壤有机磷总量中占5%~10%，经微生物酶系作用分解为磷酸盐后即可为植物吸收。

3. 磷脂类　　磷脂类是一类不溶于水而溶于醇或醚类的含磷有机化合物，普遍存在于动植物及微生物体内。土壤中含磷脂化学物很少，不足有机磷总量的1%。磷脂类化合物经微生物分解转化为有效磷后才能被植物利用。

（二）土壤无机磷

土壤中的无机磷（inorganic phosphorus）化合物比较复杂，种类繁多，多以正磷酸盐存在，其数量占土壤中全磷量的2/3~3/4。按其溶解度可分为两大类。

1. 难溶类磷酸盐类

（1）磷酸钙（镁）类化合物（以Ca-P表示）　　指磷酸根在土壤中与钙、镁等碱土金属离子以不同比例结合形成的一系列不同溶解度的磷酸钙、镁盐类。它们是石灰性或钙质土壤中磷酸盐的主要形态。在我国北方石灰性土壤中常见的磷酸盐有磷灰石［$Ca_5(PO_4)_3 \cdot F$］、羟基磷灰石［$Ca_5(PO_4)_3 \cdot OH$］、磷酸三钙［$Ca_5(PO_4)_2$］和磷酸八钙［$Ca_8(PO_4)_6 \cdot 5H_2O$］、磷酸十钙［$Ca_{10}(PO_4)_6 \cdot (OH)_2$］。在磷酸钙盐的分子组成中Ca/P越大，稳定性增大，溶解度越小，对植物的有效性越低。

（2）磷酸铁和磷酸铝化合物（以Fe-P，Al-P表示）　　指在酸性土壤中无机磷与土壤中的铁、铝结合生成各种形态的磷酸铁和磷酸铝类化合物。这类化合物有的呈凝胶态，有的呈结晶态。在酸性土壤中常见的有粉红磷铁矿［$Fe(OH)_2H_2PO_4$］、磷铝石［$Al(OH)_2H_2PO_4$］，它们的溶解度极小。在水稻土和沼泽土中，常有蓝铁矿［$Fe_3(PO_4)_2 \cdot 8H_2O$］、绿铁矿［$Fe_3(PO_4)_2 \cdot Fe(OH)_2$］存在。它们是长期积水或排水不良，处于高度厌氧还原状态的结果，使土色呈青灰色或蓝色。铁在水田中呈还原态，使得Fe-P溶解度比旱地高，从而提高了磷素的有效度。

（3）闭蓄态磷（以O-P表示）　　指由氧化铁胶膜或其他胶膜包被的磷酸盐。由于氧化铁的溶解度极小，被它包被的磷酸盐溶解的机会就变得更小。如果不通过还原或调节酸度等措施除去外层铁质胶膜，闭蓄态磷就很难发挥作用。在酸性土壤中，这种磷的含量所占的比例很大，往往超过50%，在石灰性土壤中可达到15%~30%，但包被物不是氧化铁一类物质，而是钙质的不溶性化合物。

2. 易溶性磷酸盐类　　此类磷酸盐包括水溶性和弱酸溶性磷酸盐两种。

（1）水溶性磷酸盐　　主要是一价的磷酸盐类，如磷酸一钙［$Ca(H_2PO_4)_2$］，是化学磷肥过磷酸钙的主要成分。这类磷酸盐能溶解于水中，为速效态，易被植物吸收利用。水溶性磷酸盐在酸性和碱性条件下很容易转化为其他形态，从而降低其有效性。

（2）弱酸溶性磷酸盐（$CaHPO_4$）　　多存在于中性至弱酸性土壤环境中，土壤中有机质（包括有机肥）分解所产生的有机酸和无机酸、植物根系和微生物呼吸产生的CO_2溶于水生成的碳酸都可溶解这部分磷酸盐，从而被植物根系吸收利用，故弱酸溶性磷酸盐也属于有效态磷酸盐，只不过它不如水溶性磷酸盐的有效性高。在碱性条件下，这部分磷酸盐又可转化为难溶性磷酸盐而失去有效性。

以上两种易溶性磷酸盐一是来自施用的化学磷肥，二是土壤中难溶磷酸盐在一定条件下转化为易溶性。由于这两种易溶性磷酸盐的存在对土壤条件要求十分严格，特别是酸性土壤上，大多数情况下往往转化成难溶性磷酸盐。因此，易溶性磷酸盐在土壤中的数量一般很少，每千克土壤只有几至几十毫克。

土壤中能够为植物所利用的磷称为有效磷（available phosphorus）。土壤中的有效磷主要有：①土壤溶液中的磷酸根离子；②包含在有机物中并较易分解的磷；③磷酸盐固相矿物中能随土壤性质影响而溶解的磷酸根离子；④交换吸附态磷酸根离子。就有效磷数量而言，以②和③两种形态最重要。在培肥较好的土壤中，有机磷的重要性较大，而在一般土壤中，则以固相所释放的磷为主。有效磷的概念不仅包括数量概念，还包括供应强度的意义，如释放的快慢（时间因素）、释放的难易（能量因素）、溶液中磷的浓度（强度因素）、输送的速度（物理因素）等。

三、土壤中磷素的循环转化及其调节

（一）土壤中磷素的循环

土壤中磷素主要来源于岩石、矿物的风化。如图 9-2 所示，磷素循环中重要的是磷素在土壤中速效形态与迟效形态或磷的固定之间的转化及其控制条件。磷与土壤矿物质紧密结合，除了随土壤侵蚀通过地表径流流失损失外，土壤中磷的淋失损失几乎可以忽略不计。磷循环主要在土壤、植物和微生物中进行，其过程为植物吸收土壤有效态磷，动植物残体磷返回土壤再循环；土壤有机磷（生物残体中磷）矿化；土壤固结态磷的微生物转化；土壤黏粒和铁铝氧化物对无机磷的吸附解吸，溶解沉淀。

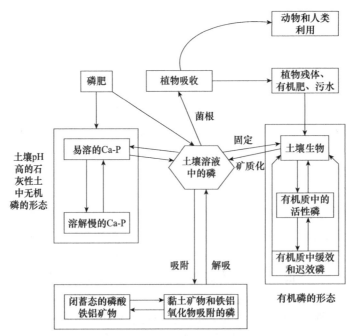

图 9-2　土壤—植物系统中磷的循环（Weil and Brady，2017）

（二）土壤磷的转化

土壤磷的转化包括一系列复杂的化学和生物化学反应过程，归纳起来主要是沉淀和溶解反应，吸附和解吸反应，以及有机磷的矿化和无机磷的生物固定。

1. 土壤中磷的固定

（1）土壤中磷的化学固定　　在酸性土壤中，磷的固定由铁、铝体系所控制。酸性土壤中的磷酸根离子（主要是 $H_2PO_4^-$）与活性铁、铝或交换性铁、铝，以及赤铁矿、针铁矿、褐铁矿、三水合铝、无定形铁铝等化合物作用形成一系列溶解度较低的 Fe(Al)-P 化合物，如磷酸铁铝、盐基性磷酸铁铝、粉红磷铁矿、磷铝石等，使植物难以吸收利用。

在中性和石灰性土壤中，主要受 Ca^{2+}、Mg^{2+} 体系控制，转化形成 Ca-P。磷酸在扩散的过程中与土壤中的 Ca、Mg 结合，逐步转化为二水磷酸二钙、无水磷酸二钙和磷酸八钙等中间产物，对作物仍有一定有效性。最后经长时间转化为稳定的磷酸十钙（羟基磷灰石、氟磷灰石和氯磷灰石），成为无效态磷，要经过长时间的风化作用才能逐步释放。

（2）土壤中磷的吸附固定　　吸附是指磷由土壤溶液吸持到土壤固相表面的现象，固相上磷酸根离子的浓度高于溶液中磷酸根离子的浓度。吸附不完全可逆，固相部分吸附态磷可被解吸进入土壤溶液，通常称为交换态磷。吸收是指吸附于土壤固相表面的磷酸根离子部分扩散进入土壤固相内部的现象，基本上是不可逆的。由于吸附和吸收难以截然区分，一般统称为吸持。

土壤对磷的吸附按其作用力可分为非专性吸附（non-specific adsorption）和专性吸附（specific adsorption）或称配位体交换（ligand exchange）两大类。非专性吸附是由带正电荷的土壤胶粒通过静电引力（库伦力）产生的吸附，又可称为物理吸附。它发生在胶粒的扩散层，与氧化物配位壳之间有 1~2 个水分子间隔，故结合较弱，易被解吸。这种吸附作用与体系 pH 密切相关，它随土壤 pH 的降低而增加，因为这种吸附过程与胶粒表面羟基的质子化有关。其反应式如下：

上式反应是可逆的，当 H^+ 浓度增高时质子化作用强，吸附量多；若 H^+ 浓度降低，则向反方向进行，磷酸根离子得以解吸。由于这种因静电引力而形成的吸附对于任何负电荷的离子（如 OH^-、SO_4^{2-} 等）都能发生，所以它们之间存在着相互竞争置换的现象，其置换方向主要取决于某一负电荷离子的相对浓度。

专性吸附是磷酸根离子进入扩散层内部与金属离子配位的配位基进行交换而产生的吸附现象，即土壤中具有可变电荷的颗粒（如铁、铝氧化物和 1∶1 型黏土矿物等）表面上的—OH 或—OH_2 与磷酸根离子进行配位交换的过程。专性吸附多发生在铁、铝含量较高的酸性土壤中，酸性土壤由于溶液中 H^+ 浓度较高，黏土矿物表面的 OH^- 被质子化，形成—OH_2^+，吸附性增强。例如，黏土矿物表面的 Fe-OH 与 $H_2PO_4^-$ 发生反应，一个 Fe-OH 与 $H_2PO_4^-$ 结合，称为单键结合。其反应式如下：

两个 Fe-OH 与 $H_2PO_4^-$ 反应，称为双键结合，并形成六边形结构。

$$O \begin{array}{c} \diagup\ \text{Fe-OH} \\ \diagdown\ \text{Fe-}H_2PO_4 \end{array} \Big|^0 \longrightarrow O \begin{array}{c} \diagup\ \text{Fe} \longrightarrow O \\ \diagdown\ \text{Fe} \longrightarrow O \end{array} P \begin{array}{c} \diagup\ O \\ \diagdown\ OH \end{array} \Big|^0 + H_2O$$

双键结合比单键结合牢固得多，由单键结合的磷酸盐过渡到双键结合的磷酸盐，即随着磷酸盐的不断老化，其稳定性不断增强。

在石灰性土壤中，碳酸钙表面也可以配位基交换的方式吸附磷酸根离子。碳酸钙的颗粒愈细，表面积愈大，则吸附量愈大。

$$-Ca-OH + H_2PO_4^- \longrightarrow -Ca-H_2PO_4 + OH^-$$

土壤对磷的吸附，以专性吸附为主。专性吸附与非专性吸附的主要区别是：前者主要靠化学力引起，与表面电荷无关，作用力比库伦力强，但吸附过程缓慢，不易发生逆向反应，故又可称为化学吸附。

土壤中有多种物质可以吸附磷，如含水氧化铁、铝；黏土矿物；氢氧化铁、铝等，其中含水氧化铁、铝的吸附能力最强（表 9-1），它往往对土壤吸附磷起控制作用。

表 9-1　几种土壤组分在所示溶液 pH 条件下吸附的磷量

组分	吸附磷 / (mg/kg)	溶液中磷 / (mg/L)	溶液 pH
水化氧化铁凝胶（干）	14 290	5.0	5.5
水化氧化铁凝胶（湿）	50 000	3.0	5.5
水铝英石	27 500	3.0	6.0
无定形氢氧化铝	3 900	3.8	5.0
三水铝石	7 130	3.1	5.0
针铁矿	5 800	2.7	4.2
赤铁矿	1 150	3.1	4.0
高岭石	465	3.0	6.5
蒙脱石	110	3.0	6.5
方解石	60	2.8	9.2

土壤中的磷既存在吸持过程，又存在解吸过程，二者处于动态平衡之中，可以用吸附和解吸动力学过程描述。磷的解吸是指吸附态和吸收态磷被释放出来重新进入土壤溶液的过程，是吸持作用的逆过程。但是，吸持作用与解吸作用不是完全可逆的，一般是吸持的多，解吸的少。特别当吸附的磷渗入固相成为吸收态磷后，解吸就比较困难，必须破坏吸附层后才能释放出来。土壤中磷的吸附和解吸主要取决于土壤溶液中磷的浓度、土壤 pH、土壤物质组成和作用时间等。

（3）土壤中磷的闭蓄态固定　　闭蓄态固定是指磷酸盐被溶解度很小的无定型铁、铝、钙等胶膜所包蔽的过程（或现象），这种被包蔽的磷酸盐化合物称为闭蓄态磷（O-P）。在我国南方水稻土中，闭蓄态磷占土壤无机磷总量的 40%～70%，在旱作情况下难以为植物所利用，在淹水还原条件下，其中的磷仍有可能释放出来供植物吸收利用。

（4）土壤中磷的生物固定 土壤溶液中磷酸盐的浓度取决于磷的矿化作用和固持作用两个方向相反的过程的相对速率，它们的相对速率受被降解有机物含磷量的影响。当有机物的 C/P 大于 300 时，出现净固持作用（固持作用速率＞矿化速率）；反之，当该比值＜200 时就会出现净矿化作用。含磷量小于 0.3% 的秸秆等植物残体分解时，出现有效磷的净固持。绿肥作物及农家肥等在分解的初期，既有无机磷的释放也有微生物对无机磷的固定。

2. 土壤中磷的释放 土壤中磷的释放过程是固定过程的逆向过程，是土壤磷素的有效化过程。土壤中磷的释放主要有以下几种途径。

（1）难溶性磷酸盐的释放 土壤中化学沉淀的磷酸盐和闭蓄态磷酸盐等难溶性的磷酸盐，在一定条件（物理、化学或生物化学的作用）下，可以转化为溶解度较大的磷酸盐或非闭蓄态磷，提高磷的有效性。土壤中磷的这一转化过程称为难溶性磷的释放，或称为难溶性磷的有效化过程。在石灰性土壤中，难溶性磷酸钙盐可借助植物根系和微生物分泌的碳酸、有机酸、有机肥料分解时产生的有机酸，以及生理酸性肥料所产生的无机酸，逐渐转化为有效性较高的磷酸盐，如磷酸二钙等。在酸性土壤中，淹水后土壤还原条件增强，Eh 下降，土壤 pH 向中性发展，促进磷酸铁盐等的水解，提高无定形磷酸铁盐的有效性；同时又能使一部分包蔽在磷酸盐外层的氧化铁被还原成氧化亚铁，胶膜逐渐消失而成为非闭蓄态磷酸铁盐，这类磷酸盐在淹水条件下有一定的活性，能为水稻所吸收利用。所以在旱地改为水田后，土壤磷素供应能力提高，有效磷含量增加，这对于酸性土壤中磷的释放尤为重要。

（2）吸附态磷的解吸 解吸过程是吸附过程的逆向反应，即吸附态的磷重新进入土壤溶液的过程。但大量试验表明，土壤吸附态磷不能全部被解吸下来，只有部分能解吸下来进入土壤溶液。从理论上解释有两方面原因：一是单键吸附态磷形成了双键吸附态磷，呈环状结构，而这种结构是不能被解吸的；二是部分吸附态磷扩散进入铁铝氧化物晶体的内层，从而失去可解吸性。因此，只有部分吸附态磷能解吸下来进入土壤溶液。那么，引起土壤吸附态磷解吸的原因又是什么？目前一般认为有两方面原因：一是化学平衡反应的需要。土壤溶液中磷浓度因植物吸收而降低，从而失去了原有的平衡，驱使吸附态磷向土壤溶液移动，即发生解吸；二是竞争吸附的结果，所有能被土壤胶体吸附的阴离子可与磷酸根离子进行竞争吸附，从而导致吸附态磷的解吸，根据等温吸附线判断，各种阴离子的竞争吸附能力存在明显的差异，土壤中普遍存在的 SO_4^{2-} 和 HCO_3^-，与磷相比吸附很弱；而吸附性强的 AsO_3^-、SeO_2^- 和 MoO_2^- 在土壤中含量一般均极微；唯有 SiO_4^- 和 OH^- 吸附强，且在土壤中又普遍存在，尤其是 OH^-，其吸附能力超过磷，因此更具竞争交换的能力，促使磷的解吸。另外，竞争性阴离子的相对浓度也影响吸附态磷的解吸。在浓度相同的条件下，除 OH^- 外，磷酸根离子比其他阴离子具有更大的竞争吸附能力，在这种情况下，其他阴离子的存在不易引起磷的解吸。提高竞争性阴离子的相对浓度有利于磷的解吸。在生产实践中，在酸性土壤上施用石灰或硅肥可提高土壤磷的有效性。

（3）土壤有机磷的矿化 土壤中的有机磷化合物主要以植素、核酸、核蛋白、磷脂等形态存在，除少部分可被植物直接吸收利用外，大部分需经微生物和磷酸酶的作用，逐渐转化为无机磷，供植物吸收利用，或再与土壤中的固磷基质结合形成难溶性磷酸盐。

土壤中有机磷的矿化主要是在磷酸酶作用下进行的，土壤有机磷的矿化速率往往与磷酸酶活性呈正相关，因此磷酸酶在有机磷的生物化学转化中具有十分重要的作用。土壤磷酸酶是植物根系和土壤微生物的分泌物，包括核酸酶类、甘油磷酸酶类和植酸酶类，其活性强弱与土壤 pH 有密切关系。因对 pH 的适应性不同，磷酸酶又可分为酸性磷酸酶、中性磷酸酶和碱性磷酸酶。酸性土壤中以酸性磷酸酶为主，石灰性土壤中以中性和碱性磷酸酶为主。

土壤中磷酸酶的活性与土壤性质有关。土壤中黏土矿物种类与含量、温度、水分、通气性、pH 和土壤有机质的 C/P 等均影响磷酸酶的活性。由于土壤黏粒对酶有吸附作用，因而黏粒含量与磷酸酶活性之间常呈负相关。磷酸酶的最适温度是 45～60℃，因此有机磷的矿化速率在热带地区高于温带地区，四季中夏季有机磷矿化释放速率大于其他季节。土壤风干后，磷酸酶活性减弱，因此土壤干湿交替可促进有机磷的矿化。土壤通气性差，会抑制磷酸酶的产生和活性，使土壤有机磷矿化速率减慢。土壤 pH 影响土壤微生物的活性，也影响磷酸酶的种类。土壤有机质中 C/P 影响有机磷矿化，因为土壤中有机磷量与磷酸酶活性之间呈正相关。一般认为，C/P<200 为净矿化过程，有无机磷的释放；当比值>300 时，则表明无机磷处于净生物固持状态。因此，进入土壤中的植物残体等有机物质，只有当其含磷量>2g/kg 时，才有无机磷的释放，否则在其矿化过程中微生物要从介质中吸收无机磷而产生生物固持现象。

（三）磷素的调节

1. **土壤矿物质组成与性质**　首先黏土矿物对磷的固定量大于原生矿物。而黏土矿物本身也因种类不同，对磷的吸附量也有差异。1∶1 型黏土矿物固定磷的能力大于 2∶1 型黏土矿物，SiO_2/R_2O_3 小的固磷能力大于 SiO_2/R_2O_3 大的，铁铝水化氧化物（特别是氧化铁凝胶）大于高岭石、蒙脱石和方解石。无定型氧化物胶体由于表面积大，对磷的吸附量大于晶质氧化物。土壤黏粒含量高的黏质土壤，对磷的吸附量大于轻质的砂性土壤。

2. **土壤 pH**　土壤 pH 对可溶性磷的固定方式和固定数量都有很大的影响。当土壤 pH 在 6.0～7.0 时，磷的有效性最高。当 pH 低于 5.3 时，由于铁、铝水化氧化物的存在，土壤对磷的吸附固定强烈。因此，在酸性土壤中施用适量石灰，调整 pH 可以促进磷的释放，提高其有效性。当土壤 pH 在 7.0 以上时，由于土壤中钙、镁盐及其交换性离子的存在，土壤对磷的固定增强，而磷的有效性降低。对于这类土壤，磷的释放主要借助于土壤生物分泌和有机肥分解所产生的碳酸和有机酸的作用，施用酸性和生理酸性肥料也有助于磷的释放。

3. **土壤有机质含量**　土壤有机质含量与有机肥料施用数量对土壤磷的固定和释放有明显的影响。凡有机质含量高，有机肥料用量多且经常施用，有利于提高土壤中磷的有效性。其主要原因如下：一是有机肥料能活化土壤中的难溶性磷。有机肥料分解过程中可产生许多有机酸，促进难溶性磷（包括 Ca-P、Al-P 和 Fe-P）的溶解，提高其有效性。二是减少磷的固定。有机肥料在分解过程中产生的有机酸，通过螯合作用可以将土壤中的固磷基质 Ca、Fe、Al 等螯合起来，形成螯合物，减少磷在土壤中的固定，对土壤有效磷起了保护作用。土壤有机磷的含量一般占土壤全磷量的 10%～50%，其含量随土壤有机质含量的增加而增大。因此，大量施用有机肥料对于提高土壤磷的有效性具有重要作用。

4. **土壤含水量**　土壤含水量影响磷的扩散速率、改变土壤 pH 和 Eh，引起铁、铝及其化合物存在形态的变化，从而影响土壤中磷的固定和释放。旱地土壤，当水分不足时，磷扩散系数小，植物吸收少，被土壤吸附和固定较多；土壤淹水后，可提高磷的扩散系数，有利于植物吸收，还会引起土壤 Eh 下降，使闭蓄态磷酸盐转化为非闭蓄态磷酸盐，提高磷的有效性。

淹水对土壤 pH 的影响因土壤性质而异。在酸性土壤中，淹水可使 pH 升高，增加了

Fe-P 和 Al-P 的溶解度，同时土壤的正电荷量减少，促使非专性吸附的磷酸根离子解吸；在石灰性土壤中淹水可使 pH 下降，增加土壤中 CO_2 分压，促进 Ca-P 的溶解。由此可见，在旱地改为水田后，土壤磷素供应能力提高。若土壤排水，土壤 Eh 和 pH 均升高，致使土壤溶液磷和土壤有效磷降低。因此，排水回旱的土壤，施用磷肥往往可获得良好的增产效果。

5. 时间和温度　磷与土壤接触时间越长，土壤温度越高，磷酸根离子被固定的量也越多，其有效性就越低。水溶性磷肥施入土壤后，新生成的沉淀物稳定性较低，对植物有一定的有效性。以后随着时间的延长，会变得稳定而难以溶解，磷的有效性变低。

第三节　土壤钾素养分

一、土壤中钾素的含量及其存在形态

（一）土壤中钾素的含量

土壤中钾的含量远高于氮和磷，大体上是全氮和全磷的 10 倍，总体平均为 30g/kg（K_2O），我国土壤全钾（total potassium）含量为 0.5～46.5g/kg，一般为 5～25g/kg。总的趋势是风化强烈的土壤含钾量低于风化程度弱的土壤，砂性土壤高于黏性土壤；从北到南，由西向东，我国土壤钾素含量有逐步降低的趋势，表明我国东南地区使用钾肥比其他地区更为重要。

土壤含钾量主要和该地区的母质、风化及成土条件、质地、耕作及施肥措施有关：①母质。凡含钾长石类、云母类和次生黏土矿物较多的土壤，其全钾量较高。紫色土、红砂土的全钾含量分别为 20g/kg 和 10g/kg。②风化及成土条件。在高温多雨地区，风化和淋溶作用强烈，矿物分解后钾极易流失，土壤钾含量低。反之，在寒冷、干旱地区，风化作用较弱，矿物中的钾难以释放，且淋失少。③质地。多数土壤中粒径<2μm 的黏粒和 2～10μm 的砂粒含钾量都较高。④耕作及施肥措施。不同耕作、施肥及土壤管理措施对于土壤含钾量也有影响。实行秸秆还田、施用草木灰，特别施用化学钾肥，对于补充土壤钾素具有重要作用。

（二）土壤中钾素的形态

土壤中的钾，根据作物吸收的难易程度可分为水溶性钾、交换性钾、非交换性钾、矿物钾 4 种形态。

1. 水溶性钾（water soluble potassium）　存在于土壤溶液中的钾离子是植物钾素营养的直接来源。一般情况下，土壤溶液中的钾含量为 0.2～10mmol/L，热带和亚热带地区的酸性土壤平均为 0.7mmol/L，这些钾仅够生长旺盛的作物用 1～2d。由于在任何时刻，土壤溶液中钾浓度都是极低的，所以从其他形态向土壤溶液中补充钾，是决定土壤钾素肥力状况极其重要的因素。土壤向土壤溶液中补充钾的能力取决于各种形态钾之间的转化和它们各自与土壤溶液的平衡特性。

2. 交换性钾（exchangeable potassium）　交换性钾是被土壤胶体负电荷吸附，可以被中性盐在相当短时间内从交换点上被交换下来的钾离子。交换性钾是土壤速效钾的主要部分，占土壤全钾含量的 0.1%～2.0%。交换作用进行的强弱则受交换性钾的吸附位置、黏土矿物种类、陪伴离子和钾饱和度等的影响。交换性钾可在三种吸附位置上被吸附在土壤胶体上，这三种吸附位置为：①黏土矿物（如云母）的外表面，称为 p（planar）位；②黏土矿物晶格的侧表面，称为 e（edge）位；③黏土矿物晶格的内表面，称为 i（inner）位。在 p 位的吸附通常没有专一性，但 e 位和 i 位的吸附专一性却很强。由于交换性钾可补充土壤溶液中的钾，因而研究交换性钾量（Q）与土壤溶液中的钾活度或强度（I）的关系更有意义。土壤 Q/I 的值可用来定量地测定土壤钾素状况，该值与阳离子交换量（CEC）呈正比例，Q/I 越高说明土壤供应钾的能力越强。

3. 非交换性钾（non-exchangeable potassium） 土壤非交换性钾又称缓效性钾，是存在于层状硅酸盐矿物层间和颗粒边缘上的钾，即那些处在强吸附点上，不能被中性盐溶液在短时间内提取的钾。数量占土壤全钾的 2%～8%，是速效钾的贮备库，可以缓慢地转变为速效性钾，从而对植物有效。

4. 矿物钾（mineral potassium） 存在于原生矿物或次生矿物结晶构造中的钾。矿物钾占土壤全钾量的 90%～98%，不溶于水，不易被溶液中的阳离子所代换，有效性低。只有经过风化作用后，才能转变为速效性钾。风化过程相当缓慢，对速效性钾的贡献微不足道。含钾矿物风化的容易程度依次为：黑云母（三八面体云母）＞白云母（二八面体云母）＞正长石＞微斜长石。

二、土壤中钾素的转化与调节

土壤中各种形态钾的转化关系，可以由图 9-3 表示。

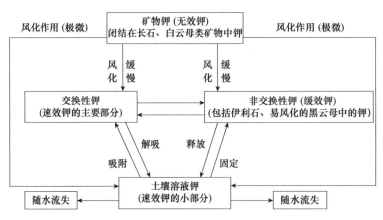

图 9-3　土壤中各种形态钾的转化关系（黄昌勇和徐建明，2010）

（一）矿物钾与其他形态钾的平衡

含钾原生矿物通过风化作用转变为非交换性钾、交换性钾，或释放出钾离子。但对于大多数含钾原生矿物来说都具有很强的抗风化稳定性，如正长石和微斜长石结构中钾即使在23% 的盐酸中也不被分解，白云母中钾在浓硝酸下分解，黑云母中钾在 1mol/L HNO$_3$ 中分解，伊利石及次生矿物中的钾也需要在 0.5mol/L 盐酸中才可提取。在地球陆地表面热力学条件下，含钾矿物的风化作用是一个相当缓慢的过程，通过风化作用直接转化成速效钾（交换性钾＋水溶性钾）的贡献是微不足道的。

（二）交换性钾与水溶性钾的平衡

土壤水溶性钾和交换性钾在植物营养上统称为速效钾。溶液钾与交换性钾处于动态平衡，溶液中钾离子与其他交换性阳离子的比值降低时，部分交换性钾会立即转入土壤溶液中，此平衡可瞬间完成。在交换性钾含量相等的土壤上，其溶液钾浓度因土壤黏粒的含量、类型和土壤 pH 及土壤电解质含量而异。

（三）非交换性钾与速效钾的平衡

土壤非交换性钾，在植物营养上又叫缓效性钾。非交换性钾虽很难被植物直接吸收利用，但与交换性钾处于动态平衡之中。当土壤中速效钾被植物利用而含量下降时，缓效性钾可以缓慢地释放补充速效性钾。反之，当土壤速效性钾含量较高、钾离子饱和度较大时，受 2∶1 型层状硅酸盐矿物晶格底面的电荷引力作用，钾离子陷入六角形网眼中，使速效钾转化为缓效性钾，把钾闭蓄起来。

三、土壤中钾素的固定与释放

（一）土壤中钾的固定

钾的固定（potassium fixation）是指水溶性钾或交换性钾转化为非交换性钾，不易为中性盐提取，从而降低钾的有效性的现象。地壳所含的钾和钠是相近的，但海水中钾的浓度只有钠的 1/10，这说明在矿物风化过程中，钾较钠易被土壤所保持，大部分钾以各种不同形态残留在土壤中，但不同土壤固钾能力相差很大。

1. 钾的固定机制　　钾的固定机制较为复杂，一般认为，钾的固定主要是钾离子渗入三八面体硅酸盐矿物层间的结果。黏土矿物表面上的钾离子，在库仑力的作用下，必然要和黏土矿物内部的负电荷点的距离尽量接近。2∶1 型矿物晶片的上下表面都由硅四面体构成，每 6 个四面体连接成六角形的蜂窝状孔穴，孔穴的直径约为 0.28nm，这个直径恰巧能容纳钾离子进入其间（脱水钾离子的直径约为 0.27nm），所以当交换性钾离子落入这一孔穴内，而其上又被另一晶片的孔穴所重叠而形成闭合的孔穴时，它就被闭蓄在这一孔穴里而暂时失去了被交换出来的可能性。这样，它就成了所谓固定的钾。由此可见，钾的固定是以交换性钾为基础，黏土矿物的层间孔穴结构为条件，在一定外力的推动下（如干燥脱水），由于钾离子陷入孔穴内而产生的机械闭蓄的结果。所以只有 2∶1 型黏土矿物才具有固定钾的作用，1∶1 型黏土矿物不具有上述特殊的晶架结构，所以也不能产生钾的固定作用。

2. 影响钾素固定的因素　　钾的固定速度较快，48h 后钾的固定量比 10min 内的固定量高 50%，并且这个速度随温度上升、pH 增加及土壤湿度降低而加速。因此，在钾固定过程中，有物理化学作用存在。事实上许多试验表明，钾的固定使其交换量减少。交换性阳离子是固定作用的基础，当钾在土壤中与另一个交换能力强的阳离子，如钙离子竞争时，钾的固定量减少。根据这些结果的比较，初步可以得出结论：钾的固定分两步进行，首先溶液中的钾离子转变为交换性钾，然后才能转入晶格内部被吸收而成为固定态钾。钾的固定除与黏土矿物类型及其含量等内在因素有关外，还同水分状况、土壤酸度、铵离子及钾肥种类等外在因素有关，它们对钾转变为非交换态都有重要影响。

（1）黏土矿物类型　　在 2∶1 型黏土矿物中，尤以蛭石、拜来石、伊利石等固钾能力最强。这是因为在这些矿物中，同晶置换主要发生在硅四面体中，而蒙脱石同晶置换主要发生在铝八面体中。前者产生的负电荷和晶面钾离子之间的距离为 0.219nm，后者所产生的负电荷和晶面钾离子的距离为 0.499nm。由于吸引力和距离平方成反比，因而前者电荷产生的引力较后者大 4 倍。所以，蛭石等矿物晶面上的交换性钾离子比蒙脱石上的更容易陷入蜂窝状孔穴而成为固定态钾。至于蒙脱石上交换性钾的固定，则有赖于土壤干湿交替的推动，使晶格层间距离不断产生涨缩而把钾离子"挤入"孔穴之中。所以2：1型黏土矿物固钾能力依次为蛭石＞拜来石＞伊利石＞蒙脱石。除了层状硅酸盐能固定钾外，水铝英石和沸石也能固定大量的钾，风化长石表面也具有固钾功能。

（2）水分状况　　土壤处于干和湿不同情况下都会发生钾的固定，但是程度上有差异，并且这也与黏土矿物类型有关。例如，风化了的云母、蛭石和伊利石，即使在湿润条件下也能固定钾，而蒙脱石仅在干燥条件下固定钾。

当土壤干湿交替时，钾的固定现象十分显著，而且在温度较高时钾的固定量总是较多。试验证明，温度本身并不重要，重要的是土壤脱水作用。假如，在加压灭菌器中，加热至120℃，因没有引起脱水，并不能导致显著的固钾作用。相反，在烘干时，却可引起强烈的固定现象。可见干燥是钾固定的一个重要因素，这是因为干燥增加了土壤溶液中的钾浓度，增加它到交换位置上的机会。另外，黏土矿物脱水，晶层闭合，钾更容易被晶格的层间孔隙所吸持。

干湿对土壤钾素固定的影响，因土壤原有交换性钾含量而异。交换性钾含量水平高时，干燥导致固定。反之，如果交换性钾含量较低时，则会导致钾素释放。

（3）土壤pH　　当土壤的pH降低或用酸处理后，钾的固定量也随之减少。如果是酸性土壤，钾的固定量几乎可以降低至零。这是因为在酸性条件下钾的选择结合位，可能被铝和羟基铝离子及其聚合物所占据。其次H_3O^+半径与钾相近（0.123～0.133nm），起相互竞争作用。土壤pH增高，钾的固定量也增加。所以钾的固定在盐碱土上较强，在中性黑钙土上次之，而酸性灰化土上较弱。

（4）铵离子　　铵离子和有机质对钾的固定也有一定影响，因铵离子的半径（0.148nm）与钾离子（0.133nm）相近，所以与钾离子一样也能被土壤固定。这两种离子的固定机制很相似。2：1型膨胀型矿物的底面氧网六边形孔穴的直径为0.28nm，铵离子容易进入晶格孔穴，被晶格中的负电荷吸持，约束得很牢，成为固定态铵离子。同时铵离子也可能交换固定态钾。由于铵离子能与钾竞争钾的结合位，因此在先施铵态氮肥后，再施钾肥，可减少钾的固定。然而也有人认为，铵离子能置换层间较大的钙或镁离子，使晶层间距缩小，使钾紧闭在孔穴内，降低了固定态钾的释放能力，反而更加缺钾。

（5）钾盐的种类和浓度　　随着钾肥用量的增加，钾的固定量可增高。关于阴离子对钾固定的影响，土壤对钾的氯化物、硫酸盐、重碳酸盐的固定作用的强度大致相近，而对磷酸钾的固定能力更强。这是由于$H_2PO_4^-$与黏土矿物中的OH^-发生了交换作用，黏土矿物的电荷增加所致。在土壤湿度不变的情况下，不同形态的钾盐，在土壤中固定能力的顺序：

$$K_2HPO_4 < KNO_3 < KCl < K_2CO_3 < K_2SO_4$$

在土壤干湿交替情况下则为：

$$K_2CO_3 < K_2SO_4 < KNO_3 < K_2HPO_4 < KCl$$

（二）土壤中钾的释放

土壤中钾的释放（potassium release），一般是指土壤中非交换性钾转变为交换性钾和水溶性钾的过程。它关系到土壤中速效钾的供应和补给问题。释放过程首先是由自然因素引起的，但也可用人为措施来调节。归纳起来有如下特点。

1）释放过程主要是非交换性钾（缓效性钾）转变为交换性钾（速效性钾）的过程。换句话说，释放的速效性钾主要来自固定态及黑云母中的易风化钾。

2）只有当土壤交换性钾减少时，非交换性钾才释放为交换性钾，释放量随交换性钾含量下降而增加。试验证明，作物生长季节土壤释钾量较多，这是因为作物生长吸收大量速效性钾，降低了土壤中交换性钾含量，从而增加了钾的释放量。

3）各种土壤的释钾能力不同，主要取决于土壤中非交换性钾的含量水平。据此，土壤中的非交换性钾含量被作为评价土壤供钾潜力的指标［用 1mol/L HNO_3 消煮 10min 所提取的钾量减去水溶性钾和交换性钾量，即为非交换性钾（缓效性钾）量的近似值］，并以此作为合理施用钾肥的依据。

4）干燥、灼烧和冰冻对土壤中钾的释放有显著影响。一般湿润土壤通过高度脱水有促进钾释放的趋势，但如果土壤本底速效钾已相当丰富，则情况可能相反。高温（高于100℃）灼烧（如烧土、熏泥等），能成倍地增加土壤速效钾，这不仅包括由非交换性钾释放的速效性钾，也包含一部分封闭在长石等难风化矿物钾转化成速效性钾。此外，冷冻、冻融交替也能促进钾的释放。

因此在生产实践上，为了防止和减少钾的固定作用，促进土壤中钾的释放，钾肥以适当深施和集中施用于根系附近效果较好。如果施肥过浅，由于土壤湿度变化比较大，钾易被固定。此外，增施有机肥料可以提高土壤吸附和保持交换性钾的能力，减少蒙脱石的涨缩现象，而黏粒表面上有机胶膜的形成，均能减少钾的固定。有机质的分解过程中产生的 CO_2 和有机酸，还可促进含钾矿物风化，提高土壤供钾水平。

第四节　土壤中量元素

一、土壤中钙、镁、硫的数量与影响因素

（一）钙

钙（calcium，Ca）是所有植物必需的中量营养元素之一，是组成细胞壁结构的关键元素，它参与植物细胞的分裂和生长、细胞壁的发育、硝酸盐的吸收与代谢、酶活性及淀粉代谢等生理过程。地壳中含钙量约为3.64%，是地壳中含量第五大的元素。钙是土壤黏土矿物的主要交换性离子，以 Ca^{2+} 形态被植物吸收。土壤中的钙，一部分以角闪石、辉石、钙长石、磷灰石的形态存在，另一部分则比较简单的碳酸钙［方解石（$CaCO_3$）及白云石（$CaCO_3 \cdot MgCO_3$）］、硫酸盐［石膏（$CaSO_4 \cdot 2H_2O$）］等形态存在。石灰性土壤全钙含量很高，可超过地壳的平均含量，而红壤因风化和淋溶作用强烈，全钙含量明显低于成土母质，有的全钙量（Ca）只有 4g/kg，甚至仅为痕量。施用石灰、过磷酸钙、钙镁磷肥、硅钙肥等肥料均能提高红壤全钙量。钙在土壤中的淋溶作用与其他盐基离子相比相对较慢，在剖面中分布相对均匀。石灰性土壤中碳酸钙的淋洗和淀积与当地淋洗条件密切相关，往往被看作当地淋洗强度的一个指标。

（二）镁

镁（magnesium，Mg）作为植物必需的中量元素，在植物中具有重要的生理和分子作用，如镁元素是叶绿素分子的中心组分，参与磷酸化、去磷酸化及各种化合物的水解相关酶的辅因子，各种核苷酸的结构稳定剂等。研究表明，植物中总镁的15%～30%与叶绿素分子有关，而70%～85%在各种酶过程中作为辅助因子。在土壤表层，镁含量通常在

0.03%～0.84%。砂土的镁含量最低，约为0.05%，而黏土的镁含量最高，约为0.5%。镁主要存在于白云石、角闪石、辉石、蛇纹石、橄榄石、绿泥石、黑云母、蛭石等矿物中。土壤镁的含量远低于钙的含量，但情况相反的土壤也不少，主要视母质的矿物组成而定。一般情况下，土壤中缺镁比缺钙更常见。镁属于容易被淋洗的元素，所以在我国热带、亚热带湿润地区土壤含镁量低，易发生植物镁素营养不足。土壤钙和镁的含量与多种因素有关，如土壤质地、酸碱度、有机质含量、阳离子交换量、土壤湿度、土壤温度及施肥等。

（三）硫

硫（sulfur，S）是植物所必需的一种中量营养元素。可供植物吸收的三种主要天然硫源是有机质、土壤矿物和大气中的含硫气体。植物可以利用的有效硫，主要是指可溶性的 SO_4^{2-}、交换态的 SO_4^{2-} 和少量的有机硫。通常用硫酸盐-乙酸提取，其诊断指标因作物而异。土壤硫主要来自母质、灌溉水、大气干湿沉降及施肥等。矿质土壤的含硫量一般在 0.1～0.5g/kg，成土母质中的岩浆岩含量较低（0.5g/kg），沉积岩的含量较高（2.6g/kg）。我国土壤全硫含量为 0.11～0.49g/kg。以高山草甸土、黑土、滨海盐土和林地黄壤全硫含量为高（0.36～0.49g/kg）；南方水稻土平均全硫量为 0.25g/kg；西北地区黑垆土、黄绵土及淮海平原的潮土和棕土、褐土的含硫量在 0.13～0.16g/kg；含量最低的是红壤旱地，平均只有 0.11g/kg。植物对硫的需要量及矿质土壤的含硫量都和磷近似，但土壤缺硫现象却不像缺磷那样常见。这是因为：①土壤对硫的固定远不如磷；②施用化肥、厩肥及降雨、灌溉等，每年补给土壤一定的硫。但高产作物增加了对硫的消耗，以及尿素、磷酸二铵等不含硫的氮磷化肥替代原来的硫酸铵和普钙等，使一些含硫量低的母质，如花岗岩、砂岩和河流冲积物发育的土壤，以及丘陵山区某些含硫量低的冷浸田等，也出现了硫供应不足的现象。

二、土壤中钙、镁、硫的存在形态与有效性

（一）钙

1. **土壤中钙的存在形态**　土壤中钙的存在形态主要有矿物态、交换态和水溶态及少量的有机结合态。钙在土壤各种营养成分中有效比例较高。矿物态钙是指存在于土壤矿物晶格中的钙，这种钙不溶于水，也不易被溶液中其他阳离子代换，对植物是无效的。交换态钙是吸附于土壤胶体表面上的钙离子，占全钙量20%～30%。交换态钙占盐基总量的大部分，是植物可利用的钙。常用1mol/L的 NH_4OAc 或同样浓度的 KCl 等中性盐溶液淋洗法及平衡法进行测定。水溶态钙是存在于土壤溶液中的钙离子，含量因土而异，每千克土在数十至百毫克，为镁的2～8倍，钾的10倍，是土壤溶液中含量最高的离子，是植物可直接利用的有效态钙。水溶态和交换态钙是植物可以直接利用的速效钙。矿物态钙必须经长期风化作用才能释放出来，但为数不多。在湿润多雨的南方，淋溶强烈，易溶性钙缺乏，只能靠难溶性矿物的风化释放少量钙，难以满足作物需要，很容易出现缺钙的情况。有机结合态钙是指土壤中与有机质结合的钙，主要来自动植物残体，占全钙的0.1%～1%。钙能与许多有机物，如各种有机酸（草酸、柠檬酸、酒石酸等）、氨基酸、多糖醛酸等形成络合物。土壤中有机结合态钙的含量很少，并受土壤有机质含量的影响。

2. **影响土壤钙有效性的因子**

（1）土壤全钙量　土壤全钙量是有效钙补给的基础，矿物钙是有效钙的重要来源。阳离子交换量低的砂质、酸性土壤全钙含量可能太低而不能提供足够的钙供植物吸收。例如，

南方红黄壤含钙 0.5% 以下，是土壤有效钙缺乏的重要原因。

（2）土壤质地和代换量　　有效钙大多以交换态存在，代换量是有效钙重要储备基础，缺钙土壤往往是代换量低的砂质土壤及风化度大的红壤。

（3）土壤酸度和盐基饱和度　　土壤饱和性盐基中，Ca^{2+} 占 40%～90%，盐基饱和度高，代换钙较丰富。代换钙的解吸随 pH 增加而增加，而含钙化合物溶解度随 pH 降低而增加，钙络合物稳定性随 pH 降低而降低。但总的看来，pH 低的土壤盐基饱和度较低，钙有效性很小。

（4）土壤胶体种类　　2∶1 型黏土矿物比 1∶1 型黏土矿物对钙的饱和度要求更高，才能提供足够的有效钙。在钙饱和度相同条件下，钙利用率为有机胶体＞高岭石、伊利石＞蒙脱石。

（5）其他阳离子　　土壤溶液中过量的 NH_4^+、K^+、Mg^{2+}、Mn^{2+} 和 Al^{3+} 等将降低植物对钙的吸收，但 NO_3^- 的存在可促进植物对钙的吸收。

（二）镁

1. **土壤中镁的存在形态**　　土壤中镁的形态主要有矿物态镁、交换态镁、酸溶态镁、水溶态镁及少量的有机结合态镁。其中，交换态镁与水溶态镁统称为有效态镁，是植物可利用的镁。矿物态镁和有机结合态镁一般需要经风化或分解后才能被植物利用，是植物难以直接利用的镁。矿物态镁是指包含在原生矿物和次生矿物晶格和层间的镁，可占全镁量的 70%～90%，是土壤中镁的主要形态。土壤的含镁矿物以硅酸盐为主，如橄榄石、黄长石、辉石、角闪石、黑云母等。矿物态镁不溶于水，但大多可溶于酸。这部分能被稀酸溶解的矿物态镁，称为酸溶性镁或非交换态镁。这些矿物中较易释放的镁，可作为植物利用的潜在有效镁，也称为缓效性镁，占全镁量的 5%～25%。有机态结合态镁在土壤中所占比例不高，平均不足 1%，除了结合在有机成分中尚未分解的外，多数以络合或吸附形态存在。

水溶态镁是存在于土壤溶液中的 Mg^{2+} 和含镁络合离子或离子对（如 $MgSO_4$、$MgCO_3$ 等）。水溶态镁是植物可以吸收利用的镁。土壤中水溶态镁数量比较多，仅次于钙，略多于钾或与钾相似，为几至几十 mg/kg，有些土壤中甚至可高达数百 mg/kg，这与土壤性质有关。

交换态镁是指被土壤胶体所吸附，并能被一般交换剂（1mol/L NH_4OAc）所交换出来的镁。土壤交换态镁是植物可以利用的镁，其含量是表征土壤供镁状况的主要指标。不同形态的镁对植物的有效性不同，交换态镁的有效性受交换态镁的含量、饱和度和其他陪补离子种类的影响。交换态镁含量一般随着土壤深度的增加而增加，耕层含量相对最低。土壤溶液中的镁与胶体上吸附的镁相平衡。因此，土壤溶液中的镁随着胶体上吸附镁的含量和饱和度增加而增加，同时也与硫酸镁、碳酸镁等固相平衡，且与 pH 有一定关系。所以质地对溶液中镁的影响较大。交换态镁含量与土壤的阳离子交换量、盐基饱和度以及矿物性质有关。

2. **影响土壤镁有效性的因子**　　镁在土壤中的有效性主要取决于有效镁的供应量。土壤镁的供应量主要取决于土壤的全镁量、土壤质地和代换量、土壤酸度和阳离子交换量、土壤胶体的种类及土壤中的其他化学元素（如 Al、Ca、K、Na、F、N、P、Fe 等）与镁之间的相互作用。其中土壤全镁量是供应镁营养的重要基础。在大多数土壤中，全镁量和有效镁有较好的相关性。土壤代换量大小是影响有效镁的另一重要因素。代换量大的土壤可以容纳较多的代换性镁。反之，有效镁往往较低。酸度是影响有效镁的最重要的因子。一般认为，强酸性土壤上，极易缺镁。土壤 pH 降低，氢离子和镁离子在土壤胶体吸附时有竞争，导致有效镁含量明显减少。

（三）硫

土壤中的硫可分为无机态硫和有机态硫两类。无机态硫是指土壤中未与碳结合的含硫物质。无机态硫来自岩石，在风化成土过程中，岩石中原有的元素硫、硫化物和硫酸盐在溶解、淋溶、分解、沉淀及吸附等作用影响下，又以另外的形式存在于土壤。土壤中无机态硫包括：①难溶态硫（固体矿物硫），如黄铁矿（FeS_2）、闪锌矿（ZnS）等金属硫化物和石膏等硫酸盐矿物。②水溶性硫，主要为硫酸根（SO_4^{2-}）及游离的硫化物（S^{2-}）等。③吸附态硫，土壤矿物胶体吸附的 SO_4^{2-} 与溶液 SO_4^{2-} 保持着平衡，吸附态硫容易被其他阴离子交换。硫被吸附的机理有：①阴离子吸附。阴离子被铁铝氧化物表面，或在 pH 低的土壤中黏土矿物特别是高岭石发生边缘碎裂而产生的正电荷所吸附。②$Al(OH)_x$ 复合体吸附硫酸根。③在某些条件下具有两性反应的土壤有机质带正电荷从而吸附阴离子。

有机态硫是指土壤中与碳化合物结合的含硫物质。主要存在于动植物残体和腐殖质中，以及一些经微生物分解形成的较简单的有机化合物中。土壤中硫主要是有机态硫，它可占土壤全硫的 85%～95%。它们可以通过生物的或化学的作用释放出硫酸盐。土壤有机态硫的来源有：①新鲜的动植物遗体；②微生物细胞和微生物合成过程的副产品；③土壤腐殖质。现还没有直接从土壤中提取有机态硫的方法，通常以土壤全硫量减去无机态硫量的差作为土壤有机态硫。有机态硫是土壤储备的硫素营养，植物虽不能直接利用，但经微生物分解转化为硫酸盐，植物即能吸收。人们根据土壤有机态硫对还原剂稳定性相对大小将土壤有机态硫分为三类，即碘化氢（HI）可还原硫的有机硫（脂键硫）、碳硫键直接结合的碳键硫和惰性硫（残余硫）。

第五节　土壤微量元素

一、土壤中微量元素的来源及转化

土壤微量元素是指土壤中含量很低，但植物生长所必需的化学元素。土壤中微量元素的来源包括自然来源和人为来源。自然来源主要来自岩石和矿物。母质不同的土壤，微量元素种类和含量不同。人为来源主要是施肥，尤其是施用微量元素肥料，其次是磷肥。磷肥中的微量元素含量较多，视磷矿所含杂质而有所不同。其他如各种沉降物、气溶胶、尘埃、火山烟尘、灌溉水、城市垃圾以及污水污泥等也是土壤中微量元素的来源途径。

土壤中微量元素的总量除了与其母质矿物组成有关外，还取决于风化的类型和程度及在成土过程中占优势的气候条件及其他因素。不同土类微量元素含量会有差异，即使同一土类不同母质也有很大差异。除了成土过程和成土母质之外，土壤质地也会影响土壤中微量元素的含量。土壤质地很细或者土壤含有较多的细粒，很有可能来自容易风化的矿物，则该类土壤微量元素含量较高；相反，土壤质地较粗或者土壤含有较多的粗粒，很有可能来自抗风化的矿物（如石英），则该类土壤微量元素含量较低。

二、土壤中微量元素的存在形态

土壤中微量元素虽然含量低，但化学特性很复杂。往往是在土壤中通过一系列复杂的化学反应，如沉淀、吸附、解吸、氧化还原、复合等转化成不同的形态存在于土壤中。土壤溶液中微量元素的主要存在形态列于表 9-2 中。特定存在形态主要取决于 pH 和土壤通气性（即氧化还原电位）。通常，土壤微量元素的结合形态有以下几种：①存在于土壤溶液中或者土壤表面上的简单的或者复杂的无机离子；②与土壤中其他成分相结合、沉淀而成为新的固相，或者被包被在新形成的固相中的微量元素；③在土壤矿物中作为固定成分或者通过固相扩散而进入晶格中的微量元素；④有机结合态的微量元素。各种结合态的微量元素在土壤中保持着动态的平衡。微量元素的活动性、生物有效性、迁移路径、毒性等主要取决于其形态，而不是总量。

表 9-2　土壤溶液中微量元素的主要存在形态

微量营养元素	土壤溶液中的主要形态
铁	Fe^{2+}，$Fe(OH)^{2+}$，$Fe(OH)_2^+$，Fe^{3+}
锰	Mn^{2+}
锌	Zn^{2+}，$Zn(OH)^+$
铜	Cu^{2+}，$Cu(OH)^+$
钼	MoO_4^{2-}，$HMoO_4^-$
硼	H_3BO_3
钴	Co^{2+}
氯	Cl^-
镍	Ni^{2+}，Ni^{3+}

数据来源：Lindsay，1972

一般而言，基于不同的研究目的及所处的不同研究领域，对土壤微量元素的结合状态分级，不同元素的形态分级可能有所不同。在地球化学和土壤科学领域较多应用 Tessier（1979）和 Shuman（1985）提出的形态划分方法，将微量元素的形态分为交换态、碳酸盐结合态、有机结合态、氧化物结合态和矿物态。

（一）交换态

土壤中交换态（exchangeable）微量元素借助库仑力吸附于土粒表面，主要位于腐殖质或黏土矿物等土壤活性组分的交换位点上，对环境变化非常敏感。可通过离子交换解吸进入溶液，水溶态包含在该形态内，能被植物吸收，有效性较大。交换态阳离子除 Fe^{3+}、Fe^{2+}、Mn^{2+}、Zn^{2+}、Cu^{2+} 外，还包括它们的水解离子，如 $Fe(OH)_2^+$、$Fe(OH)^{2+}$、$Mn(OH)^+$、$Zn(OH)^+$、$Cu(OH)^+$ 等。交换态钼和硼以 $HMoO_4^-$、MoO_4^{2-}、$H_2BO_4^-$ 等形式存在，它们可以为其他阴离子所交换，黏土矿物表面吸附的硼很容易被水浸提。

（二）碳酸盐结合态

土壤中碳酸盐结合态（carbonate bound）微量元素主要存在于石灰性土壤，或以与碳酸盐共沉淀的形式存在，或被吸持于碳酸盐表面，对土壤环境条件尤其是 pH 最敏感，可溶于弱酸。故当 pH 下降时易转化为交换态，从而可以很好地补充土壤中有效态微量元素的含量。相反，pH 升高则生成碳酸盐。

（三）有机结合态

土壤中有机结合态（organically complexed）微量元素主要存在于土壤中活的生物体、动植物残体、腐殖物质和土壤颗粒表面的有机胶结物中，在土壤中常被有机质络合或螯合。有机结合态微量元素需在有机物分解后才能释放出来，该形态含量与土壤中微生物的活性密切相关。

（四）氧化物结合态

土壤中氧化物结合态（oxide-bound）微量元素或与铁锰氧化物共沉淀或吸持在铁锰氧化物上。由于土壤中活性的铁锰氧化物比表面积大，对金属离子具有强烈的富集作用，易与这些金属离子形成结合物，成为土粒的包膜或土粒间胶结物，土壤氧化还原条件和pH对该形态有重要影响。在较低的氧化还原条件和pH下该结合物是不稳定的，可以通过分解向土壤释放微量元素。反之，则有利于铁锰氧化物的形成。

（五）矿物态（残余态）

土壤中矿物态微量元素和原生或次生矿物牢固结合。在自然界正常条件下不易释放，不易为植物吸收。土壤中微量元素主要以该形态存在。该形态主要受矿物成分及岩石风化和土壤侵蚀的影响。次生矿物是抗风化的，所能释放出的微量元素离子很少，故对植物无效。原生矿物在风化过程中所释放的微量元素较次生矿物多，可通过水溶态微量元素而进入土壤中。此部分具有一定的生物有效性，也可以结合成其他几种形态，故它是土壤中微量元素有效态的潜在来源。在干旱、半干旱地区土壤和未经强烈风化的土壤中，微量元素含量较高，而在高度风化的土壤中含量则较少。

土壤微量元素的形态分级提取主要采用化学连续浸提法（sequential extraction technique），即利用不同浸提剂按顺序分级提取土壤微量元素的形态，通常依次采用中性、弱酸性、中酸性、强酸性提取剂对土壤微量元素进行提取，提取条件也随之加强。目前应用较多的是 Tessier 法和 BCR（bureau community of reference）法，其他提取方法还有微波辅助提取（MAE）、超临界流体提取（SFE）、超声波提取（USE）等。

三、土壤中微量元素有效性及其影响因素

土壤中微量元素有效性受特定土壤环境条件的影响。特定土壤因子对不同微量元素阳离子有效性的影响大致相同。不同形态微量元素的有效性也因元素、土壤类型、人为活动等因素不同而异。一般而言，矿物态微量元素尤其是与次生矿物相结合的微量元素对生物是无效的。交换态、有机结合态铁、锰、铜、锌都是有效的。碳酸盐结合态铁和锰是有效的，但对锌和铜来说是无效的。因为溶液中的锌和铜可以被碳酸盐结合态所固定。但如果土壤条件发生变化时被固定的铜和锌也可以被释放出来补充交换态，从而成为土壤有效微量元素来源。氧化物结合态铁和锰是无效的，而对于锌和铜来说，则是部分有效的。影响微量元素有效性的土壤环境因子很多，如土壤pH、氧化还原反应、有机质含量、土壤质地和微生物活动等。

（一）土壤pH

在酸性条件下，微量元素阳离子最易溶解且有效性高。在一般土壤pH范围内，微量元素阳离子的有效性随pH的下降而增大。在强酸性土壤中，甚至可以超出正常范围，而导致植物中毒（多为锰元素）。这也是在酸性土壤中施用石灰来减少锰和铝溶解度的原因。

随着pH升高，微量元素阳离子的形态先变为羟基金属阳离子，最终变为不溶性氢氧化合物或者这些元素的氧化物。以铁离子为例：

$$Fe^{3+} \xrightarrow{OH^-} Fe(OH)^{2+} \xrightarrow{OH^-} Fe(OH)_2^+ \xrightarrow{OH^-} Fe(OH)_3$$

简单阳离子　　　羟基金属阳离子　　　羟基金属阳离子　　　氢氧化物

（水溶性）　　　　　（可溶性）　　　　　　（可溶性）　　　　　（不溶性）

所有微量元素阳离子的氢氧化物都是相对不溶的。微量元素的离子发生沉积所需的确切pH，因元素种类及其氧化物形态的不同而异。例如，对铁和锰而言，它们以高价态存在的氢氧化物比它们以低价态存在的氢氧化物更难溶解。但总的原则是，在pH低时，微量元素的溶解性高，随着pH的升高，微量元素阳离子的溶解性和有效性降低（图9-4）。

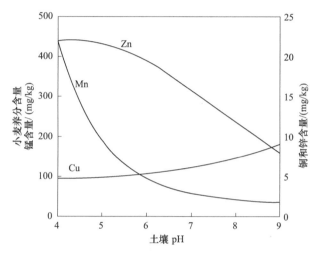

图9-4　土壤pH对小麦中锰、锌和铜浓度的影响（Sillanpaa，1982）

对多数植物而言，弱酸性土壤pH 6～7时对微量元素阳离子的有效性是最佳的，因为这个pH条件可保证微量元素阳离子溶解，从而满足植物的需要。

（二）氧化还原反应

微量元素铁、锰、镍和铜在土壤中不仅仅只以一种阳离子态存在。在低价态时，元素是还原态；在较高价态时，它们是氧化态的。当氧供应较少时，金属阳离子一般呈还原态，常见于含有可分解有机物的潮湿土壤中。还原反应也会由有机代谢还原剂引发，如土壤中在植物和微生物生理代谢过程中产生的还原型烟酰胺腺嘌呤二核苷酸磷酸（NADPH）或咖啡酸。

多数情况下，由一种价态向另一种价态的转变是由微生物和有机质引发的。例如，锰元素氧化过程中由以氧化锰（MnO）中的Mn（+2价）变价到二氧化锰（MnO₂）中的Mn（+4价）是由特定的细菌和真菌完成的。在其他情况下，由微生物或植物根系活动所形成的有机化合物也参与氧化或还原反应。

一般情况下，土壤中氧化态的铁、锰和铜比还原态更难溶解。这些高价态的氢氧化物甚至会在低pH时沉淀并且极度难溶。例如，含三价铁的氢氧化物在pH 3.0～4.0时沉淀，而含亚铁的氢氧化物在pH 6.0或更高时都不会沉淀。

（三）有机质含量

土壤中的有机化合物（如氨基酸、蛋白质、腐殖酸及羟基多元酸等）以直接或间接的方式影响微量元素的有效性。这些化合物与微量元素发生反应，形成不溶络合物，以阻止微量元素阳离子与矿物颗粒发生反应，避免形成更难溶的矿物结合态。简单的分子质量小的络合态微量元素可直接被植物所吸收。有机质对土壤铜的有效性影响比较突出，有机质对铜的强烈吸附作用，直接降低土壤铜的有效性。所以，有机质含量高的土壤，有效铜的含量比较低。

（四）土壤质地

微量元素含量通常与形成土壤的母质中这些元素的含量水平有直接的关系，微量元素被土壤中带电的黏粒所吸附，而不影响它的有效性。一般而言，黏质土壤含有的微量元素相对比较多。各种黏粒矿物对微量元素的吸附能力大小为蛭石＞镁黏土＞白云母＞黑云母＞斑脱石＞高岭石。作物微量元素缺乏症状在砂质土中比在黏质土中更常见。

（五）微生物在微量元素循环中的作用

1. 降解动植物残体，使微量元素释放　　这一过程与氮的转化类似，存在于有机物质中的微量元素通过微生物的矿化作用与有机物中碳原子分离，成为自由的离子态，进而被微生物和植物吸收。该过程同时包含微量元素被微生物的固持过程。当微生物死亡后，被固持的微量元素又被释放出来，始终处于矿化／固持循环之中。

2. 微生物的溶解作用　　微生物代谢产物，如脂肪酸、氨基酸和聚苯酸等，作为微量元素的络合剂，影响它们在土壤微环境中的沉淀／溶解平衡。土壤中溶解含有微量元素矿物的微生物包括细菌、真菌和放线菌。真菌在溶解岩石矿物中的作用最大，它们产生柠檬酸、草酸等强络合剂。另外，葡萄糖醛酸、半乳糖醛酸等普通代谢产物也对矿物的溶解具有促进作用。

3. 微生物对微量元素的氧化与还原　　在土壤微环境中，将微量元素从低价氧化为高价，主要是一些特定微生物的作用。例如，可将氧化亚铁氧化为高价氧化物的铁细菌，包括氧化亚铁硫杆菌（*Thiobacillus ferrooxidans*）、嘉利翁氏菌（*Gallionella ferruginea*）等。在淹水条件下，由于微生物的发酵作用，或微生物活动将氧耗尽使微环境的氧化还原电位降低，高价微量元素被还原为低价态，如 $Eh=200mV$ 时，亚铁占优势。还原高价铁的微生物很多，主要有芽孢杆菌、梭菌、肠杆菌、假单胞杆菌和产碱杆菌等。

【思 考 题】

1. 简述土壤氮、磷、钾在土壤中主要形态、有效性及循环过程。
2. 有机残体分解的 C/N 原理是怎样的？如何解释秸秆还田时需加入无机氮肥？
3. 为什么微量元素的形态比总量更重要？影响微量元素有效性的因素主要有哪些？
4. 如何进行土壤氮、磷、钾的调节？
5. 简述土壤钙、镁、硫存在的形态及其有效性。

第十章 土壤分类与分布

【内容提要】

本章主要介绍当前我国并存的土壤系统分类和发生分类两个分类系统，同时对两个分类系统进行了参比。在此基础上，对我国土壤的分布规律做了较为详细的介绍，对我国土壤的区域性也做了简单介绍。通过学习，了解我国土壤分类的现状与国际土壤分类研究的发展趋势。熟悉我国土壤的分布范围与特点。

土壤是人类赖以生存的自然资源，是农林业生产基地和人类生息繁衍的场所，同时也是一个不断变化与发展的复杂的历史自然体。随着社会科学与经济的发展，土壤日益成为农林业生产、生态环境保护与建设、城乡规划建设、全球环境问题研究等科学领域的主要研究对象，受到农林、环保、国土、水利、气象等部门的关注。为实现土壤资源的合理、可持续利用，需要对土壤进行正确的认识与区分。

第一节 土 壤 分 类

一、土壤分类的意义和概念

（一）土壤分类的意义

在土壤形成的历史过程中，气候、生物、地形、母质、时间等自然成土因素，以及人类的生产、经营活动都对它产生日益强烈的影响，因而土壤发生演化必然与它们所处环境条件相统一。由于地球自然环境的地理差异，各地理区域内成土因素的强弱程度及其组合形式不同，最终导致自然界土壤多种多样，各种土壤在剖面构造、土体构型、形态特征、理化特性和生产利用等方面存在明显差异。为实现土壤资源的合理利用，需要对各种土壤进行识别与区分。

土壤分类是土壤科学的重要基础。它反映土壤发生演化的规律，体现土壤类型间的联系与区别，是土壤科学发展水平的标志。其为充分认识、合理利用土壤资源、提高土壤肥力和农业生产水平奠定基础和提供科学依据。土壤分类是土壤调查制图与农业技术实施的基础，是国内外土壤信息交流的工具，也是环境质量评价的重要因子。

（二）土壤分类的概念

1. 土壤分类的几个基本概念

（1）土壤分类（soil classification）的定义　　指根据土壤形成演化过程中特有的发生发展规律，以及由此形成的土壤属性，按照一定的分类标准，将自然界多种多样的土壤进行区分和归类。

土壤分类是土壤科学发展水平的体现，随着科学的进步，土壤分类也迅速地发展。从土壤分类发展的历史阶段来看，土壤分类可划分为古代土壤分类，从道库恰耶夫开始的近代土壤分类，以及从美国土壤系统分类开始的现代土壤分类三个阶段。目前国际上土壤分类主要有：美国土壤系统分类（ST）、联合国世界土壤图图例单元（FAO/Unesco）、国际土壤分类参比基础（IRB），以及 1991 年的世界土壤资源参比基础（WRB）。

（2）土壤分类单元　　是土壤分类工作中的客观操作单位，有特定的分类特征（土壤性质），并依据这些性质区别其他土壤个体。一个分类单元对应一个分类层级，这些分类层级反映出此分类单元与其他分类单元的演化关系。土壤分类单元一般有纲、类、属、种等。

（3）土壤个体　　是土壤分类的对象，有单个土体、聚合土体两个概念。

1）单个土体（pedon）是土壤基本个体的最小土壤单位。在进行土壤分类前，为了解土壤特性而需要通过土壤剖面挖掘或其他方法，进行土壤的调查、采样或定点长期观测。这个代表性取样点就是单个土体。它是可以进行描述和采样的单位，具有三维空间，其下限为非土壤界，而水平面积可以达到足以代表某一层的性质和可能出现的变异。通常所列举的剖面形态都是代表性单个土体的资料。

2）聚合土体是用以代替土壤个体的一个词，是土壤分类的最小单位，由相连且近似的单个土体组合而成。其边界要抵达非土壤或另一特征明显不同的单个土体，最小面积近于 $1m^2$，最大面积未特别限定。一般来说，一个聚合土体在概念上可分为一个土系。

（4）诊断层与诊断特性　　是土壤分类的基础，是现代土壤分类的核心。

1）诊断层（diagnostic horizon）：凡是用以鉴别土壤类别的，在性质上有一系列定量规定的特定土层。

2）诊断特性（diagnostic characteristic）：用于分类的，具有定量规定的土壤性质（形态的、物理性质、化学性质）。

诊断层是土壤发生层按定量指标的划分或重组，因此也是土壤发生层的定量化和指标化，在土壤剖面中通常有特定的位置。诊断层与发生层既有联系又有区别，有时两者同层同名（如盐积层、黏盘层），或同层异名（如雏形层相当于风化 B 层），有时一个发生层派生若干诊断层（如腐殖质层定量后分为暗沃表层、暗瘠表层、淡薄表层等三个诊断层），或两个发生层合为一个诊断层（如水耕耕作层与犁底层合为水耕表层）。诊断层按其在单个土体中出现的部位，又进一步分为诊断表层与诊断表下层：①诊断表层（diagnostic surface horizon）。位于单个土体最上部的诊断层，它并非发生层中 A 层的同义语，而是广义的"表层"，既包括狭义的 A 层，也包括 A 层及由 A 层向 B 层过度的 AB 层。②诊断表下层（diagnostic subsurface horizon）。由于物质的淋溶、迁移、淀积或就地富集作用在土壤表层之下所形成的具诊断意义的土层，包括发生层中的 B 层、E 层，在表土遭剥蚀的情况下，可暴露于地表。

诊断特性共有 25 个，即有机土壤物质、岩性特征、石质接触面、准石质接触面、人为淤积物质、变性特征、人为扰动层次、土壤水分状况、潜育特征、氧化还原特征、土壤温度状况、永冻层次、冻融特征、n 值、均腐殖质特性、腐殖质特性、火山灰特性、铁质特性、富铝特性、铝质特性、富磷特性、钠质特性、石灰性、盐基饱和度、硫化物物质。

诊断特性与诊断层的不同在于诊断特性并非一定为某一土层所特有，可出现于单个土体的任何部位，常是泛土层或非土层的。大多数诊断特性有一系列有关土壤性质的定量规定，少数仅为单一的土壤性质，如石灰性、盐基饱和度等。

（5）诊断现象（diagnostic evidence）　　在性质上已发生明显变化，不能完全满足诊断层或诊断特性规定的条件，但在土壤分类上具有重要意义，即足以作为划分土壤类别依据的称为诊断现象（主要用于亚类）。各诊断现象均规定一定指标及其下限，其上限一般为相应诊断层或诊断特性的指标下限。该概念在确定覆盖层与埋藏土壤的分类问题时，具有重要的意义。目前我国土壤系统分类已确定 20 个诊断现象，各现象的命名参照相应的诊断层或诊断特性名称。

2. 土壤发生分类（soil genetic classification）　根据土壤形成条件、成土过程和土壤属性进行的土壤分类。

土壤发生分类的理论基础，是由俄罗斯土壤学家道库恰耶夫提出的土壤地带性学说，以及在此基础上发展的土壤发生学理论。认为土壤是各种成土因素（气候、生物、地形、母质、时间等）综合作用的产物，土壤是独立的历史自然体，有其发生发展规律，从母质形成土壤，经过不同的发育阶段，把整个土壤分类看成统一的系列或是平行演化的系列。

3. 土壤系统分类（soil taxonomy or soil taxonomic classification）　建立在土壤诊断层和诊断特性基础上的土壤分类。以诊断层和诊断特性为核心，以定量为特点，是世界土壤分类的发展趋势。目前已有 45 个国家直接采用这一分类，80 多个国家将它作为本国的第一或第二分类。

当前国际土壤分类的发展趋势是：定量化、标准化、国际化。

二、中国土壤分类系统简介

（一）中国土壤分类的发展

土壤分类是土壤科学的重要基础，与土壤科学及其相邻学科的发展息息相关。我国近代土壤分类研究起于 20 世纪 30 年代，经历了马伯特土壤分类、土壤发生分类和土壤系统分类三个阶段。

1. 马伯特土壤分类　1933～1936 年，由美国来华工作的土壤学家梭颇（J. Thorp）引进美国马伯特（C. F. Marbut）土壤分类理论，对中国土壤进行调查，并出版了《中国之土壤》综合性专著。该土壤分类一直持续到 20 世纪 50 年代，其主要特点是根据生物气候条件划分高级单元——土类，根据土壤实体划分基层单元——土系。

2. 土壤发生分类　1954 年始，随我国国民经济的发展，苏联土壤发生分类被正式采用，广泛应用于实际调查。1978 年中国土壤学会召开第一次土壤分类会议，建立了统一的土壤分类——《中国土壤分类暂行草案》。结合我国实情提出一些新的土类（如草甸土、褐土、黄棕壤、黑土、白浆土、砖红壤等），充实了水稻土的分类，明确了潮土、灌淤土等独立的分类地位。这一分类得到我国土壤学界的广泛承认，并成为第二次土壤普查中土壤分类的基础。随着国际交流的加强，美国土壤系统分类和联合国世界土壤图图例单元传入我国，并对我国土壤分类的发展产生了一定影响。1984 年全国土壤普查办公室在 1978 年土壤分类的基础上，吸取了诊断分类的一些经验，采用了土壤系统分类的某些术语，草拟《中国土壤分类系统》（1984）并不断修订完善。

土壤发生分类在我国土壤科学的发展与生产实践应用中都起到很重要的作用，并有重要出版物《中国土壤》《中国农业土壤概论》，编制了全国 1∶400 万土壤图、1∶1000 万土壤图，在一些内容上有较深入的研究。土壤发生分类在我国今后的土壤科学研究与实践中仍将产生影响，并发挥实际作用。

由于土壤发生分类是建立在土壤发生假说的基础上，同时侧重成土因素中生物气候因子的作用而对土壤本身属性重视不够；重点研究中心地带的典型土壤类型，而对过渡地带的土壤类型研究不足；重视生物气候条件，忽视时间因素；缺乏定量指标，难以建立信息系统，从而与社会需求不相适应。

3. 土壤系统分类　20 世纪 70 年代国际上土壤系统分类迅速发展，1982 年我国土壤科学家参加了第 12 届国际土壤学大会，之后向国内介绍国外土壤分类进展，如《美国土壤分类检索》《土壤系统分类概念的理论基础》《国际土壤分类评述》等。1984 年在中国科学院和国家自然科学基金资助下，由中国科学院南京土壤研究所主持，30 多个高等院校和研究所合作，历经 10 多年的中国土壤系统分类研究，先后提出了《中国土壤系统分类（首次方案）》（1991）、《中国土壤系统分类（修订方案）》（1995）和《中国土壤系统分类检索》（第三版）（2001）。

现阶段我国土壤分类处于土壤发生分类与系统分类并存的状态，但为使我国土壤科学能面向世界、与国际接轨，以发生学理论、诊断层和诊断特性为基础，兼具我国特色的中国土壤系统分类受到国内外的普遍关注并得到快速发展。

（二）中国土壤发生分类

中国土壤发生分类以土壤发生演变为基础，在 1978 年《中国土壤分类暂行草案》的基础上，集第二次土壤普查的成果，吸取诊断分类中一些土纲的命名，1992 年全国土壤普查办公室制定了《中国土壤分类系统》（CST）。

1. 分类原则　遵循土壤发生学原则与统一性原则。土壤作为客观存在的历史自然体，应坚持成土因素、成土过程和土壤属性（较稳定的形态特征）三结合的分类依据，以土壤属性为基础，最大限度地体现土壤分类的客观性和真实性。在土壤分类中，将自然土壤和耕作土壤作为统一的整体进行土壤类型的划分，具体分析自然因素和人为因素对土壤的影响，力求揭示自然土壤与耕作土壤在发生上的联系及其演变规律。

2. 分类级别　中国土壤分类系统采用七级分类制，即土纲、亚纲、土类、亚类、土属、土种和亚种。其中，土纲是具有共性的土类的归并，土类为基本单元，土种为基层单元，土属为土类与土种间的过渡单元，具有承上启下的作用。各级别划分依据如下。

（1）土纲（soil order）　根据成土过程的共同特点和土壤性质上的某些共性归纳。

（2）亚纲（suborder）　同一土纲内，以土壤形成过程中主要控制因素的差异（如水热状况）导致的土壤属性重大差异进行划分。

（3）土类（soil group）　同一土类反应相同的成土条件和成土过程，具有特定的剖面形态与相应的土壤属性，相似的肥力特征与改良利用途径。土类与土类之间在性质上有质的差别。

（4）亚类（subgroup）　在土类范围内的进一步划分。其划分依据是主导土壤形成过程以外的另一个次要的或新的成土过程。反映同一土类内处于不同发育阶段而使土壤表现出成土过程与剖面形态的差异，或土类之间的过渡。在土壤发生特征和土壤利用改良方向上比土类更为一致。

（5）土属（soil genus）　主要根据母质、水文、地形等地方性因素来划分，反应区域性变异对土壤的影响。

（6）土种（soil localtype）　根据土壤发育程度进行划分，主要反映土属范围内属性的差异。土种的特性具有相对稳定性，但可因一般的改土措施而改变。

（7）亚种（soil variety）　又称变种，是土种范围内的变化，反映土壤肥力的变异程度，而一般的耕作或施肥等措施可使一个亚种变为另一个亚种。

3. 命名方法　　采用连续命名和分段命名相结合的方法，土类、土属、土种等都可单独命名。土纲名称由土类名称概括而成；亚纲名称在土纲名称前加形容词构成；土类名称以习惯用名称为主，部分采用经提炼后的土壤俗名；亚类名称在土类名称前加形容词构成；土属名称从土种中归纳；土种和变种的名称主要从当地土壤俗名中提炼而得。连续命名以土类为基础，例如，土类——红壤、亚类——暗红壤、土属——硅铝质暗红壤、土种——厚层硅铝质暗红壤、变种——肥沃厚层硅铝质暗红壤。但同时认为，土壤命名的字数和结构应尽量简明和系统化。

4. 中国土壤分类系统表　　表 10-1 为 1992 年全国土壤普查办公室制作的《中国土壤分类系统》。

表 10-1　中国土壤分类系统（1992）

土纲	亚纲	土类	亚类
铁铝土	湿热铁铝土	砖红壤	砖红壤、黄色砖红壤
		赤红壤	赤红壤、黄色赤红壤、赤红壤性土
		红壤	红壤、黄红壤、棕红壤、山原红壤、红壤性土
	湿暖铁铝土	黄壤	黄壤、漂洗黄壤、表潜黄壤、黄壤性土
淋溶土	湿暖淋溶土	黄棕壤	黄棕壤、暗黄棕壤、黄棕壤性土
		黄褐土	黄褐土、黏盘黄褐土、白浆化黄褐土、黄褐土性土
	湿暖温淋溶土	棕壤	棕壤、白浆化棕壤、潮棕壤、棕壤性土
	湿温淋溶土	暗棕壤	暗棕壤、白浆化暗棕壤、草甸暗棕壤、潜育暗棕壤、暗棕壤性土
		白浆土	白浆土、草甸白浆土、潜育白浆土
	湿寒温淋溶土	棕色针叶林土	棕色针叶林土、漂灰棕色针叶林土、表潜棕色针叶林土
		漂灰土	漂灰土、暗漂灰土
		灰化土	灰化土
半淋溶土	半湿热半淋溶土	燥红土	燥红土、褐红土
	半湿暖温半淋溶土	褐土	褐土、石灰性褐土、淋溶褐土、潮褐土、塿土、燥褐土、褐土性土
	半湿温半淋溶土	灰褐土	灰褐土、暗灰褐土、淋溶灰褐土、石灰性灰褐土、灰褐土性土
		黑土	黑土、草甸黑土、白浆化黑土、表潜黑土
		灰色森林土	灰色森林土、暗灰色森林土
钙层土	半湿温钙层土	黑钙土	黑钙土、淋溶黑钙土、石灰性黑钙土、淡黑钙土、草甸黑钙土、盐化黑钙土、碱化黑钙土
	半干温钙层土	栗钙土	栗钙土、暗栗钙土、淡栗钙土、草甸栗钙土、盐化栗钙土、碱化栗钙土、栗钙土性土
	半干温暖钙层土	栗褐土	栗褐土、淡栗褐土、潮栗褐土
		黑垆土	黑垆土、黏化黑垆土、潮黑垆土、黑麻土
干旱土	干温干旱土	棕钙土	棕钙土、淡棕钙土、草甸棕钙土、盐化棕钙土、碱化棕钙土、棕钙土性土
		灰钙土	灰钙土、淡灰钙土、草甸灰钙土、盐化灰钙土
漠土	干温漠土	灰漠土	灰漠土、钙质灰漠土、草甸灰漠土、盐化灰漠土、碱化灰漠土、灌耕灰漠土
		灰棕漠土	灰棕漠土、石膏灰棕漠土、石膏盐磐灰棕漠土、灌耕灰棕漠土
	干暖温漠土	棕漠土	棕漠土、盐化棕漠土、石膏棕漠土、石膏盐磐棕漠土、灌耕棕漠土

续表

土纲	亚纲	土类	亚类
初育土	土质初育土	黄绵土	黄绵土
		红黏土	红黏土、积钙红黏土、复盐基红黏土
		新积土	新积土、冲积土、珊瑚砂土
		龟裂土	龟裂土
		风沙土	荒漠风沙土、草原风沙土、草甸风沙土、滨海沙土
	石质初育土	石灰（岩）土	红色石灰土、黑色石灰土、棕色石灰土、黄色石灰土
		火山灰土	火山灰土、暗火山灰土、基性岩火山灰土
		紫色土	酸性紫色土、中性紫色土、石灰性紫色土
		磷质石灰土	磷质石灰土、硬磐磷质石灰土、盐渍磷质石灰土
		石质土	酸性石质土、中性石质土、钙质石质土、含盐石质土
		粗骨土	酸性粗骨土、中性粗骨土、钙质粗骨土、硅质粗骨土
半水成土	暗半水成土	草甸土	草甸土、石灰性草甸土、白浆化草甸土、潜育草甸土、盐化草甸土、碱化草甸土
	淡半水成土	潮土	潮土、灰潮土、脱潮土、湿潮土、盐化潮土、碱化潮土、灌淤潮土
		砂姜黑土	砂姜黑土、石灰性砂姜黑土、盐化砂姜黑土、碱化砂姜黑土、黑黏土
		林灌草甸土	林灌草甸土、盐化林灌草甸土、碱化林灌草甸土
		山地草甸土	山地草甸土、山地草原草甸土、山地灌丛草甸土
水成土	矿质水成土	沼泽土	沼泽土、腐泥沼泽土、泥炭沼泽土、草甸沼泽土、盐化沼泽土、碱化沼泽土
	有机水成土	泥炭土	低位泥炭土、中位泥炭土、高位泥炭土
盐碱土	盐土	草甸盐土	草甸盐土、结壳盐土、沼泽盐土、碱化盐土
		漠境盐土	干旱盐土、漠境盐土、残余盐土
		滨海盐土	滨海盐土、滨海沼泽盐土、滨海潮滩盐土
		酸性硫酸盐土	酸性硫酸盐土、含盐酸性硫酸盐土
		寒原盐土	寒原盐土、寒原硼酸盐土、寒原草甸盐土、寒原碱化盐土
	碱土	碱土	草甸碱土、草原碱土、龟裂碱土、盐化碱土、荒漠碱土
人为土	人为水成土	水稻土	潴育水稻上、淹育水稻土、渗育水稻土、潜育水稻土、脱潜水稻土、漂洗水稻土、盐渍水稻土、咸酸水稻土
	灌淤土	灌淤土	灌淤土、潮灌淤土、表锈灌淤土、盐化灌淤土
		灌漠土	灌漠土、灰灌漠土、潮灌漠土、盐化灌漠土
高山土	湿寒高山土	草毡土（高山草甸土）	草毡土（高山草甸土）、薄草毡土（高山草原草甸土）、棕草毡土（高山灌丛草甸土）、湿草毡土（高山湿草甸土）
		黑毡土（亚高山草甸土）	黑毡土（亚高山草甸土）、薄黑毡土（亚高山草原草甸土）、棕黑毡土（亚高山灌丛草甸土）、湿黑毡土（亚高山湿草甸土）
	半湿寒高山土	寒钙土（高山草原土）	寒钙土（高山草原土）、暗寒钙土（高山草甸草原土）、淡寒钙土（高山荒漠草原土）、盐化寒钙土（高山盐渍草原土）
		冷钙土（亚高山草原土）	冷钙土（亚高山草原土）、暗冷钙土（亚高山草甸草原土）、淡冷钙土（亚高山荒漠草原土）、盐化冷钙土（亚高山盐渍草原土）
		冷棕钙土（山地灌丛草原土）	冷棕钙土（山地灌丛草原土）、淋淀冷棕钙土（山地淋溶灌丛草原土）
	干寒高山土	寒漠土（高山漠土）	寒漠土（高山漠土）
		冷漠土（亚高山漠土）	冷漠土（亚高山漠土）
	寒冻高山土	寒冻土（高山寒漠土）	寒冻土（高山寒漠土）

资料来源：全国土壤普查办公室，1993

（三）中国土壤系统分类

中国土壤系统分类自 1984 年开始研究，通过不断的补充修订，2001 年推出《中国土壤系统分类》（第三版）。

1. **特点**　以发生学理论为指导，将历史发生和形态发生有机结合。

以诊断层和诊断特性为基础。系统拟订了 11 个诊断表层、20 个诊断表下层、2 个其他诊断层、25 个诊断特性，为定量分类奠定了基础。在分类原则、诊断层、诊断特性及分类系统的基础上，建立了检索系统，将鉴定指标落实在具体类型上，使每一种土壤都可以在这一检索系统中找到所属的、唯一的分类位置。因此克服了土壤发生分类中有中心概念而边界不明确的弊端。

面向世界与国际接轨，有利于土壤科学在世界范围内的信息交流与知识共享。就诊断层而言，36.4% 是直接引用美国系统分类的，27.2% 是引进概念加以修订补充的，而有 36.4% 是新提出的。在诊断特性中，则分别为 31.0%、32.8% 和 36.2%。在系统内各级单元的划分上，高级单元基本上可与世界上的 ST 制、FAO/Unesco 图例单元和 WRB 对应。

充分注重我国特色。从我国实际情况出发，创建了一系列人为土诊断层，建立了人为土分类体系，对我国季风亚热带土壤、西北干旱土壤、青藏高原土壤和南海诸岛土壤的分类做了具体研究。

2. **分类原则与级别**　采用六级分类制，即土纲、亚纲、土类、亚类、土族、土系。前四级为高级分类单元，后两级为基层分类单元。

（1）土纲　根据主要成土过程产生的或影响主要成土过程的性质，即诊断层或诊断特性确定类别。

（2）亚纲　土纲的辅助级别，主要根据影响现代成土过程的控制因素所反映的性质（如水分、温度和岩性特征）进行划分。

（3）土类　亚纲的续分，多依据反映主要成土过程强度或次要成土过程或次要控制因素的表现性质的差异划分。

（4）亚类　土类的辅助级别，主要根据是否偏离中心概念，是否具有附加过程的特性和是否具有母质残留的特性划分。

（5）土族　基层分类单元，是在亚类范围内，主要反映与土壤利用管理有关的土壤理化性质发生明显分异的续分单元。

（6）土系　是最低级别（基层）的分类单元，同一土系的土壤组成物质、所处地形部位及水热状况相似，在一定垂直深度内，土壤的特征土层、生产利用适宜性大体一致。

3. **命名方法**　中国土壤系统分类采用分段连续命名方式。土纲、亚纲、土类、亚类为一段。其名称结构以土纲为基础，前面叠加反映亚纲、土类、亚类性质的术语，分别构成亚纲、土类和亚类的名称。一般土纲名称 3 个字，亚纲 5 个字，土类 7 个字，亚类 9 个字。土族命名采用在土壤亚类名称前冠以土壤主要分异特性的连续名，土系则以地名或地名加优势质地名称命名。

4. **土壤系统分类表**　中国土壤系统分类共有 14 个土纲、39 个亚纲、138 个土类、588 个亚类（表 10-2）。

表 10-2　中国土壤系统分类表（2001）（土纲、亚纲）

土纲	亚纲	土纲	亚纲	土纲	亚纲
有机土	永冻有机土	干旱土	寒性干旱土	淋溶土	冷凉淋溶土
	正常有机土		正常干旱土		干润淋溶土
人为土	水耕人为土	盐成土	碱积盐成土		常湿淋溶土
	旱耕人为土		正常盐成土		湿润淋溶土
灰土	腐殖灰土	潜育土	寒冻潜育土	雏形土	寒冻雏形土
	正常灰土		滞水潜育土		潮湿雏形土
火山灰土	寒冻火山灰土		正常潜育土		干润雏形土
	玻璃火山灰土	均腐土	岩性均腐土		常湿雏形土
	湿润火山灰土		干润均腐土		湿润雏形土
铁铝土	湿润铁铝土		湿润均腐土	新成土	人为新成土
变性土	潮湿变性土	富铁土	干润富铁土		砂质新成土
	干润变性土		常润富铁土		冲积新成土
	湿润变性土		湿润富铁土		正常新成土

资料来源：中国科学院南京土壤研究所，2001

5. **检索方法**　土壤系统分类的各个类别通过有诊断层和诊断特征的检索系统进行确定。只需根据土壤诊断层或诊断特性的表征，按照检索顺序，自上而下逐一排除那些不符合某一土壤要求的类别，就能找到该土壤的正确分类位置（表 10-3）。

表 10-3　中国土壤系统分类中 14 个土纲检索简表（2001）

诊断层和 / 或诊断特征	土纲
1. 有下列之一的有机土壤物质［土壤有机碳含量≥180g/kg 或≥（120g/kg＋黏粒含量 g/kg×0.1）］：覆于火山物质之上和 / 或填充其间，且石质或准石质接触面直接位于火山物质之下；或土表至 50cm 范围内，其总厚度≥40cm（含火山物质）；或其厚度≥2/3 的土表至石质或准石质接触面总厚度，且矿质土层总厚度≤10cm；或经常被水饱和，且上界在土表至 40cm 范围内，其厚度≥40cm（高腐或半腐物质，或苔藓纤维<3/4）或≥60m（苔藓纤维≥3/4）	有机土
2. 其他土壤中有水耕表层和水耕氧化还原层；或肥熟表层和磷质耕作淀积层；或灌淤表层；或堆垫表层	人为土
3. 其他土壤在土表下 100cm 范围内有灰化淀积层	灰土
4. 其他土壤在土表至 60cm 或至更浅的石质接触面范围内 60% 或更厚的土层具有火山灰特性	火山灰土
5. 其他土壤中有上界在土表至 150cm 范围内的铁铝层	铁铝土
6. 其他土壤中土表至 50cm 范围内黏粒≥30%，且无石质或准石质接触面，土壤干燥时有宽度>0.5cm 的裂隙，和土表至 100cm 范围内有滑擦面或自吞特征	变性土
7. 其他土壤有干旱表层和上界在土表至 100cm 范围内的下列任一诊断层：盐积层、超盐积层、盐磐、石膏层、超石膏层、钙积层、超钙积层、钙磐、黏化层或雏形层	干旱土
8. 其他土壤中土表至 30m 范围内有盐积层，或土表至 75cm 范围内有碱积层	盐成土
9. 其他土壤中土表至 50cm 范围内有一土层厚度≥10cm 有潜育特征	潜育土
10. 其他土壤中有暗沃表层和均腐殖质特性，且矿质土表下 180cm 或至更浅的石质或准石质接触面范围内盐基饱和度≥50%	均腐土
11. 其他土壤中有上界在土表至 125cm 范围内的低活性富铁层	富铁土
12. 其他土壤中有上界至土表 125cm 范围内的黏化层或黏磐	淋溶土
13. 其他土壤中有雏形层；或矿质土表至 100cm 范围内有如下任一诊断层，即漂白层、钙积层、超钙积层、钙磐、石膏层、超石膏层；或矿质土表下 20～50cm 范围内有一土层（≥10cm 厚）的 n 值<0.7；或黏粒含量<80g/kg，并有有机表层；或暗沃表层；或暗瘠表层；或有永冻层和矿质土表至 50cm 范围内有滞水土壤水分状况	雏形土
14. 其他土壤	新成土

资料来源：中国科学院南京土壤研究所，2001

（四）土壤发生分类与系统分类的参比

国际土壤分类正朝着定量化、标准化和国际化的方向发展。现阶段我国土壤系统分类研究成果已在国内外产生巨大影响，但土壤发生分类研究所积累的资料同时也在部分区域继续使用，这就形成了当前我国土壤分类处于土壤系统分类和发生分类并存的状态。进行两个系统的参比对充分利用现有土壤资料，进一步了解土壤系统分类和加强国际交流均有重要意义。但因两个系统分类原则、依据与方法不同，因此两者的参比实为一近似参比，且应注意以下问题。

1. 把握特点　　系统分类的重点是土纲，发生分类的高级分类中土类是基本单元，是相对稳定的，土纲和亚纲却并不稳定。因此对两者的参比，主要以发生分类的土类与系统分类的亚纲或土类进行比较。

2. 占有必要的资料　　具体资料是两个分类系统参比的根据，并且掌握的资料越充分，参比就越具体、越确切。

3. 着眼典型　　在参比时，只能以反映中心概念为主，若涉及范围太广，将导致无从下手。

4. 依次检索　　具体参比时根据诊断层和诊断特性，按次序从土纲开始逐一往下检索（表10-4）。

表 10-4　中国土壤分类系统（1992）与中国土壤系统分类（2001）的近似参比

中国土壤分类系统	主要 CST 类型	中国土壤分类系统	主要 CST 类型
砖红壤	暗红湿润铁铝土	灰棕漠土	石膏正常干旱土
	简育湿润铁铝土		简育正常干旱土
	富铝湿润富铁土		灌淤干润雏形土
	黏化湿润富铁土	棕漠土	石膏正常干旱土
	铝质湿润雏形土		盐积正常干旱土
	铁质湿润雏形土	盐土	干旱正常盐成土
赤红壤	强育湿润富铁土		潮湿正常盐成土
	富铝湿润富铁土	碱土	潮湿碱积盐成土
	简育湿润铁铝土		简育碱积盐成土
红壤	富铝湿润富铁土		龟裂碱积盐成土
	黏化湿润富铁土	紫色土	紫色湿润雏形土
	铝质湿润淋溶土		紫色正常新成土
	铝质湿润雏形土	火山灰土	简育湿润火山灰土
黄壤	铝质常湿淋溶土		火山渣湿润正常新成土
	铝质常湿雏形土	黑色石灰土	黑色岩性均腐土
	富铝常湿富铁土		腐殖钙质湿润淋溶土
燥红土	铁质干润淋溶土	红色石灰土	钙质湿润淋溶土
	铁质干润雏形土		钙质湿润雏形土
	简育干润富铁土		钙质湿润富铁土

续表

中国土壤分类系统	主要 CST 类型	中国土壤分类系统	主要 CST 类型
	简育干润变性土	磷质石灰土	富磷岩性均腐土
黄棕壤	铁质湿润淋溶土		磷质钙质湿润雏形土
	铁质湿润雏形土	黄绵土	黄土正常新成土
	铝质常湿雏形土		简育干润雏形土
黄褐土	黏磐湿润淋溶土	风沙土	干旱砂质新成土
	铁质湿润淋溶土		干润砂质新成土
棕壤	简育湿润淋溶土	粗骨土	石质湿润正常新成土
	简育正常干旱土		石质干润正常新成土
	灌淤干润雏形土		弱盐干旱正常新成土
褐土	简育干润淋溶土	草甸土	暗色潮湿雏形土
	简育干润雏形土		潮湿寒冻雏形土
暗棕壤	冷凉湿润雏形土		简育湿润雏形土
	暗沃冷凉淋溶土	沼泽土	有机正常潜育土
白浆土	漂白滞水湿润均腐土		暗沃正常潜育土
	漂白冷凉淋溶土		简育正常潜育土
灰棕壤	冷凉常湿雏形土	泥炭土	正常有机土
	简育冷凉淋溶土	潮土	淡色潮湿雏形土
棕色针叶林土	暗瘠寒冻雏形土		底锈干润雏形土
漂灰土	暗瘠寒冻雏形土	砂姜黑土	砂姜钙积潮湿变性土
	漂白冷凉淋溶土		砂姜潮湿雏形土
	正常灰土	亚高山草甸土和高山草甸土	草毡寒冻雏形土
灰化土	腐殖灰土		暗沃寒冻雏形土
	正常灰土	亚高山草原土和高山草原土	钙积寒性干旱土
灰黑土	黏化暗厚干润均腐土		黏化寒性干旱土
	暗厚黏化干润均腐土		简育寒性干旱土
	暗沃冷凉淋溶土	高山漠土	石膏寒性干旱土
灰褐土	简育干润淋溶土		简育寒性干旱土
	钙积干润淋溶土	高山寒漠土	寒冻正常新成土
	黏化简育干润均腐土	水稻土	潜育水耕人为土
黑土	简育湿润均腐土		铁渗水耕人为土
	黏化湿润均腐土		铁聚水耕人为土
黑钙土	暗厚干润均腐土		简育水耕人为土
	钙积干润均腐土		除水耕人为土以外其他类别中的水耕亚类
栗钙土	简育干润均腐土		
	钙积干润均腐土	塿土	土垫旱耕人为土

续表

中国土壤分类系统	主要 CST 类型	中国土壤分类系统	主要 CST 类型
	简育干润雏形土	灌淤土	灌淤旱耕人为土
黑垆土	堆垫干润均腐土		灌淤干润雏形土
	简育干润均腐土		灌淤湿润砂质新成土
棕钙土	钙积正常干旱土		淤积人为新成土
	简育正常干旱土	菜园土	淤积人为新成土
灰钙土	钙积正常干旱土		肥熟旱耕人为土
	黏化正常干旱土		肥熟土垫旱耕人为土
灰漠土	钙积正常干旱土		肥熟富磷岩性均腐土

资料来源：中国科学院南京土壤研究所，2001

第二节　土　壤　分　布

一、土壤分布的地带性

由道库恰耶夫的土壤地带性学说可知，土壤是各种成土因素（气候、生物、地形、母质、时间等）的综合作用产物。因此，土壤（高级类别）的分布（soil distribution）也表现为与气候、生物等因素的地带性规律基本一致的地带性规律分布，这就是土壤的地带性（soil zonality）分布规律。这种变化具有沿水平方向的纬度、经度地带性表现，在垂直高度上的表现，也有一定时空范围内的土壤组合。因此，土壤的地理分布具有与生物气候条件相适应的广域水平与垂直分布，以及与区域内水文地质、人为活动等条件相适应的区域分布。这种空间分布格局的有规律变化，称为土壤空间分异规律。我国地域辽阔，地形起伏，南北地跨 5个温度带，东西干湿状况差异明显，土壤具有明显的空间分布规律。中国土壤水平地带分布模式如图 10-1 所示。

值得注意的是，对土壤分布规律的认识和分析，是与一定的土壤分类系统相联系的。目前我国的土壤分类是两种分类系统同时并存，因此对土壤分布的认识，也是两种规律认识的同时存在。一是土壤发生分类下的土壤地带性分布规律，二是土壤系统分类下的土壤空间组合分布规律。

（一）土壤地带性分布规律

土壤地带性包括土壤水平地带性、垂直地带性和地域性分布。

1. **土壤水平地带性**（soil horizontal zonality）**分布规律**　由于地表生物气候条件的变化主要受纬度与经度的控制，因此土壤的水平分布也表现为沿纬度和经度与生物气候变化相一致的地带性分布规律。

土壤的纬度地带性（soil latitudinal zonality）分布规律，是指土壤分布呈大致平行于纬度的规律性带状变化规律。主要是由于大气温度随纬度而有规律变化，引起生物植被类型的相应变化，从而使与成土条件相一致的土壤也呈规律性变化的结果。这种分布规律在我国东部沿海湿润地区表现明显，从南到北分别有砖红壤—赤红壤—红壤（黄壤）—黄棕壤—棕壤更替分布并呈东西向伸展（表 10-5）。

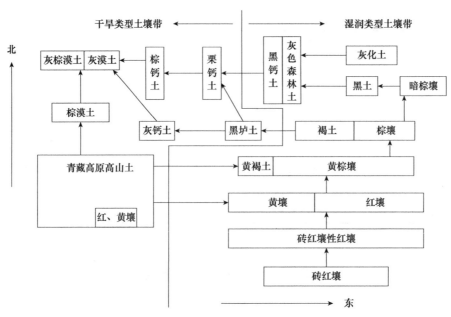

图 10-1 中国土壤水平地带分布模式
（中国科学院《中国自然地理》编辑委员会，1999）

表 10-5 中国气候、生物、土壤纬度地带谱

气候带	植被类型	土壤类型	气候带	植被类型	土壤类型
寒温带湿润	针叶林	棕色针叶林土	中亚热带湿润	常绿阔叶林	红壤
温带湿润	针叶于落叶阔叶混交林	暗棕壤	中亚热带湿润	常绿阔叶林	黄壤
暖温带湿润半湿润	落叶阔叶林	棕壤	南亚热带湿润	季雨林	赤红壤
暖温带半湿润	森林灌木	褐土	热带湿润	雨林与季雨林	砖红壤
北亚热带湿润	常绿与落叶阔叶混交林	黄棕壤			

　　土壤的经度地带性（soil longitudinal zonality）分布，是土壤分布大致平行于经度的带状变化规律。这一规律主要出现在干旱内陆地区（中纬度地区表现典型），由于大气中的水分状况随经度发生变化，生物植被类型与土壤类型产生相应的规律性变化。我国东北到宁夏的温带地区，由东向西土壤带分别为暗棕壤—黑土—黑钙土—栗钙土—棕钙土—灰漠土—灰棕漠土（表 10-6）。

表 10-6 中国气候、生物、土壤经度地带谱

气候带	植被类型	土壤类型	气候带	植被类型	土壤类型
温带湿润半湿润	草原化草甸、草甸	黑土	暖温带干旱	荒漠草原	灰钙土
温带半干旱半湿润	草甸草原	黑钙土	温带极干旱	荒漠	灰漠土
温带半干旱	干草原	栗钙土	暖温带极干旱	荒漠	棕漠土
温带半干旱	荒漠草原	棕钙土			

任一土壤带内，能综合反映当地的气候‐生物特点的优势土类，称为地带性土壤或显域土，土壤带则以该土类的名称命名。受局部区域自然条件影响形成的土类，则称为非地带性土壤（隐域土）。

2. 土壤垂直地带性（soil vertical zonality）分布规律　　我国是多山国家，山地类型多样。随山体海拔的增加，在一定高度范围内表现气温下降，湿度升高，生物植被类型相应变化。由于山体海拔的变化而引起气候‐生物分布的带状分异所产生的土壤带状分布规律，称为土壤垂直分布规律（图10-2）。土壤垂直地带性分布的带谱结构随山体所处的地理位置、山体高度及山地坡向的不同而不同（图10-3）。土壤分布规律类似于山体所在地以北的纬度地带性分布规律，但由于特殊的水热状况、植物群落、地形特点，山地土壤在发生特征和利用情况上与水平地带性土壤有所不同。一般具有多石砾、土层浅薄、土壤层次过渡不明显、带幅宽窄受山体特点制约等特点。

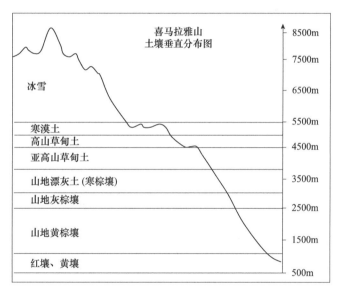

图10-2　喜马拉雅山土壤垂直带示意图
（熊毅和李庆逵，1987）

3. 土壤地域性分布（soil regional distribution）规律　　土壤地域性分布规律，是在地带性分布规律的基础上，由于地形与水文地质差异，以及人为耕作活动影响，土壤发生相应变异的有别于地带性土壤的地方性土类，并与地带性土壤形成镶嵌分布。例如，广泛分布于滇、桂、黔的岩成石灰土，与当地的地带性土壤红、黄壤形成镶嵌分布。

（二）土壤类型空间组合规律

以诊断层和诊断特性为依据进行划分的中国土壤系统分类，认为一种与生物气候有发生学联系的土壤类型并不仅限于某一生物气候带内，而是具有组合分布的规律，表现为规则性连续分布、地域性间断分布和垂直分布等不同形式。

1. 土壤规则性连续分布　　土壤规则性连续分布取决于土壤成土过程产生的诊断层和诊断特征。由于我国西部多高原和山地，东北多丘陵和平原，全国山脉纵横分布，影响水热分配。因此，将我国大陆土壤水平分布规律概括为三大土壤系列（图10-4）。

（1）东南湿润土壤系列　　位于大兴安岭—太行山—青藏高原东部边缘一线以东的广

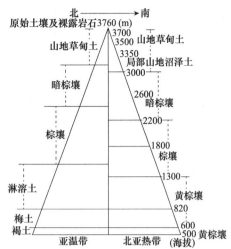

图 10-3 秦岭南北坡土壤垂直带谱示意图
（熊毅和李庆逵，1987）

秦岭为我国自然地带分界线，南坡为北亚热带，北坡暖温带

大地区，海洋湿润气候明显，温度由南向北随纬度逐渐降低。主要土壤组合由南向北依次为湿润铁铝土—湿润富铁土、湿润富铁土—湿润铁铝土、湿润富铁土—常湿雏形土、湿润淋溶土—水耕人为土、湿润淋溶土—潮湿雏形土、冷凉淋溶土—湿润均腐土、寒冻雏形土—正常灰土。

（2）西北干旱土壤系列 位于内蒙古西部—贺兰山—念青唐古拉山一线西北的广大地区，海洋季风气候影响微弱，气候干旱并由东向西逐渐加重（青藏高原是从东南向西北渐增），植被由荒漠化草原、草原化荒漠向荒漠变化。土壤组合由南向北依次为寒性干旱土—永冻寒冻雏形土、正常干旱土—干旱正常盐成土组合。

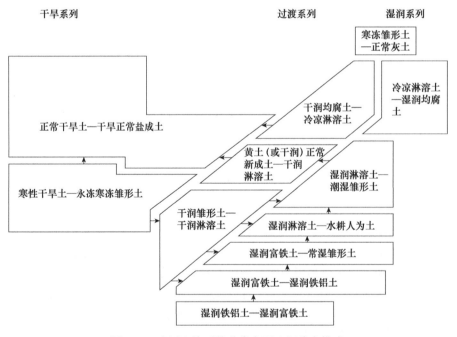

图 10-4 中国土壤系统分类主要土纲分布模式
（龚子同等，2007）

（3）中部干润土壤系列 在上述两个土壤系列间的过渡地带，半湿润、半干旱气候条件下，植被大多为草原植被。土壤组合自西南向西北依次出现干润雏形土—干润淋溶土、黄土（或干润）正常新成土—干润淋溶土、干润均腐土—冷凉淋溶土。

2. 土壤地域性间断分布 土壤地域性间断分布是指在土壤规则性连续分布的基础上，由于地形母质、水文条件、时间及人为活动的影响，土壤发生相应变异并形成若干或大或小，彼此相隔的分布区，即规则性连续分布土壤与地域性间断分布土壤呈镶嵌组合，构成条带状、星点状、棋盘状和斑块状等空间结构分布格局（图 10-5）。

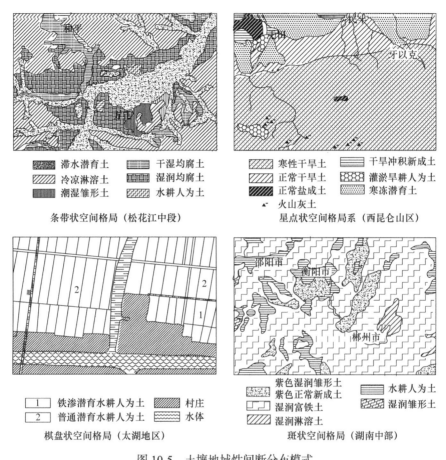

图 10-5　土壤地域性间断分布模式
（龚子同等，2007）

3. 垂直分布　　受高大山体的影响，生物气候条件与土壤类型都呈现垂直带状分布。它们的结构随山体位置、海拔与山坡坡向的不同而呈有规律的变化。世界第一高峰珠穆朗玛峰是土壤垂直带谱最完整的山地，而一般中、高山地，因高度限制，土壤垂直带谱就相对比较简单，如庐山（图 10-6）。

二、土壤分布的区域性

我国地域辽阔，自然环境条件复杂，土壤资源丰富且类型多样。但由于区域差异明显，土壤也表现出区域分异特点。

（一）以发生分类为基础的土壤区域

是指土壤的广域分布组合，和我国季风气候的干湿、冷热变化，以及大地形差异所引起的综合自然区域一致。依据全国范围内的土壤重大差异，共划分三个区域：东部季风区域、西北干旱区域、青藏高原区域。

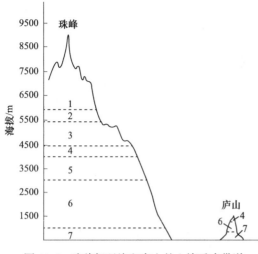

图 10-6　珠穆朗玛峰和庐山的土壤垂直带谱
（龚子同等，2007）

1. 冰雪；2. 正常新成土；3. 寒冻雏形土；4. 常湿雏形土；
5. 正常灰土；6. 常湿淋溶土；7. 湿润富铁土

1. 东部季风区域　　地跨北纬50°，南北差异大，以秦岭、大别山、淮河为界划分南北两部分。该区人口密集，农业历史悠久，耕作集约。南部高温多雨，植被常绿阔叶林和热带雨林、季雨林，土壤多不同程度富铝化，酸性而有明显铁铝富积；北方多属半湿润半干旱区，植被为落叶阔叶林与针阔混交林，土壤多硅铝质，常含碳酸钙，低平处有盐积累。

2. 西北干旱区域　　由干旱的内陆盆地的漠土，向周边逐渐过渡为半漠土、干旱草原土壤。由于水分奇缺，土壤中有大量盐分积累，农业生产受限。

3. 青藏高原区域　　这里是面积广阔的低纬度、高海拔高原。土壤多为高山土壤类型，高山草甸、高山草原、荒漠土等特殊高山土壤组合。农业上限为 4000～4600m。

根据以上特点，我国土壤组合又被划分为四大区域：富铝土区域、硅铝土区域、干旱土区域、高山土区域。

（二）土壤系统分类基础上的土壤区域

这里的土壤区域是指根据土壤组合和环境条件的重大差异概括的广域概念。每一个土壤区域，具有特定的土壤类型系列及其相应的大的气候特征和植被类型，反映同一土壤区域内土地利用状况，农、林、牧各业的比例及土壤改良的方向性措施相同或相似。

根据我国土壤和自然环境中最主要的地域差异，以土壤系统分类为基础将全国划分为三大土壤区域，即东南部湿润土壤区域、中部干润土壤区域、西北部干旱土壤区域。

1. 东南部湿润土壤区域　　此区域是东亚及南亚季风区的一部分。夏季受海洋季风影响显著，气候湿润，雨热同季，局部有旱涝，天然植被以森林为主，南北温差十分明显。区内地表大部分在海拔 500m 以下，并有广阔的堆积平原。土壤多种多样，从南到北的土壤组合类型随纬度而变化，土壤具有南酸北碱、华北平原有盐碱、东北平原有机质丰富的特点。是我国主要农业区，人为活动频繁，天然森林保留有限，丘陵山区风化物移动（水蚀、堆积、溶蚀）明显，生态环境恶化问题日趋突出。

2. 中部干润土壤区域　　介于东南部湿润土壤区域与西北部干旱土壤区域之间，是这两个土壤区域的过渡地带，所受夏季海洋季风影响弱于东南部季风区，气候半湿润到半干旱，天然植被为干草原，山地上有森林。多海拔 1000～2500m 的高原与山地，山脉走向主要为北东或北北东方向。土壤具有明显的过渡性特点，类型组合复杂，基本上以干润雏形土和淋溶土为主体，北段有干润均腐土，中段有黄土性新成土，南段山地由于土壤侵蚀和焚风影响而在河谷底部出现干润雏形土。经济结构以农为主，耕地、人口都相对偏少，人为活动影响较高，土壤侵蚀严重，有些地方还有水土化学污染。

3. 西北部干旱土壤区域　　这是广阔的欧亚大陆草原、荒漠区的一部分。处内陆腹地，夏季海洋季风影响甚少，气候极端干旱。南部为海拔 4000m 以上的高原及 7000～8000m 及以上的极高山，北部在 1000m 上下的高原和内陆盆地上有阿尔泰山、天山、昆仑山、祁连山等高大山体，多降水，有大面积冰川和永久积雪。高大山体上有明显山地垂直分异，有些山地上部存在森林，主要树种为云杉、冷杉。由于水分不足或温度较低，成土作用缓慢，土壤剖面一般发育微弱，大部分土壤含有石灰或石膏，有机质含量低，质地粗，高山土壤有机物分解慢，常作草毡状盘结，沙漠和戈壁广泛分布。人口、耕地都少，人为活动微弱，荒漠草原和荒漠区自古即为牧场。生态环境脆弱，经济落后。

【思 考 题】

1. 简述我国土壤分类的现状，土壤分类的意义。

2. 诊断层、诊断特性、诊断现象、单个土体、地带性土壤、隐域土、土壤空间分异规律的概念？

3. 分析土壤发生分类与系统分类的理论依据有何不同。

4. 将我国土壤发生分类与土壤系统分类进行参比时应注意哪些问题？

5. 谈谈你对土壤系统分类和土壤发生分类的看法。

6. 简述土壤的地带性分布规律。

7. 阐述我国现行土壤发生分类制的原则，各分类单元的划分依据。

8. 试述土壤的地域性分布规律。

9. 简述我国土壤系统分类对土壤的区域划分及各区域特点。

第十一章　主要土壤类型

【内容提要】

本章重点阐述我国主要森林土壤及草原土壤的形成条件、分布、性质及利用改良状况，同时还简要介绍了荒漠土壤（灰漠土、灰棕漠土、棕漠土）及初育土（黄绵土、风沙土、紫色土、粗骨土、石质土）的形成条件、分布、性质及利用改良状况。通过本章的学习，要求了解我国主要土壤类型的形成条件、分布、性质及利用改良状况，重点掌握其存在主要障碍因素、利用和改良措施。

第一节　主要森林土壤

森林土壤是指在森林植被下发育的土壤。森林土壤在世界上分布相当广泛，从寒带到热带（干旱地区和半干旱除外），均有其分布，约占世界陆地面积的35%。我国森林土壤主要分布在东半部广大地区（东北到海南岛和台湾南部）及西南的云贵高原和四川盆地。此外，西部地区的山地土壤垂直带谱中也包括森林土壤。

由于森林土壤分布广泛，因而其形成的自然条件与土壤形态特征也各种各样。但都具有一些由森林地区生物气候条件所决定的共同特点，一般可归纳为：①所在地区气候较湿润，土壤水分状况大多属淋溶型，土壤遭受强烈的淋溶作用，使土壤中的盐基物质较少，土壤反应偏于酸性；②由于淋溶作用较强，表土层物质下移明显，因而土壤剖面中一般多有淀积层发育，且较显著；③土壤表面都有枯枝落叶层，有机物质主要从表土进入，土壤腐殖质含量以上表土较多，向下层则急剧减少，并且在腐殖质的成分中，富啡酸常较胡敏酸多；④土壤中矿物质分解程度较强，所形成的次生矿物中以高岭石及氢氧化铁、铝为主。

一、棕色针叶林土

棕色针叶林土（brown coniferous forest soil）是在寒温带针叶林下，发育的冻融回流淋溶型土壤。曾被命名为山地灰化土（1954）、棕色灰化土（1956）、棕色泰加林土（1958）等，但它与世界同纬度带针叶林下的灰化土有很大差异，灰化作用不明显。在《中国土壤分类暂行草案》（1978）和《中国土壤分类系统》（1992）中，棕色针叶林土都属于淋溶土纲的一个土类。棕色针叶林土相当于中国土壤系统分类中的暗瘠寒冻雏形土（umbri-gelic cambosols），其主要部分与美国土壤系统分类中的冷冻暗色始成土（cryumbrepts）相似。

（一）分布

棕色针叶林土是我国北部寒温带针叶林下的地带性土壤，主要分布在大兴安岭北段和中段部分山地，在北纬46°30′~北纬53°30′。北起黑龙江畔，南至阿尔山，东部与大兴安岭东坡的暗棕壤相连，东北部至呼玛，西部与大兴安岭西坡森林草原带的灰色森林土相接，西北部至额尔古纳河。在大兴安岭，棕色针叶林土集中分布在北段，北宽南窄，以楔形向南段延伸。在长白山、小兴安岭和新疆阿尔泰山具有垂直地带性分布特色。在长白山，棕色针叶林土分布在海拔 1200～1700m；在小兴安岭南坡，棕色针叶林上出现在个别海拔 800m 以上的山峰；在新疆阿尔泰山，主要分布在海拔 1800～2400m。

（二）成土条件

1. 气候　　棕色针叶林土分布于寒温带季风气候区。本区是我国最寒冷的地区，冬季漫长而严寒，年平均气温在 0℃以下（−5.7～−1.1℃），冻结期可达 5～7 个月。冬季雪少，土壤冻结深厚，其厚度在 2.5～3m。永冻层呈岛状和片状存在，埋藏深度为 1～2m。低温和冻土对土壤形成有显著影响。本区夏季短促而温暖。主要的气候因素指标如表 11-1 所示。

表 11-1　棕色针叶林土区主要气候因素指标

气象站名称	海拔/m	气温/℃					≥积温/℃	年降水量/mm
		1 月平均气温	7 月平均气温	年均温	极端最低气温	极端最高气温		
漠河	279.6	−30.6	18.4	−5.0	−52.3	35.5	1607.4	401.0
呼玛	177.4	−27.0	20.2	−2.1	−46.3	38	2038.1	456.6
阿里河	423.7	−24.4	18.2	−2.1	−43.8	36.6	1732.3	489.0
博克图	738.7	−21.2	17.7	−1.0	−37.5	35.6	1669.4	432.3
阿尔山	1026.5	−25.9	16.5	−3.3	−45.7	34.1	1354.3	425.1
根河	979.9	−31.1	16.7	−5.7	−49.2	35.4	1310.1	427.4
牙克石	658.7	−28.2	18.4	−3.1	−46.7	36.5	1767.0	338.6
三河	662.9	−27.3	18.5	−3.1	−44.0	36.6	1706.0	344.7

资料来源：大兴安岭地区气象局

2. 植被　　本区棕色针叶林土的植被，主要是明亮针叶林。在长白山和小兴安岭，高海拔地段也有小面积的暗针叶林。

暗针叶树种是鱼鳞云杉（*Picea jezoensis*）和冷杉（*Ables holophylla*），接近森林郁闭线一带有岳桦（*Betula ermanii*）混生。明亮针叶林的树种，则随地区不同而有一定的变化。在长白山，主要针叶树种是黄花落叶松（*Larix olgensis*），混生的有少数红松（*Pinus koraiensis*）。在大兴安岭，主要针叶树种是落叶松（*Larix gmelinii*），只在局部阳坡或沙丘上有樟子松出现，而在一些高海拔地段则有偃松（*Pinus pumila*）或兴安圆柏（*Sabina davurica*）。在阿尔泰山为新疆落叶松（*Larix sibirica*），因林木每年秋季落叶，故称为明亮针叶林。

在大兴安岭针叶林中混有少量白桦（*Betula platyphylla*）和山杨（*Populus davidiana*）等。林下灌木分布最广的为杜鹃（*Rhododendron simsii*），其次为越橘（*Vaccinium vitis-idaea*）、杜香（*Ledum palustre*）等，可在林下形成稠密的活地被物层。灌木还可见矮赤杨（*Alnus japonica*）等。有少量藓类，如塔藓（*Hylocomium splendens*）、赤茎藓（*Pleurozium schreberi*）等。草本植物主要有薹草（*Carex* sp.）、红花鹿蹄草（*Pyrola incarnata*）、大叶章（*Deyeuxia purpurea*）等。植被组成比较单纯，属达呼里植物区系。

大兴安岭北段是我国唯一的有大面积原始落叶松林的地区，其主要森林类型有杜鹃 - 落叶松林、草类 - 落叶松林、杜香、越橘 - 落叶松林、偃松 - 落叶松林。在北部有少片樟子松纯林，林型主要为杜鹃、越橘-樟子松林、草类樟子松林、沙地樟子松林、阶地樟子松林。落叶松林经火灾和人为破坏后，可形成白桦林。

3. 地形　　大兴安岭大部分地区属于中山类型，北部为中山、台原地貌，主峰大白山海拔1404m。沿黑龙江上游有一狭条丘陵阶地和河谷平原。地势南高北低。在大兴安岭山地，局部保留有古冰川作用的遗迹。据花粉分析资料证明，在第四纪初曾有过亚热带生物气候条件，这一时期所形成的红色风化壳至今在丘陵和较高阶地上仍常见到。其后气候转冷，出现过山谷冰川，现今大兴安岭残留着许多冰川地形。由于冰冻动力作用的差异，在山地和丘陵比较平缓的地段，地面往往坎坷不平。由于这种复杂的小地形存在，土壤多变。其中低洼的地形部位一般由沼泽土占据。因此，即使整个地面具有一定的坡度，有时甚至在陡峻的阴坡，棕色针叶林土也常与沼泽土构成变化多样的复区。

4. 母岩和母质　　棕色针叶林土的地下岩层，基本由岩浆岩构成，分布面积占80%以上。岩浆岩中，以花岗岩类、石英粗面岩和玄武岩的面积最广，其次是石英斑岩、流纹岩等。沉积岩主要有砂岩、砾岩，变质岩主要为片麻岩。这些岩类较耐化学风化，又处在针叶林带的生物-气候条件下，因而风化不彻底，母质粗粒很多。此外，在长白山和大兴安岭南段，火山熔岩、浮石和火山灰的面积也不小。

棕色针叶林土的成土母质又可粗略地分为残积物、坡积物和古老的洪积沙砾层3种。由于母岩多数抗风化能力较强，而且本区主要以物理风化为主，所以残积物土层浅薄，除花岗岩风化后多砂砾外，其余多含角砾和石块，往往10～20cm及以下即是杂乱堆砌的岩块。坡积物的土层虽然大体可到1m左右，但混入的岩块仍然很多。冲积物的分选不良，一般混杂石块也很多。在黑龙江河谷高阶地，局部还有古老的洪积沙砾。局部地区母质有冰积物和残留的古代红色风化壳。在高阶地上母质为砂砾或黏土沉积物。

（三）成土过程

棕色针叶林是在寒温带针叶林下，在上述成土条件的综合影响下形成的。其形成过程具有如下特点，即针叶林毡状凋落物层的泥炭化过程、酸性淋溶过程和铁铝在表层的聚积过程。

1. 针叶林毡状凋落物层的泥炭化过程　　针叶林及其下木和藓类，每年都有大量枯枝落叶、树皮、球果等有机残体凋落地表。这些凋落物因缺乏灰分元素，富含单宁树脂，具有残余酸性物质，因而影响微生物活动；一年中低温时期长，且因冻层造成了上层湿度较大的水分状况。因此，微生物不能完全分解当年的凋落物，而逐渐积累成为半泥炭化的毡状层。

2. 酸性淋溶过程　　针叶林下的凋落物主要是在真菌的活动下进行转化。只有在温暖多雨的季节里（6～8月）微生物的活动较为旺盛，在分解有机质的同时也形成了以分子小、酸性强、活性大的富啡酸类为主的腐殖酸类。森林毡状层具有较强的保蓄水分的能力。稠密的灌木在土壤中具有庞大的根量，也可导致土壤水分向下移动，但向下的水流只有在多雨的季节才较多。富啡酸类随下渗水流进入土层与土壤中的盐基发生作用，导致了土壤盐基的淋失，土壤盐基饱和度降低，导致土壤具有稳定酸性。土壤中铁铝化合物也可被富啡酸类活化并向下移动，但由于气候寒冷，淋溶时间短促，淋溶物质受到冻层的阻隔，酸性淋溶作用不会有显著的发展。

3. 铁铝在表层的聚积过程　　当冬季到来时，表层首先冻结，上下土层间产生了温差，下移的可溶性铁铝锰化合物等又随上升水流重返地表，因冻结脱水析出，成为稳定的铁铝锰等化合物聚积在土壤表层，使土粒染成棕色，并且在剖面上层的石块底面及侧面有大量暗棕色至棕黑色胶膜的淀积。活性铁铝在表层的聚积尤为明显。这与灰化土中活性铁的分布是截然不同的。

（四）剖面形态特征和基本理化性质

1. 形态特征　　典型的棕色针叶林土主要的形态特征是表土为暗棕灰至棕色，全剖面分层不明显，土层浅薄，多含石砾。可以区分出 A_0、A_T—AB—B—C 等发生层次。

（1）A_0 及 A_T 层　　约 10cm，一般可再分为两层，上层是由木本和苔藓的未分解遗体所组成的凋落物层，显褐色，疏松而有弹性，局部可见白色菌丝体；下层是半分解的凋落物，色泽晦暗，比上层紧密，多白色菌丝体和植物根，下部呈泥炭化。

（2）AB 层　　暗棕灰—暗灰色，厚度仅数厘米至 10cm，具不稳固的团粒、团块状结构，多树木粗根，局部有白色菌丝体，下部有时可见石块，在石块的底面可见多量铁、锰胶膜。

（3）B 层　　棕色，厚度不一，多在 20～40cm，此层一般含有多量石砾和石块，在石块下面可见少量铁、锰胶膜，稍具核状至团块状结构，较紧实，根较少。

（4）C 层　　棕色或同母岩颜色，含多量岩块，角砾或为花岗岩的风化砂。在石块下面，大都可见铁、锰胶膜。

2. 基本理化性质　　以大兴安岭卜奎林场（BA-16）剖面（中国科学院林业土壤研究所，1980）为例，说明棕色针叶林土的理化性质（表 11-2 和表 11-3）。剖面地点的地形为低山，西北坡，坡度 7°～8°。母质为流纹岩坡积物。植被以兴安落叶松为主。下木以少数矮赤杨。活地被物由越橘、杜香、臺草等构成。理化性质可归纳为如下几点。

1）A_0 层中腐殖质含量可高达 34.83%，自 A_0 层以下腐殖质的含量急剧降低。腐殖质组成中以富啡酸为主。

2）土壤呈酸性反应，代换性阳离子中含有钙、镁、氢、铝；水解酸较高，盐基饱和度低。

3）铁铝活化并在表层聚积。

4）营养成分以有机态为主，表层速效性氮、磷及全量氮含量稍多，下层较少。

表 11-2　棕色针叶林土化学性质

土层	深度 /cm	pH H₂O	pH KCl	水解酸 /（cmol/kg）	代换性 H⁺ /（cmol/kg）	代换性盐基总量 /（cmol/kg）	盐基饱和度 /%	活性铝 /（cmol/kg）	活性铁 /（cmol/kg）
A_0	2～7	5.15	4.35	19.18	—	43.84	69.56	102.83	67.18
A_1	7～14	5.51	4.85	13.71	0.08	15.14	52.47	152.55	147.92
B	14～34	5.25	4.55	11.31	0.15	10.06	47.07	136.16	24.77

注：— 表示未检测

表 11-3　棕色针叶林土理化性质

土层	深度 /cm	全量 /（g/kg） N	P₂O₅	Fe₂O₃	Al₂O₃	MnO₂	CaO	MgO	机械组成 /% 粒径 0.01～0.005mm	粒径 0.005～0.001mm	粒径< 0.001mm	粒径< 0.01mm	质地
A_1	7～14	1.4	2.2	39.3	124.2	3.2	18.5	14.3	20.71	19.14	13.57	53.42	轻黏土

续表

| 土层 | 深度 /cm | 全量 /（g/kg） | | | | | | | 机械组成 /% | | | | 质地 |
		N	P₂O₅	Fe₂O₃	Al₂O₃	MnO₂	CaO	MgO	粒径 0.01 ～0.005mm	粒径 0.005～ 0.001mm	粒径＜ 0.001mm	粒径＜ 0.01mm	
B	14～ 34	1.0	1.0	48.6	122.7	1.8	14.3	10.2	6.57	24.53	21.93	53.04	轻黏土
C	34～ 55			55.8	186.6	1.3	9.5	13.0					

注：空白表示未检测

（五）亚类划分

根据棕色针叶林土成土条件、成土过程、土壤特性划分为 4 个亚类，即棕色针叶林土、灰化棕色针叶林土、表潜棕色针叶林土和生草棕色针叶林土。后 3 个亚类是在棕色针叶林土的形成过程中，产生了附加的成土过程，即灰化过程、潜育化过程和生草化过程。

1. 棕色针叶林土　　其是典型亚类，分布面积较广，可分布于各个坡向，坡位多在山坡的中部至中上部，主为杜鹃 - 落叶松林，杜鹃 - 越橘 - 樟子松林等林型，母质多为酸性及中性岩的残积 - 坡积物。

2. 灰化棕色针叶林土　　主要分布于大兴安岭北部阴坡杜鹃 - 落叶松林或杜香 - 越橘 - 落叶松林下，面积较小。此亚类母质粗松，具一定排水条件，故自土层中淋出的可溶性物可以到达母质的底层或进入地下水中。酸性淋溶过程能较顺利进行。在富啡酸等有机酸的作用下，表土中的铁、铝、锰淋失，致使土壤上层变为灰白色，进而破坏黏土矿物，残留 SiO₂ 粉末，形成了灰化的亚类。剖面特点是 A₁ 层下面具有灰化层（A₂ 层），呈灰、灰白色，质地较轻。厚度仅数厘米，显屑片状结构。淀积层铁、锰胶膜明显，质地稍黏重。灰化层中 SiO₂ 含量增加，酸度较强，盐基饱和度小。

3. 表潜棕色针叶林土　　分布在地势平缓的地段，如分水岭、山麓或山前台地。此亚类分布较广。通常生长着杜香 - 落叶松林或杜香 - 越橘 - 落叶松林，地被中可见苔藓。由于地势平缓，土壤母质一般较为黏重，并受冻层的影响，土体透水缓慢，水分增多，加之杜香、越橘、苔藓茂密，毡状凋落物层较厚，蒸发弱，造成地面过湿，在厌氧微生物的作用下形成了明显的半泥炭化的粗腐殖质层，此层的下部氧化铁被还原为亚铁。A₀ 层下部出现了灰白色或灰蓝色质地黏重的潜育层，此层为亚类的诊断层。

4. 生草棕色针叶林土　　多发育在阳坡中下部草被繁茂的草类 - 落叶松林、草类 - 白桦林、草类 - 樟子松林等林下以及火烧迹地和老采伐迹地。由于草被繁茂，土壤上部积累了较多的腐殖质，腐殖质层也较厚，并具较好的结构。

（六）利用与改良

棕色针叶林土是我国大兴安岭中北部的主要森林土壤，以兴安落叶松分布面积最广，其次为樟子松及白桦。以成、过熟林所占比重最大，占蓄积量的 70%；其次为近熟林和中龄林，幼年林蓄积量最少；平均林龄约为 120 年。有林地上每公顷蓄积量约为 113m³。落叶松的材质良好，是用作枕木、电柱、桩木的主要木材；樟子松也是材质好而用途广的木材。生长较好的落叶松林，60～70 年生的树高可达 20～22m，胸径 20～30cm，每公顷蓄积量

100～200m³，平均年生长量 2～3m³。塔河十八站 1979 年种樟子松林，平均高 22m，胸径 30cm，每公顷蓄积量为 342m³，平均年生长量超过 4m³。说明这种土壤具有一定的林业生产潜力。山地棕色针叶林土虽然具有相当的养分贮量，但由于酸性大，活性铝含量高，气候冷湿等因素，该土壤潜在肥力难以充分发挥。因此，生产力并不高，以兴安落叶松为例，除生草棕色针叶林土可到Ⅰ～Ⅱ地位级外，其他多为Ⅲ～Ⅴ地位级。

棕色针叶林土所处地势起伏，土层浅薄，宜于发展林业。目前亦有若干林间空地，在居民点附近及交通较便利的无林荒地，可选择部分地势平坦与土层较厚的草甸土，建立林区的粮菜牧业基地，适种小麦、黑麦、燕麦和马铃薯等生长期短的作物及萝卜、甘蓝、白菜等多种蔬菜，目前林区已广泛使用塑料大棚生产各种新鲜蔬菜。

为了提高森林生产力须注意以下问题。

1. 防止水土流失　　棕色针叶林区，主要分布在山区，并为黑龙江和嫩江水系的发源地。为了保持水土与涵养水源，保持森林的再生产，在采伐方式上，不宜实行大面积采伐，对于 25° 以上的陡坡、石塘、石坡上的森林，应作为保安林，实行经营择伐。

2. 加强防火　　森林发生火灾一方面烧毁大面积宝贵的森林资源，同时土表的森林凋落物层和腐殖质层亦遭破坏，将会造成严重的水土流失，导致基岩裸露，对森林更新造成大困难。

3. 开沟排水　　表潜棕色针叶林土分布区域，因水分较多、冻层较厚、土温较低，影响林木生长，采伐后又易发生沼泽化，因此须开沟排水，并适当清除地面过密的杜香、越橘、苔藓类等植物。

4. 对于大面积采伐迹地及火烧基地　　应在以营林为基础的方针指导下，迅速采取以人工更新为主，以人工促进天然更新为辅的方法，尽快恢复成林。人工更新的树种应以乡土树种为宜，引种宜慎重并注意适地适树。在造林工作中，土壤方面可采用以下措施：①在严密控制下，火烧清除地被物，增加矿物质养分，并中和酸性，减少沼泽化和防止杂草。②对速生丰产林和种子林，可考虑施用磷肥、氮肥及石灰。③提前整地，如秋整地，可促进有机质的分解与增高地温，缩短造林时间，提高造林成活率。

二、暗棕壤

暗棕壤（dark brown forest soil）也称为暗棕色森林土，是温带湿润气候区针阔混交林下发育的地带性土壤。过去曾一度被称为山地灰化土、棕色灰化土、灰化棕色森林土、灰棕壤、山地棕壤、灰棕色森林土等。直到 1960 年第一次全国土壤普查时，才确定为暗棕壤，即暗棕色森林土。暗棕壤在 1978 年《中国土壤分类暂行草案》中划入淋溶土纲、暗棕壤土类。在 1998 年出版的《中国土壤》中，将其划入淋溶土纲、湿温淋溶土亚纲、暗棕壤土类。

暗棕壤相当于中国土壤系统分类中的冷凉湿润雏形土（bori-udic cambosols）、暗沃冷凉淋溶土（molli-boric argosols），相当于美国土壤系统分类中的腐殖质潮湿始成土（humaquepts）和冷冻性冷凉淋溶土（cryoboralfs），也相当于联合国土壤分类中的腐殖质雏形土（humic cambisols）、普通高活性淋溶土（haplic luvisols）、漂白高活性淋溶土（albic luvisols）和潜育高活性淋溶土（gleyic luvisols）。

（一）分布

暗棕壤是我国东北地区面积最广的一类森林土壤。主要分布于小兴安岭、长白山、张广才岭、完达山及大兴安岭的东坡。其水平分布范围是：北起黑龙江，南到辽宁省铁岭、清源一线，西到大兴安岭中部，东到乌苏里江，从北向南呈楔形分布。

在青藏高原边缘的高山地带（如喜马拉雅山海拔3200～3300m）及亚热带山地的垂直带谱中（如秦岭南坡海拔2200～3200m）也有少量分布。

暗棕壤向北过渡为棕色针叶林土，向南过渡为棕壤。

（二）成土条件

1. 气候　　暗棕壤地区属温带湿润季风气候区，年平均气温为−1～5℃，≥10℃的年积温为2000～3000℃，季节冻层深度为1.0～2.5m，最深可达3m，冻结时间为120～200d。干燥度指数<1，年降水量为600～1100mm，夏季降水量占全年降水量的1/2以上，无霜期为120～140d。夏季温暖湿润，冬季干旱寒冷，春秋短暂。平均风速小于4m/s，以春风为主。大气相对湿度较大，平均为65%～70%。由于分布区各地所处纬度不同，存在一定的地域差异，主要特点为长白山较为温暖湿润，小兴安岭比较寒冷。

2. 植被　　暗棕壤地带性顶极群落为以红松为主的针阔混交林，森林茂密，林下灌木和草本植物繁多，共有2000多种植物。生长着红松、槭、椴、榆、杉等，沟塘及冷湿地段生长着云杉、冷杉、落叶松等，山脊及半干旱地段则生长着蒙古栎等。其植被组成复杂且生长比较迅速。主要针叶树有红松（*Pinus koraiensis*）、臭冷杉（*Abies nephrolepis*）、红皮云杉（*Picea koraiensis*）、黄花落叶松（*Larix olgensis*）等。主要阔叶树有白桦（*Betula platyphylla*）、硕桦（*Betula costata*）、蒙古栎（*Quercus mongolica*）、胡桃楸（*Juglans mandshurica*）、黄檗（*Phellodendron amurense*）、水曲柳（*Fraxinus mandshurica*）、辽椴（*Tilia mandshurica*）和各种槭树（*Acer* spp.）等。林下灌木主要有毛榛子（*Corylus mandshurica* Maxim）、卫矛（*Euonymus* spp.）、刺五加（*Eleutherococcus senticosus*）等。草本植物主要有薹草（*Carex* spp.）、木贼（*Equisetum hyemale*）、东北百合（*Lilium distichum*）、粗茎鳞毛蕨（*Dryopteris crassirhizoma*）和银线草（*Chloranthus japonicus*）等。此外，林中还有攀缘植物，如猕猴桃（*Actinidia chinensis*）、山葡萄（*Vitis amurensis*）、五味子（*Schisandra chinensis*）等。

近年来，由于过度采伐、火烧等原因，多数群落已演替为以白桦、山杨等为主的次生阔叶林和杂木阔叶林。

3. 地貌　　暗棕壤所处的地貌多为低山、丘陵和部分平坦的谷盆地，仅长白山主峰附近一带为中山。长白山山脉走向为东北，小兴安岭山脉为西北；纵观全区呈弧形环绕东北中央平原。

大小兴安岭山顶平坦、浑圆，平均海拔为400～600m，个别山峰在1000m以上，坡面弛缓，河谷宽广；长白山最高峰——白云峰为东北第一高峰，海拔2691m，完达山、张广才岭、吉林哈达岭为长白山系向北东延续的部分。密山—敦化—抚顺以东多为平坦台地，敦化、延吉以北为玄武岩平坦面，海拔较低，其边缘分布已深受切割，成为方山和孤立的丘陵。

4. 母质　　暗棕壤的成土母质为各种岩石的残积物、坡积物、洪积物及黄土。

长白山、张广才岭等分布最广的岩石为花岗岩，其次为玄武岩，部分为前震旦纪变质岩系；小兴安岭主要为花岗岩和片麻岩；小兴安岭北部有第三纪陆相沉积物黄土分布。

（三）成土过程

暗棕壤的成土过程，主要是温带湿润森林下腐殖质积累过程和弱酸性淋溶过程。

1. 腐殖质积累过程　　暗棕壤地区自然植被为以红松为主的针阔混交林，其林分组成复杂，各种植物生长茂盛。又因雨季与植物生长季一致，因此，生物累积过程十分活跃。森林每年都有大量的凋落物（4～5t/hm²）归还土壤，加之该地区气候冷凉潮湿，造成暗棕壤的腐殖化作用十分强烈，土壤表层积累了大量的有机质，其有机质含量可高达 100~~200g/kg。腐殖化过程合成大量的腐殖质，其组成以胡敏酸为主，呈弱酸性。土壤有机质的矿质化过程也较强烈，矿质化后的各种营养元素及时补充到土壤中。例如，枫桦红松林每年每公顷凋落物中含 N 40kg、P 3kg、K 18kg、Ca 61kg、Mg 12kg 等。

2. **弱酸性淋溶过程**　　暗棕壤地区气候温凉湿润，降雨量较大（600～1100mm/年）且集中在 7、8 月，土壤具较强的淋溶条件，使暗棕壤的盐基、黏粒的淋溶淀积过程得以发生。具体表现：①对一价 K^+、Na^+ 和二价 Ca^{2+}、Mg^{2+} 盐基离子及其盐类的淋洗淋失。②对黏粒向下的淋溶和淀积。③枯枝落叶层保水能力很强，并能抑制土壤水分的蒸发，会使雨季土壤上部土层水分达到饱和状态，从而造成还原条件，表层、亚表层土壤之中的铁在雨季厌氧条件下被还原成亚铁向下淋溶，在淀积层重新氧化而沉淀包被在土壤结构体的表面，使淀积层土壤呈棕色。另外，由于冻结作用，土壤溶液中来源于有机凋落物和岩石物化学风化产生的硅酸成为 SiO_2 粉末析出，以无定型 SiO_2 的形式附着在土壤结构体的表面，从而使土壤干时呈灰棕色。

（四）剖面形态特征与基本理化性质

1. **剖面形态特征**　　暗棕壤的剖面土体构型为：A_{00}、A_0—A_1—AB—B—C 型。

（1）A_{00}、A_0 层　　厚度为 5cm 左右，主要由林木凋落物和草本植物残体组成，有白色真菌菌丝体，疏松，有弹性，向下过渡明显。

（2）A_1 层　　厚度为 20cm 左右，暗棕灰色，团粒状至团块状结构，壤质，根系密集，有蚯蚓，多虫穴，向下过渡不明显。

（3）AB 层　　厚度为 10cm 左右，灰棕色，粒状结构，壤质，有木质粗根，较紧实，有时可见炭屑，向下过渡不明显。

（4）B 层　　厚度在 35cm 左右，棕色，枝状至块状结构，质地黏重，紧实，有木质根。

（5）C 层　　棕色，近于母岩颜色，半风化石砾很多，石砾表面可见铁锰胶膜。

2. **基本理化性质**　　以小兴安岭五营林场剖面（辽宁省林业土壤研究所，1980）为例，说明暗棕壤的理化性质（表 11-4 和表 11-5），可归纳为如下几点。

1）暗棕壤有机质含量较高，表层（A_1）有机质可达 100～200g/kg，向下锐减。表层腐殖质组成以胡敏酸为主，HA/FA＞1；淀积层 HA/FA＜1。

2）表层养分含量丰富，养分有效性高。其中，全氮量为 0.3%～1%，碱解氮可高达 600mg/kg 及以上；全磷量为 1～3g/kg，速效磷可高达 30mg/kg 及以上；速效钾可高达 350mg/kg 及以上。

3）表层土壤阳离子交换量为 25～35cmol（＋）/kg，盐基饱和度为 60%～80%，随剖面深度增加而降低。呈弱酸性，表层 pH 约为 6.0。

4）土体中铁、黏粒有明显淋溶淀积，而铝移动不明显。A 层 SiO_2/R_2O_3 在 2.2 以上，SiO_2/Al_2O_3 为 2.82，底层硅铁铝率和硅铝率则又有所增大。黏土矿物以水化云母为主，并含有一定量的蛭石、高岭石。

5）土壤水分状况常年处于湿润状态，季节变化不明显。土壤表层含水量较高，向下锐减，相差可达数倍。湿度大而温度低，土壤有季节冻层存在，造成土壤上层滞水现象比较严重。

6）暗棕壤质地大多为壤质，从表层向下石砾含量逐渐增多，黏粒在 B 层有所增加。

表 11-4　暗棕壤的机械分析结果

采样地点	层次	深度/cm	烧失量/%	机械组成 /%						
				粒径 1.00～0.25mm	粒径 0.25～0.05mm	粒径 0.05～0.01mm	粒径 0.01～0.005mm	粒径 0.005～0.001mm	粒径< 0.001mm	粒径< 0.01mm
小兴安岭五营	A_1	9～21	2.80	0.80	1.85	33.72	17.48	20.66	24.29	63.65
	AB	21～34	2.90	1.60	2.67	31.52	16.04	13.88	32.99	64.21
	B	40～50	3.50	2.70	1.76	31.84	15.18	14.38	32.24	63.70
	C	75～90	3.70	37.80	3.53	2.65	8.16	3.19	38.67	56.02

表 11-5　暗棕壤的化学分析结果

采样地点	层次	深度/cm	腐殖质/%	pH		水解酸度/[cmol（＋）/kg]	代换性阳离子/[cmol（＋）/kg]					盐基饱和度/%
				水浸	盐浸		Ca^{2+}	Mg^{2+}	H^+	Al^{3+}	代换性盐基	
小兴安岭五营	A_0	0～6	—	5.7	5.2	—	—	—	—	—	—	—
	A_1	6～13	5.72	6.0	5.1	6.22	29.89	3.38	0.00	痕迹	33.27	84.25
	AB	13～21	1.82	4.6	3.5	19.04	5.64	1.57	1.29	6.59	7.21	27.47
	B	22～32	1.13	4.8	3.7	19.72	4.23	1.33	1.75	8.26	5.56	21.99
	BC	45～55	0.36	4.9	3.4	15.13	4.70	2.19	1.09	7.35	6.89	31.29
	C_1	75～85	0.22	5.2	3.7	16.01	8.15	0.63	1.75	7.98	8.78	35.42
	C_2	105～115	0.19	4.8	3.6	19.70	7.52	1.88	2.94	8.60	9.40	32.30

注：— 代表未检测

（五）亚类分化

根据暗棕壤的发生学特点，可将其分为典型暗棕壤、草甸暗棕壤、潜育暗棕壤、白浆化暗棕壤和暗棕壤性土 5 个亚类。

1. 典型暗棕壤　其是暗棕壤土类的典型亚类，具有暗棕壤的典型特征。主要分布在山坡排水良好的地段，是暗棕壤面积最大的亚类。典型暗棕壤剖面土体构型：A_{00}、A_0—A_1—AB—B—C。

2. 草甸暗棕壤　暗棕壤向草甸土过渡的过渡性亚类。主要分布在平缓的地形上，多为山坡下部或河谷阶地。植被多为次生阔叶林或疏林草甸植被。A 层草根盘结且腐殖质含量高，B 层质地较轻，常出现铁锈、铁锰结核或灰色的条纹。具有草甸化过程的特征。草甸暗棕壤剖面土体构型：A_{00}、A_0—Ah—A_1—AB—B—C。

3. 潜育暗棕壤　主要分布在河谷、坡麓、阶地，低平及平缓山坡下部排水不良之处。多生长着云杉、冷杉、毛赤杨等，林下常有草甸植物，苔藓类植物茂盛。部分地方有岛状永冻层存在。B 层质地黏重，潜育现象明显，有明显的潜育化过程特征，有潜育斑块，盐基饱和度较低。潜育暗棕壤剖面土体构型：A_{00}、A_0—A_1—AB_g—B_g—C。

4. 白浆化暗棕壤　暗棕壤向白浆土过渡性亚类。主要分布在平缓阶地或漫岗等排水较差的地形部位上。与典型暗棕壤亚类的区别在于表层下部（亚表层）有一个明显的呈黄白色的白浆化层。该层有铁子和铁锰结核，含多量 SiO_2 粉末，植物根系量较少，有机物含量低，具有明显的白浆化特征。白浆化暗棕壤剖面土体构型：A_{00}、A_0—A_1—A_w—B—C。

5. 暗棕壤性土　　该亚类曾称粗骨暗棕壤或原始暗棕壤，多分布在浑圆的山顶部位。由于不断受到侵蚀的影响，土壤发育弱，属于暗棕壤中的幼年土壤。暗棕壤性土剖面土体构型：A_{00}、A_0—A_1—（B）—C。

此外，有些土壤学文献中还提出灰化暗棕壤亚类。灰化暗棕壤可看作暗棕壤向棕色针叶林土过渡的类型，主要分布在海拔较高的山地或灰分元素较为缺乏的砂性母质上。由于受淋溶和冻层的影响，土壤亚表层呈现灰化特征。在亚表层之下的淀积层中，有明显的黏粒和铁锰胶膜淀积。

（六）合理利用

暗棕壤是我国重要的森林土壤之一，面积大，生产力高，且生长多种贵重的针阔树种，为国家重要的林业基地。现有小面积已辟为农田，利用时须注意以下问题。

1）暗棕壤是红松的故乡，原始林中的红松生长良好，材质优良，干形挺拔，单木材积大，在成熟原始林内，平均树高及平均胸径均优于其他树种。但人工红松纯林多生长不良，应重视发展针阔混交林；或在阔叶次生林下人工栽植红松，以逐渐改善次生林结构。

2）目前，暗棕壤地区营造落叶松人工林面积较大，今后造林时在树种选配上，应对红松给予更多重视。

3）在天然林条件下，不同亚类或土种的暗棕壤，适生性和生产力皆不同。人工更新应适地适树，如落叶松、红松、水曲柳和核桃楸等树种喜肥沃湿润，一般营造在山坡中下部的暗棕壤上。由于樟子松耐瘠薄、喜光等，故可栽植于向阳山坡中上部的粗质暗棕壤。

4）暗棕壤目前仅保存着极少量天然林，应做好自然保护区工作。

5）暗棕壤还可用来栽培人参等特种经济植物，特别在天然林下腐殖质层较厚且水分适中者，栽培人参最为适合。

6）本区有的山地坡度较大，发展农业应注意农林兼顾，统筹安排，保持水土，防止火灾，应避免开垦陡坡，易引起土壤冲刷及土壤沼泽化。

7）本区地处边防，应加强护理防火，荒山荒地迅速造林，积极改造次生林，实行封山育林，恢复森林植被。

8）高产林地段应积极提高暗棕壤肥力，除了各种营林措施外，可施各种有机肥或矿质肥料，不断发挥暗棕壤的生产潜力。

三、棕壤

棕壤（brown soil），曾称棕色森林土（brown forest soil），是在暖温带落叶阔叶林下发生较强淋溶作用和黏化作用形成的，具明显黏化特征的弱酸性淋溶土壤。世界各国对棕壤多有研究。我国棕壤在中国土壤系统分类中被归入简育湿润淋溶土（hapli-udic argosols）、简育湿润雏形土（hapli-udic cambosols）、灌淤干润雏形土（siltigi-ustic cambosols），相当于美国土壤系统分类中的弱发育湿润淋溶土（hapludalfs）、饱和湿润始成土、弱发育半干润始成土、不饱和半干润始成土。

（一）地理分布

棕壤在世界各地多有分布，广泛存在于中纬度的近海地区，如欧洲的英国、法国、德国、瑞典、巴尔干半岛等；在北美洲分布于大西洋西岸的美国东部地区；亚洲集中分布在中国、朝鲜和日本。大洋洲和非洲南部也有分布。

我国棕壤主要分布于暖温带湿润和半湿润地区，以山东半岛、辽东半岛和冀北一带最为集中，大致呈东北—西南走向的带状分布。在暖温带半湿润、半干旱地区和亚热带地区的山地垂直带谱中也有山地棕壤出现，如冀东燕山，一般分布在海拔 1000m 以下；冀北和冀西太行山、豫西华山、嵩山、伏牛山、晋西吕梁山和晋南中条山等，多分布于海拔 1000m 以上；陕西秦岭、太白山山地棕壤高达海拔 2000～3000m；而长江流域的山地，如皖南大别山、鄂西武当山的山地棕壤则出现在 1000～1500m。此外，云南北部的亚高山、青藏高原的东部山地，也有山地棕壤出现。在上述山地土壤垂直带谱中棕壤经常分布于褐土和黄棕壤之上。而在土壤水平带谱中，棕壤北与暗棕壤、白浆土相连，南接黄棕壤，西与褐土为邻。

（二）成土条件

由于棕壤分布地域广泛，因而成土条件也较为复杂。

1. 气候、植被　　棕壤是在暖温带湿润、半湿润季风气候落叶阔叶林下发育的土壤。分布区内年平均气温为 6～14℃，＞10℃年积温为 3200～3900℃，无霜期 160～230d，年降水量 500～1200mm，干燥度为 0.5～1.0。受季风气候影响，夏季高温多雨，冬季寒冷干燥。

原生植被主要为落叶阔叶林，间有针阔混交林。但由于人类活动的影响，自然植被多不复存在，代之以天然次生林或人工林。天然次生林的乔木以栎属和松属为主，其中蒙古栎（*Quercus mongolica*）和麻栎（*Quercus acutissima*）居多，另有槲栎（*Quercus aliena*）、槲树（*Quercus dentata*）、鹅耳枥（*Carpinus turczaninowii*）、栓皮栎（*Quercus variabilis*）、油松（*Pinus tabuliformis*）、赤松（*Pinus densiflora*）、华山松（*Pinus armandii*）、云杉（*Picea* spp.）等。阔叶树还有椴（*Tilia* spp.）、槭（*Acer* spp.）、杨（*Populus* spp.）、桦（*Betula* spp.）、元宝槭（*Acer truncatum*）、花曲柳（*Fraxinus rhynchophylla*）和枫杨（*Pterocarya stenoptera*）等；还有人工栽培的落叶松（*Larix* spp.）和红松（*Pinus koraiensis*）等。棕壤的乔木林下还生长着种类繁多的灌木和草本植物，常见的灌木有六道木（*Zabelia biflora*）、毛黄栌（*Cotinus coggygria* var. *pubescens*）、绣线菊（*Spiraea salicifolia*）、山皂荚（*Gleditsia japonica*）、照山白（*Rhododendron micranthum*）、迎红杜鹃（*Rhododendron mucronulatum*）、平榛（*Corylus heterophylla*）、虎榛子（*Ostryopsis davidiana*）、胡枝子（*Lespedeza bicolor*）、北京丁香（*Syringa pekinensis*）等。常见的草本植物有风毛菊（*Saussurea* spp.）、唐松草（*Thalictrum aquiegiifolium*）、白头翁（*Pulsatilla chinensis*）、鸦葱（*Scorzonera austriaca*）、射干（*Belamcanda chinensis*）、白颖薹草（*Carex rigescens*）、黎芦（*Veratrum nigrum*）、北柴胡（*Bupleurum chinense*）、阿拉伯黄背草（*Themeda triandra*）、大油芒（*Spodiopogon sibiricus*）、中华卷柏（*Selaginella sinensis*）等。

2. 地形地貌　　棕壤广泛分布于山地丘陵区。地貌类型多样，以中山、低山及丘陵为主。区内由于地形起伏较大，常有水土流失发生，导致土层厚薄不一，有的地方可见粗骨性。另外，有一些低山丘陵、山前平原、阶地等地形部位的棕壤，多被垦为农田或建成果园，其性质变化和肥力发展受到人为措施的影响。

3. 母岩、母质　　棕壤地区的母岩以花岗岩、片麻岩等酸性岩石为主，也可以见到其他类型的岩浆岩和变质岩，沉积岩为非钙质的砂岩、页岩、硅质碳酸盐岩等。母质主要是残积、坡积物，冲积、洪积物也较常见，第四纪黄土堆积物上发育的棕壤很少。

（三）成土过程

棕壤形成过程的基本特点是：具有明显的黏化过程、一定的淋溶过程和较旺盛的生物循环过程。

1. 黏化过程　　黏化过程是指在一定水热条件下，土壤中黏土矿物的形成和积聚的过程。包括残积黏化和淀积黏化，其中残积黏化是指原生矿物进行上内风化形成的黏粒，未经迁移，在原地积累而导致的土壤黏粒增加的过程；淀积黏化是指在风化和成土作用下形成的黏粒，受到下渗水流作用，由土体上层向下悬移至一定深层部位发生淀积，从而使该土层黏粒含量增加的过程。黏化过程的结果，往往使土体中形成一个质地黏重的土层，称为黏化层。

由于棕壤地区具有温暖湿润的气候条件，土壤矿物发生强烈的黏化作用，在黏化过程中，长石、云母矿物多风化为水云母、蛭石等黏土矿物，也有蒙脱石、高岭石的形成（因土壤呈中性到微酸性反应，矿物既容易风化而又不至风化得十分彻底），整个土体中均有黏化作用进行，但由于棕壤区域气候温暖，雨量充沛，表层土壤中形成的黏粒在一定的淋溶作用下，沿土壤的孔隙、裂隙随水分下移，在一定部位的结构体表面及孔隙中淀积，形成黏粒胶膜等新生体。在偏光显微镜下，既可看到大量风化形成的黏粒斑点、纤维状光性定向黏粒、围绕矿物颗粒的黏粒扩散带，也可以看到淀积形成的明显的光性定向黏粒胶膜、条带等。凡是发育良好的棕壤剖面，在中、下部黏粒明显积聚，形成一个相对黏重的淀积黏化层。

棕壤的黏化过程中虽然包括残积黏化和淀积黏化，但实际上是以淀积黏化过程为主。棕壤黏粒的指示矿物仍为水云母和蛭石，但与褐土相比较，黏粒中的水云母较少，而蛭石、蒙脱石、高岭石有增加的趋势。水云母、蛭石、蒙脱石是高度分散的黏土矿物，对腐殖质和矿质营养成分具有较强的吸附能力，因而棕壤的保肥能力较强，有助于林木生长。

2. 淋溶过程　　淋溶过程是指土体上部的水溶物和黏粒等物质，在下渗水流的作用下向下移动或淋出土体的过程。

棕壤在发育过程中，较为湿润的气候带来一定的淋溶作用。土壤中易溶性盐类和碳酸盐淋溶比较彻底，铁、锰物质也有明显的季节性淋溶，在土体下部形成铁锰胶膜、斑块、凝团等，有时甚至可以形成铁子和结核。铁、锰的移动，也为黏粒的分散移动创造了条件，淀积黏化的发生，是淋溶作用的必然结果。下移的黏粒形成淀积黏化层，下移的低价铁、锰因氧化而淀积，并以棕色胶膜包被于土粒的表面，使土体呈现棕色。在中下部土体的土壤薄片中，铁锰形成物和黏粒形成物普遍存在。棕壤中的铁锰表现出强烈的释放和迁移，硅铝仅仅开始有移动，因而它的风化和淋溶过程不如热带、亚热带的地带性土壤在高温、高湿条件下那样强烈，也没有寒温带针叶林下土壤发生的灰化过程。

淋溶作用的结果，还使土壤酸性增强，淋溶层土壤质地变轻。

3. 生物循环过程　　棕壤在暖温带落叶阔叶林生物-气候条件下，生物循环过程比较强烈。森林植被每年产生大量枯枝落叶，为生物循环提供了丰富的物质来源。温暖湿润的气候使微生物比较活跃，有机质不断转化，腐殖化过程和矿质化过程都十分显著，因此发育有一定厚度的枯枝落叶层和腐殖质含量高的表层。因阔叶林的残落物含有丰富的盐基物质，虽然分解后有一定的淋失，但盐基物质补充较快，盐基与土壤中的 H^+ 结合，使土壤酸性得到中和，因而棕壤多呈微酸性到中性，盐基饱和度较高。

旺盛的生物循环作用使得土体中的有机质不断地积累—分解—吸收和淋溶—补充，所以棕壤的有机质含量虽不如暗棕壤多，但比南方土壤有机质含量要高。在这种生物循环过程中，营养元素也在不断地循环，使得棕壤地力常新，肥力保持在较高水平。

另外，耕作棕壤经历的土壤熟化过程对其肥力有影响。土壤熟化过程是指人类定向培育土壤的过程。在耕作条件下，通过耕作、施肥、灌水等培肥与改良措施，促使土壤肥力不断提高，并向着有利于植物生长的方向发展。由于耕作棕壤所处的地形部位与人们采取的农业措施不同，其性质也有一定差异，但其肥力发展趋势总是越来越高，尤其是地势较平的耕作棕壤，由于精耕细作，多施基肥和进行早灌等措施，土壤肥力普遍提高。但是分布在坡地上的耕种棕壤，在未修梯田的情况下，易发生水土流失，加之管理粗放，施用基肥较少，熟土层逐渐变薄，甚至淀积层裸露，土壤肥力下降。因此，人为措施是决定耕作棕壤肥力发展的关键。

（四）剖面形态特征与基本理化特性

1. 剖面形态特征　　棕壤典型的土体构型为 O — A_h — B_t — C 型。

（1）O 层　　凋落物层，自然土壤上部一般有几厘米到十几厘米厚，耕作棕壤没有这一层次。

（2）A_h 层　　腐殖质层，一般厚度在 20～50cm，有机质含量高，多在 50～90g/kg，暗棕色。常为砂壤土、轻壤土、中壤土，多具良好的团粒结构，疏松多孔。耕作土壤中 A_h 层厚度降低为 20～30cm，呈浅棕、棕、灰棕色，团粒粒状结构，有机质含量降低为 10g/kg 左右。

（3）B_t 层　　黏化层，一般出现在 20～50cm 及 20cm 以下，厚度变化较大，一般有几十厘米。黏粒含量明显高于 A_h 层，棕色 - 红棕色，多为重壤土、黏壤土或黏土。核状结构或棱柱状结构，紧实，植被根系少，结构体表面常见铁锰胶膜和黏粒胶膜。

（4）C 层　　母质层，黏粒含量较多，与 B_t 层往往呈过渡关系，分化不明显，常见棱柱状结构，颜色显示棕或棕黄色。残积、坡积物上发育的一般砾石含量较高，冲积物母质上发育的砾石含量少，质地稍轻。

2. 基本性状　　棕壤剖面的色调以棕色为主，也有黄棕、黄、红棕等颜色。除表层质地稍轻外，一般整个土体都比较黏重。

棕壤全剖面无石灰反应，一般显示中性到微酸性，pH 5.5～7.0，但各亚类之间存在差别：棕壤和潮棕壤酸性较弱，pH 在 6.0 以上，酸性棕壤 pH 多在 6.0 以下；土壤阳离子交换量多在 15cmol（＋）/kg 以上，代换性盐基以 Ca^{2+}、Mg^{2+} 为主，盐基饱和度较高，一般＞70%，耕作土壤由于复盐基作用，盐基可以达到饱和；SiO_2 的含量变化不大，通体分布较均匀，比母质层含量稍低。K_2O 和 MgO 有一定的表聚现象。土壤的黏土矿物以水云母为主，含有少量的蛭石、高岭石等。

棕壤的养分差异很大，主要表现在自然土壤与耕作土壤的差异上。天然植被下的棕壤不仅有机质含量高，全量和速效的 N、P、K 含量也都比较高。据大量资料统计显示，棕壤表层有机质含量达 50～130g/kg，全 N＞2g/kg；速效 P＞15mg/kg；速效 K 平均＞150mg/kg。然而一旦开垦后，有机质和养分消耗快而又不能得到迅速的充分补充，土壤肥力明显下降，连年耕作的棕壤更为显著，一般耕层有机质含量＜30g/kg。

（五）亚类划分

在上述主要的形成过程中，棕壤还经历了附加的成土过程，如白浆化过程、潮化过程等，因此引起了棕壤性质的差异性变化，分化出不同的棕壤亚类。按照中国土壤分类系统，棕壤分为典型棕壤、白浆化棕壤、潮棕壤和棕壤性土 4 个亚类。

1. 典型棕壤　　这是棕壤中具有典型特征的一个亚类。此亚类发育程度较好，在形成过程中，有明显的腐殖质积累过程、黏化过程和淋溶过程。在辽东、胶东半岛的山地丘陵区与华北和西北等山区的次生阔叶林下，常有典型棕壤发育。土层构造由凋落物层、腐殖质层、过渡层、淀积层和母质层组成。

2. 白浆化棕壤　　是指表层以下具有厚薄不一的"白浆层"的亚类。其土体构型为 O—A—E—B_t—C 型。在成土过程中，附加了一个"白浆化过程"，即铁锰物质和黏粒的潴育漂洗作用。在棕壤分布区内较为冷凉的地区，由于质地黏重、冻层顶托等原因，易使大气降水或冻融水阻于土壤表层，引起铁锰还原并随渗水漂洗出上层土体，致使土壤表层逐渐脱色，形成一个白色土层——白浆层。因此，白浆化过程也可以说是还原性漂白过程。白浆层中盐基、铁、锰严重漂失，土壤团聚作用削弱，形成板结和无结构状态，所以白浆层理化性状常被看作障碍层次。此亚类表层土壤多为砂壤土至轻壤土，E 层以下多为中壤至重壤土，土壤通体为微酸性，pH 6.0 左右，有机质＞50g/kg，极为丰富；全 P、K 含量也较丰富，但速效磷缺乏，速效钾属中等水平。白浆化棕壤主要分布在低山丘陵的坡地及剥蚀平原，常与普通棕壤呈镶嵌分布。

3. 潮棕壤　　其是棕壤土类中附加潮化过程而形成的一个亚类。潮化过程包括潜育化过程和潴育化过程。潴育化过程是指土壤形成中的氧化还原过程，主要发生在直接受地下水浸润的土层中。潮棕壤分布的地形部位一般比较低平，地下水位较高，在 1.5～4.0m；土壤母质主要是冲积物和洪积物。由于地下水位随季节发生周期性的升降，土体中氧化 - 还原过程交替进行，引起变价铁锰物质的淋溶与淀积，结果在土体中形成锈纹、锈斑及铁子、结核等。因此，潮棕壤剖面除了具有棕壤的一般特征外，其剖面下部可见到锈斑、灰斑。其基本构型为 A—B_t—B_w—C 型。潮棕壤多已被垦殖，所以 A 层包括耕作土壤的耕作层和犁底层，有机质积累较少，棕色为主，微酸性反应，pH 6.5 左右，盐基饱和度＞80%；B_t 层与典型棕壤相比，层薄黏粒少，但具有黏化胶膜、铁锰结核和棱柱状结构等黏化特征。

潮棕壤的农业生产优势较强，是山地丘陵、山前平原、河谷平原区重要的粮食生产基地。

4. 棕壤性土　　过去也叫粗骨棕壤，处于棕壤的初级发育阶段，是棕壤剖面发育程度最弱的一个亚类。一般分布在低山丘陵中上部、中山的山坡及山脊部位。在土壤发育过程中不断受到强烈侵蚀，剖面分化不明显，形成 A—C 型土体构型。实际上，棕壤性土的剖面构型常有两种情况：一是上下一致，难以划分土层；二是心土部位有一很薄的黏化层，黏化胶膜不明显，并常有砾石。总之，这一亚类分布地形较高部位，土壤侵蚀影响剖面层次分化，砾石含量较多，土层浅薄，一般为 30～50cm，发育程度低，土壤 pH 6.0～6.5，盐基饱和度为 60%～70%，黏粒硅铁铝率＜3.0。土壤水分条件不好，肥力低下，是山区瘠薄的土壤类型之一。其母岩类型多样，母质为残积物、坡积物，风化过程不强，土壤植被状况较差。

除上述 4 个亚类外，有的文献中还划分出一个酸性棕壤亚类。酸性棕壤是棕壤中淋溶作用最强，导致较强酸性的类型，pH 一般在 4.5～6.0、盐基饱和度低。植被多为郁闭度较大的针叶林或针阔混交林，腐殖化过程强而黏化作用弱，剖面构型为 A—（B_t）—C 型。成土特点是淋溶作用强，生物积累作用明显。地表有厚度不等的凋落物层和草根盘结层。A 层较厚，一般为 40cm 左右，呈暗棕至黑棕色，粒状结构，较为疏松。因在土壤形成过程中，黏粒和氧化铁锰多随侧渗水而流失，所以没有明显的黏粒和铁锰淀积层，此层颜色较浅（黄棕或棕黄色）。酸性棕壤质地多为砂壤土，全剖面黏粒含量较低，沙性较强，多石砾，C 层石砾、石块则更多。此亚类分布较为零散，母质多为花岗岩、片麻岩的残积、坡积物。

（六）合理利用与改良

1. **林业利用与改良**　　我国北方的山地棕壤适宜发展林业，现有的天然次生林和人工林，是我国暖温带地区重要的森林资源。但是其中有的林分多为萌生的阔叶树，林相不整齐，单位面积蓄材量不大，急需改造更新。此外，在棕壤地带中的疏林地和荒山，林业生产潜力也没有得到很好的发挥。因此，应根据树木的立地条件要求，结合棕壤特点采取相应的措施来发展林业生产。

（1）适地适树　　首先，应根据土壤性质和林木的生物学特性选择棕壤各地适宜栽种的林木树种。除应特别注重上述各区的林用树种之外，如辽东和胶东半岛的棕壤肥力中等，水分条件较好，土壤微酸性。土层深厚之处可适宜发展喜湿的黄花落叶松、紫椴、辽椴、花曲柳、青榆等；冀、晋山地可栽植华山落叶松、花曲柳和色木等；陕、甘山地也可发展材质优良的云杉和喜冷凉湿润的陕西冷杉。较瘠薄的棕壤可种植赤松、红松等。荒山荒坡的棕壤，土壤水肥条件较差，土壤呈中性至微酸性。土层深厚者，阴坡可发展黄花落叶松、黄檗；阳坡适宜栽植耐旱耐瘠薄的油松、山杨、辽东栎和白桦；在辽东和胶东半岛也可选择黑松、麻栎和栓皮栎为先锋造林树种；晋、冀适宜发展蒙古栎；陕、甘、豫则可发展华山松和臭椿等。再如，低海拔地区的棕壤，具有土壤养分丰富、光照条件好、交通运输方便等优势，特别适合发展经济林，栽植苹果、梨、桃、李、栗、葡萄、山楂等果树，现已取得明显的生态效益和经济效益，而且有的已经闻名中外。

其次，结合营林措施考虑适地适树。在土薄石多的地方应设定保安林；对坡度＜35°的山地棕壤可进行块状或带状皆伐，而对＞35°的坡地，只能采取择伐；林木更新选用树种时，阴坡、半阴坡以冷杉、云杉为主；阳坡、半阳坡以落叶松、油松、方枝桧为主；海拔较低处宜选华山松、辽东等，质地黏重的土壤，则以栎类为主要树种较好。

（2）保持水土　　山地棕壤分布地区山高坡陡，即使林用也会出现水土流失，如苗圃地或人工造林地的除草、松土等，故需采取水土保持措施。例如，播种时尽量采用飞播方式，造林时在坡面上挖水平沟和鱼鳞坑，冲沟筑埝、沟口叠坝，保护自然排水沟的地被、草皮等均可起到保持水土的作用。燕山地区迁西、迁安的围山转工程，太行山区的爆破整地工程和生物措施的配套技术体系的实施，为棕壤的开发及地力保护开创了新路。

（3）合理补充肥分　　施肥是林木速生丰产的重要途径，在林业生产中，采取施肥措施日益得到重视。苗圃地根据种植的苗木种类以及苗木的生长时期进行合理施肥是必需的；有的棕壤氮磷含量低，特别是棕壤含有较多游离铁，导致有效磷易被固定，在有条件的地方应提倡施用氮肥和磷肥，尤其对需要较多养分的阔叶树种，施肥效果更加明显。

2. **农业利用与改良**　　分布在低山丘陵、山前平原和河谷平原区的棕壤，水分条件较好，土层深厚，土质稍黏，保水保肥能力强，既抗旱又抗涝，适合多种粮、棉、油、烟等类作物生长；分布在丘陵岗地的棕壤，由于地形起伏，有一定的坡度，表土常遭到不同程度的侵蚀，地下水位较高，腐殖质含量低，水肥条件较差，土质黏，耕性不良，仅适种玉米、大豆、高粱、谷子、甘薯等耐黏、耐旱作物生长。

虽然棕壤自然肥力较高，但是防止旱涝灾害和水土流失以及培肥地力仍是棕壤农业利用中的重要问题。

首先，增施有机肥、氮肥和磷肥非常必要。有机肥料的施用应注意选用高质量的肥种，同时，根据厩肥、圈肥、牛粪、羊粪、马粪、鸡粪等不同性能采取合理的施用方法。氮肥的施用应注意防止氮素的气态挥发、固定和淋失。磷肥的施用应切实防止和减少磷素的被固定作用。

其次，种植豆科绿肥，它是保持地力，培肥土壤的又一条途径。豆科绿肥根系发达，在生长期间可以保土护坡；因其生长速度快，可多次刈割、翻压，增加土壤有机质；又因其有机质分解迅速，合成腐殖质较快，可使林木及时补充有机养分和矿质养分。另外，由于豆科绿肥地上、地下的综合作用，还可以改善土壤质地、结构及孔隙状况等。

四、褐土

褐土（cinnamon soil），又称褐色森林土，是北方山地丘陵区毗邻棕壤的一个地带性土壤类型。从土壤发育、土壤分类历史上看，褐土和棕壤关系密切，二者曾为同一土类，国际上在 20 世纪 40 年代末把褐土从棕壤土类中独立出来，正式成为发生学土类的名称［苏联查哈罗夫（С. А. Захаров），1924；格拉西莫夫（И. П. Герасимов），1948］。我国把褐土定为发生学土类的新概念始于 1955 年，苏联土壤学家柯夫达和格拉西莫夫分别与中国土壤学家一起调查了济南、北京近郊、秦岭及西安附近的土壤之后，正式划分出褐土土类。按照中国土壤分类系统（全国土壤普查办公室，1998），褐土属于半淋溶土纲、褐土土类。按照中国土壤系统分类（2001），发育良好的褐土则属于淋溶土纲、干润淋溶土亚纲、简育干润淋溶土土类（hapli-ustic argosols）；发育程度较浅，只具有褐土雏形的则属于雏形土土纲、干润雏形土亚纲、简育干润雏形土土类（hapli-ustic cambosols）。相当于美国土壤系统分类中淋溶土（alfisols）、老成土（ultisols）、软土（mollisols）、始成土（inceptisols）、冻土（gelisols）。

（一）分布

从全球看，褐土集中分布在亚热带地中海型气候区和亚欧大陆东部的温暖带大陆季风气候区，前者如地中海沿岸地带、北美的西部沿海区、澳大利亚东部，后者则主要在我国暖温带东部半湿润、半干旱区。在我国，褐土是地带性土壤，其分布是：北起辽宁省阜新地区，经赤峰市南部，向西南与河北省的东部、北部相连，以及山东省胶东半岛的前缘，西南至河南省的郑州、陕西省的潼关一带，大体构成一个东北—西南向的褐土带。在水平分布的土壤带谱中，东与棕壤交叉相连，南北则位于黄棕壤与栗钙土之间，分布较为集中的地区有太行山地、关中平原、汾河谷地、华北平原及鲁中山地。在垂直带谱中，褐土位于棕壤之下，如横断山脉及西北山地中，都有褐土分布。另外，在陇南的洮河、白龙江流域山区、川西和滇北的大渡河、雅砻江、金沙江、澜沧江和怒江谷地，也有山地褐土分布。

（二）成土条件

1. 气候、植被　褐土分布的地中海型气候区，气候受副热带高压和西风带进退控制，夏季炎热干旱，冬季温暖多雨，全年降水量在 700~800mm。这种气候类型除地中海地区外，在南北纬 30°~40° 的大陆西岸多有分布，其典型自然植被为硬叶常绿灌木林，亦可向森林或草原类型过渡。

（1）气候　我国东部的暖温带大陆季风气候区，夏季高温多雨，冬季寒冷干燥。年降水量为 500~800mm，降水集中于夏季，干燥度为 0.9~1.5。年平均气温 9~14℃，>10℃ 的年积温为 3400~4800℃，无霜期 180~250d。褐土区的气候条件大致与棕壤区相似，但也有一定的差异：温度较高、降水较少、夏季较为炎热，一年中有明显的干季。这种气候条件与地中海气候在季节上明显不同，如地中海型气候降水集中于冬季，我国季风气候区降水集中于夏季；但年平均气温、年降水量、明显的干湿季节变化等都非常相似，因而发育了同一类型的土壤——褐土。

（2）植被　褐土区天然植被以中生的夏绿阔叶林为主，伴有旱生森林灌木草本植物。目前原始植被多已被破坏，代之以稀疏的次生或人工阔叶林及针阔混交林，很多褐土地区多见侧柏疏林，常构成侧柏 - 荆条 - 酸枣 - 黄背草群落。此外，还有广泛分布的灌丛。主要的乔木树种有侧柏（*Platycladus orientalis*）、油松（*Pinus tabuliformis*）和散生的刺槐（*Robinia pseudoacacia*）、杨（*Populus*）、白榆（*Ulmus pumila*）、臭椿（*Ailanthus altissima*）、毛泡桐（*Paulownia tomentosa*）、楸（*Catalpa bungei*）等；主要灌木有酸枣（*Ziziphus jujuba*）、荆条（*Vitex negundo* var. *heterophylla*）、胡枝子（*Lespedeza bicolor*）、河朔荛花（*Wikstroemia chamaedaphne*）等；草本植物主要有紫菀（*Aster souliei*）、毛地黄（*Digitalis purpurea*）、羊须草（*Carex callitrichos*）、羊草（*Leymus chinense*）、白草（*Pennisetum flaccidum*）、菅草（*Themeda gigantea* var. *villosa*）、狗尾草（*Setaria viridis*）、黄背草（*Themeda japonica*）、菊科蒿属（*Artemisia*）等。褐土分布区内人工栽培的果树较多，苹果（*Malus pumila*）、河北梨（*Pyrus hopeiensis*）、桃（*Amygdalus persica*）、柿（*Diospyros kaki*）、胡桃（*Juglans regia*）、枣（*Ziziphus jujuba*）等到处可见；喜钙的树种，如侧柏、柿、核桃等长势优于其他树木。

2. 母岩、母质　褐土一般发育在富含碳酸盐的母岩母质上，主要为石灰岩、钙质砂页岩、砾岩、大理岩等富含钙质的岩石风化物及富含碳酸钙的黄土和黄土状沉积物。具体母质类型有上述岩石风化的坡积物、洪积物、黄土等，母岩母质富含钙质是褐土区别于棕壤的关键。

3. 地形地貌　褐土主要分布在比棕壤区较低的山地丘陵区，分布区内地貌类型多样，包括山地、丘陵、山前冲积扇平原、河谷阶地、盆地等。同棕壤类似，由于分布区内地形起伏较大，常常发生水土流失。因此，土层厚薄不一，有的褐土具有粗骨性。

（三）成土过程

褐土与棕壤相比，气候温暖，较为干旱，因此褐土形成的基本特点有两个：一是具有明显的黏化过程，二是碳酸盐的淋溶和淀积过程。

1. 黏化过程　褐土的气候条件与棕壤区有相似之处，因而黏化作用明显。褐土的黏化过程中既有残积黏化作用，也有淀积黏化作用，较湿润区以淀积黏化作用为主，较干旱地区以残积黏化作用为主。从总体来看，因褐土区比棕壤区气温稍高，降水量稍低，表层土壤（一般 0~20cm 厚度）中的水、热状况不太稳定，不利于黏土矿物的形成，而在 20cm 以下土层中水、热状况较为稳定，可以形成较多的黏土矿物，但由于降水少，黏粒形成之后就地积累于褐土的亚表层或心土层中。褐土与棕壤相似，亚表层或心土层黏粒含量明显高于表土层；在微形态观察中，也可以看到光性定向黏粒胶膜的形成；而且在褐土 B 层结构体表面也可见到黏粒淀积现象。

褐土的黏土矿物组成与棕壤相似，主要为水云母，蛭石、蒙脱石和高岭石较少。据研究，褐土的水云母含量为 50%~60%，由于富含或残存一定量的石灰，脱钾作用不强，限制了水云母向蛭石的转化。褐土中蛭石含量极少或无，蒙脱石含量也不多，因此不能认为蛭石和蒙脱石是褐土的特征矿物（叶正丰等，1986）。

2. 碳酸盐的淋溶和淀积过程　碳酸盐的淋溶和淀积过程包括钙化过程、脱钙过程。

钙化过程是指碳酸盐以不同的盐类形态在土体中淋溶和淀积的过程，即在干旱、半干旱气候条件下，土壤淋溶作用较弱，钙、镁盐部分淋失，部分残留在土壤中，土壤胶体表面多为碳酸钙或碳酸镁所饱和。土壤表层残留 Ca^{2+} 与植物残体分解时产生的 H_2CO_3 结合，形成溶解度较大的 $Ca(HCO_3)_2$，在雨季随水下移，至一定深度，由于水分减少和 CO_2 分压减小，重新形成 $CaCO_3$ 淀积于剖面的中部或下部，形成钙积层。

与钙化过程相反，在降水量大于蒸发量的生物气候条件下，土壤中的 $CaCO_3$ 将转变为易溶于土壤水的 $Ca(HCO_3)_2$ 而从土体中淋失，一般称为土壤脱钙过程，使土壤变为盐基不饱和状态。

对于有一部分已经脱钙的土壤，由于自然（如生物表层吸收积累、风携带含钙尘土降落、含有碳酸盐的地下水上升等）或人为（如灌水、施肥等）原因，土壤含钙量又得以增加，这一过程通常称为复钙过程。

钙化过程是褐土在特定的生物、气候、母质条件下经历的另一个主导成土过程。母质中含有大量碳酸盐类，尤其碳酸钙类化合物较多，给土壤的钙化过程提供了丰富的物质来源。碳酸盐类的大量存在，也缓解和减弱了淋溶过程。所以以钙质丰富的母岩及其风化物上发育的褐土与非钙质母岩及其风化物上发育的褐土相比，碳酸盐的淋溶作用强；钙化过程也深受气候条件影响，从脱钙过程看，一般来说淋溶褐土最明显，褐土次之，石灰性褐土及褐土性土最差。本区的落叶阔叶林及旱生植被生物代谢量大，在温暖的气候条件下矿质化作用比较强烈，生物归还率较高，大量的盐基物质特别是 Ca^{2+} 的补充也强化了土壤钙化过程。受大气环流、降水、地表水与地下水、人工施肥等因素影响，土壤表层经常还受到"复钙"作用，这也是褐土钙化过程的一种常见形式。土壤微形态研究表明，许多碳酸钙形成物与黏粒形成物互有先后，也有许多是同时形成的。

在褐土分布区内较湿润的落叶阔叶林条件下，若林木覆盖良好，则生物积累作用比较旺盛；但多数分布在较干旱地区的褐土，自然疏林或灌草丛的覆盖率低，生物循环过程比棕壤要弱一些，主要是气候温暖，降水较少，一年中微生物活动比较旺盛，有机质大多处于好氧分解过程，因而土壤表层腐殖质累积不多。

（四）剖面形态特征与基本理化性质

1. 剖面形态特征　　褐土剖面的主要色调是褐色，也有黄褐、灰褐等颜色。褐土典型的土体构型为 $O — A_h — B_t — B_k（B_{Ca}）— C$ 型。

（1）O 层（或 A_0 层）　　凋落物层，自然形成的褐土剖面上部可见，一般厚度比棕壤薄一些，大致在 10cm 以下，耕作褐土没有这一层次。

（2）A_h 层（或 A_1 层）　　腐殖质层，具有粒状结构、疏松、质地较下层轻、植物根系多等特征。A_h 层厚度在 20～50cm，一般在郁闭林下可达几十厘米，有机质含量较高，但由于林 - 灌 - 草植被，有机质矿质化强于棕壤，因此有机质含量一般 <100g/kg，呈暗褐色。耕作土壤中 A 层已不具有腐殖化特征，成为有机质含量仅为 100g/kg 左右的耕作层。

（3）B_t 层　　黏化层，是褐土的特征土层之一。在褐土分布的较湿润地区比较明显，质地黏重，黏粒含量高，常 >25%。厚度一般较大，多数为 50～80cm，厚者可达 1m 以上。褐色 - 棕褐色，核状结构居多，有的也发育为棱柱状结构，比较紧实，植被根系少，淋溶程度强者，在结构体表面可见铁锰胶膜和黏粒胶膜，显微镜下能观察到发育良好的光性定向黏粒。

（4）B_k（或 B_{Ca}）层　　钙积层，这是褐土的另一特征土层。在褐土分布的较干旱地区容易形成，一般厚度在 20～50cm，颜色浅于 A_h 层。土壤质地较 B_t 层轻，黏粒含量降低，有少数质地黏重者是受母质影响的结果。碳酸盐含量高，一般＞20g/kg，有的碳酸盐含量可达 150g/kg 以上。从大形态看，剖面可见碳酸盐淀积形成的假菌丝体、碳酸盐粉末、砂姜（碳酸盐结核），有的甚至可以见到石灰盘；从微形态看，土壤薄片中常见碳酸盐膜、方解石晶粒、碳酸盐凝团等新生体。

（5）C 层　　母质层。质地各异，黄土母质质地较轻，石灰岩、页岩风化母质质地较重，砂岩风化物黏砂各地不均，在某些残积物和坡洪积物母质中有时含有数量不等的砾石。冲积物发育的潮褐土和部分淋溶褐土有的可以见到淋溶或潴育化过程形成的锈色斑纹。

2. 基本理化性质

（1）质地　　褐土质地主要有两种：发育在西部黄土母质上的褐土质地较轻，一般以壤土为主；发育在石灰岩、页岩等残坡积物上的褐土质地较重，常见黏壤土、黏土等。但一般来说，受黏化作用影响，土体中部经常有一个质地黏重的层次——黏化层，而表层土壤质地一般稍轻。

（2）酸碱性与石灰反应　　多数褐土剖面一般显示中性至微碱性，pH≥7.0，仅淋溶褐土 pH 稍低，但一般也＞6.5；除淋溶褐土和部分潮褐土外，由于富含碳酸盐，基本都有程度不同的石灰反应。从土壤剖面来看，由于碳酸盐的淋溶作用强度不同，剖面中具有石灰反应的土层深浅不同：石灰性褐土从表层开始就有石灰反应；褐土亚表层显示石灰反应；淋溶褐土到石质接触面才具有微弱反应或没有反应。

（3）阳离子交换性能　　褐土阳离子交换量较高，在 30cmol（＋）/kg 左右；盐基饱和度比棕壤高，多数在 80% 以上，且以交换性 Ca^{2+}、Mg^{2+} 为主。

（4）养分状况　　自然褐土的有机质含量较高，营养元素较丰富，特别是氮和钾含量较高，有效性好。由于土体中大量碳酸钙的存在，磷的有效性大大降低。因而，耕作褐土要注意及时补充磷肥。

（五）亚类划分

褐土在以黏化和碳酸盐的淋溶淀积为主导的形成过程中，由于分布的具体区域不同，经历了不同程度的淋溶过程、潮化过程、熟化过程等附加成土过程，因而引起了褐土性质的差异性变化，分化出不同的褐土亚类。按照"中国土壤分类系统"，褐土分为褐土、淋溶褐土、石灰性褐土、潮褐土、褐土性土、塿土、燥褐土 7 个亚类。

1. 褐土　　褐土也称普通褐土和典型褐土，这是褐土中具有典型特征的一个亚类。它具有褐土土类的基本特征和土体构型。该亚类主要发育在山体下部及平原、台地等地形部位；在山区垂直土壤带谱中，褐土亚类位于淋溶褐土和石灰性褐土之间。土体构型由枯枝落叶层、腐殖质层、黏化层或钙积层和母质层组成。由于生物积累作用不及棕壤，所以枯枝落叶层薄于棕壤，腐殖质层中有机质含量低于棕壤；褐土表层一般无石灰反应或有弱石灰反应；淀积层及淀积层以下常可见有假菌丝体，具有褐土的典型特征。但不同母质发育的褐土，剖面形态和理化性质存在差异。例如，石灰岩风化母质发育的褐土，土层厚度一般为中层至厚层，剖面有石块，质地黏重；钙质砂岩风化母质发育的褐土，一般土层较薄，质地偏轻；黄土或黄土状物上发育的褐土，土体深厚，质地多为轻壤至中壤，其中粗粉砂含量在 50% 以上。褐土盐基饱和，pH 多在 7.5～8.2。林地褐土有机质及全氮量均高；磷含量表土层中等，下层较低；钾含量比较丰富，但又与其母质母岩类型和利用状况密切相关。

耕作褐土耕作层下有几厘米厚的犁底层，黏化层和钙化层往往不甚发育，养分状况不及自然褐土。

2. 淋溶褐土　　淋溶褐土是褐土中淋溶作用较强，土壤 pH 较低，已不显示钙化特征的一个亚类。它主要发育在山麓平原、河谷阶地及山地林下。其形成主要受母质和气候条件的影响：有的发育在非碳酸盐和碳酸盐含量很低的母质上；有的淋溶褐土由于在森林郁闭的小气候条件下，淋溶作用不断进行，碳酸盐在上部土体中淋失殆尽，即土体上层脱钙过程明显；心土层黏化过程明显，而底土层有时可见到残余的碳酸钙。

淋溶褐土在性状上具有典型褐土与典型棕壤之间的过渡特征，其 pH 在褐土土类中最低，一般为 6.5～7.3。

3. 石灰性褐土　　石灰性褐土是褐土中黏化作用和脱钙作用都不十分明显的一个亚类。一般分布区地形部位偏高，气候偏旱，植被多为灌丛草地，成土母质富含碳酸盐。由于淋溶作用较弱，土壤剖面中碳酸盐没有明显移动，常见白色假菌丝体分布广泛，通体具有较强的碳酸盐反应，pH 较高，一般在 7.5～8.5，属于弱碱性土壤。由于同样的原因，淀积黏化过程基本没有，残积黏化也较弱，黏粒含量不很高，层次分化不明显。林下表土有机质含量可高达 30g/kg，耕地在 10g/kg 左右；速效磷一般较低，速效钾含量较高。

4. 潮褐土　　潮褐土是褐土中受地下水影响附加有潴育化过程，而且熟化程度较高的一个亚类，一般分布于平原区、近河区及其他地势低平处。由于地下水位在 3m 左右，下部土层有潴育化过程。随着季节变化，地下水位周期性升降，氧化还原作用交替进行，下部土体出现铁锰的锈纹锈斑。潮褐土多数土层深厚，质地适中，水分状况好，有机质和养分含量较高，多已建设成为稳产高产农田。

5. 褐土性土　　褐土性土是褐土中年龄相对较轻，剖面发育程度较弱的一个亚类。主要发育在富含碳酸盐的母岩残 / 坡积物上，多分布在山地丘陵区的石灰岩、砂页岩山丘的缓坡或坡麓地带。水土流失较为严重，土体构型为 A—（B）—C 型，B 层发育较差，钙的淋溶不强，黏化过程较弱。一般表层不厚，有机质含量较低。剖面中通体碳酸钙含量较高，pH＞7.5。土体中常含有一些砾石，生产性状虽然不甚优越，但由于褐土区人多地少，土地垦殖率高，此褐土亚类已有相当部分开发为农田。

6. 塿土　　塿土是褐土剖面上具有黄土覆盖层的亚类，是人类长期耕作，施加土粪和近代黄土沉积形成的，是中国特有的褐土类型。主要分布在中国古老农业区的关中平原渭河阶地、黄土台塬上，是关中地区主要耕种土壤，也是陕西省粮、棉、油及经济作物的重要生产基地。塿土剖面由覆盖层和褐土剖面两大层段组成。覆盖层厚度依地面坡度与侵蚀强弱不同而异，一般在 40～60cm，厚者可达 1 m。在覆盖层下面为原褐土剖面。塿土上部覆盖层质地比下部稍轻，土体疏松，结构较好，通透性好，有利于水分下渗和养分的转化，下伏黏化层具有较强的保水、保肥能力。由于覆盖层是逐渐堆积增厚的，在其堆积过程中，不断受到耕作施肥的影响，熟化程度提高，养分含量增加，一般耕层土壤有机质＞10g/kg，古耕层有机质在 10g/kg 左右，土壤 pH 在 8.5 左右，一般土壤剖面通体具有 $CaCO_3$ 存在，据测定陕西武功的塿土中 $CaCO_3$ 含量为 2%～17%。

7. 燥褐土　　燥褐土主要分布于四川、西藏、云南三省（区）接壤的横断山脉焚风峡谷区，是横断山脉中段峡谷区负垂直带谱下部焚风干热河谷的一个特殊的褐土亚类。剖面具有高度的粗骨性和石灰性，没有明显的黏化特征，黏土矿物中高岭石占有一定的比例。

随着土壤科学的发展，褐土亚类型的研究也日益深入，因此褐土除了分类系统中揭示的7个亚类之外，另据研究：在阴山山地海拔1400～2000m的森林草原山地褐土地带发现了一种新的褐土剖面，由于该褐土剖面直到现在还显示出古灰化土的残留特征和残留影响，暂将其命名为灰化褐土。

（六）合理利用及改良

由于褐土分布的地貌类型较多，土壤状况存在差异，因此农林利用潜力很大。从褐土利用的历史和利用的现状来看，褐土已经成为林、果、桑、粮、棉、油、烟等的重要发展基地。

1. 林业利用和改良

（1）适地适树，可持续利用　　山地褐土大多分布在海拔500～1000m及以上的土石山地。在东西秦岭、黄龙山、洮河上游山地、六盘山、吕梁山、太行山、太岳山等山区的山地褐土上，都有森林成片分布或残存。主要林分为松、栎、山杨、桦木林，其中有些地方的淋溶褐土还有云杉林等。山地褐土在林业上的利用与山地棕壤基本相似，只是山地褐土垂直分布较棕壤稍低，水平分布区域气候温暖偏旱，加上土壤性质复杂。因此，适生树种有些不同。

淋溶褐土地势较高，降水充足，土壤微酸至微碱性，无碳酸盐反应，土层深厚，适合栽种落叶松、五角枫、白桦等树种，还可发展一些干果，如核桃等；在陕、甘、晋、冀等的山地淋溶褐土上还可栽种材质优良的高山树种云杉等；陕、冀也可选用华山松，发展用材林。

普通褐土所处地势较淋溶褐土低，土壤水分条件较差，土壤属中性—微碱性，土层深厚者适宜栽种油松、刺槐、榆树、臭椿、山杨、侧柏及核桃、红枣等；在晋、冀、鲁、辽还可发展蒙古栎等；缓坡褐土适宜栽桑，发展养蚕业。

石灰性褐土分布地区气候干旱，土壤水分和养分比较缺乏，土壤微碱性，土层深厚的褐土适宜栽种黄榆、臭椿、山杨、蒙古栎和山杏等抗寒抗旱的树种，也可发展胡枝子、沙枣、沙棘等；在晋、陕还可发展白皮松等。

潮褐土地势低平，土层深厚，水肥状况较好，土性中性—微碱性，但在雨季易滞水，排水不畅，适宜发展喜湿、喜肥的速生树种，如白榆、刺槐、五角枫、侧柏等乔木和板栗、梨、葡萄等果树及紫穗槐等绿肥；在陕、甘、鲁、豫和河北南部可栽种速生树种苦楝，以及苹果、柿子、桃、枣等果木；各地褐土也可栽桑养蚕或发展金银花等药材。

土层浅薄的石质褐土可结合母岩特性选择树种，如华北落叶松、油松、蒙古栎、五角枫、臭椿等。

褐土是北方发展果树的主要土壤类型，在坡缓向阳、水分条件好的地方，可以大力发展苹果、梨、核桃、柿子、桃、杏、李、枣等多种果木。事实上，太行山的枣、核桃、柿子、梨等早已在国内外久负盛名。

（2）封山护木，保持水土　　褐土地区自然林业生态系统薄弱，多数地形比较低缓，土壤植被遭受人为破坏比较严重。因此，提倡封山育林、封山护木，有望经过尽量短暂的时间，尽快增加土壤植被的覆盖率，强化林—灌—草的生态环境。

山地褐土分布地区虽然不如棕壤区山高坡陡，但地形起伏变化较大，土质偏轻，且雨季集中，林用过程中注意防止水土流失是十分必要的。对苗圃地或幼林要修筑水土保持工程，以提高苗木成活率和保持其正常生长。在栽植果树和造林时，宜挖水平沟、水平阶或鱼鳞坑等。在果园、苗圃和地形有坡度的地方提倡保护草皮、地被，同时提倡种植紫穗槐、胡枝子、白刺、金银花等多年生灌木或藤本植物，既可肥田，又可以达到固土护坡、保持水土的作用。

2. 农业利用和改良　褐土地形多数属于较低的山地和丘陵，以及山前平原，气候温暖，有一定的水分条件和土壤熟化过程，因此存在农业利用的优势，如华北褐土地区适种小麦、玉米、高粱、棉花、大豆、谷子等多种农作物。而分布在西北关中平原渭河阶地、黄土台塬上的墣土地区，更是经历人类长期耕作，施加土粪，熟化土壤之后具有了古老的农业利用历史，是关中地区粮、棉、油及经济作物的重要生产基地。

褐土区的农业利用过程中同棕壤一样，应该在保持水土、培肥土壤、防止旱灾等方面加强有力措施，尤其在培肥土壤施用肥料时，由于褐土比棕壤土壤有机质更少，所以更应强调增施有机肥。同时，提倡合理处理农作物的秸秆，提高还田率；低山丘陵区的褐土，可种植草木犀、柽麻、地丁、紫穗槐、苜蓿等绿肥，可以直接翻压，也可割草饲畜，畜粪回田；石灰性褐土中的钙质，影响磷素、微量元素的有效性，因此比棕壤更需要多施用磷肥和微量元素肥料。

对褐土地力的保持措施，除了合理施肥、绿肥养土措施之外，更重要的应从地形地势、土壤性质、种植结构等多方面进行综合考虑。首先，应坚持因地制宜的原则，科学规划褐土资源，充分利用荒山荒地，合理布局农、林、果、牧各业。其次，应合理开发水利资源，合理灌溉，同时要大力修筑保水工程，发展节水农业。再次，结合增施有机肥料，发展多种绿肥，采取物理、生物、化学等多种措施改良不良土质，加速提高土壤肥力，以使褐土在农林生产中发挥出更大的潜力，为人类创造更多的物质财富。

五、黄棕壤

黄棕壤（yellow brown soil）是北亚热带落叶常绿阔叶林下发育的淋溶土壤，土壤呈酸性至微酸性反应，具有暗色腐殖质表层和亮棕色黏化 B 层。黄棕壤相当于中国土壤系统分类中的铁质湿润淋溶土（ferri-udic argosols）、铁质湿润雏形土（ferri-udic cambosols）、铝质常湿雏形土（ali-perudic cambosols）；相似于美国土壤系统分类中的强发育湿润淋溶土（udalfs）、弱发育湿润淋溶土（hapludalfs）和淡色始成土（ochrept）。

（一）分布与形成条件

黄棕壤分布于长江中下游丘陵地区，也分布于赣北、鄂北海拔 1100～1800m 的中山上部及川、滇、黔、桂等地的中山垂直带中。主要在苏、皖长江两侧及浙北地区。气候条件为北亚热带湿润气候区，年均温 14.5～16.4℃，≥10℃积温为 4500～5000℃，年降水量为 800～1300mm，无霜期为 220～250d。自然植被有落叶阔叶树麻栎、栓皮栎、白栎、枫杨、槭树、水青冈、黄檀、茅栗等，有常绿阔叶树青冈栎、石楠、冬青、女贞、紫楠、山胡椒等，另外还有针叶林马尾松、杉木及毛竹等。

母质为花岗岩、片麻岩、玄武岩等风化物的残积物和坡积物以及第四纪晚更新世的下蜀黄土。地下水位深，不影响土壤形成。

（二）成土过程

1. 腐殖质的积累过程　黄棕壤地区温度较高，雨量较多，加上阔叶林生长，因此生物循环速度较快。黄棕壤土表有不连续的薄层半分解残落物层，下为棕色腐殖质层，腐殖质层厚度因植被类型而异，一般针叶林下薄，阔叶林下厚。腐殖质酸以富啡酸为主。胡敏酸／富啡酸一般小于1。

2. 黏化过程　　由于水分和热量较充沛，土壤中原生铝硅酸盐矿物风化转变较明显，产生大量黏土矿物。土壤中黏粒含量高，常形成黏重的新土层，土壤结构体面上可见明显的黏粒淀积胶膜。

3. 弱富铝化过程　　弱富铝化过程相近于铁红阶段，含钾矿物快速风化，SiO_2也开始部分淋溶，并形成2∶1或1∶1型黏土矿物；铁明显释放，形成相当数量的以针铁矿或赤铁矿为主的游离氧化铁，由于铁的水化度较高，故呈棕色。

（三）剖面形态特征与基本理化性状

1. 剖面形态特征　　黄棕壤的典型剖面结构型为 $O-A-B_t-C$，也有 $A-B_t-C$ 构型。

（1）O层　　不连续的薄层半分解残落物层，其厚度因植被类型不同而有较大差异。一般针叶林下较薄，约为1cm；混交林或阔叶林下较厚，灌丛草类下最厚，可达10～20cm。

（2）A层　　暗棕色腐殖质层，厚10～20cm，疏松，多根系，屑粒或团块状结构，质地为壤质。

（3）B_t层　　棕色黏化层，是黄棕壤的诊断土层，一般呈棱块状或块状结构，结构面上覆盖有棕色或暗棕色胶膜或有铁锰结核，质地黏重。

（4）C层　　基岩上发育的黄棕壤，其母质仍带有基岩本身的色泽；而下蜀黄土母质上发育的土壤，则呈大块状结构，结构面上有铁锰胶膜，并有少量的灰白色网纹。

2. 基本理化性质

1）土壤有机质含量一般为20～30g/kg，表层向下明显减少。土壤全磷含量多在0.2～0.4g/kg，全钾含量在10g/kg左右，速效磷含量小于5mg/kg，速效钾含量在50～100mg/kg。

2）质地一般为壤土至粉砂黏壤土，黏化层则多为壤质黏土至粉砂质黏土，酸性岩发育的黄棕壤质地较轻。黏粒中黏土矿物主要是水云母、蛭石和高岭石，黏化层黏粒含量超过30%，黏粒硅铝率一般为2.4～3.0。

3）土壤酸性至微酸性，pH 4.5～6.5，黏粒部分阳离子交换量为30～50cmol（＋）/kg，盐基饱和度在30%～75%，交换性氢铝可变幅在1～13cmol（＋）/kg。

4）水分状况随母质类型不同而变化，酸性岩和砂岩发育的土壤质地较粗，水分供应较好，黏质下蜀黄土发育的土壤透水不良，供水性较差。

（四）亚类划分及各亚类特征

根据黄棕壤的成土条件和形态特征，可将黄棕壤划分为普通黄棕壤、暗黄棕壤、黏磐黄棕壤和黄棕壤性土4个亚类。

1. 普通黄棕壤　　普通黄棕壤是黄棕壤的典型亚类，分布于丘陵低山及长江两岸。

2. 暗黄棕壤　　分布于皖南、赣北海拔1100～1800m的中山上部，以及川、滇、黔、湘、鄂、桂海拔1000～2700m的中山区，属垂直带谱中黄壤向棕壤过渡类型，多位于黄壤之上。暗黄棕壤上自然植被繁茂，主要为落叶常绿阔叶林和针叶林，林下有较多灌木和草类。暗黄棕壤亚类有较厚的枯落物层，表土层有机质含量可达60～140g/kg；C/N为13～15；淀积层为浅黄或黄棕色，砂壤土至壤土，黏土矿物以高岭石为主，并有较多水云母、蛭石和绿泥石。

3. 黏磐黄棕壤　　分布于苏、皖、赣长江两侧及浙北、鄂北、豫南的第四纪黄土丘岗阶地。其特征是淋溶层与淀积层的黏粒含量相差很大，而形成透水率很低的黏磐。黏磐层黏重紧实。干缩时垂直节理明显，棱块状、柱状结构。

4. 黄棕壤性土　　黄棕壤性土多分布在植被覆盖差和坡度较陡地段，母质多为基岩风化物。土壤发育程度差，除酸化特征外，土壤的弱富铝化、黏化及生物富集作用均不够明显。

（五）合理利用

黄棕壤肥力较高，地处中亚热带和暖温带之间，水热条件较好，适于发展农业及经济林木。目前，许多丘岗地区开辟水田种稻，成为水田土；旱地种植麦类、油菜、棉花、大豆、甘薯等，也是茶、桑、桃等经济植物的重要产区。黄棕壤上适宜种植的林木有麻栎、小叶栎、白栎、湿地松、火炬松等，特别是落叶栎类作为乡土树种，生长良好，种植后对改善黄棕壤地力具有重要意义。暗黄棕壤多分布于亚热带中山上部。植被较密，为林业出口产区，今后仍应以发展和保护好林木为主要利用方向。造林树种宜以阔叶林为主，部分地势缓土层深处，可在保持水土的基础上，适度发展茶、果、竹和中药材。

对于黏性大的黄棕壤，特别是黏化层透水困难的黄棕壤，雨后土壤易滞水，影响林木生长，甚至会有烂根现象。这类黄棕壤植树前要深挖土。对于砍伐大量森林而水土流失严重的土壤，要注意造林，保持水土，因地制宜，综合利用。农田要增施有机肥料，实行秸秆回田，种植绿肥，提高地力。对有旱害的丘岗地区，可利用塘坝提供水源，也可以建立大、中、小型水库，修建水利枢纽工程，扩大灌溉面积。

六、黄褐土

黄褐土（yellow cinnamon soil）发育于北亚热带半湿润区黄土性质母质上，具有弱富铝化和黏化特征。在"中国土壤系统分类"中被归入淋溶土纲，黏盘湿润淋溶土（claypani-udic argosols）、铁质湿润淋溶土（ferri-udic argosols）；相当于"美国土壤系统分类"中的某些半干润淋溶土（ustalf）。

（一）分布与成土因素

黄褐土主要分布在北亚热带、中亚热带北缘以及暖温带南缘的低山丘陵或岗地。其地域范围大致在秦岭 - 淮河以南至长江中下游沿岸，与黄棕壤处于同一纬度区域。

黄褐土分布区的年平均气温为 $15\sim17℃$，$\geqslant10℃$积温为 $4900℃$，无霜期为 $225\sim240d$；年降水量为 $800\sim1200mm$，但全年降水量不均，约有 50% 的雨水集中于 $6\sim9$ 月。和黄棕壤相比，黄褐土分布区气候大陆性有所增加，自然生长植物的组成上干旱成分增加，因而土壤淋溶程度有所下降。黄褐土成土母质为黄土，由于黄土富含碳酸钙，延缓了土壤中物质移动与积累。黄褐土不同分布区自然植被差异较大。在大渡河、嘉陵江河谷，由于相对干旱，自然植被为旱生灌丛，以羊蹄甲、白刺花、金合欢等植物为主。在华中的岗地上，植被主要是半湿润灌木草木类型，以茅草、刺槐紫穗槐等居多，间有稀疏用材林和果树。在陕南自然生长植物以常绿阔叶与落叶阔叶混交林为主，也有人工栽培的经济果木，如棕榈、樱桃、枇杷等。

（二）成土过程

1. 黏化过程　　黄褐土中 R_2O_3 没有发生明显剖面分异，土壤风化以硅铁铝化的黏化为主。在 B 层中有黏粒的明显积累，其黏化过程表现为黏粒的淋溶迁移，遇 B 层的 Ca、Mg 盐基而絮凝淀积，黏化也来自母质的黏粒残遗特征。总体上，黄褐土由于土体透性差，黏粒移动的幅度不大。

2. **弱富铝化**　含钾矿物的快速风化，SiO_2 也开始部分淋溶，并形成 2：1 型或 1：1 型黏土矿物。黏粒的硅铝分子率低于褐土，略高于黄棕壤，明显高于红壤。

3. **铁锰的淋溶过程**　矿物风化过程形成次生黏土矿物过程中，铁锰变价元素被释放所形成的氧化物在土壤湿时被还原为可溶性的低价化合物而随下渗移动；土壤干旱失水后便重新氧化成高价铁锰化合物在土体一定深度淀积下来。因低价铁锰多沿裂隙下移，失水后形成凝胶，紧贴在结构面上，表现出暗棕色或红褐色的胶膜，这种铁锰淀积往往与黏化层同时出现。这种干湿交替受季风气候影响，但黏重的土层造成土体上层滞水也加剧了还原过程。

（三）剖面形态特征与基本理化性质

1. **剖面形态特征**　黄褐土的剖面构型为 $A-B_t-C$。

（1）A 层　植物根分布较多，土壤疏松，呈棕色，块状结构多见，厚的可达 25cm。

（2）B_t 层　棱块状结构，呈暗棕色，质地一般为性质黏土至粉砂质黏土，黏重滞水。

（3）C 层　暗黄色，有砂姜体出现，并呈零星或成层分布。

2. **基本理化性质**

1）黄褐土有机质和全氮含量较低，大部分土壤有机质含量在 15g/kg 以下，黄褐土磷素也缺乏，全磷在 0.3～0.6g/kg，许多土壤速效磷几乎检测不出，土壤钾素则含量较丰富，全钾含量可达 15～20g/kg。

2）土壤黏粒含量为 20%～40%，黏土矿物主要是水方母，伴有蛭石、高岭石和蒙脱石，黏粒硅铝率为 3.05～3.31，土壤黏粒阳离子交换量在 40cmol（＋）/kg 以上，土壤黏紧，物理性质较差。

3）土壤表层 pH 6.5～7.0。底层 7.5，个别表层已酸化，但 pH 仍在 6.0 以上；土壤虽已脱钙，剖面不含游离石灰，但胶体上仍以交换性钙占主要地位，盐基饱和度大于 75%。

（四）亚类划分及各亚类特征

黄褐土划分为黄褐土、黏磐黄褐土、白浆化黄褐土及黄褐土性土 4 个亚类。

1. **黄褐土**　其是黄褐土中分布面积最广的一类土壤。成土母质主要是第四纪晚更新世的黏质黄土（下蜀黄土）及黄土状物质，在陕南、豫西和四川还有洪积冲积物、石灰岩残坡积物以及含钙质的黄色黏土和红棕色黏土。

黄褐土的剖面形态随地形部位、侵蚀程度和土地利用的不同而各具差异。一般由下蜀黄土发育的黄褐土，全剖面呈黄褐或黄棕色，质地黏重，1m 土体内具黏化层而无黏磐层，剖面构型为 $A-AB-B_t-C$。

2. **黏磐黄褐土**　仅在江苏、河南和江西三个省的分类中划出，在江苏，黏磐黄褐土主要分布在淮河以南至沿江丘陵岗地。在江西，仅在九江地区沿长江南岸起伏低缓岗地分布，常和第四纪红色黏土发育的棕红壤呈复区交错出现。黏磐黄褐土的形态特征是在 1m 土体内具有比黏化层更僵实的黏磐层（黏粒与铁锰胶结体），其厚度大于 30cm。黏磐层具有醒目的暗棕褐色，土体黏重坚实，棱柱状结构发达，结构面光滑明亮，人们称之为"死马肝土层"。黏磐层对作物生长发育极为不利，这也是导致土壤易旱、易渍（涝）的主要障碍因素，特别是高位黏磐黄褐土性状更差。

3. **白浆化黄褐土**　是表层滞水还原离铁和黏（胶）粒不断被侧渗漂洗导致土壤质地

变轻、颜色淡化而发育的一类黄褐土。

白浆化黄褐土又称白散土、白黄土、岗白土等。它区别于黄褐土和黏磐黄褐土的重要标志在于具有灰白色或灰色壤质表土和亚表土层（白土层）。表土层一般为15~20cm，湿时呈灰黄色，干时呈灰白色，多为壤质土，土粒易分散沉结呈层片状，往往夹杂锈色斑纹和较多铁锰结核。心土层暗棕色或灰棕色，壤黏土至黏土，紧实，棱块状至棱柱状结构，有大量暗色黏粒胶膜，偶见铁锰结核。底土层为黄棕色或暗灰棕色，有大量褐色锈斑和铁锰结核，有时裂隙尚见白色硅粉。

4. 黄褐土性土　　是黄褐土区内由于受侵蚀影响，或直接由基岩洪积坡积物发育，或由再积黄土物质（次生黄土）发育的一类淀积黏化不明显的初育性黄褐土。

（五）合理利用与改良

1. 林业利用　　黄褐土虽然土层深厚，但有黏盘，影响土壤水肥状况。在有黏盘的地方，可栽植耐旱耐瘠的马尾松，丘陵下坡黏盘出现部位较深的地方，宜发展毛竹、刚竹和淡竹等，坡地上可辟为茶园、桑园和桃园。

2. 农业利用　　黄褐土主要适种作物有小麦、甘薯、棉花等，产量水平中等偏低。制约作物生长的土壤性状主要是：①质地黏重，结构不良，多数剖面中有黏盘；②土壤通透性差，保水供水能力低，易出现夏旱现象；③土壤有机质及氮、磷含量较低。

3. 主要改良措施　　应采取生物、耕作和工程等综合措施，改善土壤水分物理性质，还应增加土壤有机质和养分含量，具体措施包括：种植绿肥，推广麦类 - 绿肥轮作，注意施用氮肥、磷肥；加强耕作改土，逐步加深耕层厚度；建设水平梯田等完善农田基建设施，改善土壤灌溉条件，增加土壤抗旱能力。

七、红壤

红壤（red soil）是在中亚热带湿热气候和常绿阔叶林植被条件下，发生脱硅富铝过程和生物富集作用发育而成的红色、铁铝聚集、酸性、盐基高度不饱和的铁铝土。国际上对红壤研究较多。中国土壤分类系统中的红壤（土类）相当于美国土壤系统分类中的高岭湿润老成土（kandiudults）、高岭弱发育湿润老成土（kanhapludults）、强发育湿润老成土（paleudults）；相当于中国土壤系统分类中的富铝湿润富铁土（alliti-udic ferrosols）、黏化湿润富铁土（argic-udic ferrosols）、铝质湿润淋溶土（ali-udic argosols）、铝质湿润雏形土（ali-udic cambisols）、简育湿润雏形土（hapli-udic cambisols）。

（一）分布与成土条件

红壤主要分布在长江以南北纬25°~31°的山地丘陵。包括赣、湘两省大部分，滇、桂、粤、闽等地北部，以及黔、川、浙、皖等地南部。在山地垂直分布上，其上限是与山地黄壤相接，具有一定的分布规律，即南岭、武夷山一带分布至海拔700m，黄山在海拔400~500m及400m以下，东部红壤上限约在海拔600m，中部稍高，西部到武陵、雪峰山一带海拔400m以下不见红壤出现。

红壤地区具有中亚热带季风气候的特点，即温暖湿润、干湿交替明显。年均温在16~18℃，≥10℃年积温为4500~6500℃，无霜期长240~300d，年降水量为800~2000mm，大部集中在3~6月，且多暴雨，常易引起水土流失，7、8月常出现干旱，影响作物生长。

红壤原生植被为亚热带常绿阔叶林，其中以壳斗科的栲属、石栎属、青冈栎属占优势。生物生长量亦大，在亚热带常绿阔叶林下，每年凋落于地表的枯枝落叶干物质为 $3.75\sim4.5t/hm^2$。但在低丘岗地的树木早已残存无几，现多为马尾松林或胡枝子、白檀及禾本科、莎草科的灌丛矮草，或辟为农地，栽种油茶、杉木林也比较普遍，柑橘园、茶园在丘陵岗地发展亦快，作物可一年三熟。适于多种亚热带作物和果树生长。

红壤成土母质以花岗岩、第四纪红色黏土为主，砂岩、页岩、红色砂页岩、片麻岩、凝灰岩、千枚岩等在不同地区也有相当的面积。

（二）成土过程

红壤成土过程的主要特点是在古代风化作用，即脱硅富铝化过程的基础上，受现代生物作用共同形成的一类地带性土壤。红壤类的脱硅富铝化作用，已经被世界各国专家多年研究。一般认为法吉列尔（P. Vageler）的三段学说较为简明扼要，他认为脱硅富铝化作用可分为以下三个阶段。

第一阶段：矿物的分解。除石英外，岩石中的全部矿物发生彻底的分解，形成简单的氧化物。

第二阶段：中性淋溶。随着矿物的分解，陆续释放出大量的碱金属离子和碱土金属离子，不断中和各种酸性物质，因而在风化过程中，土壤溶液呈中性和微碱性。在充沛的降雨条件下，各种盐基离子和 SiO_2 胶体相继淋失。铁铝在中性或碱性溶液中，溶解度低，流动性也小，因而逐渐积累起来，氧化铁脱水，红色物质包被在土粒表面，于是风化壳上部成为红色，即常见的红色风化壳。

第三阶段：聚积层形成。由于盐基不断淋失，风化壳表层酸性逐渐加强，从而导致铁铝氧化物开始溶解移动，但至一定深度因酸度减弱不致流失，又因下层常有高岭石等聚集而成的不透水层，阻滞铝铁溶液向下移动。在干燥季节含铁铝的溶液又可随地下水上升，可升至一定深度，又淀积成为铁铝聚积层或铁锰结核体。

一般常用土壤黏粒中的 SiO_2 和 R_2O_3 的分子比，表示富铝化的程度。SiO_2/R_2O_3 的数值愈小，表示富铝化的程度愈深，其数值在 $1\sim4$。红壤地区有机质的形成和分解作用十分迅速强烈。土壤中有机质的来源丰富，在亚热带季雨林中，土壤有机质年增长量为 $6\times10^4kg/hm^2$，比温带多 $1\sim2$ 倍。在热带雨林中有机质的增长更大。但红壤中腐殖质含量并不高，因为常年湿热，土壤中微生物种类多，数量大，虽有大量有机质，但很快被微生物分解。据定位试验研究，热带植物残体年分解率为 $57\%\sim78\%$，比北亚热带高 $1\sim2$ 倍，所释放出的养分，大部分能被植物利用，参与到矿质元素的生物小循环中去，表层积累了较多的有效养分。红壤地区土壤淋溶作用虽强，但在自然植被覆盖下，土壤中矿质养分并不缺少，处于平衡和扩展情况，这种矿质营养元素的扩大和积累，即红壤肥力的形成和发展过程。一旦开垦种植，栽培植被代替了自然植被，原有平衡遭到破坏，则可向两个方向发展：一是在人为合理的耕种管理下，建立新的农田生态体系，通过不断熟化土壤提高土壤肥力；二是如果只用不养，在垦殖后土壤肥力下降、性质变坏，作物产量降低，甚至因冲刷严重，母质岩石裸露，成为寸草不生的"红色沙漠"。

（三）剖面形态特征和基本理化性质

1. 剖面形态特征　　红壤剖面明显的有三个层次，即腐殖质层、淀积层和母质层，其特征为通体呈均匀的红色。在自然植被下，腐殖质厚度一般为 $20\sim40cm$，暗红色，有机质含量可达 $40\sim60g/kg$。我国大多数红壤已被开垦，腐殖质层 $10\sim20cm$，有机质含量仅

10～20g/kg，淋溶淀积层一般厚度为 0.5～1m，呈均匀的红色或棕红色，有大量的铁锰结核。结构为块状，外被胶膜。在淀积层下部往往有红、黄、白等相互交错的网纹层，这是水分季节性变动和土壤氧化还原交替作用的结果。母质层包括红色风化壳和各种岩石的风化物。

2.　基本理化性质

（1）红色剖面深厚　　红壤具有较厚的红色风化壳，尤其是发育在第四纪红色黏土的红壤，其风化壳和土层深厚（有的可达 10 多米）。表层呈灰棕—红棕色，心土呈橘红色，但在北缘地带或局部特殊地形条件下，土壤常呈棕黄色或橙黄色。红壤一般很少见有红黄交织的网纹和铁锰结核，但第四纪红色黏土发育的剖面下部有较多网纹。

（2）脱硅富铁铝化现象明显　　典型红壤黏粒的 SiO_2/Al_2O_3 在 1.9～2.5，铁的游离度<35%。黏土矿物组成以高岭石为主，有少量蛭石、水云母和赤铁矿，但随地区热量差异，黏土矿物组成的性质和种类还有不同。例如，同一母质（第四纪红色黏土）在北部金华（浙江）、安义（江西）一带以高岭石为主，但结晶不良，水云母甚多，有少量蛭石、赤铁矿。南部江西吉泰盆地一带，高岭石结晶较好，有较多蛭石和赤铁矿，几乎无水云母。可见，北部脱钾脱硅作用较南部弱。

（3）酸性反应　　红壤 pH 一般都为 4.5～5.5，以 pH 5.0 左右居多。交换性酸一般占阳离子交换量的 60%～80%，以交换性铝离子为主，交换性氢离子仅占 1%～3%。阳离子交换量低，一般小于 30cmol（＋）/kg，盐基饱和度<35%。

（4）养分含量较低　　红壤有机质含量与植被、利用状况密切有关。在天然林下可达70～80g/kg，草地达 10～20g/kg，稀疏马尾松灌丛下仅 10g/kg 左右，侵蚀地区<10g/kg，种植三年绿肥的旱地可从 6g/kg 增高至 12g/kg；磷素均缺，有效磷含量极低；钾素随母质而异，除千枚岩、红色砂页岩、花岗岩发育得较高（15～30g/kg）外，其余都较低。

（5）质地随母质而异　　红壤质地状况受母质影响显著，如第四纪红色黏土、玄武岩、石灰岩发育的黏粒含量高，<0.001 黏粒达 40%，质地黏重；花岗岩、红色砂岩、片麻岩发育的砂砾、细砂含量较多（达 31%～41%），质地较轻，石砾量一般达 12%～20%，多则高达 43%，具明显石质性。

（四）主要亚类

根据红壤成土条件、成土过程、土壤特性划分出红壤、黄红壤、棕红壤、山原红壤及红壤性土 5 个亚类。

1.　红壤（red earth）　　主要分布在赣、湘、闽、浙、鄂南等低山丘陵及昆明、黔西南高原，是分布范围最广、面积最大的亚类。分布海拔均在 600m 以下。其中以鄱阳湖、洞庭湖、吉泰、金衢等盆地周围的丘陵分布面积最广。成土母质以第四纪红色黏土为主。此外，大部分山地丘陵则为砂岩、花岗岩、千枚岩等组成。

该亚类具有土类的特征。但因母质不同，其性态及特性各异。例如，第四纪红色黏土发育的土层深厚，有显著淀积现象，土体呈灰棕—红棕色，心土呈橙红色，SiO_2/Al_2O_3 近于 2，质地黏重，通透性差；红色砂岩发育的土色呈紫红色，土层浅薄，厚 50～60cm，多石砾，含细砂较多，质地较轻，保水保肥力差，含磷低，但含钾较高；千枚岩发育的含铁较高，呈红棕色，细砂含量较多，质地较轻，保水保肥力差，含磷低，但含钾较高；花岗岩和片麻岩发育的红壤，多分布在地形起伏较大的高丘、低山地区。表层呈灰棕色，土体含较多石英砂砾，钾素含量较高。红壤亚类亦具优越生物 - 气候条件，温暖多雨，适宜亚热带经济林木及经济作物、果树生长。其林业立地条件优异，是发展用材林、经济林的重要基地，如种植杉、竹、马尾松及油茶、油桐、茶等，以及柑橘、桃、李、枇杷等果树。

2. 黄红壤（yellow red earth）　其是红壤向黄壤或黄棕壤过渡的土壤。主要分布在红壤带西部和北部的边沿地区，包括湘西、皖南、黔南、赣北、浙西一带。地形多为低山丘陵，海拔 600～1200m，具中亚热带温暖多雨的气候特点，年平均气温为 15～17℃，≥10℃年积温为 4500～5500℃，年降水量为 1000～2000mm，相对湿度＞82%，常年多云雾。自然植被为亚热带常绿阔叶林，或针阔混交林，常见夹有落叶阔叶林，目前多以马尾松及草本灌丛为主，生长较好，覆盖度较高。成土母质为第四纪红色黏土、砂岩、千枚岩、花岗岩。由于地形及温暖潮湿气候的影响，成土过程以富铝化作用为主，并附加黄化作用。其富铁铝化程度略较红壤微弱，但高于黄壤，土体铁、铝含量较红壤稍低，而硅的含量稍高。SiO_2/Al_2O_3 一般比红壤高，为 2.5～2.8，黏粒的淋溶淀积甚为明显。黏粒含量多在 20%～35%。呈核粒状构造，干时坚硬板结。表层有机质含量＞20g/kg，盐基饱和度和交换性钙、镁一般较红壤稍高，这表明淋溶程度较红壤略轻。黏土矿物以高岭石为主，有较多蛭石，伴有一定量水云母、三水铝石和少量蒙脱石。因土壤较为湿润，黄化作用明显，土体上部游离铁被水化，呈棕黄色或黄棕色（7.5YR6/6-19YR5/8），铁的游离较高（＞30%），类似黄壤特性。但剖面下部仍保持红壤基本特性，呈红色或淡棕红色、淡棕色（7.5YR5/6），铁的活化度＜20%，这都表明该亚类的过渡特点。

黄红壤水分条件优越，土层深厚，疏松，表层养分含量较高，有较好的林业立地条件，可作为用材林、经济林生产基地，局部缓坡地宜发展优质茶。

3. 棕红壤（brown red earth）　分布在红壤带北缘，在北纬29°～北纬31°的低山丘陵区。剖面发生层次明显，心土层为淡棕色或棕红色。黏土矿物以高岭石为主，伴生水云母。黏粒 SiO_2/Al_2O_3 为 1.8～2.4，交换量＜30cmol（＋）/kg，铁的活化度＞50%，pH 为 6.0。

4. 山原红壤（plateau red earth）　主要分布在云贵高原腹地（中部）及其边缘的深切河谷和残丘地带。由于受下降气流焚风效应的影响，年均温＞22℃，降水较少（年降水量有的不到1000mm），干湿季节明显。自然植被以阔叶栎类、短刺灌丛或旱生禾本科草类为主，表现出干旱的生态特点。成土环境较东部红壤干燥，土壤具明显干热特征，即土体呈暗红色，酸性较弱，盐基饱和度一般＞40%，钙镁有向表层累积的趋势，铁铝氧化物在心土层有淀积现象。心土层中核块状结构面上有明显的胶膜，其下部有铁质结核或铁盘。黏土矿物以高岭石为主，次为水云母，少量三水铝矿，黏粒 SiO_2/Al_2O_3 为 2.2～2.3。

5. 红壤性土（eroded red earth）　主要分布在红壤地区陡坡或水土流失严重地区。土层浅薄，厚度一般不足30cm，石砾、碎石甚多，剖面具 A（B）—C 构型，表层有机质含量达 20g/kg 左右，侵蚀严重的山丘的红壤性土，表土流失，心、底土裸露，质地偏砂，有机质含量仅 5g/kg，肥力极低，土壤发育处于幼年阶段，又称幼年红壤。在利用上应封山育林，采取生物措施与工程措施相结合，防止水土流失。

（五）改良利用途径

红壤地区水热条件非常优越，生产许多重要的林木和经济作物，如杉木、毛竹、茶、油茶、油桐，以及优质木材，如柚木、楠木、樟木等。红壤土层深厚，养料较优且释放循环较快，作物一年多熟，复种指数高。但红壤也有不利于林业生产的因素，红壤一般较黏重，土壤耕性和物理性质较差，养分含量较少，胶体主要为高岭石及铁铝氧化物，保水保肥能力差，并且分布地区多为丘陵山地，土壤侵蚀严重。据此其利用途径可概括为下列几个方面。

1. 因地制宜、综合治理　　红壤分布面积甚广，自然条件差异显著，在利用和治理时，应从大农业观点出发，因地制宜，农、林、牧并进。进行全面规划，综合治理，在10°以下的缓坡和谷地，水土流失轻，土层深厚，肥力较高，以种植农作物和经济作物为主；10°～20°的坡地，可根据坡向和土层厚薄，种植油茶、油桐、柑橘、桑树、龙眼、荔枝、柚子等经济林木和果木；20°以上的陡坡、丘陵、山脊和土壤侵蚀区，以种树种草，保持水土，发展牧业为主。

2. 防治水土流失　　红壤地区水土流失严重，范围广，侵蚀强烈，是红壤肥力低下的最主要的原因之一。防治的主要途径首要是坡耕地的防治。在坡度小于10°之处，应采取等高条作，在10°～25°的坡地可以顺等高线筑梯田，实行林粮间作或林草间作。还可结合灌溉，修筑灌排渠系，发展中小型山塘和水库，既可保持水土，又可保证抗旱的灌溉水源。有条件的地方，在修筑水平梯田的基础上，可改种水稻，这是从根本上解决水土流失问题。对强侵蚀地区，可修筑水平阶或鱼鳞坑以拦泥蓄水，种树种草，控制流失。

3. 提高土壤有机质含量　　红壤地区土壤有机质含量很低，一般仅为10～15g/kg。除施用圈粪和厩肥外，种植绿肥是行之有效而又极有前途的增加土壤有机质的途径。适合于红壤地区的绿肥很多，应有选择地加以应用。例如，萝卜菜、紫穗槐、胡枝子等适应性强，耐酸，耐旱，耐瘠薄，可作为新垦肥力低的红壤的先锋绿肥作物，而紫云英、苕子等绿肥用途多，品质好，但要求的水肥条件较高，宜种在水肥条件较好的土壤上。

4. 施用石灰改良酸性　　红壤酸性较强，施用石灰中和酸性，并能供给钙素营养。石灰还有多方面的作用，如促进土壤中有益微生物的生长发育，增加有效养分，改善土壤结构，除喜酸作物，如茶、油桐、橡胶等作物外，一般大田作物施用石灰后均能增产，特别是豆科作物。

5. 增施化肥提高产量　　多数红壤表土侵蚀养分贫瘠，氮、磷、钾化肥施用后均有增产效果，尤其是磷肥，红壤中磷素含量少而且多被铁、铝所包被，成为无效磷，故严重缺磷。其次为氮肥，红壤中有机质分解快，释放氮素多，但渗漏、冲刷均很强烈，因而土壤中有效氮含量不多，必须补充氮素。不少地区，土壤种植熟化后，产量不断提高，逐渐也有缺钾现象。硅、镁、锌、硼、钼等微量元素，施用后对不同作物很有效，因此应增加化肥及微肥的施用。但在施用化肥时，应注意与有机肥很好配合，不可长期单施某一种化肥，以免造成元素失调、肥效不高、土壤板结等不良后果。

八、黄壤

黄壤（yellow soil）是亚热带暖热阴湿常绿阔叶林和常绿落叶阔叶混交林下，氧化铁高度水化的土壤，黄化过程明显，富铝化过程相对较弱，具有枯枝落叶层、暗色腐殖质层和鲜黄色富铁铝B层的湿暖铁铝土。黄壤相当于中国土壤系统分类中的铝质常湿淋溶土（ali-perudic argosols）、铝质常湿雏形土（ali-perudic cambosols）、富铝常湿富铁土（alliti-perudic ferrosols）；部分相似于美国土壤系统分类中的高岭腐殖质老成土（kandihumults）或高岭弱发育腐殖质老成土（kanhaplohumults）。

（一）分布与成土条件

黄壤广泛分布于北纬 30° 附近亚热带、热带山地、高原，总面积为 $2324.73 \times 10^4 hm^2$，以贵州最多，有 $703.70 \times 10^4 hm^2$，占黄壤总面积的 30.27%，四川占 19.45%，云南占 9.87%，湖南占 9.06%，西藏、湖北、江西、广东、海南、广西、福建、浙江、安徽等省（自治区）也有分布。

黄壤分布区年平均气温为 14~19℃，≥10℃积温为 4500~5500℃，冬无严寒，夏无酷暑。年降水量为 1000~2000mm，日照少，云雾多，相对湿度在 70%~80%。黄壤成土母质为酸性岩浆岩、砂岩等风化物及部分第四纪红色黏土。自然植被主要是亚热带常绿 - 落叶针阔混交林、常绿阔叶林和热带山地湿性常绿阔叶林 3 种类型。林内苔藓类与水竹类植物生长繁茂。主要树种有小叶青冈、小叶栲、红栲、青栲、钩栲、米槠、甜槠、樟、红楠、青冈栎、多穗石栎、木荷、木莲、木兰、杨梅、响叶杨、白杨、白桦、栓皮栎、光皮桦、麻栎、油桐、板栗、核桃、马尾松、华山松、云南松、杉等，但目前黄壤地区较完整的原生植被保存得较少，大部分为次生植被，还有些为亚热带灌丛草地。

（二）成土过程

在潮湿暖热的亚热带常绿阔叶林下，黄壤具有亚热带、热带土壤所共有的脱硅富铝化过程，具有较强的生物富集过程和特有的黄化过程。

1. 黄壤的黄化过程　　黄壤成土环境相对湿度大，土壤经常保持潮湿，致使土壤中的氧化铁高度水化形成一定的针铁矿（$FeO \cdot OH$），并常与有机质结合。导致剖面呈黄色或蜡黄色，其中尤以剖面中部的淀积层明显，这种由于土壤中氧化铁高度水化形成水化氧化铁的化合物，致使土壤呈黄色的过程为黄壤的黄化过程。

2. 脱硅富铝化过程　　黄壤在潮湿暖热条件下进行黄化过程的同时，其碱性淋溶较红壤差而具弱度脱硅富铝化过程，但螯合淋溶作用却较红壤强。因具有较好的土壤水分条件，淋溶作用较强。

3. 生物富集过程　　在潮湿温热的水热条件下，林木生长量大，有机质积累较多，一般在林下有机质层厚度可达 20~30cm，有机质含量一般为 50~100g/kg，高者可达 100~200g/kg。因螯合淋溶，甚至在 5m 处有机质含量仍可达 10g/kg，但在林被破坏或耕垦后，有机质含量则急剧下降至 10~30g/kg。又因土壤滞水而通气不良，有机质程度较红壤小，腐殖质积累较红壤多。

（三）剖面形态特征与基本理化性质

1. 剖面形态特征　　黄壤具有 $O—A_h—B_s—C$ 的剖面构形。

（1）O 层　　枯落物层，厚度为 5~20cm。

（2）A_h 层　　厚 15cm 左右，也有达 30cm 厚的，具粒状、屑粒状或碎块状结构，土壤呈暗灰棕色。

（3）B_s 层　　厚度常在 30cm 以上，呈黄色或蜡黄色，多为块状结构，结构面上有带光泽的胶膜。

（4）C 层　　保留母岩特征，色泽混杂不一。

2. 基本理化性质

1）黄壤有机质含量高，表层常可达 50~200g/kg，腐殖酸以富啡酸为主，HA/FA 为 0.3~0.5。

2）黄壤呈酸性至强酸性反应，pH 常在 4.5～5.0，盐基饱和度在 35% 以下，交换性铝含量高，可达 4～8cmol（＋）/kg。

3）黄壤黏性大，黏土矿物有蛭石、高岭石、伊利石等，黏粒硅铝率在 2.0~2.5，阳离子交换量可达 20～40cmol（＋）/kg。

（四）亚类划分及各亚类特征

黄壤分为 4 个亚类：黄壤、表潜黄壤、漂洗黄壤及黄壤性土。

1. 黄壤　　黄壤是面积最大、分布最广的亚类。该亚类多处海拔较低、地形较平缓的部位，土体较厚，一般为 60～100cm。剖面发生层次分化较明显，具有土类的典型特征。全剖面以黄至棕黄色为主，尤以 B 层更甚。

2. 表潜黄壤　　表潜黄壤面积很小，多见于广西等热带和亚热带山地平缓顶部。气候十分湿润，相对湿度高。林下生长大量苔藓和喜湿性草本植物，如莎草科、水竹及蕨类等。地表枯枝落叶层较厚，表土有密织的根盘，具弹性，吸水作用强，因而也出现表层滞水，形成浅灰色的潜育化土层，这是表潜黄壤的主要特征。

3. 漂洗黄壤　　漂洗黄壤主要分布在贵州和四川。该亚类多处在坡度较缓的低山丘陵、台地和坡麓前缘地段，以及江河两岸二至三级阶地边缘。其下伏基岩较平滑，或底土较黏重，从而形成天然隔水层，使土壤水分具有良好的侧渗漂洗作用。其主要特征是，土壤产生还原离铁作用，经过侧渗水的淋溶漂洗，导致剖面中大量还原性铁的外移，形成灰白色漂洗层。与此同时，部分氧化铁锰也下移到 B 层淀积，形成明显的铁锰斑、结核或黑色胶膜。

4. 黄壤性土　　黄壤性土以贵州、四川两省最多。黄壤性土成土条件（古风化壳除外）与典型黄壤基本相同，但分布地形部位往往陡峭，植被稀疏，覆盖度差，多为疏林地和灌木林地，或地表侵蚀强烈，切割深，土壤更新和堆积覆盖频繁，因此土体一般浅薄，多小于 60cm。由于土壤发育层次遭受不同程度的剥蚀，铁的游离和活化度低。硅铝铁分子比例大；黏土矿物组成以 2∶1 型和 1∶1 型矿物占优势，土体中夹有大量的半风化岩石碎块，粗骨性强，土壤剖面分化不明显。

（五）合理利用

黄壤是我国南方的主要林木基地，也是西南旱粮、油菜和烤烟生产基地。黄壤的开发利用本着因地制宜、全面规划、综合利用的原则，对陡坡地（包括陡坡耕地），应以发展林业为主，保持水土，建立良好的生态系统，种植杉、松、栎、竹，建立林木基地。在地势高、湿度大、云雾多的地段可发展优质云雾茶，在山顶应以水土保持林涵养水源为主。山地中部缓坡开阔向阳地段，应农、林、牧结合，发展油桐、油茶、漆树、山苍子、茶叶和杜仲、山楂、黄柏等，林下可发展天麻、五加、柴胡、白术、厚朴、田七、当归等，建立经济林和药材生产基地，也可林粮间作和种草养畜，发展畜牧业。

不同母质发育的黄壤，在改良利用上应有所侧重。例如，发育于花岗岩、砂岩、砂页岩母质上的黄壤，质地偏砂，渗透性强，淋溶作用较明显，其中石英砂岩风化物发育的黄壤酸性强，所含养分和盐基低，对于这类母质发育的黄壤，应重视植树造林，加强水土保持，造林应以杉木林为主。发育于红色黏土上的黄壤，土体厚达数米，质地黏重，黏粒含量达 40%以上，富铝化作用强，矿质养分贫乏，但由于地势较平缓，大多已辟为农田，可通过种植绿肥，施用有机肥和磷肥，结合坠砂或客入肥泥进行改土。石灰岩等碳酸盐岩类风化物发育的黄壤，盐基含量和盐基饱和度较高，土体厚薄不一，不少为石旮旯土，水土流失严重，应该侧重于砌石坝梯地化，结合植树造林，保持水土。

九、砖红壤

砖红壤（latosol）是在热带雨林或季雨林下，发生强度富铝化和生物富集过程，具有枯枝落叶层、暗红棕色表层和砖红色铁铝残积 B 层的强酸性的铁铝土。我国的砖红壤相当于美国土壤系统分类中的高岭湿润老成土（kandiudults）、高岭弱发育湿润老成土（kanhapludults）；相当于中国土壤系统分类中的暗红湿润铁铝土（rhodi-udic ferralosols）、简育湿润铁铝土（hapli-udic ferralosols）、富铝湿润富铁土（alliti-udic ferrosols）、黏化湿润富铁土（argi-udic ferrosols）、铝质湿润雏形土（ali-udic cambosols）、铁质湿润雏形土（ferri-udic cambosols）。

（一）分布与成土条件

原生植被为热带雨林或季雨林，树冠茂密，林木生长迅速。森林群落呈典型热带特征：具大板根，老茎生花，富藤本和附生植物，林内主林木与林下植物组成多层结构等。但由于我国砖红壤主要分布区地处热带北缘，典型热带科属的种类不及典型热带地区多，区系成分也具边缘特征。海南岛树种以海南黄檀、大叶胭脂、陆均松、子京、母生、黄背青冈、青梅、海南五针松为主；台湾的热带雨林、季雨林以榄仁、恒春莲叶桐、肉豆蔻、恒春山榄、恒春楠木为主；滇南则以望天树、番龙眼、龙脑香、毛坡垒、印度榕等为主。因过度开发利用，原生的热带森林植被现已不多见。现分布的主要是人工林，常见的有桉类、相思、松、橡胶、荔枝、龙眼等树种。

成土母质多为数米至十几米厚的酸性富铝风化物，母岩为花岗岩、片麻岩、玄武岩等；尚有部分砖红壤发育于浅海沉积物上。

（二）成土过程

在热带雨林、季雨林下，砖红壤进行着强度脱硅富铝化与高度生物富集的成土过程。

1. 强度脱硅富铝化过程　　砖红壤中硅（SiO_2）的迁移量最高可达 80% 以上，最低也在 40% 以上；钙、镁、钾、钠的迁移量最高可达 90% 以上，而铁（Fe_2O_3）富集系数在 1.9～5.6，铝（Al_2O_3）的富集系数为 1.3～2.0；铁的游离度高达 64%～71%。其中，玄武岩发育的砖红壤富铝化作用最强，故称为铁质砖红壤，其黏粒的硅铝率在 1.5 左右；花岗岩发育的称硅铝质砖红壤，SiO_2 的迁移量相对较低，黏粒的硅铝率为 1.7～2.2；浅海沉积物发育的砖红壤尚含大量石英，称为硅质砖红壤。

2. 生物富集过程　　在热带雨林、季雨林下，营养元素的生物循环十分迅速。据研究，凋落物干物质每年可高达 11.55t/hm²，比温带高 1～2 倍，每年通过植物吸收的灰分元素达 1852.5kg/hm²，N 为 162.8kg/hm²，P_2O_5 为 16.5kg/hm²，K_2O 为 38.3kg/hm²。而热带地区生物归还作用也最强，其中 N、P、K、Ca、Mg 的归还率都相当高，从而表现出生物复盐基、生物自肥、生物归还率等在热带最强的生物富集作用。

（三）剖面形态特征与基本理化性质

1. 剖面形态特征　　砖红壤土体构型为 $O-Ah-B_s-B_{sv}-C$ 型。其土层深厚，一般土体厚度多在 3m 以上，且红色风化层可达数米乃至十几米。

（1）O 层　　一般在林下有几厘米的枯枝落叶层。

（2）Ah层　　一般厚15～30cm，暗棕（7.5YR4/4），屑粒、团粒状结构，疏松多根，有机质含量较高。

（3）B_s层　　为氧化铁铝聚集的淀积层，紧实黏重，呈核块状结构，结构面上有暗色胶膜，呈砖红或赭红色（10R5/8、10R4/8），厚度数十厘米。有些砖红壤具有聚铁网纹层（B_{sv}）或铁磐层（B_{ms}）。由砂页岩发育的砖红壤常出现铁子层或铁磐层，此层厚度不一，厚者可达3～5cm。

（4）C层　　为暗红色（2.5YR4/8）风化壳，夹半风化母岩碎块，厚度一般为1～2m。

2. 基本理化性质　　在铁铝土中，砖红壤的原生矿物分解最彻底，盐基淋失最多，硅迁移率最高，铁铝聚集最明显。砖红壤黏粒的硅铝率多为1.5～1.8，黏土矿物60%～80%为高岭石，其余为三水铝石和赤铁矿。土壤质地黏重，黏粒多在50%以上。

土壤有效阳离子交换量低，B层黏粒的有效阳离子交换量也仅为10cmol（＋）/kg左右；盐基饱和度多在20%以下。交换性酸总量在2.5cmol/kg土左右，其中交换性铝占90%以上，土壤呈酸性至强酸性反应，pH多在4.0～5.5。

在天然森林植被下，砖红壤表土有机质含量可达50g/kg以上，全氮1.0～2.0g/kg。但腐殖质品质差，分子结构比较简单，大部分为富啡酸类型和简单形态的胡敏酸，HA/FA为0.1～0.4。这类腐殖酸的特点是分散性和流动性大，絮凝作用小，故不能形成水稳性有机聚集体。土壤中磷、钾、钙、镁等养分含量一般很低，速效养分含量亦低，尤其速效磷极缺。

在同样的生物气候条件下，母岩对砖红壤的形成有深刻的影响，使砖红壤性质表现出明显差异。

（四）亚类划分及其特征

根据砖红壤成土条件、成土过程和过渡性特征，可分为砖红壤、黄色砖红壤两个亚类。

1. 砖红壤　　为砖红壤的典型亚类，约占砖红壤土类总面积的77%。其剖面构型、土壤属性见前述砖红壤土类。

2. 黄色砖红壤　　此亚类约占砖红壤土类总面积的23%，主要分布在云南东南部、海南岛东南部及东喜马拉雅山的南翼。受季风影响，雨量比砖红壤区高500mm左右，土壤含水量较高，黏粒中矿物以高岭石及针铁矿为主，其针铁矿含量较砖红壤多15%，而赤铁矿含量少20%，显示有黄化特征。同时淋洗程度高于砖红壤，盐基饱和度也较低。

（五）合理利用

砖红壤地区是我国热带林业（尤其工业原料林）和热带经济作物的主要基地。热带经济作物除大规模种植橡胶外，也可种植咖啡、香茅、甘蔗、剑麻、油棕、可可、胡椒、腰果，以及香蕉、荔枝、龙眼、芒果、菠萝等多种热带水果。在区域开发时要根据具体土壤性状因地种植，如土壤环境湿润且肥力较高的砖红壤坡地可等高种植橡胶、油棕、胡椒、咖啡等热带经济林木，而云南大叶茶、三七、萝芙木等喜阴作物应种植在阴坡或间作在其他经济林内；对于地面覆盖条件差、易受干旱威胁的坡地，适于发展耐旱的剑麻、菠萝、香茅、木薯等，在土壤瘠薄植被稀疏的地方，可间种无蔓豆、葛藤、蝴蝶豆、猪屎豆、玫瑰茄等。

目前，砖红壤地区保存的天然热带雨林、季雨林已不多，大部分已开垦种植；或由于林业部门主伐利用，居民樵采或采集藤本、药材而遭严重破坏，演变为退化程度不等的次生林甚至荒山荒地。就土壤本身而言，砖红壤因高温作用，有机质分解快，积累少，土壤肥力低，因此抗干扰能力差。森林破坏后，除了一些地片（如种植园）因施肥而地力得以维持外，大部分土壤质量和肥力水平皆有不同程度的下降。而且，在台风和暴雨下土壤易遭侵蚀，有些荒山荒地和弃耕地水土流失严重，以至退化为不毛之地。因此，针对热带地区的生态脆弱性，对于保障农业生产和地区生态安全来说，林业建设具有十分重要的意义。

首先，要加强自然保护区建设，以切实保护我国已所剩无几的热带森林生态系统，重点地区，如云南西双版纳、海南岛中部和东南部（青海林）、台湾南部及西藏东喜马拉雅山南翼等。其次，要积极推行天然林保护工程，对已经采伐而残存的热带次生林应采取封山育林措施，并加强次生林改造。根据区域具体情况更新营造热带珍贵树种，如团花、母生、海南石梓、云南石梓、柚木、合欢、相思树、花梨（降香黄檀）、鸡尖、青皮、楠、麻楝等。在森林培育过程中，应遵循适地适树适无性系的原则，实行树种轮作、间作，落实林地平衡施肥制度，以维护森林地力，避免水土流失。例如，人工种植橡胶林，宜选择避风的"马鞍形"地形的南坡，避免风害。多数树种造林宜采取容器苗、机耕带垦穴植造林、幼林期实行林农间作（如桉树与菠萝间种、橡胶树与云南大叶茶、金鸡纳、萝芙木、砂仁等经济作物间种）、树种混交（如桉树与山毛豆混交、桉树与相思树混交）等，尽早覆盖林地，以减少土壤侵蚀。抚育采收过程中，应尽量多松土少翻土；保持林木残落物回归林地土壤；施肥注意营养配比，宜采用条施或穴施，注意增施有机肥料和磷肥。在浅海沉积物发育的硅质砖红壤和花岗岩类发育的砖红壤上种植桉树，还应注意补充微量元素（如硼）。

总之，热带地区应该建立由热带天然林、热带人工用材林、薪炭林、热带特种经济林、果树林、农田及沿海防护林体系为主体框架的，由热带农、林、渔、工共同构成的具有我国热带特色，提供热带各种产品的生态经济体系。

十、赤红壤

赤红壤（lateritic red soil）曾称砖红壤性红壤，是我国南亚热带的代表性土类，具有由红壤向砖红壤过渡的特征。在中国土壤系统分类中，与赤红壤相当的主要土壤类型有强育湿润富铁土（hiweatheri-udic ferrosols）、富铝湿润富铁土（alliti-udic ferrosols）和简育湿润铁铝土（hapli-udic ferralosols）；在美国土壤系统分类中，与之相当的主要土壤类型有高岭弱发育湿润老成土（kanhapludults）、高岭湿润老成土（kandiudults）。

（一）分布与成土条件

赤红壤主要分布在广东西部、东南部，广西西南部，福建和台湾南部以及云南德宏、临沧地区西南部等地的低山丘陵和阶地，在北纬22°～北纬25°，海拔在450m以下。南亚热带季风气候带，高温多雨，年均温为20～22℃，≥10℃年积温为6500～8200℃，无霜期为350d，年雨量1200～2200mm，80%集中于4～9月，干湿季节十分明显。原生植被为南亚热带常绿季雨林，除中亚热带常绿阔叶林的树种外，还有部分热带种类混生。主要树种有鲫葧、荷木、假苹婆、鸭脚木、榕树、山杜英、黄杞、白背桐、灰木、朴树、白木香、樟树等。目前多为小片次生林，而桃金娘、岗松、山杜荆、山芝麻、芒萁、鸭嘴草、野古草、鹧鸪草、白茅等灌丛草类生长普遍。利用上以一年三熟为主，番薯一般可过冬。除亚热带果树生长外，还普遍生长荔枝、龙眼、香蕉、菠萝、芒果、黄皮、木瓜、阳桃等热带果木。此外，紫胶、油茶、八角等经济林木及桔梗、砂仁、三七等药材也能生长，橡胶、咖啡局部地区可以栽培。

地形多为低山丘陵和阶地。岩石组成以花岗岩为主。岩体周围有较古老的变质岩或水成岩，山间盆地和谷地为石灰岩、红色岩系，其上有较新的第四纪红土沉积。受新构造运动影响，西部上升幅度大于东部，十万大山及郁江以西的盆地与山地均以石灰岩组成为主，岩溶地貌发育。

（二）成土过程

赤红壤是在地质循环和生物循环两个过程共同作用下形成的。

1. 地质循环过程　　在物质地质大循环中，岩矿风化物中盐基及硅酸相对淋失很大，而铝铁则相应稳定而少淋溶，特别是铝的氧化物有最明显的相对积累。这一过程称为脱硅富铝化过程，简称富铝化过程，它是赤红壤的主导成土过程。与红壤成土过程相似，该过程也可分为矿物分解、中性淋溶和聚积层形成三个阶段。

2. 生物循环过程　　热带雨林植被土壤微生物和动植物所构成的生态体系养料循环，对赤红壤的形成过程起着极为重要的作用。多年生的热带植物，在长夏无冬优越的水热条件下生长，通过其庞大的根系，从深层或地表吸收土体或母质中被淋溶迁移和分散的养料元素，形成植物有机体而富集于表土。其有机物质年合成量非常巨大，一般热带雨林下有机质增长量可达 75 000～225 000kg/hm^2，季雨林约为 60 000kg/hm^2。地表的枯枝落叶的灰分元素（K、Ca、Na、Mg、P、S、Si、Al、Fe、Mn 等）含量很高，为 90～160g/kg，这样土体内被淋失的化学元素，通过植物的选择吸收而得到了补偿。土壤中进行的这种元素不断被释放和不断被吸收的发生发展过程，是亚热带土壤肥力的形成和发展的重要过程。

赤红壤在富铝化过程的基础上，在热带雨林和季雨林的郁闭林冠下，由于有机残体大量分解，势必产生大量有机酸，使土壤上层产生酸性的环境。这样在热带森林土壤的上层，富铝化被灰化过程所代替，而在土体上部出现灰化层（A$_2$），而在其下则为非常紧实的、具有很多铁结核的淀积层（B）。

在赤红壤的下部，往往可以见到具有红、黄、白等斑杂颜色的层次——网纹层。它的产生也是土壤形成过程的结果。在成土过程中积累了铁、铝氧化物，铁在水多的情况下，还原为低价铁，溶解于水，或在酸性情况下，成溶解状态，易随水流失（锰也有同样情况），铁锰流失后土壤即成灰白色。由于土质黏重，水分不能均匀下渗，而是沿着孔隙或根孔向下渗透，孔道是弯曲的，水流经过的地方，由于还原铁流失，土壤变成灰白色，而未经水流的地方，土壤仍保持红色或黄色，因而产生颜色斑杂交错的网纹状层次。另外，土壤是非均质体，水分和酸度往往有局部差异，如根分泌物和呼吸产生的 CO$_2$，可使土壤局部变酸，酸性强的地方，铁溶解流失，而酸性弱的地方，铁仍使土壤染成红色或黄色，这样也会产生网纹层。

（三）剖面形态特征和基本理化性质

1. 形态特征　　赤红壤的剖面通常可划分下列层次。

（1）腐殖质层　　厚度在 10～20cm，颜色呈黄灰、红棕等不同色彩，粒状或核状结构，较紧实。

（2）聚积层　　由铁、铝、锰及钛等氧化物聚积而成，呈鲜红、暗红、红黄等色，有很多铁质结核，呈管状、炮弹状、蜂窝状，还会有铁盘，此层厚度不一，厚者可达 4～5m。

（3）网纹层　　呈红、黄、白等杂色，质地黏重。

（4）母质层　　岩石风化散碎物质或黏土的风化壳。

剖面形态因生物气候条件和母岩种类的不同而有很大的变异。在热带雨林下发育的赤红壤的腐殖质层下，可见颜色变浅的灰化层（A_2），还有的铁盘层直接出露在地表。

2. **基本理化性质** 赤红壤的富铁铝化作用和生物累积作用较砖红壤弱，但比红壤强，形成具有独特的特性。

（1）**具有较深厚的红色风化层** 赤红壤剖面大多具较深厚的红色风化层（>1m），剖面发育明显。表土层呈暗灰色，心土层呈黄棕或棕红色，底土常有红、黄、白的斑色网纹层，一般未见有铁结核。

（2）**富铁铝化特征不及砖红壤但较红壤强** 土体部分碱土及碱金属因淋溶较强烈而含量也极少，钙、钠只有痕迹存在，镁、钾含量不高。黏粒 SiO_2/Al_2O_3 为 1.7～2.0。黏粒含量以基性岩、石灰岩、第四纪红色黏土为高，花岗岩、砂岩发育的则低。阳离子交换量为 7～25cmol（＋）/kg。黏土矿物以高岭石为主，其次有三水铝矿、伊利石、蛭石、赤铁矿及过渡矿物等。淀积层游离铁含量较高，达 20～74g/kg，铁游离度为 40%～58%，低于砖红壤而高于红壤。

（3）**酸性强** 赤红壤与砖红壤相似，盐基淋失较强烈，酸性强，pH 为 4.5～5.5，多在 5.0 左右。交换性酸多在 1.6～5.16cmol（＋）/kg，以交换性铝为主。盐基总量和盐基饱和度也低，前者在 0.66～3.45cmol（＋）/kg，后者一般<36%。

（4）**养分含量和质地变化大** 赤红壤养分含量一般较低，除在较茂密森林下，有机质含量>20g/kg 外，一般<15g/kg，氮素含量随有机质含量而变化；磷含量低，因开垦种植施磷肥影响，旱地速效磷普遍较未垦地高；钾素受母岩影响变幅较大，发育于花岗岩、流纹岩的较高，而玄武岩、砂岩、第四纪红色黏土发育的则低。

赤红壤质地也深受母质影响，如玄武岩、第四纪红色黏土、页岩、石灰岩发育的黏粒含量多在 40% 以上，质地多属黏壤土—黏土；发育于花岗岩、砂岩、红色砂砾岩的黏粒含量一般<30%，质地属砂壤土—黏壤土，并含石砾、石英多。开垦或植被破坏后，因耕作利用频繁，水土流失较普遍，表层或耕层砂粒含量增加，砂化现象明显。

（四）主要亚类

根据赤红壤成土过程和土壤属性的差异，可划分为赤红壤、黄色赤红壤及赤红壤性土 3 个亚类。

1. **赤红壤（latosolic red earth）** 广泛分布在南亚热带东部地区（台、闽南、粤桂南部）和滇中南。一般来说，东部年均温较西部高 2～3℃，年降水量为 300～500mm，东部以低山丘陵为主；西部为云贵高原的组成部分。因而东部富铁铝化程度略高于西部。土体红色，酸度较高，具该土类的基本特性。因其面积最大（占土类 80%），发育的母岩多种多样，以花岗岩为主，其次为砂页岩、红色砂页岩、片岩等。加上耕作利用的不同，土壤剖面特征及理化性质有明显的差异。

赤红壤亚类是南亚热带丘陵台地主要的土壤资源之一，分布广、面积大，气候优越，适宜南亚带及部分热带作物、林木、果树、药材等生长，因宜种性广，应因地制宜，根据本地特点，发展各种名、优、特产品，充分发挥商品经济和创汇农业的优势；同时注意水土保持，加强绿化造林；合理利用与培肥，提高肥力。

2. **黄色赤红壤（yellow lateritis red earth）** 集中分布在云南东南部和西南部的中、低山地。母质为火山岩、变质岩、石灰岩等风化物。受季风暖湿气流影响，雨量充沛，年降水量为 1800～2000mm，成土环境较湿润，在迎风坡与地势平缓地段，表土层有明显的水化作用。这是因为地表枯枝落叶堆积较厚，其下盘结密集的根系具有强烈的吸水作用，导致表层滞水而成，土壤含水量较高。土壤中矿物质进行强烈的水解和水化作用，土体中铁化合物成为多水化合物，如 $Fe_2O_3 + H_2O \longrightarrow 2FeO \cdot OH$（针铁矿）使土体色调呈棕黄色。表层较厚（15～20cm），富含有机质（20～50g/kg），呈灰黑色，具粒状结构，心土呈核块结构，结构表面上常有黄、白色网纹；质地随母岩而异。酸性强，自然肥力一般较高。

3. 赤红壤性土（eroded lateritic red earth）　赤红壤性土是赤红壤受到不同程度侵蚀而成。主要分布在植被遭受严重破坏的花岗岩、红色砂页岩、砂页岩组成的低丘岗地，因地表裸露，降雨集中而多暴雨冲刷，表土几乎流失殆尽，剖面层次不完全，呈 A（B）—C 或（A）—C 构型。土层浅薄，富石质性，多砾石或半风化石块。严重者表土层形成红砂层，甚至半风化母岩露出。土壤养分贫乏，肥力极低。但经植树种草和工程措施的综合治理，可逐渐恢复和提高其土壤肥力。

（五）改良利用途径

赤红壤的改良利用途径与红壤基本一致。在赤红壤地区，平缓台地适宜大力种植甘蔗、花生、黄红麻、甘薯等旱作，以及茶、烟草和砂仁、巴戟、桔梗、三七、八角等药材；丘陵坡脚宜发展柑橙、荔枝、龙眼、柚子、黄皮、青梅、芒果、橄、香蕉、阳桃、木瓜等果树；土层深厚的低山丘陵，宜发展黄檀、樟、桂、油桐、竹、红锥等经济林木。

此外，针对赤红壤地区土壤利用不合理、肥力下降、易旱、易水土流失等问题，应注重保护与生产利用相结合。例如，在远山高山营造水源林、水土保持林、近山低丘营造经济林及果树，开展梯级种植，增加灌溉设备，提倡配方施肥。这样才能造林绿化，保持水土，合理轮作，用养结合，提高土壤生产效能。

第二节　草　原　土　壤

草原土壤是指草甸草原及草原植被下发育的土壤。它们主要分布在温带、暖温带及热带的大陆内地，约占全球陆地面积的 13%。草原土壤在欧亚大陆的温带和暖温带内陆地区，呈东北—西南向的带状分布。

我国草原土壤主要分布在小兴安岭和长白山以西，长城以北，贺兰山以东的广大地区。境内多属温带和暖温带半湿润和半干旱气候。我国的草原土壤分布广泛，种类繁多。在温带自东而西就分布有黑土、黑钙土、栗钙土、棕钙土。在暖温带有黑垆土、灰钙土的分布。我国最典型的草原土壤为黑钙土、栗钙土和黑垆土。黑土是向温带湿润森林土壤过渡的土壤；棕钙土和灰钙土则是向温带、暖温带荒漠土壤过渡的土壤。

草原土壤的共同特征为：①气候条件比较干旱，土壤淋溶作用较弱，盐基物质丰富，除黑土外，土壤下部均有明显钙积层，交换性盐基呈饱和状态。②有机质主要以整体有机残体（茎、叶、根）的形式进入土壤，土壤有机质含量自表层向下逐渐减少，土壤有比较深厚的腐殖质层。在土壤腐殖质组成中，胡敏酸占绝对优势，土壤腐殖质的胡敏酸/富啡酸常大于1。③土壤反应大部分为中性至碱性。

一、黑土

黑土（black soil）是温带湿润或半湿润地区草原化草甸植被下，具有深厚的均腐殖质层，通体无石灰反应，呈中性的黑色土壤。由于某些黑土受水文状况影响明显，在《中国土壤分类暂行草案》（1978）中，黑土曾被划归半水成土纲；在"中国土壤分类系统"（全国土壤普查办公室，1998）中，黑土被划入半淋溶土纲，半湿温半淋溶亚纲。在"中国土壤系统分类"中被归入均腐土纲，简育湿润均腐土（hapli-udic isohumosols）、黏化湿润均腐土（argi-udic isohumosols），相当于美国土壤系统分类中软土（mollisols）。

（一）分布与成土条件

我国黑土主要分布在东北平原，北起黑龙江右岸，南至辽宁的昌图，西界直接与松辽平原的草原和草甸草原接壤，东界可延伸至小兴安岭和长白山山区的部分山间谷地及三江平原的边缘。大兴安岭东麓山前台地及甘肃的西秦岭、祁连山海拔2300～3150m的垂直带上也有零星分布。黑土总面积为$734.7 \times 10^4 hm^2$，从行政区域上主要分布在黑龙江、吉林和内蒙古三省（区）。

黑土处于温带湿润或半湿润地区，年平均温度0～6.7℃，年降水量为500～650mm，干燥度≤1。雨热同季，冬季寒冷，土壤冻层较深，为1.5～2.0m，延续时间长达120～200d，季节冻层特别明显。

自然植被为草原化草甸植物，以杂类草群落为主。植物组成以中生草甸植物为多，排水条件好的地方出现旱生草原植物，土壤水分较多的地方生长有湿生草甸沼泽类型植物。植被生长繁茂，覆盖度很高，根系生长发达。

黑土所处地形大都是受不同程度切割的高平原和山前洪积平原，主要是波状起伏的漫岗地。成土母质以黄土状沉积物为主，也有残积—坡积物母质及冲洪积母质。

（二）成土过程

在黑土成土过程中具有明显的腐殖质积累过程和特定的物质迁移与转化过程。

1. 腐殖质积累过程　　黑土质地黏重，又存在季节性冻层，透水不良。在黑土形成的最活跃时期，降水集中，土壤水分丰富，有时形成上层滞水。在这种条件下，草原化草甸植被生长繁茂，地上及地下积累了大量有机物，每年达$15\ 000 kg/hm^2$；在漫长而寒冷的冬季，土壤冻结，微生物活动受到抑制，使每年遗留于土壤中的有机物得不到充分分解，以腐殖质形态积累于土壤中，从而形成了深厚的腐殖质层。

2. 物质的迁移与转化过程　　在临时性滞水和有机质分解产物的影响下产生还原条件，使土壤中的铁、锰元素发生还原，并随水移动，干旱期又被氧化淀积；经过长期氧化还原交替进行，在土壤孔隙中形成了铁锰结核，在有些土层中可见到锈斑。土壤中部分硅铝酸盐经水解产生的SiO_2也常以SiO_3^{2-}溶于土壤溶液中，也可随融冻毛管水上升，待水分蒸发后，便以无定形的硅酸白色粉末析出附着在结构表面。

（三）剖面形态特征与基本理化性质

1. 剖面形态特征　　黑土剖面构型是由腐殖质层（A_h）、过渡层（AB_h）、淀积层（B_{tq}）和母质层（C）组成。

（1）A_h层　　腐殖质多呈黑色，厚度一般为70cm左右，有的地段可深达100cm以上，也有个别坡度较大处不足30cm。土壤团粒结构良好，水稳性高。多植物根系和动物洞穴。

（2）AB_h层　　颜色较表层稍淡，多呈暗褐色，厚度为40～110cm。团粒或块状结构，有较多的铁锰结核（1～2mm）和SiO_2粉末，可见到少量锈色斑纹。

（3）B_{tq}层　　厚度不等，一般为50～100cm，颜色不均一，通常是在灰棕色背景下，有大量黄或棕色铁锰的锈纹锈斑、结核，黏壤土，小棱块或大棱块结构，结构体面上可见胶膜及 SiO_2 粉末，紧实。

（4）C层　　多为黄色土状物。

黑土通体无石灰反应，也无钙质层。

2. 基本理化性质　　黑土质地较黏重，多为壤质黏土和黏壤土，土体上下的质地较为均匀一致。黑土结构疏松，容重较小，耕层中容重在 $1.0g/cm^3$ 左右；总孔隙度在 50% 左右，毛管孔隙发达，占 30%～40%，通气孔隙占 10%～20%；持水能力较强，且松紧度较为适宜。黑土水稳性团粒量较高，是我国结构最好的土壤之一。

黑土一般呈中性至微酸性反应，pH 一般为 5.5～7.5。土壤交换性盐基总量较高，一般为 20～30cmol（＋）/kg，盐基饱和度多在 95% 以上，以钙、镁占优势，保肥性能好。

黑土腐殖质含量高，一般为 30～60g/kg，高者可达 150g/kg。腐殖质组成以胡敏酸为主，胡敏酸/富啡酸>1。因土体中有机质贮量十分丰富，土壤养分状况较好，全氮、全磷、全钾含量较高；速效养分除磷素之外，含量均较丰富，并且表层最为集中。微量元素状况因不同地区变化较大，有效硼、锌、钼含量往往较低，所以应重视施用硼、锌和钼肥。

黑土矿物组成中原生矿物以石英、长石为主，还有少量赤铁矿、磁铁矿和角闪石；次生矿物以蒙脱石、伊利石为主，还有少量绿泥石，黏粒硅铁铝率为 2.6～2.8。黑土土体化学组成比较均匀，剖面分异不大。

（四）利用与改良

黑土是我国最肥沃的土壤之一，是东北地区最重要的农业土壤。黑土的利用首先要对黑土资源性状和生态环境条件进行评价，因地制宜区分宜农、宜牧、宜林黑土资源。

黑土开垦后，由于施肥较少，耕后管理不善和土壤侵蚀等因素的影响，部分黑土地的肥力显著下降。因此，黑土分布区不宜盲目再扩大种植业，而应重视发展林业和牧业。在漫岗坡地和沟坡地带应发展林业，防止水土流失。农田区应集中营造农田防护林，以发挥防护林在减少地面蒸发，阻截径流、减少地面冲刷、降低风速、提高土壤湿度等方面的作用。

黑土地区存在着春旱秋涝现象，必须重视春季对冻融水的利用和秋季蓄水与排水防涝工程。开垦已农用的黑土区，要注意培肥地力，改变"只收不养"的习惯，关键措施是增施有机肥、草炭、秸秆还田、种植绿肥等。

二、黑钙土

黑钙土（chernozem）是温带半湿润大陆性季风气候条件下，草甸草原植被下由腐殖质积累作用形成较厚腐殖质层和碳酸盐淋溶淀积作用形成碳酸钙淀积层的土壤。黑钙土是典型的草原土壤类型之一，在我国土壤系统分类中相当于暗厚干润均腐土（pachi-ustic isohumosols）、钙积干润均腐土（calci-ustic isohumosols），相当于美国土壤系统分类中的软土（mollisols）。

（一）分布与成土条件

我国黑钙土主要分布于大兴安岭中南段东西侧的低山丘陵、松嫩平原的中部和松花江、辽河的分水岭地区，向西可延伸至内蒙古阴山山地的上部；在西北地区，多出现在山地，如天山北坡、阿尔泰山南坡、祁连山东部的北坡等。黑钙土东西和北面与黑土交错相连，西面与栗钙土相连，南部直接过渡到固定和半固定风沙土区，中部常与河谷低地的草甸土、沼泽土和风沙土镶嵌并存。我国黑钙土总面积为 $1321.1 \times 10^4 hm^2$，从行政区域上主要分布在内蒙古东部地区和吉林、黑龙江两省的西部，以及新疆、青海、甘肃等省（自治区）。

黑钙土形成的气候条件是温带半湿润大陆性季风气候。年平均温度在 $-2 \sim 5℃$，年降水量为 $350 \sim 600mm$，干燥度在 $0.9 \sim 1.2$；土壤冻结期达半年以上，冻土层厚达 $1.7 \sim 3.0m$，会出现土壤上部冻层滞水。

黑钙土的自然植被为草甸草原，以旱生菊科蒿类和禾本科草类为主。草类组成、高度和覆盖度，不同地区有所差异。在东北和内蒙古常见线叶菊—针茅、羊草—针茅—杂类草、羊草—杂类草等群落。

黑钙土分布的地形在东北、内蒙古地区以低山、丘陵及波状台地为主，在西北地区以中山上部地段为主。母质多为冲积、湖积物和黄土状物质。此外，山区还有残积、坡积母质，母岩多为页岩、中性火成岩、砂岩、砾岩等。

（二）成土过程

黑钙土的成土过程是具有明显的腐殖质积累和钙淀积特征。

1. 腐殖质积累过程　　黑钙土分布区由于草本植物生长茂密，年地上部分生物产量干重为 $11\,000 \sim 18\,000kg/hm^2$，地下部分总量远大于地上部分生物量，根系分布较深，但集中在表层。在较为适宜的水热条件下，腐殖质积累较多。总体来看，由于水热条件不同，黑钙土腐殖质累积过程的强度不及黑土。

2. 钙的淀积过程　　黑钙土区气候比较干旱，在风化过程和有机质矿化过程所释放出来的各种盐类中，仅一价盐类受到淋溶移动到土体深部，而钙、镁碳酸盐仍存在于土体内。土体中碳酸盐的移动和淀积深度受水分条件的不同影响很大，同时还受土壤溶液中的 CO_2 含量制约，CO_2 数量越多，碳酸盐转化为重碳酸盐数量越多，且向下淋溶越易。由于黑钙土的土壤水分条件，土体钙、镁等盐基淋溶不完全，土壤胶体为钙、镁所饱和，并在土体中明显形成碳酸钙淀积层。

（三）剖面形态特征与基本理化性质

1. 剖面形态特征　　黑钙土典型剖面由腐殖质层、舌状过渡层、钙积层、母质层组成，属 A_h—AB_h—B_k—C 剖面构型。土体厚度在 $50 \sim 160cm$，以黄土性母质上发育的黑钙土土体较厚，残积物或坡积物上发育的土体较薄。

（1）腐殖质层（A_h）　　厚度一般为 $30 \sim 60cm$，有些地段可达 $100cm$ 以上；颜色呈黑色至黑灰色或棕灰色，具有团粒状结构，逐渐向下过渡。

（2）过渡层（AB_h）　　厚度一般为 $20 \sim 55cm$，灰棕与黄灰棕色相间分布，腐殖质舌状下伸，粒状—团粒状结构，微弱石灰反应，常见有硅粉析出或动物活动痕迹。

（3）钙积层（B_k）　　厚度一般为 $15 \sim 50cm$，灰白、灰棕或灰黄色，团块状结构。碳酸钙淀积形态多呈斑块状、假菌丝状或粉末状，个别也能见到石灰结核。

（4）母质层（C）　　因母质类型的不同，形态差异较大，但一般均有碳酸盐累积现象。

2. 基本理化性质　　黑钙土的表层质地多为黏壤土至壤黏土，而下层质地比表层稍黏。表层容重较小，变幅在 $0.82 \sim 1.30g/cm^3$，土壤孔隙度较大，为 $50.9\% \sim 69.1\%$。

黑钙土呈中性至微碱性反应，pH 为 $7.0 \sim 8.5$，有上层向下层逐渐增大趋势，个别有碱化特征的黑钙土 pH 大于 8.5；交换性盐基总量一般在 $20 \sim 30cmol（＋）/kg$，盐基离子组成以钙为主。碳酸钙的含量各剖面和层次之间变异较大，钙积层碳酸钙含量一般在 $100 \sim 200g/kg$。

黑钙土有机质和养分含量虽不及黑土，但总体上看，养分含量仍较高。表层有机质含量一般在3%～8%，腐殖质组成多以胡敏酸为主。全氮含量一般在1.5～2.9g/kg，C/N为9～10；全磷在0.3～0.9g/kg；全钾为18.0～26.0g/kg；速效养分中，碱解氮在86～289mg/kg，速效磷为3.9～27.8mg/kg，变异较大，速效钾较高，为104～475mg/kg。微量元素成分中，铜、铁、锰较丰富，而钼、锌、硼含量往往较低。

黑钙土原生矿物以石英、长石和方解石为主，黏土矿物以伊利石和蒙脱石为主。

（四）合理利用与改良

黑钙土是我国重要的农、牧、林业基地。土壤自然肥力较高，在东北地区开垦从事种植业区比例较大；内蒙古、新疆垦殖率较低，主要作为牧业用地。分布在山地和坡度较大的丘陵地带的黑钙土以发展林业为宜，以防止水土流失。在农业种植区，林业发展方向以营造农田防护林为主，在村屯四旁和河渠堤边可以营造薪炭林或用材林及经济林，提高林地覆盖率，涵养水源，以防止土壤风蚀沙化，改善农业环境。坚持适地适树原则，适宜树种有杨树、樟子松和落叶松，灌木有胡枝子等。岗脊或陡坡处可造樟子松，岗地缓坡宜造落叶松、杨树。对沙化黑钙土和风积沙上发育的黑钙土，不宜垦殖，严禁过度放牧，适宜发展林、草业。

黑钙土区造林应注意钙积层对根系生长的影响。造林挖穴时，最好能穿透钙积层，回填土后，造林成活率高，林木长势也很好。在盐化和碱化黑钙土造林，树种选择要求较严，应选择耐盐碱树种，如榆树、杨树、柳树、柽柳等。黑钙土区的坡耕地应有计划地退耕还林还草，以进一步改善黑钙土分布区的生态环境。现有耕地应重视施用有机肥，科学施用化肥，尤其注意补施磷肥；微肥应重点施用钼、锌、硼肥。适当进行粮草轮作，以恢复和保持土壤肥力。

三、栗钙土

栗钙土（kastanozem or chestnut soil）是温带半干旱草原地区干草原植被下，具有栗色腐殖质层和碳酸钙淀积层的土壤。栗钙土是我国最典型的地带性草原土壤类型之一，在我国土壤系统分类中被归入简育干润均腐土（hapli-ustic isohumosols）、钙积干润均腐土（calci-ustic isohumosols）、简育干润雏形土（hapli-ustic cambosols）。相当于美国土壤系统分类中软土（mollisols）、始成土（inceptisols）、冻土（gelisols）。

（一）分布及成土条件

我国的栗钙土主要分布在内蒙古高原的东部和中部，大兴安岭东南部的丘陵地带，鄂尔多斯高原东部；其次在阴山、贺兰山、祁连山、阿尔泰山、天山、准噶尔界山及昆仑山的垂直带均有分布。在栗钙土集中分布的内蒙古高原地区，呈东北—西南条带状走向，东北与黑钙土，西南与棕钙土，东南与栗褐土参差连接；在锡林郭勒高原中部、鄂尔多斯高原和榆林风沙土集中地区，栗钙土常与风沙土呈镶嵌分布，沙化栗钙土多分布在这一地区。西北中低山地区，栗钙土呈不完整的垂直分布。

栗钙土是在中温带半干旱大陆性气候条件下形成的土壤。气候特点是积温低，温差大，降雨少，蒸发强，光照足，雨热同季，冬春少雨雪，易受旱。年均气温为−2～9℃，≥10℃积温为1000～3000℃，无霜期为70～150d；年降水量为250～400mm，70%以上集中在6～8月；干燥度为1～2，由东向西递增；年蒸发量达1600～2200mm，由东向西递增。

栗钙土的植被是典型旱生多年生禾草占优势的干草原类型，混生一定中生或旱中生植物和少量旱生灌木、半灌木。东部地区以羊草—贝加尔针茅—线叶菊—杂类草等植物群落为主，中部地区以大针茅—羊草—冷蒿—中旱生杂类草—糙隐子草等植物群落为主，西部地区以克氏针茅—冷蒿—小叶锦鸡儿—狭叶锦鸡儿—葱类等植物群落为主。草群高度为30～50cm，覆盖度为30%～70%，每公顷产干草600～1200kg。

栗钙土地形以高平原、丘陵岗地为主，局部有剥蚀低山丘陵和风积沙丘，海拔1000～1500m；成土母质有残积物、坡积物、黄土状物、风积物、冲积物等。

（二）成土过程

栗钙土成土过程与黑钙土相似，主要为腐殖质累积过程和碳酸钙淀积过程，只是腐殖质累积过程渐趋减弱，而碳酸钙淀积过程则相对增强。

1. 腐殖质累积过程　　栗钙土区气候干旱，干草原植被每年进入土壤中的有机质总量为9000kg/hm^{2}左右，并且95%以上为植物根系部分，而且干草原植物一般在夏季由于高温干燥而死亡。所以每年实际为土壤增加的有机质并不多，从而决定了栗钙土的腐殖质累积过程弱于黑钙土，腐殖质含量和厚度均低于黑钙土，团粒结构不及黑钙土。

2. 碳酸钙淀积过程　　栗钙土区气候较干燥，降雨量少，淋溶作用较弱，土壤中碳酸钙淀积比黑钙土明显。碳酸钙的淀积层位和含量明显高于黑钙土，碳酸钙出现的深度为20～50cm，厚度一般在20～70cm，含量一般为50～200g/kg，高的可达400～500g/kg。碳酸钙淀积层内可以看到粉末状、假菌丝状、网纹状、斑点状、结核状、斑块状和层状新生体。

（三）剖面形态特征与基本理化性质

1. 剖面形态特征　　栗钙土剖面层次分明。典型剖面构型为 A_h — B_k — C，部分栗钙土剖面构型为 A_h — AB_h — B_k — C，偶尔也能见到 A_h — AB_k — C 构型。

（1）腐殖质层（A_h）　　呈暗栗色至栗色或淡栗色，土色从东向西逐渐变浅；腐殖质下移短促，层面整齐或略带波浪状，不具黑钙土舌状下移特点，腐殖质层厚25～50cm，从东向西逐渐变薄。

（2）钙积层（B_k）　　厚30～50cm，从东向西逐渐变厚，灰色或浅黄棕色，相当紧实，根系很少；碳酸钙淀积形态以假菌丝状、网纹状、粉末状、斑状层次等出现。栗钙土东西分布延伸长，区域之间差异较大。

（3）母质层（C）　　呈灰黄色、黄色或淡黄色，常随不同母质的色泽而异。在部分栗钙土母质层中有石膏的积聚层存在。

2. 基本理化性质　　栗钙土表层质地较轻，通透性较好，总孔隙度为39.6%～51.7%，结构多为粒状结构；下层质地偏重，通透性较差，很紧实，容重大，多为块状结构；母质层质地较轻，结构性差。

钙积层碳酸钙含量一般为10%～30%，除钙以外的其他元素成分各土层间变化不明显，表明土壤化学风化作用较弱。

栗钙土的养分含量低于黑钙土。表土层有机质含量为4.5～50g/kg，大部分在15～25g/kg。由于不同地区气候生物条件差异，养分状况差异较大，总的趋势是从东向西逐渐降低。过度垦殖利用和过度放牧、风蚀沙化及水土流失严重的地区，养分含量较低，出现了土壤质量退化。表层土壤全氮0.29～1.73g/kg，全磷0.3～1.7g/kg，全钾5～21.6g/kg；速效磷1.0～9.9mg/kg，速效钾81～335mg/kg。有机质、全氮、碱解氮、速效磷含量表土＞心土＞底土；而全磷、全钾、速效钾的含量全剖面中无明显分异。

栗钙土腐殖质组成中胡敏酸/富啡酸为 1 左右。土壤退化以后，变动在 0.65～0.85。阳离子交换量 8～25cmol（＋）/kg，土壤盐基为钙、镁所饱和，pH 7～9，典型栗钙土剖面 pH 为 7.5～8.5，碱化栗钙土 pH 可达 8.5 以上。

黏土矿物以蒙脱石为主，其次为伊利石和蛭石等。

（四）合理利用与改良

栗钙土在我国北方分布的范围较大，是我国主要的畜牧业基地，也有少量旱作农业区。受自然条件和栗钙土资源利用不合理的双重影响，栗钙土普遍存在风蚀、沙化、土壤肥力下降、盐碱化、植被退化等。从栗钙土分布区生境条件看，宜以发展牧业为主，对现有耕地应逐步退耕还草、还林。建有农田防护林网和具有灌溉条件的地区可适当发展保护型农业，如暗栗钙土亚类。

栗钙土区的生境条件及土壤发育特性决定了不宜发展大规模用材林，而应重点建设草牧场防护林、护路林、城镇防护林，实现以林护草、防风固沙，减轻干旱程度。在造林地选择上，应在钙积层较薄或钙积层出现软化的低地、缓坡和易贮存水分的地段，如河谷、阶地、小溪两岸等。在钙积层较厚造林时不宜选择乔木树种，而应选择灌木树种为宜。造林整地采取挖大穴、穿透钙积层，城镇四旁植树采取换土措施，坡地上采取集雨坑（鱼鳞坑）可提高成活率。在造林技术上，首选植苗法，表层覆沙可选直播法；在树种选择上，应选耐干旱、耐瘠薄、直根系及根系生命力强的树种，如青杨、白榆、山杏、柠条、沙棘等。

栗钙土的改良主要应通过控制过度放牧、限制载畜量，使土壤有机物质处于良性循环。草场经营管理中推行以草定畜、划区轮牧，严禁滥垦、滥挖等现象，防止草场退化和土壤肥力下降及土表砾石化，从根本上防止草原退化。大力发展人工草地，减轻天然放牧压力和实现可持续发展。适当发展薪炭林解决牧民燃料，使牲畜粪便参与土壤有机物质循环。在农业种植区，除有计划地逐步退耕还草还林外，大力营造农田防护林网，增施有机肥料，推行草田轮作、留高茬、免耕法或少耕法来控制风蚀沙化的危害，逐步向环境保护型农业方向发展。

四、棕钙土

棕钙土（brown calcic soil）是温带干旱草原向荒漠过渡区，具有薄层棕色腐殖质层和灰白色钙积层，地表多砾石的土壤。棕钙土是温带草原土壤向温带荒漠土壤过渡的地带性土壤类型。在我国土壤系统分类中被归于钙积正常干旱土（calci-orthic halosols）、简育正常干旱土（hapli-orthic halosols），相当于美国土壤系统分类中的干旱土（aridisols）。

（一）分布与成土条件

我国的棕钙土主要分布在内蒙古高原中西部和鄂尔多斯高原的西北部及新疆北部，天山北麓洪积、冲积扇上部，青海柴达木盆地东部，甘肃河西走廊及干旱山地垂直带下部也有分布。棕钙土一般分布在栗钙土与灰漠土之间，部分与灰棕漠土相连，南部与灰钙土接壤。在棕钙土区内部，常因风蚀而有风沙土呈复区分布。

棕钙土区属温带较干旱的大陆性气候，温凉干旱。年平均气温为 2～7℃，≥10℃积温为 1400～3200℃，年降水量为 100～300mm，干燥度为 2～4。

自然植被为旱生或超旱生的荒漠草原和草原化荒漠两个类型。植被类型特点是植物种属较干草原少，植株较矮小，蒿属、羽茅属和小灌丛较多。内蒙古高原棕钙土植被的建群种主要是小针茅、沙生针茅、短花针茅、冷蒿、隐小草、狭叶锦鸡儿，覆盖度一般为20%～30%，藏锦鸡儿及柽柳科的红砂等小灌木增多。新疆以蒿属为主，伴生小蓬、猪毛菜、地肤、狐茅及阿魏等，覆盖度为20%～30%。

棕钙土所处地貌是平坦的剥蚀地貌，如高原、台地、残丘以及山前洪积-冲积平原。母质多以残积物、洪积冲积物、风积沙为主，有些为黄土母质。

（二）成土过程

棕钙土的成土过程主要是腐殖质的累积过程和碳酸钙的淀积过程，以及硫酸钙与易溶盐的淀积过程。

1. 腐殖质积累过程　棕钙土区降水量少，平均气温较高，植被荒漠灌丛化，年生物量低，故腐殖质积累过程弱于栗钙土，腐殖质层有机质含量和厚度明显低于栗钙土。

2. 碳酸钙淀积过程　由于气候干旱，降水量少，碳酸盐溶解向下移动深度不大，在腐殖质层下发生淀积，形成钙积层。碳酸钙出现部位比栗钙土高，一般在20～30cm及20cm以下出现，局部地区出现碳酸钙表聚现象，这主要是风蚀使腐殖质层消失，钙积层出露表层所致。

3. 硫酸钙与易溶盐的淀积　由于淋溶作用弱，硫酸钙和易溶盐只能淋溶到母质层，一般在钙积层以下石膏和易溶盐有淀积趋势，但无明显淀积层出现，只有部分棕钙土的底部可见到石膏结晶。

（三）剖面形态特征与基本理化性质

1. 剖面形态特征　棕钙土剖面形态分异比较明显，其剖面构型由棕色腐殖质层和灰白色碳酸钙淀积层及母质层组成（A_h—B_k—C_{yz}）。

（1）腐殖质层（A_h）　厚度一般在20～35cm，呈淡棕色带红或红棕色。腐殖质向下过渡较栗钙土更为急速而整齐，腐殖质含量低，结构性较差。表层常受风蚀作用，表面出现砾质化，沙化覆盖和假结皮及小沙包特征。

（2）钙积层（B_k）　灰白色，紧接腐殖质层，一般出现在30cm以下，平均厚度为35cm。紧实坚硬，根系很少，碳酸钙多以粉末状、斑块状为主要形态，少见网纹状、菌丝状和结核状。在质地较粗的母质上发育的钙积层不明显，而是逐渐过渡。

（3）母质层（C_{yz}）　在钙积层以下，以松散堆积物形成的母质层较厚，岩石风化母质层一般较薄。母质层有少量碳酸钙淀积，也是石膏和易溶盐聚积层。

2. 基本理化性质　棕钙土的质地较粗，通体多含砾石和石块，一般为砾质砂土或砂质壤土或砂质黏壤土。棕钙土没有良好的结构，一般为块状结构或无结构，土层紧实。

腐殖质层碳酸钙含量较低，只有10～50g/kg，而钙积层碳酸钙含量高，平均为100g/kg，有的可高达200g/kg以上。土壤中易溶盐与石膏的含量较低，易溶盐一般小于1.4g/kg，石膏含量小于1.0g/kg，但在剖面母质层有增高趋势。呈碱性反应，pH为8～9；阳离子交换量大多在5～25cmol（＋）/kg。

土壤有机质含量较低，平均约10g/kg，腐殖质组成以富啡酸为主，胡敏酸/富啡酸多在0.4～0.9。表层土壤全氮、全磷含量很低，全钾含量比较丰富。有效态微量元素含量很低，除铁和铜以外，其余微量元素的含量一般均缺乏。

（四）合理利用

棕钙土地区主要为牧区。新疆的棕钙土以种植业利用较多，其他地区耕地少。由于水分条件较差，一般不能满足农作物生长的需要，再加上本地区灌溉水资源紧缺，一般不适应发展种植业，应以发展畜牧业和生态林业为主。

在林业发展中，应重点营造防风固沙林网，如沙地防护林、牧场防护林、绿洲防护林和沙区防护林。造林模式上应采取乔、灌、草结合，按照不同的立地类型，选择不同的造林模式。在棕钙土区的滩地、沿河及湖盆低地、山地和丘陵阴坡可营造乔木防护林，在高平原应以营造灌木为主的牧场防护林。针对棕钙土地区干旱缺水和土壤肥力水平低，树种选择上应具有耐旱、耐瘠生物特性，如梭梭、沙枣、柠条、槐树、胡杨、新疆杨、白榆。在造林技术上应针对干旱、瘠薄和钙积层性状等进行选择。

棕钙土改良措施首先是防止掠夺式经营，适度发展牧业，推行以草定畜。在土壤退化严重地区，实行禁牧或围封禁牧管理措施，使土壤有机物恢复性循环。棕钙土区风蚀沙化的农田，应逐步退耕还牧、还林，灌溉农田应建设防护林，同时重视增施有机肥和氮、磷肥及微肥，耕作上要推行少耕、免耕和播前耕作及留高茬等防沙化农耕技术。

五、灰钙土

灰钙土（sierozem）是暖温带干旱草原黄土母质上发育的，腐殖质含量低，有易溶盐和石膏弱度淋溶与累积及碳酸钙淀积层位较高的土壤。灰钙土是向暖温带荒漠土壤过渡的地带性土壤类型。在我国土壤系统分类中被归于钙积正常干旱土（calci-orthic halosols）、黏化正常干旱土（argi- orthic halosols），相当于美国土壤系统分类中的干旱土（aridisols）。

（一）分布及成土条件

灰钙土分布在欧亚大陆暖温带荒漠草原带，在非洲、北美洲、大洋洲也有少量分布。我国的灰钙土主要分布在黑垆土与灰漠土之间，包括黄土高原的西北部，鄂尔多斯高原的西缘，贺兰山、罗山及祁连山山麓地带，河西走廊东段的低山丘陵与河谷阶地，新疆伊犁河谷两侧的山前平原等。

我国灰钙土地区的气候主要属于暖温带半干旱、干旱大陆型，年平均温度为6~9℃，≥10℃积温为2800~3100℃，年平均降水量为180~350mm，干燥度为1.8~4。

灰钙土地区属荒漠草原植被类型，以多年生旱生禾草、强旱生小半灌木及蒿属为主，植被类型随灰钙土带气候地区性差异也有所不同。

地貌多以黄土丘陵及河谷高阶地为主，部分为低山和高原缓坡低丘。地下水位很深，成土母质多以黄土及次生黄土为主，少量为洪积、冲积母质。

（二）成土过程

灰钙土以弱腐殖质累积和通体钙化为主要成土特征。

1. **弱腐殖质积累特征**　灰钙土地区的植被虽属荒漠草原，但每年进入土体的根系数量较大。由于气候干旱、微生物活跃及土壤质地偏砂，有机质分解强烈，不利于腐殖质积累，并且由于黄土渗透性好，腐殖质下移较深，在剖面分布比较均匀，没有明显的表积现象，这同栗钙土和棕钙土有明显的区别。

2. **通体钙化过程**　灰钙土的黄土状母质和水热条件特点，导致碳酸盐沿剖面上下移动。灰钙土分布区土壤无冻结，黄土母质的渗透性能良好，下降水流能把碳酸盐淋溶到土壤剖面深处；当土壤处于干旱期，又使部分碳酸盐随上升水流回复到剖面上部。因此，碳酸钙在剖面中无明显的淀积层，而是较均匀地分布在全剖面。

（三）剖面形态特征和基本理化性质

1. **剖面形态特征**　灰钙土剖面发育微弱，发生层次不明显，没有明显的腐殖质层和钙积层的区别。局部地区的剖面有石膏层发育。灰钙土颜色呈淡灰棕色或灰黄棕色。地表常覆盖风积沙或小沙包，在没有覆沙地段，地表有微弱的裂缝与薄假结皮（0.5～2cm），并生长较多的低等植物，如地衣与藓类，这明显区别于栗钙土和黑钙土，而似棕钙土。

2. **基本理化性质**　灰钙土颗粒组成中以粉粒占优势，质地以黏壤土和壤土为主。结构多呈块状，容重为 1.2～1.5g/cm³，总孔隙度为 40%～52%，水分物理性质较差。

灰钙土的化学组成在剖面中无明显变化。黏粒中硅铁铝率均在 3 左右。黏土矿物以水云母占优势，其次为高岭石、绿泥石，表明灰钙土化学风化较弱。

灰钙土全剖面含碳酸钙较多，一般为 100～200g/kg。土壤呈碱性反应，pH 为 8～9，阳离子交换量较低，表层一般在 5～15cmol（＋）/kg。

土壤有机质含量低，表层平均含量约为 10g/kg。腐殖质组成中，以富啡酸为主，胡敏酸/富啡酸多为 0.7～1.0。养分状况较差，土壤氮、磷含量均较低；钾素含量较丰富；速效养分含量除速效钾外，一般均较低；土壤有效态微量元素含量较低，普遍缺锌、铁，也有部分灰钙土缺锰和钼。

（四）合理利用与改良

我国的灰钙土属暖温带半农半牧区，20 世纪七八十年代，由于忽视林业发展，黄土丘陵水土流失严重，再加上干旱和风沙危害，农牧业生产水平较低。灰钙土地区应坚持农牧林业协调发展，首先应在健全防护林体系的基础上，发展农、牧业。重点是建设水土保持林、水源涵养林、农田防护林、防沙护路林、防风固沙林。造林时应首先在地下水位较高地带，河流阶地周围、沟底、山地丘陵阴坡营造乔木用材林、经济林、护坡林、薪炭林，并且要注意乔、灌结合或乔、灌、草结合，发挥水土保持林最佳的效益。

造林技术上应选择植苗法，采用保墒剂、树穴保水袋、保水瓶等实用造林技术提高成活率。宜选择耐旱、耐瘠薄的树种，如山杨—虎榛子—大披针臺草（乔、灌、草结合模式）、刺槐、沙棘、马桑、杜梨、紫穗槐、旱柳、柠条、油松等。

灰钙土自然肥力水平较低，易受风蚀沙化和水土流失危害，保护和恢复天然植被，修筑梯田，实行退耕还林、还草，适当进行生态移民，增施有机肥料，强调农牧林业协调发展，推行以草定畜，实行农林复合经营是保持土壤肥力与改良土壤的重要途径。

六、栗褐土

栗褐土（castano-cinnamon soil）是具有弱腐殖质累积和发育微弱的黏化层，通体呈强石灰反应而无明显钙积层的土壤。在中国土壤系统分类中被归入简育干润雏形土（hapli-ustic cambosols）、钙积干润均腐土（calci-ustic isohumosols）、简育干润均腐土（hapli-ustic isohumosols），相当于美国土壤系统分类中的冻土（gelisols）、软土（mollisols）、始成土（inceptisols）。

栗褐土全部剖面为钙所饱和，CaCO₃ 含量一般为 50～150g/kg，pH 为 8.0 左右，所以脱钙黏化过程不明显，黏化比值<1.2，这是石灰性褐土与栗褐土的分类边界。

（一）分布与成土条件

1. **分布**　栗褐土见于褐土区以北、以西的土壤区域。北面是广阔的栗钙土区，向西是黄绵土和黑垆土区。它分布于内蒙古高原南侧，东起赤峰高原，向西延伸至冀西的坝下高原，桑洋盆地及其两侧的丘陵、低山区，西接恒山山系北侧的山西广灵、河北蔚县盆地，直达吕梁山西坡的丘陵、阶地一带，都可见及。这一带在地貌上属于内蒙古高原南侧的延伸部分，也是黄河峡谷区，黄河以东吕梁山系的西坡，面向黄河倾斜的北部较干旱山区。因此，在这类土壤的北部逐步向栗钙土过渡，南部逐步向褐土过渡。由于它处于褐土区以西，与黄绵土、黑垆土也有某些相似的发生特征。栗褐土主要分布于山西、内蒙古和河北，涉及约 35 个县，总面积为 $4.82 \times 10^6 hm^2$。

2. 成土条件　　栗褐土区春季干燥多风、少雨，夏季炎热雨量集中，秋季凉爽，冬季寒冷雪稀少。年降水量为 400~500mm，集中于 7 月、8 月、9 月，约占全年降水量 2/3。蒸发强烈，以春夏两季蒸发最盛。年均气温为 4~9℃，≥0℃积温为 2700~3500℃，≥10℃积温为 2200~3000℃，无霜期为 110~180d。多发育于黄土母质。

（二）形态特征与基本性质

1. 形态特征　　栗褐土具有弱腐殖质累积和发育微弱的黏化层，通体呈强石灰反应而无明显钙积层的土壤。由于地处半干旱区，土壤有机质矿化大于腐殖质累积，有机质含量一般都在 10g/kg 以下，有时表层只有 2~6g/kg，而且有机质层厚度也只有约 20cm。栗褐土处于暖温带北缘向中温带过渡地区，其热量情况显然较褐土为差。栗褐土处于与栗钙土为邻的地区，向北即过渡到栗钙土区，但与栗钙土相比较，栗褐土虽在剖面中、下部见白色粉末和假菌丝状碳酸盐累积，但其淋移深度较褐土为浅，一般在 0.5m 深处，略显微弱钙积现象。

2. 基本理化性质　　栗褐土的发育受土壤侵蚀强弱的制约影响很大。在弱侵蚀的情况下，成土过程比较稳定，土壤发育较好，钙积比率为 1.2~1.5，钙的淀积率为 11%~15%。在侵蚀较强的情况下，黏化率在 1.2 以上，残积黏化率为 15%~19%。说明碳酸钙淀积和黏化与成土过程的强弱密切相关。栗褐土的化学组成测定结果表明，土壤矿物元素以 SiO_2 为主，其次为 Al_2O_3。从土壤黏粒化学组成来看，硅铝率、硅铁率和硅铁铝率，土体上下基本一致。另据测定，黏粒矿物以水云母和蒙脱石为主，说明该土类属于风化度低的土壤。栗褐土的腐殖质层薄，养分贫瘠，只是钾含量较丰富。表土层有机质含量一般在 7~15g/kg，全氮含量为 0.5~0.8g/kg，全磷含量为 0.5~0.6g/kg；亚表层和心、底土层养分更低。通体呈强石灰反应，碳酸钙含量为 75~85g/kg，阳离子交换量为 8~9cmol（＋）/kg。

（三）亚类划分

栗褐土土类划分为栗褐土亚类、淡栗褐土亚类和潮栗褐土亚类 3 个亚类。

1. 栗褐土亚类　　表土为淡色腐殖质层，其下有略具黏化的心土层和假菌丝状的钙积层，全剖面有石灰反应。具土类典型特征，表土有机质含量为 15g/kg。

2. 淡栗褐土亚类　　分布区更为干旱，有机质含量一般＜10g/kg。

3. 潮栗褐土亚类　　剖面下部有地下水活动形成的锈色斑纹。

（四）利用与改良

利用栗褐土区为半干旱一年一熟杂粮旱作区，耕地质量较差，绝大部分为坡耕地，且坡度大的耕地占很大数量。栗褐土区尚有非耕种土壤，由于自然环境差，林地很少，分布零星，残存的乔、灌和草本植被生长稀疏。现有小片枣树及零星核桃树等经济林木，如山西省西部沿黄河岸有成片的枣林，在北部应县、浑源低山丘陵片岩风化母质上种黄芪。在低山丘陵有野生沙棘灌木资源，未能合理开发利用，因管理不善，已开始退化。由于荒地未能合理利用，大面积的宜林宜牧土壤利用率很低，开发度很差。大片荒地资源闲置并退化，资源优势没有得到发挥，生态环境条件渐趋恶化。

1. 土壤利用中存在的主要问题

（1）耕作粗放　由于生产水平低，加之人少地多，粗放经营，广种薄收，农业技术、机械及物质投入甚少，土地基本建设差。这种只利用不改造，多使用少投入的粗放耕作，导致土壤肥力不断下降，严重制约农业的发展。

（2）土壤贫瘠　由于水土流失严重，耕作粗放，土壤物理性状恶化。在植被覆盖度较高的低山丘陵，表土层结构较好，有机质含量较高，高者达 60g/kg；植被覆盖度低及投入少的耕地表土层有机质只有 6～8g/kg，甚至更低。土壤理化性状恶化，降低了保水性能，更易遭受干旱威胁。

2. 改良　栗褐土区主要应采取农、林、牧综合治理与开发，合理调整农业内部结构，大力发展林、牧业，建设基本农田，保持水土，抗旱保墒。

（1）保持水土，营造农田防护林，建设基本农田　建设基本农田是水土保持的一项措施，要保护农田，改善农田生态，必须营造防护林、护岸林。在河流阶地上合理开发水资源，扩大水浇地，采取集约种植，建设田园化农田；在沟谷地带，截沟打坝引洪淤地，建设旱涝保收的沟坝地；丘陵沟壑区，缓坡地修筑水平梯田，沟壑造防护林，低山缓坡地开挖蓄水聚肥丰产沟，或水平阶地 25° 以上的坡耕地应还林还牧。并以改土培肥为中心，增加有机肥投入，做到用养结合，提高肥力，应用综合配套农艺技术，建设稳产高产田块。

（2）雨养农业采取综合配套措施　针对该区的自然特点和生态环境，以蓄水保墒和减少蒸发为中心，进行平田整地，修边垒堰，深耕耙耱，加厚土层，增施有机肥料，科学使用化肥，培养地力，以及选用抗旱良种，扩大地膜覆盖栽培等。使耕作措施与近代抗旱适用技术，通过组装配套，形成系统化、整体化、科学化的综合技术体系。总体上要有效地提高旱地抗旱能力和提高降水利用率。

（3）全面规划，分片治理　在摸清本地区土壤资源的基础上，根据其存在的障碍因素，因地制宜、因土改良，结合小流域治理，采取工程、生物、耕作综合配套措施，改善生态条件，达到良性循环。对山地土壤应以发展林牧为主，封山育林、育草，保护现有的林木及草坡，营造用材林、薪炭林和经济林等水保林，乔灌结合。丘陵沟壑区土壤侵蚀较严重，应采取农、林、牧综合治理，对于坡度大的坡地，应优先种草后育林，坡度小的，应搞好以水保为中心的基本农田建设。残塬应营造乔灌农田防护林，保塬固沟，防止沟头延伸。只有合理开发利用山、丘、川，才能达到农林牧同步发展，资源优势才能得到发挥。

（4）大力发展经济林木和畜牧业　该区未开发利用的土壤资源很丰富，加之黄土覆盖层深厚，适于发展温带干鲜果木，如枣、核桃和水果，还可以种药材，如黄芪、党参等；荒山荒坡土体深厚的应植树造林，土体较薄的育草发展牧业；缓坡荒地可采取等高带状实行粮草和粮油轮作、间作，增加地表覆盖，减轻土壤侵蚀，逐步恢复并建立良性循环的生态系统，充分发挥土壤资源的优势，更好地促进该地区农业经济发展。

七、黑垆土

黑垆土（dark loessial soils）是发育于黄土母质上的具有残积黏化层（俗称黑垆土层）的黑钙土型土壤。其剖面上部有一暗灰色的有隐黏化特征的腐殖质层，此层虽较深厚和疏松，但腐殖质含量不高。在我国土壤系统分类中被归入堆垫干润均腐土（cumuli-ustic isohumosols）、简育干润均腐土（hapli-ustic isohumosols），相当于美国土壤系统分类中的软土（mollisols）。

（一）分布与成土条件

1. 分布　黑垆土是钙层土中面积最小的类型。零星夹在侵蚀非常严重的黄绵土中间，以其有灰暗色、好像烧过的炉灰颜色土层而得名，也是由黄土母质形成的。黑垆土主要分布于我国西部地区，包括陕西北部、甘肃东部、宁夏南部、山西北部和内蒙古的黄土塬地、黄土丘陵和河谷高阶地。其中以地形平坦、侵蚀较轻的董志塬、早胜塬、洛川塬等塬区为多，也有少量出现在河流两岸的高阶地及个别残丘顶部的。在相邻关系上，西面与灰钙土连接，东边和南边都是暖温带的褐土，北面与栗钙土犬牙交错。是中国黄土高原地区主要土类之一。

2. 成土条件　黑垆土地区气候暖和，年平均气温为8～10℃，热量靠近暖温带。年降水量为300～500mm，与黑钙土地区差不多，由于气温较高，相对湿度就小一些，属于暖温带半干旱大陆性气候。

草的类型与栗钙土地区差别不大，是由针茅（包括本氏、短花、克氏三种）等组成的干草原，覆盖度为30%～50%，但绝大部分都已被开垦为农田。

（二）成土过程

黑垆土的成土过程主要是隐黏化特征的腐殖质积累过程和碳酸盐的淀积过程。

1. 隐黏化特征的腐殖质积累过程　黄土母质疏松、深厚并含有丰富的矿质养分，草原植被生长繁茂。在这样的生态条件下，生物和母质间旺盛的物质交换赋予黑垆土以深厚的腐殖质层（80～100cm）。但因黑垆土处于中国暖温带热量较高地区，加之成土母质的通透性良好，在一定程度上又限制了有机物的合成和腐殖质的累积，其有机质的含量一般仅为10～30g/kg。从上到下减少的速度缓和，但腐殖质的颜色和上下之间的差别比灰钙土明显得多。上半段为暗灰带褐色，下半段为灰带褐色，而且常有较多灰白色碳酸钙假菌丝和粉末。高温与多雨季节同时出现，有利于原生矿物的分解和次生黏土矿物的形成，并使黑垆土因残积黏化而具有隐黏化特征。

2. 碳酸盐的淀积过程　土壤中水溶性盐类的溶解度提高并随下渗水流迁移，又使明显下移的钙、镁等盐类在剖面下部形成淀积层。土壤碳酸盐新生体以假菌丝状和小结核状为主，碳酸盐淀积的深度可达3m上下。因土壤中水溶性盐类的淋溶较充分，剖面无盐渍化特征。从黏土矿物成分特征看，土壤风化仍处于初期阶段。

（三）形态特征与基本性质

1. 形态特征　形成黑垆土的黄土母质疏松、深厚并含有丰富的矿质养分，草原植被生长繁茂。黑垆土在长期耕作和施肥的影响下，形成了特有的剖面构型。黑垆土剖面构型是由熟化层、古耕层、腐殖质层、石灰淀积层和母质层组成。

（1）熟化层　厚20～30cm，可分为耕作层和犁底层。耕作层暗灰棕色，粉壤土，强石灰性反应，团粒和团块状结构，疏松软绵，易耕作。犁底层的团块状下部见有鳞片状结构，紧实，容重大（1.4g/cm³），有砖瓦碎块和炭屑等侵入体，向下过渡明显。

（2）古耕层　厚10～15cm，暗灰带褐色，黏壤质，棱块状结构，较多假菌丝和霜粉状石灰新生体，有砖瓦碎块和炭屑，向下逐渐过渡。

（3）腐殖质层　厚50～80cm，暗灰稍带褐色，黏壤土，拟棱块状结构，有小孔和动物穴。沿结构面的孔壁上，有大量霜粉状和假菌丝状石灰新生体，呈舌状向下过渡。过渡层厚约70cm，颜色不均一，有时有少量豆状和瘤状小石灰结核。

（4）石灰淀积层　厚约150cm，淡棕带黄色，黏壤土，块状和拟棱柱状结构，稍紧实，多豆状和瘤状小石灰结核，有少量小孔和动物穴，经显微观察，见有大量针、棒状的石灰晶体和雏形结核，并有大量植物残体，向下逐渐过渡。

（5）母质层　浅棕带黄色，黏壤土，有个别根系和动物孔穴，并有少量豆状和瘤状小石灰结核。通常在熟化层之下紧接着为腐殖质层，但后者因耕种和侵蚀而日见浅薄。

2. 基本理化性质　黑垆土的颗粒组成以粉砂粒为主，其含量占一半以上；物理性黏粒在腐殖质层占40%，在母质层和耕作层占28%～30%。微团聚体较多，结构呈多孔状，容量低（1.1～1.4g/cm³）。田间持水量为19%～23%。黑垆土含矿质养分丰富，全钾含量为1.6%～2.0%；全磷为0.15%～0.17%，但有效磷较低；全氮量为0.03%～0.1%。阳离子交换量为9～14cmol（＋）/kg。土壤呈微碱性反应（pH 7.4～8.0），石灰含量为7%～17%。黏土矿物以水云母为主，并含有少量高岭石和蒙脱石。

（四）亚类划分

黑垆土划分为典型黑垆土、黑焦土、黏化黑垆土和黑麻土4个亚类。

1. 典型黑垆土　具有黑垆土的典型特征。质地较轻，黏粒含量为5%～10%。

2. 黑焦土　多见于黄土高原的北部和西部，分别与栗钙土和灰钙土相连接。发育于砂黄土。腐殖质层厚1～1.5m，质粗色暗，物理黏粒20%，约为母质的4倍。石灰淀积层明显，土壤pH为8.5左右，石灰含量为0.2%～2.8%。阳离子交换量低。土干性热，发苗快，后劲差。

3. 黏化黑垆土　多见于黄土高原的南部。腐殖质层厚40～80cm，黏化现象明显，呈灰褐色。淀积层有较多豆状和瘤状石灰结核，全剖面呈强石灰反应，石灰含量为1%～12%。保水保肥力较强，肥力高。

4. 黑麻土　多见于六盘山以西海拔在2000m以上的高丘平坦处，腐殖质层厚1m以上，颜色较黑，有机质含量为20～30g/kg，全剖面强石灰性反应，土湿性凉，耐旱不耐涝。

（五）利用

由于黑垆土的腐殖质层深厚，适耕性又较强，已全部被开垦为农田。种植小麦、玉米、糜子、谷子、大豆、花生等庄稼，耕种的历史很长久。但由于没有及早注意水土保持工作，黄土本身又比较疏松，所以土壤侵蚀非常严重。地面到处都是大大小小的冲沟，绝大部分土壤都被侵蚀变成母质特征明显的黄绵土，不仅肥力、产量低，而且支离破碎的冲沟陡壁，根本无法利用。因此为防止土壤侵蚀，利用时应采取措施制止水土流失，充分利用地表和地下水资源，扩大灌溉面积并增施有机肥料。同时在一些有条件的地区修筑小型塘坝拦蓄雨水，既减少对土壤的冲刷，又可用来浇灌农田，克服春天生产上的干旱缺水问题。

第三节　荒　漠　土　壤

中国的荒漠区面积很大，主要分布于内蒙古鄂尔多斯高原西北部，宁夏西部，青海西北部，甘肃河西走廊中、西段的祁连山山前平原和赤金盆地西缘，以及新疆全境。

地处欧亚大陆腹地的我国西北地区，由于其少受到海洋输入湿润气团的影响，年降雨量一般不到100mm，极端干旱地区只有几毫米到十几毫米，有时甚至终年无雨。由于干旱、植物生长缓慢，植被覆盖度极低，在高原、丘陵、盆地及冲积平原、高阶地等不同区域，形成荒漠土壤（简称漠土）。漠土纲包括灰漠土、灰棕漠土、棕漠土。灰棕漠土、棕漠土分别代表温带和暖温带典型漠境形成物；而灰漠土则为温带漠境边缘上的过渡性产物。

漠土一般具有的共同特性为：①由于降雨量少和植被稀疏，土壤形成过程中生物积累过程比较弱，土体中缺乏明显的腐殖质层，土壤的组成与成土母质非常相近；②由于干热气候的影响，土壤表层发生了明显的漆皮化、龟裂化过程，地表多砾石并有明显的孔状结皮；③由于降雨稀少，土体中各种元素基本上不发生移动或移动较弱，碳酸钙常在土壤表层积聚，并有明显的石膏和可溶盐的累积。

一、灰漠土

灰漠土（grey desert soil）是温带荒漠边缘黄土状母质发育的，地面不具明显的砾幂，并出现弱的石灰淋溶作用，土壤中石膏和易溶盐聚积特征相对较弱的干旱土壤。在我国土壤系统分类中被归入钙积正常干旱土（calci-orthic aridosols），相当于美国土壤系统分类干旱土（aridisols）。

（一）分布与成土条件

灰漠土主要分布在温带漠境边缘向干旱草原过渡地区。位于内蒙古河套平原、宁夏银川平原的西北角、新疆准噶尔盆地沙漠两侧的山前倾斜平原、古老洪积平原和剥蚀高原地区，甘肃河西走廊中西段，祁连山的山前平原也有部分分布。在其相邻分布关系上，东面北段接棕钙土，南接灰钙土，西面和南面与灰棕漠土和风沙土相连。

灰漠土分布区的气候特征是夏季炎热干旱，冬季寒冷有雪，年平均气温为4~9℃，东部≥10℃积温为2000~3600℃，年降水量为100~200mm，年蒸发量为1600~2100mm，干燥度>4。

植被以耐旱性强的旱生小灌木为主，如琵琶柴、假木贼、泡果白刺、梭梭、柽柳、沙拐枣、骆驼刺等。

灰漠土的成土母质以黄土状洪积与冲积物为主，其次是风积物和坡积物，也有少量红土状母质。

（二）成土过程

灰漠土的成土过程既反映了荒漠土壤成土过程，又具有草原土壤形成过程的某些属性，即碳酸钙轻微淋溶淀积。

（三）土壤形态和基本性质

1. **形态特征**　灰漠土剖面由荒漠结皮片状层、紧实层、石膏聚盐层和母质层4个基本层段组成。表土结皮层厚1~4cm，浅灰或棕灰色，具有不规则的裂纹，背面多蜂窝状孔隙，干燥松脆，易沿裂纹散开，下面薄片或鳞片结构土层厚1~5cm，松散易碎。紧实层位于结皮层以下，厚5~15cm，呈褐棕色或黄棕色，块状或棱块状结构，中下部常有不同数量的斑点状、菌丝状或斑块状碳酸钙聚积。石膏和盐分聚积层在40cm或60cm以下，往下逐渐过渡到母质层。

2. **基本性质**　灰漠土颗粒组成因成土母质而异，新疆地区多以粉砂、黏粒含量比例高，质地多属黏壤土；内蒙古地区粉砂、黏粒含量较少，质地多属砂壤土，紧实层中黏粒含量较高。

土壤碳酸钙含量在 50～200g/kg，常以紧实层中下部含量最高。石膏聚盐层中的石膏含量以新疆地区偏高，多达 20～80g/kg；内蒙古地区偏低，小于 10g/kg；盐分含量为 5～20g/kg，也以东部偏低，西部偏高。灰漠土碱化现象相当普遍，碱化度为 10%～20%，高的达 40%～60%，pH 达 8.5～10.0，呈碱性至强碱性反应。

灰漠土有机质含量为 5～15g/kg，一般无活性腐殖质，腐殖酸组成中，富啡酸高于胡敏酸，胡敏酸/富啡酸一般在 0.4～0.6。养分状况从总体上看，养分含量较少，尤其是有机质、全氮、全磷含量较低，全钾含量较高。

二、灰棕漠土

灰棕漠土（grey-brown desert soil）是温带漠境地区极端干旱气候条件下形成的地表常见有黑褐色漆皮砾幂的干旱土壤。在我国土壤系统分类中被归入石膏正常干旱土（gypsi-orthic aridosols）、简育正常干旱土（hapli-orthic aridosols），相当于美国土壤系统分类中的干旱土（aridisols）。

（一）分布与成土条件

灰棕漠土主要分布在温带漠境地区。西起新疆准噶尔盆地西部和东部边缘，经新疆北部的诺敏戈壁，至内蒙古阿拉善高原的西部与中北部的广大地区，在甘肃河西走廊西部山前洪积扇和砾质戈壁平原，以及青海柴达木盆地中西部的山前坡积裙与洪积扇地带也有分布。

灰棕漠土地区的气候特点是夏季热而少雨，冬季冷而少雪，气候极为干旱，温度日变化和年变化大；年平均降水量一般在 50～100mm，最低仅十几毫米，年平均气温为 4～10℃，≥10℃积温为 3000～4000℃。

植被以旱生或超旱生（深根、肉质、具刺）灌木和小半灌木为主，且生长多为单株丛状，主要有梭梭（*Haloxylon ammodendron*）、琵琶柴、假木贼（*Anabasis* L.）、木本猪毛菜、沙拐枣、霸王、柽柳，属典型荒漠植被，一般覆盖度不足 5%。

成土母质多为砂砾质洪积、冲积物或粗骨性残积坡积物。

（二）成土过程

灰棕漠土的成土过程主要是砾质化过程、亚表层铁质化过程、碳酸钙表聚过程、石膏与易溶盐聚积过程及微弱的生物积累过程。

（三）剖面形态特征与基本理化性质

1. 剖面形态特征　　灰棕漠土剖面一般由砾幂层、多孔结皮层、紧实层或石膏聚积层组成。砾幂层厚 2～3cm，由 1～3cm 的砾石镶嵌所覆盖，砾石多呈黑褐色荒漠漆皮。多孔结皮层厚 2～4cm，呈棕灰色或浅灰色，有的存在 3～4cm 厚的鳞片状土层，但多因质地轻，片状或鳞片状结构不明显。紧实层厚 3～10cm，棕色或红棕色，较紧实，块状，结构面上带有白色盐霜。石膏聚积层多出现在 10～40cm 处，石膏呈结晶态，含量较高。

2. 基本理化性质　　土壤物理性状较差：灰棕漠土砾石多，土壤质地轻，结构性差，容重大，孔隙度小，土壤水分条件极差。土壤自然肥力很低。土壤有机质、氮、磷含量很低，微量元素含量也较低。阳离子交换量在 8～16cmol（＋）/kg，碳酸钙含量在 45～200g/kg，易溶盐含量为 5～30g/kg，石膏聚积层的石膏含量为 100～400g/kg。土壤呈碱性反应，pH 8～9。

土壤剖面化学组成没有明显变化，除氧化钙有变化外，其他基本上未发生移动。

三、棕漠土

棕漠土（brown desert soil）是暖温带极端干旱荒漠条件下发育的，地表有明显砾幂和红棕色紧实层及石膏、盐磐聚积特征的土壤。在我国土壤系统分类中被归入石膏正常干旱土（gypsi-orthic aridosols）、盐积正常干旱土（sali-orthic aridosols），相当于美国土壤系统分类干旱土（aridisols）。

（一）分布与成土条件

棕漠土在我国主要分布在甘肃河西走廊的西部，新疆东部的吐鲁番、哈密盆地、噶顺戈壁和塔里木盆地。

棕漠土地区的气候特点是夏季干旱炎热，冬季暖和少雪。年平均气温为10～12℃，≥10℃积温为3300～4500℃，年降水量极少，大部分地区低于50mm，蒸发量为降水量的50～60倍，干燥度达8～30。

棕漠土植被极稀疏且种类简单，多为旱生、超旱生深根肉质的小半灌木和灌木荒漠类型，常见种类有麻黄、红砂、藜、泡果白刺、假木贼、霸王、合头草、沙拐枣、骆驼刺等，覆盖度很低，一般小于1%。

棕漠土地形多属洪积扇地的中上部，冲积平原中地形部位较高的戈壁及剥蚀残丘和山麓缓坡地段。成土母质多为砂砾质洪积物和洪积与冲积物或石质残积、坡积物。

（二）成土过程

棕漠土孔状荒漠结皮成土过程较差，不及灰漠土和灰棕漠土。生物累积作用非常微弱，比灰漠土和灰棕漠土生物作用还要弱。

碳酸钙表聚和石膏、易溶盐分聚积过程较灰漠土、灰棕漠土明显增强。棕漠土区的干热程度远比灰漠土和灰棕漠土强烈，因而铁质化作用明显增强，土壤呈红棕色。

（三）剖面形态特征与基本理化性质

1. 剖面形态特征　　棕漠土剖面形态由砾幂结皮层、紧实层、石膏聚盐层和母质层组成。地表通常为成片的黑色砾幂，表层为发育很弱的孔状结皮，呈浅灰色或乳黄色，厚度不超过1cm。在结皮下为红棕色的铁质染色层，细土颗粒增加，但无明显的结构，土层厚度3～8cm。其下为石膏聚积层，石膏层以下出现黑灰色的坚硬盐磐，再下即过渡到砂砾层或破碎母岩。

2. 基本理化性质　　棕漠土颗粒组成基本上以砾石和砂粒为主，砾石含量常达20%～50%。细粒部分以砂粒占多数，黏粒含量<15%，土壤物理性状差。结皮层碳酸钙含量达100～200g/kg，盐盘层含量达300～400g/kg。交换性盐基总量仅为3～6cmol（＋）/kg，土壤pH为7.5～9.0。土壤腐殖质组成极简单，腐殖酸含量低于30%，胡敏素占到70%～80%，胡敏酸/富啡酸为0.1～0.6，比值小于其他漠土类型。除有灌溉条件的耕地以外，一般有机质、全氮、全磷等含量均很低，总体土壤肥力水平较低。土壤全剖面硅铁铝率变化甚微。

四、荒漠土壤的利用和改良

我国的漠土分布区，光热资源丰富，只要有灌溉条件，可以作为农、牧、林业发展基地。漠土地区主要靠高山雪水灌溉，应注意节约用水，灌溉时必须修建必要的排水系统，调控地下水位，防治土壤次生盐渍化。

漠土自然肥力和水热条件相对较好，种植业利用价值较大，可供开垦的面积较大，是今后开垦利用和改良为绿洲土的重点。漠土区农业利用时，要重视增施有机肥和施用化肥，以补充漠土区土壤养分低的不足。

漠土区应创造条件，积极发展林业，减小干旱、风沙和盐碱危害，增强漠土区的生态功能。林业发展上，在河流两岸、谷地、绿洲及边缘地带、灌区周围大力营造防风固沙防护林网和农田防护林网；在山区应封山育林育草。造林时要注意乔、灌、草结合，发挥林、灌草综合防风、固沙的优势。树种选择上要耐旱、耐瘠薄和耐盐碱，如新疆杨、银白杨、柠条、柽柳等。漠土区光热资源丰富，除发展特色农业外，还可大力发展特色经济林。

第四节　主要初育土

初育土是保留有母质特性，尚无明显剖面发育的幼年土壤。初育土是我国重要的土壤资源。

初育土是一个较庞大的土壤类群，在我国分布广泛。其共同特征是：土壤发育微弱，处于成土的初始阶段，剖面层次分异不明显（属 A—C 或 A—R 构型），母质特征显著。初育土的形成，或是因母质（母岩）特性，或是因较强的侵蚀、堆积条件，或二者兼而有之。其中，自然因素固然是重要的，人为因素往往加快了这一过程。初育土所处地貌类型多样，有强烈水土流失的山坡地，也有坡积、洪积作用盛行的坡麓地带或山前平原，还有泛滥频繁的冲积平原、风沙活跃的流沙地带等。由于成土物质不断更新，所以风化土层无明显物质移动或积聚，土壤发育微弱。

按照"中国土壤分类系统"，初育土纲依母质特性差异分为土质初育土和石质初育土两个亚纲。土质初育土包括黄绵土、红黏土、新积土、龟裂土、风沙土等土类，石质初育土包括石灰（岩）土、火山灰土、紫色土、磷质石灰土、粗骨土和石质土等土类。石质初育土中的石灰（岩）土、火山灰土、紫色土、磷质石灰土又称"岩成土"或"岩性土"。初育土相当于美国系统分类中的新成土（entisols）、始成土（inceptisols）；相当于联合国分类的浅层土（leptosols）、粗骨土（regosols）、始成土（cambisols）、暗色土（andosols）等单元。

本节主要介绍初育土纲中的黄绵土、风沙土、紫色土、粗骨土和石质土等土类的地理分布、成土特征、基本性状及其合理利用。

一、黄绵土

（一）分布与成土条件

黄绵土（loessal soil）又称黄土性土、绵土等，是黄土高原地区的主要土壤类型，其间常夹有黑垆土。黄绵土广泛分布在黄土高原水土流失较严重的地区，包括陕西北部和中部、甘肃东部和中部、宁夏南部及山西西部等，其中以陕北分布最广。在我国土壤系统分类中被归入黄土正常新成土（loessi-orthic primosols）、简育干润雏形土（hapli-ustic cambosols），相当于美国土壤系统分类中的新成土（entisols）、冻土（gelisols）、始成土（inceptisols）、软土（mollisols）。

黄绵土分布地区属温带、暖温带半干旱气候，年平均气温为 7～16℃，年平均降水量为

200～500mm，集中于7～9月，且多暴雨，年蒸发量为800～2200mm，干燥度>1.0。该区具特有的黄土地貌，其南部多为沟谷割裂的塬地，塬面破碎，北部为起伏的黄土丘陵，沟壑纵横。成土母质是黄土，黄土的性态对黄绵土的形成及性质影响很大。黄土质地均一，其颗粒组成以粉粒占优势；疏松多孔，虽然总孔隙率在50%左右，但非毛管孔隙度<10%，故透水能力较差；黄土富含石灰（含量变动在8%～16%），并多集中在粉粒中。另外，黄土土体具有较发达的垂直节理。所有这些，都使黄土易于侵蚀。

该区自然植被为草原和森林草原，草本植物主要为禾本科草类和冷蒿、地椒、甘草等，灌丛有胡枝子、酸枣、虎榛子等；南部地区与森林草原相接，气候较湿润，局部谷坡有栎、桦、榆、刺槐、油松、柏等。在黄绵土撂荒地上植物生长稀疏矮小，覆盖度一般仅为30%～40%，冲刷严重地方盖度更低。

（二）成土过程

黄绵土地区地形支离破碎，坡度大，雨量集中，植被稀疏，加之黄土抗蚀力弱，因而土壤侵蚀强烈，坡地水土流失严重，坡底或川道常被堆积和掩埋。在耕种条件下，黄绵土是以耕种熟化为主的成土过程和以侵蚀为主的地质过程共同作用下的产物。一方面进行着耕种熟化，另一方面又发生着土壤侵蚀，土壤形成处在熟化—侵蚀—熟化往复循环的过程中，加之气候干旱和生物过程不强，延缓了剖面发育，所以土壤始终处于幼年发育阶段。在自然草本和灌木疏林植被下，当地形平坦、侵蚀减弱时，表层会有枯枝落叶层或草皮层，并有较多腐殖质积累，剖面中有碳酸钙的轻度淋溶、淀积及微弱的黏化现象发生，黄绵土则向黑垆土、褐土、栗钙土等地带性土壤过渡。

黄绵土是母质性很强的初育土壤，在土壤形成过程中受黄土母质的影响特别明显。黄土分新黄土、老黄土和古黄土，其中新黄土面积最大。除风成黄土外，也出现洪积、坡积和冲积的次生黄土，这些黄土的许多性质可遗传给其上形成的土壤，从而导致黄绵土的性质差异。

（三）剖面形态特征与基本理化性质

1. **剖面形态特征**　黄绵土剖面由耕层和底土层（黄土母质层）两层所组成，即 A_p—C型，无明显淋溶、淀积层。因侵蚀较强，耕层一般较薄，在15cm左右，有的陡坡耕地不足10cm。耕层为粒状结构，疏松绵软，腐殖质含量较高，多呈灰黄棕色；底土层显黄土性状，淡棕黄色或棕黄色，有柱状结构发育。在自然植被下，黄绵土剖面为A—C型。A层厚10～30cm，有机质含量较高，灰黄棕色或棕黄色，团粒状、屑粒状、团块状结构，其下为母质层，稍有碳酸钙的淋溶淀积。通常林地有机质层比草地厚，有机质含量高，颜色暗，结构发育好。

2. **基本理化性质**

（1）物理性质　黄绵土质地与黄土相似，一般为轻壤质，上下各层差别不大。其颗粒组成以细砂粒（0.05～0.25mm）和粉粒（0.002～0.05mm）为主，黏粒含量较少。同一剖面各层颗粒组成变化不大，仅表层因侵蚀、坡积、耕作、施肥的影响稍有差异。但区域性差异显著，由北向南，由西向东砂粒含量递减，黏粒含量逐渐增加，这与黄土颗粒组成的区域分异规律是一致的。黄绵土疏松多孔，耕性良好。耕层密度一般为1.0～1.3g/cm³（自然植被下表土密度为0.95～1.1g/cm³），总孔隙度为55%～60%，通气孔隙最高可达40%。黄绵土透水性良好，蓄水能力强，有效水范围宽，透水速率通常大于0.5mm/s，每小时渗透量为

50~70mm，下渗深度可达 1.6~2.0m，2m 土层内可蓄积有效水 400~500mm，田间持水量为 13%~25%，土壤有效水含量可达 8%~17%。地形部位对土壤含水量的影响较大，如阴坡蒸发较弱，水分状况优于阳坡，一般比阳坡土壤水分含量高 1.5%~3.0%，相对高 20% 以上。

黄绵土多处于温带，加之质轻、色浅、比热小，因而土温变幅大，属温性—中温性土壤，一般阳坡高出阴坡 1.5~2.5℃。坡向引起的土壤水热状况差异，对黄绵土地区的农林业生产有重要影响。

（2）化学性质　耕地黄绵土的有机质含量低，一般在 3~10g/kg，草地黄绵土表层有机质含量一般在 10~30g/kg。腐殖质组成以富啡酸为主，HA/FA 为 0.3~0.9。氮素含量低，全量磷钾较丰富，但有效性差，锌、锰较缺。黄绵土为弱碱性反应，pH 8.0~8.5。整个剖面呈石灰性，碳酸钙含量为 90~180g/kg，上下土层比较均匀。由于胶体物质相对缺乏，阳离子交换量仅为 6~12cmol（＋）/kg，保肥能力较弱。黄绵土的矿物组成与化学组成和黄土母质近似，矿物组成以石英、长石为主，各层变化不大；黏土矿物以水云母为主，其次是绿泥石和少量高岭石，黏粒硅铁铝率为 2.8~2.9，硅铝率为 3.5~3.7，化学风化度不高。

（四）合理利用

黄绵土是黄土高原地区主要的旱作土壤，要本着"米粮下川上塬，林果下沟上岔，草灌上坡下坬"的原则合理利用。尤其要综合防治水土流失，逐步改善生态环境。

1. 营造水土保持林　黄绵土地区气候干旱，土壤瘠薄，自然灾害频繁，水土流失严重，不良自然条件致使农牧业生产低而不稳。实践证明，营造水土保持林对截流保土，改善生态环境，促进农牧业发展有重要意义，而且还有助于解决本地区"四料"（肥料、燃料、饲料、木料）缺乏问题。应根据树木的生态学特性和黄绵土性状，因地制宜选择树种，积极营造各种类型的水土保持林。

（1）梁峁顶部防护林　梁峁顶部虽地势平缓，但高寒干旱，风蚀严重，土层瘠薄。需营造防护林带，以防风蚀，阻拦雨雪，保护农田。造林树种应选用抗风、耐寒、耐旱、耐瘠和根系发达的树种，如油松、杜梨、山杏、柠条、酸刺、怪柳等。

（2）护坡林　沟坡在黄绵土地区所占面积很大，水土流失严重，营造护坡林对防止坡面侵蚀、固定沟谷和保护农田安全具有重要意义。研究证明，采取乔灌混交造林，可以起到增强树冠截流和控制地表径流的作用。采用根系发达和根蘖力强的树种较好，如河北杨、刺槐、油松、柠条、酸刺、紫穗槐、怪柳等。

（3）梯埂防护林　沿梯田地埂造林，除有防止地埂崩落、滑溜和陷穴作用外，还可收到农田防护效益，同时尚能充分利用梯田埂所占大量土地（可占耕地面积的 10%~20%），发展多种经营，增加收入。因田面窄，为避免遮阴，减少林木根系与作物争夺水分和养分，应选择串根性弱和直根性树种，如怪柳、杞柳、紫穗槐、柠条和桑树等。

（4）沟头防护林　一般沟头溯源侵蚀很活跃，沟头防护林具有防止沟谷扩展，以及梁峁坡和塬面崩塌割切的作用。宜用根蘖力强、根系扩展、固土抗蚀的速生树种，乔木有青杨、小叶杨、河北杨、旱柳、刺槐和白榆；灌木有酸刺、杞柳、紫穗槐和柠条等。

（5）沟底防冲林　沟底防冲林的作用是缓和径流，促进淤淀，防止沟谷加深和扩大。宜选用耐水湿、根蘖力强的树种，如旱柳、小叶杨、青杨、杞柳、酸刺和怪柳等。在无常年流水，沟底比降小，下切不严重的沟内，土壤条件较好的地段，可营造速生用材林。适宜的树种有河北杨、青杨、箭杆杨、刺槐、白榆和臭椿等。

另外，黄绵土地区的河流均为土质河床，河流曲流游荡，易使河岸崩塌，必须营造护岸保滩林。堤坝迎水坡可栽植根系强大并耐水淹的旱柳、垂柳和紫穗槐；背水坡宜栽植箭杆杨等喜水湿的树种。

2. **退耕还林还草**　黄绵土地区地形破碎，坡度大，坡耕地多，尤其陡坡耕地比重大。例如，陕北黄土丘陵耕种黄绵土占黄绵土总面积的67%～75%，其中大于25°的坡耕地占耕地黄绵土面积的43.5%，既不适于种植农作物，还加剧了水土流失。因此，坡度大于15°的坡耕地要逐步退耕还林还草（牧）。

3. **农业利用改良**　黄绵土因经常处于干旱状态，又缺水源灌溉，故以种植糜子和谷子等耐旱作物为主，其次是荞麦和燕麦等。在雨水多的年份或部分水分条件较好的黄绵土，则种植小麦、玉米和马铃薯等作物。在地形和水土条件较好的地段，尚有发展林果业的潜力。

黄绵土的农业利用，首先要抓好水土流失的工程治理，搞好以工程措施为基础的农田基本建设。工程治理措施主要是修筑水平梯田、隔坡梯田、高垾隔田、淤坝地、水平沟和护沟埝等，做到"水不出田，泥不下坡"，但工程措施要与生物措施相结合。

气候干旱和土壤水分不足是影响黄绵土地区农业生产的主要因素，因此推行抗旱耕作技术相当重要。在有条件的地区应大力发展节水灌溉，加强水利措施的建设和配套，逐步推行喷灌、滴灌等先进技术，提高灌溉效益。旱地在建设梯田、坝地的基础上，积极推广节水农业及其他抗旱耕作保墒措施，如旱耕、深松、适时耕耘、镇压、覆盖等，做到降水就地入渗拦蓄，增加土壤蓄水，抗御干旱。

针对黄绵土有机质和氮磷缺乏的问题，应有计划地分年施用有机肥料，秸秆还田，采用有机和无机肥料结合，增施氮、磷化肥和硼、锰微肥，增加地力。改进轮作倒茬制度，将豆科作物、牧草绿肥纳入轮作，特别是发展苜蓿对解决肥料、饲料、燃料都有积极的作用。

二、风沙土

（一）分布与类型

风沙土（aeolian sandy soil）在我国广泛分布在内陆沙漠地带或风蚀沙化严重的地区，以及河湖沿岸和滨海滩地。主要集中分布于古尔班通古特、塔克拉玛干、腾格里、乌兰布和、库布齐沙漠、毛乌素、科尔沁、海拉尔沙地，柴达木盆地，嫩江及其支流沿岸河滩阶地，黄河下游故道及其现代河漫滩的高滩地，雅鲁藏布江及其支流的河滩阶地，以及东南沿海滨海滩地。风沙土虽非地带性土壤类型，但其分布格局主要处于黑钙土、栗钙土、棕钙土和漠土地带内，跨黑龙江、辽宁、内蒙古、陕西、宁夏、甘肃、青海、新疆等省（自治区），构成中国著名"三北"风沙区。

根据区域成土条件差异，在中国土壤分类系统中将风沙土分为荒漠风沙土、草原风沙土、草甸风沙土和滨海风沙土4个亚类。在我国土壤系统分类中被归入干旱砂质新成土（aridi-sandic primosols）、干润砂质新成土（usti-sandic primosols），相当于美国土壤系统分类中的新成土（entisols）、冻土（gelisols）。

（二）内陆风沙土

内陆风沙土指荒漠风沙土、草原风沙土、草甸风沙土三个亚类，总面积达 $6729.7 \times 10^4 hm^2$。

1. **成土条件**　内陆风沙土分布地区多属于干旱、半干旱的大陆性气候，不同地区气候差异很大。大多数地区降水量少，蒸发量大，干燥度大，气温日变化很大，干燥多风。

植被稀疏，覆盖度低，多以根系发达、耐旱、耐瘠、抗风沙的灌木、半灌木为主。植物组成因所处地区不同不尽一致，荒漠地区风沙土植被组成主要有梭梭、沙拐枣、沙蒿、胡杨等。草原区风沙土植被组成主要有褐沙蒿、小叶锦鸡儿、山竹岩黄芪、小红柳、沙蓬、沙米等。

成土母质多为风积物，主要来源于就地风化产物、河流冲积物、湖泊沉淀物、海潮堆积物、洪积物和坡积物。

人类不合理的生产活动也是影响风沙土形成的因素之一。盲目垦荒、过度樵采和过度放牧，导致大面积草场风蚀沙化，固定沙丘活化。近代人类不合理的生产活动对风沙土的扩展更起着决定性的作用。

2. 成土特点　　风沙土的成土过程大致可分为三个阶段。

（1）流动风沙土阶段　　光秃的流沙凭借大气降水或凝结水和母质中所含少量营养元素，着生稀疏的植被，土壤开始初具肥力特征。但由于风沙流动强烈，植物定居困难，大部分沙面处于流动状态。

（2）半固定风沙土阶段　　随着流动风沙土上植物不断滋生、蔓延，植被覆盖度增大，沙丘背风坡和迎风坡坡脚首先被植物固定，丘顶相继夷平，沙面变紧，沙丘呈半固定状态。沙面表层被腐殖质染色，地表开始形成薄结皮，剖面开始分化，已具备成土特征。

（3）固定风沙土阶段　　半固定风沙土上的植物进一步发展，除沙生植物外，地带性的植物种类出现，沙丘迎风坡上也能生长植物，盖度进一步增大，流沙得到控制。沙丘外貌更加平缓，呈波状起伏，地表结皮增厚，表土变得更紧密并有腐殖质积累和弱团块状结构发育，表明成土过程加快，理化性状显著变好。

3. 剖面形态特征与基本理化性质

（1）剖面形态特征　　风沙土剖面无明显的腐殖质层和淋溶淀积层，一般由薄而淡的腐殖质层和深厚的母质层组成，剖面构型为 A—C 或 C 型。流动风沙土阶段土壤剖面分异不明显，呈灰黄色或淡黄色，单粒状结构。母质层（C）深厚，黄色或淡黄色或灰白色，单粒结构。通体壤质砂土，无石灰反应。草甸风沙土的心、底土有锈纹锈斑，并偶见石灰淀积现象。

（2）基本理化性质　　风沙土质地均一，土壤颗粒组成中粒径>0.02mm 的粗砂和细砂一般占 85%～90%，黏粒和粉粒含量很少，几乎无>2mm 的石砾。土壤结构性差，容重和非毛管孔隙度较大，土壤水分条件较差。随着从流动风沙土发育为半固定风沙土和固定风沙土，土壤物理性状总体得到改善，细砂和黏粒有所增加，土壤结构性逐渐变好，土壤容重和非毛管孔隙度有所减小，而总孔隙度和毛管孔隙度有所增加。

土壤有机质含量一般较低，常小于 10g/kg，流动风沙土一般在 1～3g/kg。腐殖质组成以富啡酸为主，胡敏酸/富啡酸多在 0.3～0.7。碳酸钙含量一般较低。土壤含盐量较低，一般不超过 2g/kg。阳离子交换量多为 2～6cmol（＋）/kg，盐基饱和度为 60%～80%。土壤酸碱度呈中性至碱性反应，pH 6.5～8.5，不同地区和亚类有所差异，个别地区风沙土甚至超过 pH 8.5 或低于 pH 6.5。

内陆风沙土肥力低，养分贫乏。全氮多在 0.8g/kg 以下，全磷多在 0.5g/kg 以下，全钾含量较高，速效养分普遍较低，表层碱解氮小于 10mg/kg，速效磷小于 6mg/kg，速效钾小于

150mg/kg，微量元素有效含量也较低。

4. 改良和利用（固沙造林）　　我国内陆风沙土面积大，分布广，开发利用潜力很大，是宝贵的后备土壤资源。长期以来，人们对风沙土区的自然属性认识不足，不顾脆弱的生态环境条件，滥垦、滥牧、乱挖，植被遭到严重破坏，沙漠化日益扩大，甚至出现了"沙进人退"的局面。世纪之交的沙尘暴给人类敲响了警钟。

风沙土的利用方向应以林、牧业为主，只能在个别地带有条件地发展生态保护型农业，宜适当规模发展果树和多年生经济作物。

植树、种草、增加植被覆盖度，防风固沙、退耕还林还草，大力发展林、草业促进生态建设是风沙土主要利用方向。充分利用风沙土区的水热条件，科学规划，分区治理，先易后难。坚持以恢复植被为基础，以林、草建设为中心，以改善生态环境为方向，以发展林牧业为目标。

（1）封沙育林育草恢复天然植被　　封沙育林育草是在植被遭到破坏的地段上，建立某种防护设施，严禁人畜破坏，为天然植被提供休养生息、滋生繁衍的条件，使植被逐渐恢复。封育措施应包括规划封育范围、建设防护设施、制定封禁条例、有条件时灌溉。封育区内有些一时难以恢复的流沙地段，可以采取补植造林以加速流沙固定。

近几年，新疆、内蒙古、甘肃等省（自治区）通过封育胡杨、梭梭、柽柳、沙地樟子松都取得了大面积恢复植被的效果。封育恢复植被既是非常有效，又是成本最低的措施。据计算，封育成本仅为人工造林的1/40（旱植）~1/20（灌溉），为飞播造林的1/3。

（2）飞播造林种草固沙　　飞机播种造林种草固沙恢复植被是治理风沙土的重要措施之一。具有速度快，用工少、成本低，效果好的特点，尤其对地广人稀、交通不便的地区恢复意义更大。

流沙地飞机播种植物种类选择：流动沙丘迎风坡有强烈风蚀，背风坡有严重沙埋，故要求飞播植物种子易发芽、生长快、根系扎得深；地上部分有一定的生长高度及冠幅，在一定的密度条件下，形成有抗风蚀能力的群体。同时，还要求植物种子、幼苗能适应流沙环境、忍耐沙表高温。我国经过大量试验，在草原带飞播最成功的植物有花棒、杨柴、籽蒿、沙打旺。在荒漠草原有花棒、蒙古沙拐枣、籽蒿等。

（3）植苗固沙　　植苗固沙是以苗木为材料进行植被建设的方法。由于苗木种类不同，植苗分为一般苗木、容器苗、大苗深栽三种方法。

栽植及扦插的技术关键：①要适时旱栽，采取顶凌栽植是抗旱植树的重要措施；②深栽踩实，多埋少露是抗旱造林的关键，通常要求栽植深度大于50cm，扦插造林埋土深达60~70cm；③苗根浸水，可以补偿苗木本身的起苗、运苗过程中失掉的大量水分，缩短缓苗期，使其迅速生长发育；④风沙土栽植树种选择，我国各地实践证明，栽植固沙成功的植物种有沙蒿、紫穗槐、花棒、杨柴，扦插成功的植物种有黄柳、沙柳、柽柳、花棒、杨柴等。

（三）滨海风沙土

1. 分布与成土特点　　滨海风沙土是由滨海沉积物经风浪作用堆积而成，多为古沙堤，往往呈条带状与海岸大体平行。行政区域主要在广东、福建、广西三省的沿海地区，其次为辽宁、河北和山东沿海。与内陆风沙土相比，我国滨海风沙土总面积不大，约$23×10^4hm^2$，但它与林业关系相对较大。

滨海风沙土分布区虽然年降水量高达1000~2800mm，但由于高温多大风，干燥度仍在

0.75～1.40，强风伴以巨浪给植物生长造成严重威胁，致使植物种类贫乏（如海桐花、节竹、滨藜、厚藤等），覆盖率低，土壤发育微弱。

滨海风沙土形成的初期，主要是沙堤和沙丘的不断加高和扩展，呈流动状态；随着沙生植物的生长及植被覆盖率的增大，沙面被固定变紧，地表形成结皮；随着表层土壤有机质的积累，剖面逐渐发育而成为半固定风沙土。随着地带性植物在风沙土上的繁荣昌盛，地表的结皮越来越厚，土体也越来越紧实，土体中开始形成弱团块状结构，土壤进一步发育成固定沙土，或进一步向地带性土壤或向潮土方向发育。

2. 剖面形态特征及基本理化性质

（1）土壤形态特征　　剖面构型为（A）—C 型或 C 型。土层大多深厚，具单向或双向风积层理，砂粒分行分选及磨圆度较好；半固定风沙土地表已生长稀疏耐旱的砂生植物，剖面层次分化不明显，土体呈灰白色或灰棕色；固定风沙土主要分布在半固定风沙土的内侧，其形成时间较久，植物生长较好，覆盖率较高，土体分化明显，多呈灰色、灰棕色、淡棕黄色以至红色，局部地段由于地形、水分和掩埋植物的差异，还可出现有泥炭和铁锈层。现以海南省儋州市三都乡的半固定风沙土为例，该土壤剖面位于海拔 5m 的海成阶地沙带上，有的已种植木麻黄。剖面形态特征：0～21cm——黄色（2.5Y8/6），壤质砂土，单粒状结构，湿润，松散，无根系。21～100cm——浅黄色（2.5Y8/3），壤质砂土，单粒状结构，湿润，松散，无根系。

（2）基本理化性质　　滨海风沙土的有机质含量有从表土向下逐渐减少的趋势。全氮量与有机质含量呈正相关关系，但一般含量不高；全磷含量在 0.5g/kg 以下，表土、心土层和底土层之间变化不大；有效性氮、磷、钾缺乏。颗粒组成较为均匀，多以中、细砂为主，0.05～1mm 粒级的砂粒含量一般都在 900g/kg 以上，黏粒所占的比例很小，多属紧砂土或松砂土。

3. 改良及林业利用

滨海风沙土由于存在砂性重、养分贫乏、风大等问题，农业开发利用大都较差，目前只在部分地区作为建筑材料用地，有的长有疏林，经济效益不高。滨海风沙土的林果业利用有成功的例子，如广东省朝阳县海门镇在滨海风沙土上种植的柑橘亩产达 2000～4000kg。

综合各地经验，滨海风沙土的治理和利用，可采取以下措施。

（1）选择抗风耐瘠树种营造防护林带　　在风沙土上种植的树种，必须具有耐旱、耐瘠、根系发达、抗风力强等特点。各地适宜于滨海风沙土的树种，广东、广西、福建有木麻黄，近年试种取得较好效果的有湿地松、台湾相思、大叶相思、马占相思、窿缘桉；在海南尚有海棠、青皮等；适于辽宁、河北、山东等暖温带种植的有杨树和刺槐、紫穗槐，此外，油松、赤松、黑松及樟子松等，也通过引种取得一定的栽植经验。滨海风沙土直接营造防护林，在南方台风影响大的地区常不易成功，广东、广西等省（自治区）的经验是用露兜初步固沙，然后在有露兜地内植树，取得了良好的效果。

（2）实行因土种植　　营造防护林带后的滨海风沙土，可适当地进行垦种，以扩大沿海地区的耕地或园地面积。根据各地的调查估计，可开垦用作农地或园地的约有 $6 \times 10^4 hm^2$，分布在广东、福建、广西、辽宁、河北等地。由于滨海风沙土具有土层深厚，但砂性重，养分贫乏的特点，选种的果树、作物必须具有较强的适应性能。根据各地的经验，适宜滨海风沙土种植的果树有苹果、梨、葡萄、柑橘；农作物有芦笋、沙参、甘薯、豆类、花生、西瓜、芝麻等。

沙地种植果树或农作物，必须注意有机肥的施用，应提倡种植绿肥，以增加地面覆盖和提高土壤肥力。在不宜种植果树或作物的地段，可种植牧草，发展草食家禽。

（3）加强管理保护植被 治理和开发滨海风沙土资源，提高风沙土的生态效益，必须在有很好的地面覆盖的前提下，才能实现。因此必须十分注意地面植被的保护和管理工作，防止植被遭破坏，引起土壤的风蚀，甚至导致沙丘的移动，造成风沙危害。

三、紫色土

（一）分布与成土条件

紫色土（purple soil）一般指亚热带和热带气候条件下由紫色砂页岩发育形成的一类岩性土，其成土母岩包括三叠系、侏罗系、白垩系、第三系的多种紫色砂页（泥）岩。在我国土壤系统分类中被归入紫色湿润雏形土（purpli-udic cambosols）、紫色正常新成土（purpli-orithic primosols）。相当于美国土壤系统分类中的始成土（inceptisols）、软土（mollisols）、冻土（gelisols）、新成土（entisols）。我国紫色土总面积为 $1889.12 \times 10^4 m^2$，广泛分布于具有亚热带和热带湿润气候条件的南方 15 个省（自治区、直辖市），其中以四川盆地面积最大，在贵州、浙江、福建、江西、湖南、广东、广西等省（自治区、直辖市）也有分布。

（二）成土过程

紫色土是一类幼年土壤，其性状主要受紫色母岩及频繁的侵蚀和堆积的影响。成土过程中具有以下一些特点。

1. 物理风化强烈 紫色砂页岩吸热性强，昼夜温差大，易受热胀冷缩影响而剥落成碎屑状物质，尤其在高温多雨季节，这种物理风化更为强烈。紫色岩石崩解所成的碎屑物质，在降雨特别是暴雨的冲刷下极易随地表径流而流失，所以土层的侵蚀与堆积作用频繁。

2. 化学风化微弱 紫色土矿物的化学风化作用微弱，不具有亚热带土壤的脱硅富铝化特征。在其粉砂部分中除石英外，尚存有大量长石、云母等原生矿物颗粒；黏粒部分的矿物组成以水云母或蒙脱石为主，并且在同一剖面中土层间差异不大。黏粒硅铝率多在 3 以上，与母岩特性直接相关，上下层次间也无明显变异。而且，在紫色土中还部分存在碳酸钙。这些都说明紫色土矿物质的化学风化微弱，主要是继承母岩的特性。

3. 碳酸钙的持续性淋溶 紫色土的成土母岩除一部分为酸性紫色砂页岩外，大部分都含有不同数量的碳酸钙。当岩石裸露地表，游离碳酸钙的淋失作用加强，尤其是物理风化为碎屑后更为显著；但风化物累受侵蚀，成土物质不断更新或堆积，而碳酸钙的淋溶作用也总处于持续不断地进行中。

4. 母岩的强烈影响 相对于其他岩成土类而言，紫色土成土过程受母岩的影响特别大，土壤的颜色、理化性质、矿物组成皆继承了紫色岩的特性。不同的紫色砂页岩，其上发育的紫色土性质差别很大。例如，紫色砂岩颗粒粗大，常含石英砂粒，透水性好，碳酸钙淋失较快；而紫色页岩颗粒细小，透水性差，碳酸钙淋失较慢。发育于老第三纪、白垩纪、二叠纪、侏罗纪紫色砂页岩上的紫色土，呈中性，全量养分比较丰富；发育于侏罗纪棕紫色砂页岩和紫色钙质泥岩上的紫色土，土壤含石灰，呈碱性（pH＞7.5）；而发育于志留纪、侏罗纪前期的紫红色砂页岩和新第三纪红色砂页岩上的酸性紫色土，pH＜5.5。

综上可知，紫色土之所以没有发育成红壤、黄壤类的地带性土壤，一方面是因为紫色砂页岩强烈的物理风化使土壤处于不稳定状态，表层经常受到剥蚀，底土（甚至是岩石风化物）不断出露地表成为新的表层，以致土壤发育时间短，淋洗过程不充分，从而继承了成土母岩的性质；另外，紫色砂岩、页岩所含大量碳酸钙延缓了土壤酸化过程，土壤的 pH 比同地带的黄壤、红壤要高，盐基饱和度较高，磷、钾等养分水平也较高。但由于受母岩的强烈影响，紫色土的性状差异很大。

（三）剖面形态特征与基本理化性质

1. 剖面形态特征　　紫色土以紫色为基本色调，土壤剖面上下呈色均一，无明显差异。丘陵顶部或坡地上部的紫色土，因受侵蚀影响土层浅薄，往往在十几厘米下即可见到半风化的母岩，有些地区母岩裸露地表；丘陵坡地下部虽承受上部侵蚀来的堆积物，一般其厚度也不过 1m，剖面层次发育不明显，没有显著的腐殖质层，表层以下即为母质层。由于该类土壤以物理风化为主，因此土壤中砾石含量有时较高（因母岩而异）；而淋溶淀积现象极少，一般无新生体生成。只有在坡度平缓的草地或林地，表层以下可见到核块状构造的心土层，有时还具有胶膜。紫色土耕种以后，表层为耕作层，有时也出现犁底层。

2. 基本理化性质

（1）水热状况　　紫色土的质地随母岩类型而异，由砂土至轻黏土组成，但以壤土为主，孔隙状况良好，有利于通透。土层浅薄，蓄水能力低，是丘陵坡地上的紫色土易受旱的主要原因。紫色土的吸热性强，白天土温容易上升，昼夜温差较大，尤以无植物覆盖的坡地上更为突出。光坡地白天易出现高温（最高可达 76℃），故保护天然植被或造林对改善紫色土水热状况有重要意义。

（2）化学性质

1）pH 和碳酸钙。部分紫色土含有碳酸钙，其含量可高达 10% 以上，pH 7.5～8.5。但有相当部分的紫色土，或因母岩透水性好，石灰淋失较快，或因处在丘陵地下部或槽谷地形部位，成土时间较长，碳酸钙多被淋失，其剖面上部碳酸钙含量低于 3%（常低于 1%），有的甚至全剖面均无石灰反应，土壤呈中性反应。此外，还有部分紫色土形成于酸性紫色母岩上，常为酸性，pH ＜5.5。据此，可把紫色土划分为石灰性紫色土、中性紫色土、酸性紫色土 3 个亚类。

2）土壤吸附特性。与红壤、黄壤等地带性土壤相比，紫色土的阳离子交换量较高，但因土壤质地不同而有明显差异。质地黏重的，阳离子交换量可达 20cmol（＋）/kg，甚至超过 25cmol（＋）/kg，质地轻的，交换量多在 20cmol（＋）/kg 以下，甚至低于 10cmol（＋）/kg。紫色土的盐基饱和度一般在 80%～90%，交换性阳离子组成中绝大部分为钙、镁。

3）有机质与养分。紫色土的有机质含量除局部植被良好外，一般均较低，表层含量常小于 1%；经长久耕作的紫色土，耕层土壤有机质含量常达 1.5% 左右。紫色土含氮量低，较少超过 0.1%。紫色土中磷、钾的含量较丰富，全磷量可高达 0.15% 左右，全钾量达 2% 以上，各土层的差异很小，但其含量随母岩而有不同。一般来说，母质为紫色页岩的磷、钾含量较高，紫色砂页岩者次之，紫色砂岩则更次。部分富含石灰的紫色页岩所形成的紫色土游离碳酸钙含量相当高，故磷含量虽然较高，而有效性却较低。微量元素除锌、硼、钼有效量偏低外，其余均高。紫色土具有良好的保肥蓄肥能力，它的缓冲性大，养分供应平稳。

（四）亚类划分

紫色土划分为石灰性紫色土、中性紫色土、酸性紫色土 3 个亚类。

（五）合理利用

紫色土母岩松脆，易于风化崩解，成土较快，矿质养分丰富，即使土层浅薄，稍加耕作也能种植作物。因此，除紫色丘陵顶部或陡坡岩坡外，大都已开垦种植。紫色土潜在肥力较高，是南方丘陵地区比较肥沃的一类土壤。特别是四川盆地的紫色土，在多雨雾的气候条件下，其肥力更能充分发挥，是我国粮、油、麻和水果生产的重要基地，也是宜林的土类之一。紫色土在利用改良方面须注意如下几个问题。

1. 综合治理，防治水土流失　　紫色土地区多为丘陵山区，也是我国南方水土流失最严重的地区。水土流失不但使表土有机质含量低，而且造成土层薄，蓄水抗旱能力差，更造成大量泥沙下泄，抬高河床，淤积水库，酿成洪涝灾害。因此，紫色土的开发利用首先以保持水土为重点。在水土流失较为严重的紫色土坡地，应实行林、土、水综合治理。坡地改为梯田，整理坡面水系，兴修蓄水池，造林绿化，控制水土流失。

2. 调整农业结构，提高经济效益　　紫色土所在的丘陵山区应适当减少粮、棉、油等大田作物的播种面积，发展柑橘、油桐、油橄榄、竹等经济树种，不仅能提高经济效益，还有助于保持水土，改善生态环境。

3. 旱地蓄水灌溉　　这是紫色土旱耕地高产稳产的关键措施。紫色土中矿质养分含量虽然丰富，但常因土壤干旱缺水，不能充分发挥作用。因此，应结合保土防冲措施，选择适宜坡地挖建蓄水池，解决坡地灌溉用水。

4. 增施肥料，合理间套轮作　　紫色土中需补充有机质和氮素，必须广辟肥源，增施有机肥料，提高氮素供应水平。大部分紫色土含钙丰富，酸碱度适中，适宜豆科作物生长，采用豆科作物与玉米、甘薯、花生合理间套轮作，可增加有机质和氮素含量，不断提高土壤生产潜力。

四、粗骨土

粗骨土（skeletal soil）是在各种基岩风化残坡积物上形成的一类 A—C 型初育土壤。在我国土壤系统分类中被归入石质湿润正常新成土（lithic udi-orithic primosols）、石质干润正常新成土（lithic usti-orithic primosols）。相当于美国土壤系统分类中的新成土（entisols）、冻土（gelisols）。

（一）分布与成土特点

粗骨土广泛分布于河谷阶地、丘陵、低山和中山等多种地貌中。凡地形陡峭、地面坡度大、强度切割和剥蚀地区，均有粗骨土分布。其分布涉及全国23个省（自治区），计 $2610.34 \times 10^4 hm^2$。

由于地形起伏，坡度大，加上侵蚀，细粒物质淋失，土体中残留粗骨性砾石。另有部分母岩在各种气候因子综合作用下，以物理风化为主，形成半风化的碎屑风化层，显示粗骨特性。还有的是在河床边由于山洪带来大量石砾堆积形成。在植被长期影响下，具有一定的生物积累作用。

（二）剖面形态特征与基本理化性状

粗骨土剖面构型为 A—C 或 A—AC—C 型，表土层厚 10～20cm，疏松多孔。除表层土壤颜色因有机质的作用略显暗淡之外，整个剖面具有一致性，颜色随成土母质（母岩）而异。粗骨土的性状源于母质（岩），质地变化很大，土壤酸、中、碱性均有，pH 4.5～8.5；

土壤有机质和有效养分含量一般不高。

（三）亚类划分及特征

粗骨土划分为酸性粗骨土、中性粗骨土、钙质粗骨土和硅质粗骨土 4 个亚类。

1. **酸性粗骨土**　　主要分布在中亚热带山丘坡地，多与红壤、黄壤、黄棕壤及山地棕壤或石质土呈复区分布，成土母岩有砂页岩、千枚岩、花岗岩、片麻岩等，土层厚 30～50cm，酸性反应，pH 4.5～6.0，各种养分含量不高。

2. **中性粗骨土**　　主要分布在北亚热带以北的半干旱、半湿润、湿润地区的山丘坡地，成土母质为各种非钙质岩风化物。常与石质土、棕壤、褐土、黄棕壤等交叉分布，pH 6.5～7.5。

3. **钙质粗骨土**　　分布在石灰岩分布区，与钙质石质土、石灰土相间分布，成土母岩为碳酸盐岩类。土体中有石灰反应，pH 4.0～8.0。

4. **硅质粗骨土**　　主要分布在广西、河南等地，发育于硅质岩与灰岩伴生地段。由于硅质岩抗风化的特性，粗骨性更强，养分是 4 个亚类中最低的。pH 4.5～5.5，少数呈中性反应。

五、石质土

石质土（lithosol）是发育在各种岩石风化残积物上的一类土层极薄，厚度一般在 10cm 以内，含 30%～50% 的岩石碎屑，以下即为未风化母岩层，剖面构型为 A—R 型的土壤。在我国土壤系统分类中相当于黑色岩性均腐土（black-lithomorphic isohumosols）、腐殖钙质湿润淋溶土（humic carbonati-udic argosols）、钙质湿润淋溶土（carbonati-udic argosols）、钙质湿润雏形土（carbonati-udic cambosols）、钙质湿润富铁土（carbonati-udic ferrosols）、富磷岩性均腐土（phosphi-lithomorphic isohumosols）、磷质钙质湿润雏形土（phosphic carbonati-udic cambosols），相当于美国土壤系统分类中的软土（mollisols）、淋溶土（alfisols）、老成土（ultisols）、始成土（inceptisols）、冻土（gelisols）。

（一）分布与成土特点

石质土广泛分布于侵蚀严重的石质山地、剥蚀残丘，以及丘顶、山脊、山坡等坡度陡峻的地形部位，且常与地带性土类的"性土"、粗骨土或其他山地土壤呈复区分布。我国石质土总面积为 $1852.23 \times 10^4 hm^2$，分布在全国各地，以西北、华北山区面积较大。

该土类以物理风化为主要成土特征，可形成于各种气候条件下，只要在易受到侵蚀的地形部位（如陡坡），就可能存在石质土。但在植被较好的地方，石质土也有一定的生物积累作用，并且在水热条件好的地区还有一定的淋溶作用。

（二）剖面形态特征与基本理化性状

石质土剖面形态极其简单，由浅薄的 A 层和基岩组成，土石界限分明，在局部植被良好的地段可见到 1～2cm 的枯枝落叶层。土壤中富含岩石风化碎屑，残留岩性特征明显。

不同生物气候区或不同地质地貌区的石质土差异较大，但普遍具有如下特征：无明显元素迁移，生物富集作用微弱，砾石含量为 30%～50%，土层极薄，土壤 pH 为 4.5～8.5，阳离子交换量较大，盐基饱和度较高。

（三）亚类划分

不同的成土母岩，就形成具有不同性质、不同矿物组成、不同风化特点的石质土。据此，石质土可划分为酸性石质土、中性石质土和钙质石质土 3 个亚类。

1. 酸性石质土　　主要分布在亚热带地区的石质土地区，多由中、酸性结晶岩类、变质岩类及砂页岩等残积风化物形成，土壤 pH 为 4.2～6.5，盐基不饱和。土壤质地多为砂土或砂质壤土。土壤颜色和质地因母岩、有机质含量而异，生物累积弱，土壤冲刷严重，各种养分均低。

2. 中性石质土　　主要分布在湿润与半湿润地区。成土母质为中性、酸性、基性结晶岩以及非钙质沉积风化残积物。土壤 pH 为 6.5～7.5，阳离子交换量为 7～15cmol（＋）/kg 土，盐基不饱和，几乎不含交换性酸。土壤养分含量低。

3. 钙质石质土　　主要分布在气候干旱和半干旱地区的石质山地或残丘，南方石灰岩山地陡峻处也有少量分布。此亚类发育于各种灰岩及钙质砂页岩等风化物上，由于气候干旱、钙质未被淋失，故土壤呈石灰反应，碳酸钙含量＞50g/kg，pH 为 7.5～8.5。养分含量较之前两个亚类略高。

（四）粗骨土和石质土的保护利用

粗骨土和石质土一般不宜规模性开发，主要是封山育林、育草，以保护生态环境，防止生态恶化。

【思　考　题】

1. 分别简述森林土壤、草原土壤、荒漠土壤及初育土壤的特点。

2. 我国主要的森林土壤类型有哪些？各自有什么样的特性？

3. 我国主要的草原土壤类型有哪些？各自有什么样的特性？

4. 试比较栗钙土、棕钙土及荒漠土形成的条件及成土过程。

5. 褐土的成土条件是什么？成土过程有何特点？

6. 试分析棕色针叶林土和暗棕壤在分布、成土条件、成土过程、主要性状及利用等方面的主要差异。

7. 黄棕壤和黄褐土在分布、成土条件、主要性状及利用等方面有哪些主要差异？

8. 棕壤和黄棕壤在分布、成土条件、成土过程、主要性状及利用等方面有哪些主要差异？

9. 结合所学知识，说明你家乡所在地的土壤类型、成土条件及土壤存在的主要问题。

第十二章　土壤质量与土壤退化

【内容提要】

本章主要介绍了土壤质量的概念、评价指标和方法；土壤退化的概念、类型、基本态势和后果；土壤侵蚀的主要类型及其指标和影响因素，土壤侵蚀对生态环境的影响和危害，土壤侵蚀的防治；土壤沙化和土地沙漠化的基本概念、类型和影响因素，土壤沙化的危害及防治途径。

随着人口—资源—环境之间矛盾的日益尖锐，人类赖以生存和发展的土壤资源质量退化日趋严重。因此，充分认识土壤退化的类型、发展规律和后果，在对退化土壤质量做出系统评价的基础上，寻求土壤退化防控、土壤质量提升的对策，对于保障农业及国民经济可持续发展具有十分重要的意义。

第一节　土壤质量的概念与评价

一、土壤质量的概念

土壤质量（soil quality）是衡量和反映土壤资源与环境特性、功能和变化状态的综合体现与标志，是土壤科学和环境科学研究的核心。

土壤质量或土壤健康（soil health）是指土壤在地球陆地生态系统界面内维持生物的生产力，保护环境质量和环境稳定性，以及促进动物和人类健康行为的能力。美国土壤学会把土壤质量定义为：在自然或人类生态系统边界内，土壤具有动植物生产持续性，保持和提高水、气质量以及支撑人类健康与生活的能力。

土壤质量包括三个方面的含义：一是生产力，即土壤提高植物和生物生产力的能力；二是环境质量，即土壤降低环境污染物和病菌危害，调节空气和水质量的能力；三是动物和人类健康，即土壤质量影响动植物和人类健康的能力。土壤质量的定义已超越土壤肥力的概念，也超越了通常土壤环境质量的概念，它不只是将食物安全作为土壤质量的最高标准，还关系到生态系统稳定性及地球表层生态系统的可持续性，是与土壤形成因素及其动态变化有关的一种固有的土壤属性。

二、土壤质量评价的指标

土壤质量评价是对土壤质量现状与状态变化优劣的对比和等级类别的定性与定量评定，是进行土壤生产与环境管理的基础。土壤质量评价指标是表示从土壤生产潜力和环境管理的角度监测和评价土壤的一般性健康状况的性状、功能或条件。这些指标或因素可以与土壤直接有关，也可以与受土壤影响的某些因子（如作物和水）有关，既包括描述性指标，也包括运行指标。不同目的、不同角度土壤质量评价的内容、指标体系和评价方法有所不同。反映土壤质量与健康的诊断特征可以分成两组：一组是描述性"软"指标，用词表达，比较主观，易被农民接受；另一组是分析性"硬"指标，具有定量单位，易为技术专家接受。一般来说，作为土壤质量评价的基本定量指标体系应涉及如下内容。

（一）土壤肥力指标

土壤肥力指标（soil fertility index）包括土壤物理学指标和化学指标，如土壤质地、土层厚度、土壤容重、结构、孔隙度、渗透率、田间持水量、土壤含水量和土壤温度、有机质含量、土壤 pH、盐分含量及组成、CEC、矿化氮、磷和钾等。这种以农艺基础性状为主的土壤质量评价对农业特别是对种植业有应用价值。

（二）土壤质量的生物学指标

土壤生物学性质能敏感地反映土壤质量的变化，是评价土壤质量不可缺少的指标。其中土壤微生物是最有潜力的敏感性生物指标之一。土壤微生物是土壤生物系统中养分源和汇的一个巨大的原动力，在植物凋落物的降解、养分循环与平衡、土壤理化性质改善中起着重要的作用。一般有以下土壤微生物相关指标可供选择。

1. 土壤微生物的群落组成和多样性　　土壤微生物的多样性，能敏感地反映自然景观及土壤生态系统受人为干扰（破坏）或生态重建过程中微细的变化及程度，因而是一个评价土壤质量的良好指标。恢复一个受干扰的生态系统，如矿山复垦，不仅要恢复植被，还要恢复微生物群落。土壤真菌影响土壤团聚体的稳定性，是土壤质量的重要微生物指标。

2. 土壤微生物的生物量　　土壤微生物的生物量能代表参与调控土壤中能量和养分循环及有机物质转化的对应微生物的数量。它与土壤有机质含量密切相关，而且土壤微生物碳或微生物氮转化迅速，能在检测到土壤总碳或总氮的变化之前表现出较大的差异，是更具敏感性的土壤质量指标。土壤微生物碳或微生物氮对不同耕作方式、长期或短期的施肥管理都很敏感。

3. 土壤微生物的活性　　土壤微生物的活性表示了土壤中整个微生物群落或其中的一些特殊种群的状态，可以反映自然或农田生态系统的微小变化。

4. 土壤酶活性　　土壤酶活性对环境条件和耕作管理等因素造成的土壤变化十分敏感，土壤的非生物酶活性可以提供管理措施对土壤长期影响的信息，因此土壤酶的潜在活性可以作为土壤质量的评价指标。

美国土壤微生物学家 Keeney 等在 1995 年提出了土壤质量的微生物学指标体系，其参数如下：①有机碳；②微生物生物量（总生物量、细菌生物量、真菌生物量、微生物量碳氮比）；③潜在可矿化氮；④土壤呼吸；⑤酶活性（脱氢酶、磷酸酶、精氨酸酶、芳基硫酸酯酶）；⑥生物量碳与有机碳比；⑦呼吸量与生物量比；⑧微生物群落（基质利用、脂肪酸分析、核酸分析）。

另外，还有土壤动物指标，土壤动物对土壤结构的影响可能是评价土壤质量最好的长期指标。

（三）土壤环境质量指标

土壤环境质量（soil environmental quality）指标包括背景值、环境容量、净化能力、缓冲性能、植物或动物中的污染物、地表水质量、地下水质量等。

（四）土壤生态指标

物种和基因保持是土壤在地球表层生态系统中的重要功能之一，健康的土壤可以滋养和保持相当大的生物种群区系和个体数目，物种多样性应直接与土壤质量有关。土壤质量包括的生态学相关指标有种群丰富度、多样性指数、均匀度指数、优势性指数、植被及其覆盖度等。

（五）土壤退化指标

土壤退化指标包括土壤抗蚀性能、侵蚀强度、侵蚀率、土壤沙化、次生盐渍化、沼泽化和酸化强度等。

土壤质量是土壤物理、化学和生物学性质以及形成这些性质的一些重要过程的综合体。至今尚无评估土壤质量的统一标准。不同地区、不同景观类型的土壤，也应选择不同的指标体系。实际上根据特定状况确定一套兼顾广泛性和专一性的最简单的土壤质量评价指标体系比寻找一个绝对的统一指标更有意义和实用价值。为了在实践中便于应用，土壤质量指标的选择应符合下面条件：①代表性，一个指标能代表或反映土壤质量的全部或至少一个方面的功能，或者一个指标能与多个指标相关联；②灵敏性，能相对灵敏地指示土壤与生态系统功能与行为变化，如黏土矿物类型就不宜作为土壤质量指标；③通用性，一方面能适用于不同生态系统，另一方面能适用于时间和空间的变化；④经济性，测定或分析的费用较少，测定过程简便快速。

1994 年，Larson 和 Pierce 提出了一个评价土壤质量所需土壤性质的最小数据集（minimum data set，MDS），包括以下 10 项指标：速效养分、有机全碳、活性有机碳、颗粒大小、植物有效性水含量、土壤结构及形态、土壤强度、最大根深、pH 和电导率，并提出用土壤转化函数（pedotransfer functions，PTFs）估计土壤质量评价中难以测定或费用昂贵的土壤指标。因其较简便易行，可作为有关专业人员参考。

总之，土壤质量评价指标体系是由多个联合指标系统组成，每个联合指标又由多个评价项目所确定，它们又共同组成土壤质量评价的综合指标体系。

三、土壤质量评价的方法

目前已提出的土壤质量评价方法较多，如多变量指标克立格法（multiple variable indicator kriging，MVIK）、土壤质量动力学方法及土壤质量综合评分法等，但至今尚无国际统一的标准方法。不管采用哪种方法，首先要选取有效、可靠、敏感、可重复及可接受的指标，建立全面评价土壤质量的框架体系。可根据不同的评价目标和技术水平选择或设计合适的评价方法。美国国家土地保持局（SCS）建立的土壤评价目标包括：确定当前技术水平可测定的参数；建立评价这些参数的标准；建立评价短期和长期土壤质量变化的体系；确定耕作措施的组成及其对土壤质量的影响；评价现有的数据以找到适宜参数和方法。1992 年在美国召开的关于土壤质量的国际会议上，提出标准的土壤质量评价应包括对气候、景观、土壤化学和物理性质的综合评价。

目前，相对比较有代表性的方法是大尺度地理评价法（broad-scale geographical assessment of soil quality）。该方法一般有下列三个基本步骤。

1）利用土地资源信息（包括大尺度的土壤、景观和气候信息），针对一两个特定的土壤功能估计土壤的自然（或内在的）质量（inherent soil quality，ISQ）。例如，一个深厚的、排水良好的、在保持和供给养分方面能力较强的土壤能很好地适应于作物生长、截持和降解有毒物质。

2）利用地形和其他土地资源信息确定土地遭受退化危险性的物理条件，并通过土壤质量易感性（soil quality susceptibility，SQS）指标识辨出处于土壤质量下降的农业区。例如，陡坡和地表土壤丰富的粉砂粒会使土壤易于遭受水蚀。

3）利用土地利用和管理信息与趋势估计那些具有使土地下降危险性加大的人为条件。例如，集约化的顺坡条行种植可加剧土壤水蚀和有机质损失过程。可利用土壤自然质量（inherent soil quality，ISQ）指数（index）对土壤质量排序。土壤的自然质量主要由地质学性质和成土过程决定，其大小的确定主要基于与土壤生产作物能力密切相关的 4 个土壤要素：①土壤孔隙（为生物学过程提供空气和水分）；②养分保持能力（维持植物养分）；③根系生长的物理条件（某些物理性质会促进根系生长）；④根系生长的化学条件（某些化学性质会促进根系生长）。

上述评估土壤质量的方法及步骤可应用于不同空间尺度上，小到地块，大到整个国家。既可为农民凭着主观直觉去使用，又能为研究人员借助复杂的模型或信息系统进行系统地操作。

第二节　土壤退化概述

我国土壤资源严重不足，而且由于某些不合理利用，土壤退化严重。据统计，因水土流失、盐渍化、沼泽化、土壤肥力衰减和土壤污染等造成的土壤退化总面积约 $4.6\times10^8hm^2$，占全国土地总面积的 40%，是全球土壤退化总面积的 1/4。这些退化表现为物理、化学和生物学特性的退化。

一、土壤退化

（一）土壤退化的概念

土壤退化（soil degradation）问题早已引起世界各国科学家的关注，但土壤退化的定义，不同学者提出了不同的叙述。一般认为，土壤退化是指在各种自然和人为因素影响下，导致土壤生产力、环境调控潜力和可持续发展能力下降甚至完全丧失的过程。具体来看，土壤退化是指数量减少和质量降低。数量减少可以表现为表土丧失，或整个土体的毁失，或土地被非农业占用。质量降低表现在土壤物理、化学、生物学方面的性质恶化。

（二）土地退化与土壤退化

在讨论土地退化或土壤退化时，两者常常混为一谈，许多情形下，把土壤退化简单地作为土地退化来讨论，反之亦然。应该看到，土地是宏观的自然综合体的概念，它更多地强调土地属性，如地表形态（山地，丘陵等）、植被覆盖（林地，草地，荒漠等）、水文（河流，湖沼等）和土壤（土被）。而土壤是土地的主要自然属性，是土地中与植物生长密不可分的那部分自然条件。对于农业来说，土壤无疑是土地的核心。因此，土地退化应该是指人类对土地的不合理开发利用而导致土地质量下降乃至荒芜的过程。其主要内容包括森林的破坏及衰亡、草地退化、水资源恶化与土壤退化。土地退化的直接后果是：①直接破坏陆地生态系统的平衡及其生产力；②破坏自然景观及人类生存环境；③通过水分和能量的平衡与循环的交替演化诱发区域乃至全球的土被破坏、水系萎缩、森林衰亡和气候变化，因而与全球变化有更密切的关系。

土壤退化是土地退化中最集中的表观、最基础而最重要的，且具有生态环境连锁效应的退化现象。土壤退化即在自然环境的基础上，因人类开发利用不当而加速的土壤质量和生产力下降的现象和过程。也就是说，土壤退化现象仍然服从于成土因素理论。考察土壤退化一方面要考虑到自然因素的影响，另一方面要关注人类活动的干扰。土壤退化的标志对农业而言是土壤肥力和生产力的下降，而对环境来说则是土壤质量的下降。研究土壤退化不但要注意量（土壤面积）的变化，而且更要注意质（肥力与质量）的变化。

二、土壤退化的分类

土壤退化虽自古有之，但土壤退化的科学研究是比较薄弱的。20世纪80年代以来我国才开始研究土壤退化分类，并相应地提出许多关于土壤分类的方案。中国科学院南京土壤研究所借鉴国外的分类，根据我国的实际情况，将我国土壤退化分为6类。在这6类基础上，又根据引起土壤退化的成因进行2级分类（表12-1）。

表12-1　中国土壤退化分类

1级	2级
A 土壤侵蚀	A_1 水蚀　A_2 冻融侵蚀　A_3 重力侵蚀
B 土壤沙化	B_1 悬移风蚀　B_2 推移风蚀
C 土壤盐化	C_1 盐渍化和次生盐渍化　C_2 碱化
D 土壤污染	D_1 无机物（包括重金属和盐碱类）污染　D_2 农药污染　D_3 有机废物（工业及生物废弃物中生物易降解有机毒物）污染　D_4 化学肥料污染　D_5 污泥、矿渣和粉煤灰污染　D_6 放射性物质污染　D_7 寄生虫、病原菌和病毒污染
E 土壤性质恶化	E_1 土壤板结　E_2 土壤潜育化和次生潜育化　E_3 土壤酸化　E_4 土壤养分亏缺
F 耕地的非农业占用	

潘根兴（1995）初拟了一个土壤退化类型的划分，把土壤划分为如下两类。

1. 数量退化　　即农、林、牧生产力的土壤面积减少。土壤面积萎缩包括城镇化占地、工矿土壤剥离及不合理利用中废弃与转移。

2. 质量退化　　土壤性质恶化、土壤肥力与环境质量下降。土壤性质恶化包括物质损失型（土壤流失及土壤沙化与沙漠化）、过程干扰型（土壤贫瘠化、土壤板结化、土壤酸化、盐渍化、潜育化）、环境污染型（土壤重金属污染、土壤农药污染及放射性污染）。

三、我国土壤退化的现状与基本态势

（一）土壤退化的面积广、强度大、类型多

20世纪80年代，我国水土流失总面积达$179×10^4km^2$，几乎占国土总面积的1/5。2004年，全国荒漠化面积达$264×10^4km^2$，占国土总面积的27.5%，其中沙化面积约$174×10^4km^2$，占国土总面积的18.1%。全国近$4×10^8hm^2$的草地，20世纪80年代中期严重退化的面积已达30%以上。土壤环境污染已大面积影响到我国农业土壤，20世纪90年代初，受工业三废污染的农田已达$600×10^4hm^2$，相当于50个农业大县的全部耕地面积。近年来，我国受有机物和其他化学品污染的农田约$6000×10^4hm^2$，受重金属污染的农业土地约$2500×10^4hm^2$。总之，我国土壤退化的发生区域广，全国东、西、南、北、中存在着类型不同、程度不等的土壤退化现象。

简要来说，华北主要发生着盐碱化，西北主要是沙漠化，黄土高原和长江上、中游主要是水土流失，西南发生着石质化，东部地区主要表现为土壤肥力退化和环境污染。总体来

看，土壤退化已影响到我国 60% 以上的耕地土壤。

（二）土壤退化发展迅速、影响深远

土壤退化发展速度十分惊人，仅耕地占用一项，在 1981~1995 年，全国共减少耕地 $540\times10^4hm^2$，而且近年仍在减少，2006 年耕地面积比 2005 年减少 $67.4\times10^4hm^2$，其中建设占地达 38% 以上。土壤流失的发展速度也十分惊人，水土流失面积由 20 世纪 50 年代的 $150\times10^4km^2$ 发展到 90 年代的 $179\times10^4km^2$，尽管水利部主持的全国第二次土壤侵蚀遥感调查结果表明 90 年代末水土流失面积有所减少，但仍达 $165\times10^4km^2$。20 世纪末，我国土地沙漠化面积每年仍以 $2100~2500km^2$ 的速度扩展。近年来，全国每年退化的草地面积在 $200\times10^4km^2$ 以上。土壤酸化面积不断扩展，1985~1994 年的 10 年间，我国南方地区酸雨的影响面积已由 $150\times10^4km^2$ 扩大到 $250\times10^4km^2$。在长江三角洲地区，宜兴市水稻土 pH 在近 10 年来平均下降了 0.2~0.4 个单位，Cu、Zn、Pb 等重金属有效态含量升高了 30%~300%。并且有越来越多的证据表明土壤有机污染物积累在加速。

土壤退化对我国生态环境破坏及国民经济造成了巨大的影响。土壤退化的直接后果是土壤生产力降低，化肥报酬率递减，化肥用量不断提高，不但使农业投入产出比增大，而且成为面源污染的主要原因。土壤流失使土壤损失了相当于 4000×10^4t 化肥的氮、磷、钾养分，而且淤塞江河，严重影响水利设施的功能和寿命。全国土壤流失最严重的陕北高原，水库库容的平均寿命只有 4 年。长江中下游严重的水土流失使三峡库区总沙量达 1.6×10^8t，入库泥沙达 4000×10^4t，对三峡水库构成重大威胁。并且泥沙淤塞又使中下游地区湖泊容积缩小，行洪能力大大下降，1998 年的特大洪灾与此密不可分。因此，中央政府决定在长江上游停止砍伐森林，保护土壤。

四、土壤退化的后果

土壤退化对我国生态环境和国民经济造成巨大影响，其直接后果如下。

1）陆地生态系统的平衡和稳定遭到破坏，土壤生产力和肥力降低。

2）破坏自然景观及人类生存环境，诱发区域乃至全球的土被破坏、水系萎缩、森林衰亡和气候变化。

3）水土流失严重，自然灾害频繁，特大洪水危害加剧，对水库构成重大威胁。

4）化肥使用量不断增加，而化肥的报酬率和利用率递减，环境污染加剧；农业投入产出比增大，农业生产成本上升。

5）人地矛盾突出，生存环境恶化，食品安全和人类健康受到严重威胁。

第三节　土壤侵蚀及其防治

一、土壤侵蚀的概念、主要类型及其指标

（一）土壤侵蚀的概念

土壤侵蚀（soil erosion）是指土壤或成土母质在外力（水、风等）作用下被破坏剥蚀、搬运和沉积的过程。广泛应用的"水土流失"（soil and water loss）一词是指在水力作用下，土壤表层及其母质被剥蚀、冲刷搬运而流失的过程。

（二）土壤侵蚀的主要类型及其指标

划分土壤侵蚀类型的目的在于反映和揭示不同类型的侵蚀特征及其区域分异规律，以便采取适当措施防止或减轻侵蚀危害。土壤侵蚀类型的划分以外力性质为依据，通常分为水力侵蚀、重力侵蚀、冻融侵蚀和风力侵蚀等。其中水力侵蚀是最主要的一种形式，习惯上称为水土流失。水力侵蚀分为面蚀和沟蚀等，重力侵蚀表现为滑坡、崩塌和山剥皮等，风力侵蚀分悬移风蚀和推移风蚀等。

1. 水力侵蚀（water erosion） 水力侵蚀或流水侵蚀是指由降雨及径流引起的土壤侵蚀，简称水蚀。包括面蚀或片蚀、潜蚀、沟蚀和冲蚀。

（1）面蚀或片蚀 面蚀是片状水流或雨滴对地表进行的一种比较均匀的侵蚀。它主要发生在没有植被或没有采取可靠的水土保持措施的坡耕地或荒坡上。是水力侵蚀中最基本的一种侵蚀形式，面蚀又依其外部表现形式划分为层状、结构状、砂砾化和鳞片状面蚀等。面蚀所引起的地表变化是渐进的，不易为人们觉察，但它引起地力减退的速度是惊人的，涉及的土地面积往往是较大的。

（2）潜蚀 是地表径流集中渗入土层内部进行机械的侵蚀和溶蚀作用。千奇百怪的喀斯特熔岩地貌就是潜蚀作用造成的，另外在垂直节理十分发育的黄土地区也相当普遍。

（3）沟蚀 沟蚀是集中的线状水流对地表进行的侵蚀，切入地面形成侵蚀沟的一种水土流失形式。按其发育的阶段和形态特征又可分为细沟、浅沟、切沟侵蚀。沟蚀是由片蚀发展而来的，但它显然不同于片蚀，因为一旦形成侵蚀沟，土地即遭到彻底破坏，而且由于侵蚀沟的不断扩展，坡地上的耕地面积就随之缩小，使曾经是大片的土地被切割得支离破碎。

（4）冲蚀 主要指沟谷中时令性流水的侵蚀。

2. 重力侵蚀（gravitational erosion） 重力侵蚀是指斜坡陡壁上的风化碎屑或不稳定的土石岩体在重力为主的作用下发生的失稳移动现象。一般可分为泄流、崩坍、滑坡和泥石流等类型，其中泥石流是一种危害严重的水土流失形式。重力侵蚀多发生在深沟大谷的高陡边坡上。

3. 冻融侵蚀（freeze-thaw erosion） 主要分布在我国西部高寒地区，在一些松散堆积物组成的坡面上，土壤含水量大或有地下水渗出情况下冬季冻结，春季表层首先融化，而下部仍然冻结，形成了隔水层，上部被水浸润的土体成流塑状态，顺坡向下流动、蠕动或滑塌，形成泥流坡面或泥流沟。所以此种形式主要发生在一些土壤水分较多的地段，尤其是阴坡。例如，春末夏初在青海东部一些高寒山坡、晋北及陕北的某些阴坡，常可见到舌状泥流，但一般范围不大。

4. 风力侵蚀（wind erosion） 在比较干旱、植被稀疏的条件下，当风力大于土壤的抗蚀能力时，土粒就被悬浮在气流中而流失。这种由风力作用引起的土壤侵蚀现象就是风力侵蚀，简称风蚀。风蚀发生的面积广泛，除一些植被良好的地方和水田外，无论是平原、高原、山地、丘陵都可以发生，只不过程度上有所差异。风蚀强度与风力大小、土壤性质、植被盖度和地形特征等密切相关。此外，还受气温、降水、蒸发和人类活动状况的影响，特别是土壤水分状况是影响风蚀强度的极重要因素。土壤含水量高，土粒间的黏结力加强，而且一般植被也较好，抗风蚀能力强。

5. 人为侵蚀（erosion by human activities） 人为侵蚀是指人们在改造利用自然、发展经济过程中，移动了大量土体，而不注意水土保持，直接或间接地加剧了侵蚀，增加了河流的输砂量。目前主要表现在采矿、修建各种建筑、公路、铁路、水利等工程过程中毁坏耕地、废弃物乱堆放，有的直接倒入河床，有的堆积成小山坡，再在其他营力作用下产生侵蚀。人为侵蚀在黄土高原所产生的危害是不容忽视的，特别是一大批露天煤矿的开采等，使个别地区的水土流失近年来又有明显加剧的趋势。

衡量土壤侵蚀的数量指标主要采用土壤侵蚀模数（soil erosion modulus），即每年每平方千米土壤流失量。根据土壤侵蚀模数对区域划分土壤流失强度（表 12-2）。

表 12-2 土壤流失强度分级指标

土壤流失强度分级	土壤平均侵蚀模数 / [(t/ (km² · 年)]	年平均流失厚度 /mm
无明显侵蚀	<200 或 500 或 1 000（不同地区）	<0.16 或 0.4 或 0.8
轻度侵蚀	200 或 500 或 1 000（不同地区）~2 500	0.16 或 0.4 或 0.8~2
中度侵蚀	2 500~5 000	2~4
强度侵蚀	5 000~8 000	4~6
极强度侵蚀	8 000~15 000	6~12
剧烈侵蚀	>15 000	>12

对于重力侵蚀，一般按地表破碎程度进行分级（表 12-3）。

表 12-3 土壤重力侵蚀分级指标

重力侵蚀分级	侵蚀形态面积占沟坡面积 /%	重力侵蚀分级	侵蚀形态面积占沟坡面积 /%
轻度侵蚀	<10	极强度侵蚀	35~50
中度侵蚀	10~25	剧烈侵蚀	>50
强度侵蚀	25~35		

二、影响土壤侵蚀的因素

影响土壤侵蚀的因素分为自然因素和人为因素。自然因素是水土流失发生、发展的先决条件，或者叫潜在因素，人为因素则是加剧水土流失的主要原因。

（一）自然因素

1. 气候　气候因素特别是季风气候与土壤侵蚀密切相关。季风气候的特点是降雨量大而集中，多暴雨，因此加剧了土壤侵蚀。最主要而又直接的是降水，尤其是暴雨引起水土流失最突出的气候因素。所谓暴雨是指短时间内强大的降水，日降水量可超过 50mm 或每小时降水超过 16mm 的都叫作暴雨。一般来说，暴雨强度愈大，水土流失量愈多。

2. 地形　地形是影响水土流失的重要因素，而坡度的大小、坡长、坡形等都对水土流失有影响，其中坡度的影响最大，因为坡度是决定径流冲刷能力的主要因素。坡耕地垦植使土壤暴露，加剧了流水冲刷，从而成为土壤流失的推动因子。一般情况下，坡度越陡，地表径流流速越大，水土流失也越严重。

3. 土壤　土壤是侵蚀作用的主要对象，因而土壤本身的透水性、抗蚀性和抗冲性等特性对土壤侵蚀也会产生很大的影响。土壤的透水性与质地、结构、孔隙有关。一般来说，质地沙、结构疏松的土壤易产生侵蚀。土壤抗蚀性是指土壤抵抗径流对它们的分散和悬浮的能力。若土壤颗粒间的胶结力很强，结构体相互不易分散，则土壤抗蚀性也较强。土壤的抗冲性是指土壤对抗流水和风蚀等机械破坏作用的能力。据研究，土壤膨胀系数愈大，崩解愈快，抗冲性就愈弱，如有根系缠绕，将土壤固结，可使抗冲性增强。

4. 植被　　植被破坏使土壤失去天然保护屏障，成为加速土壤侵蚀的先导因子。据中国科学院华南植物研究所的试验结果，光板地泥沙年流失量为 26 902kg/hm²，桉林地为 6210kg/hm²，而阔叶混交林地仅 3kg/hm²。因此，保护植被，增加地表植物的覆盖，对防治土壤侵蚀有着极其重要意义。

（二）人为因素

人为活动是造成土壤流失的主要原因，表现为植被破坏（如滥垦、滥伐、滥牧）和坡耕地垦植（如陡坡开荒、顺坡耕作、过度放牧），或开矿、修路未采取必要的预防措施等，都会加剧水土流失。

三、土壤侵蚀对生态环境的影响和危害

我国是世界上土壤侵蚀最严重的国家之一，主要发生在黄河中上游黄土高原地区、长江中上游丘陵地区和东北平原地区，水土流失严重。其主要危害包括以下方面。

（一）破坏土壤资源

由于土壤侵蚀，大量土壤资源被蚕食和破坏，沟壑日益加剧，土层变薄，大面积土地被切割得支离破碎，耕地面积不断缩小。随着土壤侵蚀年复一年的发展，势必将人类赖以生存的肥沃土层侵蚀殆尽。据统计，全国水土流失总面积达 150×10⁴km²（不包括风蚀面积），几乎占国土总面积的 1/6。黄土高原总面积为 53×10⁴km²，水土流失面积达 43×10⁴km²，占总面积的 81%。据资料介绍，在晋、陕、甘等地，每平方千米有支、干沟 50 多条，沟道长度可达 5～10km 及 10km 以上，沟谷面积可占流域面积的 50%～60%。

土壤薄层化：土壤侵蚀在水平方向导致土被的破碎，土被分割度提高。在垂直方向上导致土被剥蚀变薄。严重的土壤侵蚀可使土壤失去原有的生产力，并且恶化景观。其发展速度随着土壤侵蚀量的增大而剧增。在强烈侵蚀区，只需要几十年就可发生表 12-4 所述的情况。

表 12-4　土体被剥蚀产生的景观及其分布区

被蚀土层	演变景观	分布地区
A	红色沙漠	第四纪红土地区
B	白沙岗、光板地	花岗岩红土地区、玄武岩、砖红壤地区
C	光石山	石灰岩、砂砾岩地区

资料来源：黄昌勇和徐建明，2010

土壤侵蚀导致的土地石质化已是我国西南喀斯特地区严重的生态环境问题，是该区耕地减少的主要原因。

（二）土壤肥力和质量下降

土壤侵蚀使大量肥沃表土流失，使土壤养分库及其调蓄能力受破坏，导致土壤养分严重亏缺，土壤肥力和植物产量迅速降低。例如，吉林省黑土地区，每年流失的土层厚达 0.5～3cm，肥沃的黑土层不断变薄，有的地方甚至全部侵蚀，使黄土或乱石遍露地表。四川盆地中部土石丘陵区，坡度为 15°～20° 的坡地，每年被侵蚀的表土达 2.5cm。黄土高原强烈侵蚀区，平均年

侵蚀量达 6000t/km^2 以上，最高可达 $2×10^4$t 以上。南方红黄壤地区以江西兴国县为例，平均年流失量为 $5000～8000$t/km^2，最高达 13 500t/km^2，裸露的花岗岩风化壳坡面，夏季地表温度高达 70℃，被喻为南方"红色沙漠"。目前珠江三角洲每年以 $50～100$m 的速度向海推进。全国每年流失土壤超过 $50×10^8$t，占世界总流失量的 1/5，受危害严重的耕地约占全国的 1/3，相当于剥去 10mm 厚的较肥沃的土壤表层，流失的土壤氮磷钾等养分相当于 $5000×10^4$t 化肥量。水土流失损失的土壤，一般来自较肥沃的土壤表层，从而造成土壤有机质和养分大量损失，土壤理化性质恶化，土壤板结，土质变坏，土壤通气透水性能降低，导致土壤肥力和质量迅速下降。

（三）生态环境恶化

长江流域由于土壤侵蚀，泥沙大量在河湖淤积，使湖面快速缩小。云南省在 20 世纪 50 年代初面积大于 50km^2 的湖泊共 46 个，80 年代中期仅剩 20 多个。滇池 1988 年测定的水面面积、库容及水深分别比 1957 年下降 7%、8% 和 5.5%。黄土高原地区某些水库，常常刚建成未发挥效益就被淤塞。土壤侵蚀还往往引发地质灾害的发生，江西、福建、广东等花岗岩、砂砾岩地区，经常发生崩岗，山区发生的崩塌、滑坡、山洪、泥石流等地质灾害与土壤侵蚀密切相关。

（四）破坏水利、交通工程设施

水土流失带走的大量泥沙，被送进水库、河道、天然湖泊，造成河床淤塞、抬高，引起河流泛滥，这是平原地区发生特大洪水的主要原因。据 20 个修建 20 年的重点水库统计，淤积量已达 $77×10^8$m^3，为总库容的近 20%，大大缩短了水利设施的使用寿命。同时大量泥沙的淤积还会造成大面积土壤的次生盐渍化。由于一些地区重力侵蚀的崩塌、滑坡或泥石流等经常导致交通中断，道路桥梁破坏，河流堵塞，已造成巨大的经济损失。

由此可见，土壤侵蚀所造成的危害是十分严重的，必须予以高度的重视和采取有效措施加以防治。

四、土壤侵蚀的防治

国内外通过大量的生产实践和科学研究，总结出了以水利工程、生物工程和农业技术相结合的土壤侵蚀综合治理经验，经推广应用取得了良好的效果。

（一）水利工程措施

1. 坡面治理工程　　按其作用可分为梯田、坡面蓄水工程和截流防冲工程。梯田是治坡工程的有效措施，可拦蓄 90% 以上的水土流失量。梯田的形式多种多样，田面水平的为水平梯田，田面外高里低的为反坡梯田，相邻两水平田面之间隔一斜坡地段的为隔坡梯田，田面有一定坡度的为坡式梯田。坡面蓄水工程主要是为了拦蓄坡面的地表径流，解决人畜和灌溉用水，一般有旱井、涝池等。截流防冲工程主要指山坡截水沟，在坡地上从上到下每隔一定距离，横坡修筑的可以拦蓄、输排地表径流的沟道，它的功能是可以改变坡长，拦蓄暴雨，并将其排至蓄水工程中，起到截、缓、蓄、排等调节径流的作用。

2. 沟道治理工程　　主要有沟头防护工程、谷坊、沟道蓄水工程和淤地坝等。沟头防护工程是为防止径流冲刷而引起的沟头前进、沟底下切和沟岸扩张，保护坡面不受侵蚀的水保工程。首先在沟头加强坡面的治理，做到水不下沟。其次是巩固沟头和沟坡，在沟坡两岸修鱼鳞坑、水平沟、水平阶等工程，造林种草，防止冲刷，减少下泻到沟底的地表径流。在沟底从毛沟到支沟至干沟，根据不同条件，分别采取修谷坊、淤地坝、小型水库和塘坝等各类工程，起到拦截洪水泥沙，防止山洪危害的作用。

3．小型水利工程　　主要为了拦蓄暴雨时的地表径流和泥沙，可修建与水土保持紧密结合的小型水利工程，如蓄水池、转山渠、引洪漫地等。

（二）生物工程措施

生物工程措施是指为了防治土壤侵蚀、保持和合理利用水土资源而采取的造林种草，绿化荒山，农林牧综合经营，以增加地面覆被率，改良土壤，提高土地生产力，发展生产，繁荣经济的水土保持措施，也称水土保持林草措施。林草措施除了起涵养水源、保持水土的作用外，还能改良培肥土壤，提供燃料、饲料、肥料和木料，促进农、林、牧、副各业综合发展，改善和调节生态环境，具有显著的经济、社会和生态效益。生物防护措施可分两种：一种是以防护为目的的生物防护经营型，如黄土地区的塬地护田林、丘陵护坡林、沟头防蚀林、沟坡护坡林、沟底防冲林、河滩护岸林、山地水源林、固沙林等。另一种是以林木生产为目的的林业多种经营型，有草田轮作、林粮间作、果树林、油料林、用材林、放牧林、薪炭林等。

（三）农业技术措施

水土保持农业技术措施，主要是水土保持耕作法，是水土保持的基本措施。它包括的范围很广，按其所起的作用可分为三大类。

1．以改变地面微小地形，增加地面粗糙率为主的水土保持农业技术措施　　拦截地表水，减少土壤冲刷，主要包括横坡耕作、沟垄种植、水平犁沟、筑埂作垄等高种植丰产沟等。

2．以增加地面覆盖为主的水土保持农业技术措施　　其作用是保护地面，减缓径流，增强土壤抗蚀能力，主要有间作套种、草田轮作、草田带状间作、宽行密植、利用秸秆杂草等进行生物覆盖、免耕或少耕等措施。

3．以增加土壤入渗为主的农业技术措施　　疏松土壤，改善土壤的理化性状，增加土壤抗蚀、渗透、蓄水能力，主要有增施有机肥、深耕改土、纳雨蓄墒，并配合耙耱、浅耕等，以减少降水损失，控制水土流失。

防治土壤侵蚀还应注意以下因地制宜的问题。

（1）树立保护土壤，保护生态环境的全民意识　　土壤侵蚀问题是关系到区域乃至全国农业及国民经济持续发展的大问题。要在处理人口与土壤资源，当前发展与持续发展，土壤治理与生态环境治理和保护上下功夫。要制定相应的地方性、全国性荒地开垦，农、林地利用监督性法规，制定土壤侵蚀量控制指标。要像保护环境一样处理好土壤流失。

（2）防治兼顾、标本兼治　　对于土壤侵蚀发展程度不同的地区要因地制宜，搞好土壤侵蚀防治。

1）无明显流失区在利用中应加强保护。这主要是在森林、草地植被完好的地区，采育结合、牧养结合，制止乱砍滥伐，控制采伐规模和密度，控制草地载畜量。

2）轻度和中度流失区在保护中利用。在坡耕地地区，实施土壤保持耕作法。对于农作区，可实行土壤保持耕作，如紫色土实行聚土免耕垄作，一般农田可实行免耕、少耕或轮耕制。丘陵坡地梯田化，横坡耕地，带状种植。实行带状、块状和穴状间隔造林，构筑生物篱，并辅以鱼鳞坑、等高埂等田间工程，以促进林木生长，恢复土壤肥力。根据澳大利亚的研究，坡面土壤侵蚀44%可通过保土耕作法得到治理，56%通过工程措施治理。

3）在土壤侵蚀严重地区应先保护后利用。土壤侵蚀是不可逆过程，在土壤侵蚀严重地区要将保护放在首位。在封山育林难以奏效的地区，首先必须搞工程建设，如高标准梯田化以拦沙蓄水，增厚土层，千方百计培育森林植被。在江南丘陵、长江流域可种植经济效益较高的乔、灌、草本作物,以植物代工程。例如,香根草、百青草在江南丘陵防治土壤侵蚀上十分见效,并以保护促利用。这些地区宜在工程实施后全面封山、后视恢复情况再开山。

总之,防治土壤侵蚀,必须根据土壤侵蚀的运动规律及其条件,采取必要的具体措施。但采取任何单一防治措施,都很难获得理想的效果,必须根据不同措施的用途和特点,遵循如下综合治理原则:治山与治水相结合,治沟与治坡相结合,工程措施与生物措施相结合,田间工程与蓄水保土耕作措施相结合,治理与利用相结合,当前利益与长远利益相结合。实行以小流域为单元,坡沟兼治,治坡为主,生态工程、生物工程和水利工程相结合的综合治理方针,才可收到持久稳定的效果。

第四节 土壤沙化和土地沙漠化及其防治

一、土壤沙化的基本概念

土壤沙化和土地沙漠化(soil desertification)泛指良好的土壤或可利用的土地变成含沙很多的土壤或土地甚至变成沙漠的过程。土壤沙化和土地沙漠化的主要过程是风蚀和风力堆积过程。在沙漠周边地区,由于植被破坏或草地过度放牧或开垦为农田,土壤因失水而变得干燥,土粒分散,被风吹蚀,细颗粒含量降低。而在风力过后或减弱的地段,风沙颗粒逐渐堆积于土壤表层而使土壤沙化。因此,土壤沙化包括草地土壤的风蚀过程及在较远地段的风沙堆积过程。

我国沙漠化土地面积约为 $33.4 \times 10^4 km^2$,按照土壤发生层次 A、B、C 各层被风蚀破坏的程度分为若干种发展状态,其相对分布见表 12-5。

表 12-5 我国土壤风沙化分级及其比例

类型	吹蚀深度	风沙覆盖 /cm	0.01mm 损失 /%	生物生产力下降 /%	分布面积 /×10⁴km²	占全部 /%
轻度风蚀沙化（潜在沙漠化）	A 层剥蚀<1/2	<10	5~10	10~25	15.8	47.31
中度风蚀沙化（发展中沙漠化）	A 层剥蚀>1/2	10~50	10~25	25~50	8.1	24.25
重度风蚀沙化（强烈沙漠化）	A 层殆失	50~100	25~50	50~75	6.1	18.26
严重风蚀沙化（严重沙漠化）	B 层殆失	>100	>50	>75	3.4	10.18

资料来源:黄昌勇和徐建明,2010

二、土壤沙化和沙漠化的类型

根据土壤沙化区域差异和发生发展特点,我国沙漠化土壤大致可分为三类。

(一)干旱荒漠地区的土壤沙化

主要分布在内蒙古的狼山—宁夏的贺兰山—甘肃的乌鞘岭以西的广大干旱荒漠地区,沙漠化发展快,面积大。据研究,甘肃省河西走廊的沙丘每年向绿洲推进 8m。该地区由于气候极端干旱，土壤沙化后很难恢复。

（二）半干旱地区的土壤沙化

主要分布在内蒙古中西部和东部、河北北部、陕北及宁夏东南部。该地区属农牧交错的生态脆弱带，由于过度放牧、农垦，沙化成大面积区域化发展，这一沙化类型区人为因素很大，土壤沙化有逆转可能。

（三）半湿润地区的土壤沙化

主要分布在黑龙江、嫩江下游，其次是松花江下游、东辽河中游以北地区。呈狭带状断续分布在河流沿岸。沙化面积较小，发展程度较轻，并与土壤盐渍化交错分布，属林—牧—农交错的地区，降水量在 500mm 左右。对这一类型的土壤沙化，控制和修复是完全可能的。

三、影响土壤沙化的因素

第四纪以来，随着青藏高原的隆起，西北地区干旱气候得到发展，风沙的活动促进了土壤沙化。但人为活动是土壤沙化的主导因子，这是因为如下原因。

1）人类经济的发展使水资源进一步萎缩，加剧了土壤的干旱化，促进了土壤的可风蚀性。

2）农垦和过度放牧，使干旱、半干旱地区植被覆盖率大大降低。例如，大兴安岭南部丘陵地区，由于农垦土壤沙化面积已达 $400 \times 10^4 hm^2$；科尔沁左、右旗等地区 20 世纪 50 年代有次生林 $12 \times 10^4 hm^2$，80 年代仅剩下 $4 \times 10^4 hm^2$，而沙化土壤面积增加到 $70 \times 10^4 hm^2$。

据统计，人为因素引起的土壤沙化占总沙化面积的 94.5%，其中农垦不当占 25.4%，过度放牧占 28.3%，森林破坏占 31.8%，水资源利用不合理占 8.3%，开发建设占 0.7%。

四、土壤沙化的危害

土壤沙化对经济建设和生态环境危害极大。

（一）使大面积土壤失去生产能力

我国在 1979～1989 年的 10 年间，草场退化每年约 $130 \times 10^4 hm^2$，人均草地面积由 $0.4hm^2$ 下降到 $0.36hm^2$。

（二）使大气环境恶化

土壤大面积沙化，使风挟带大量沙尘在近地面大气中运移，形成沙尘暴，甚至黑风暴。20 世纪 30 年代在美国，60 年代在苏联均发生过强烈的黑风暴。70 年代以来，我国新疆发生过多次黑风暴。1952～1994 年，我国西北地区共发生强沙尘暴和特强沙尘暴 48 次（其中特强沙尘暴 22 次），频繁的沙尘暴加剧了土地沙漠化的发展和生态环境的恶化。

（三）土壤沙化的发展，造成土地贫瘠，环境恶劣，威胁人类的生存

我国自汉代以来，西北的不少地区是一些古国的所在地，如宁夏地区是古西夏国的范围，塔里木河流域是楼兰古国的地域，大约在 1500 年前还是魏晋农垦之地，但现在上述古文明已从地图上消失。从近代时间看，1961 年新疆生产建设兵团 32 团开垦的土地，至 1976 年才 15 年时间，已被高 1～1.5m 的新月形沙丘所覆盖。

五、土壤沙化的防治

土壤沙化的防治必须重在防。从地质背景上看，土地沙漠化是不可逆的过程。防治重点

应放在农牧交错带和农林草交错带，在技术措施上要因地制宜。主要防治途径如下。

（一）营造防沙林带

我国沿吉林白城地区的西部—内蒙古的兴安盟东南—通辽市和赤峰市—古长城沿线是农牧交错带地区，土壤沙化正在发展中。我国已实施建设"三北"地区防护林体系工程，应进一步建成为"绿色长城"。一期工程已完成 $600 \times 10^4 hm^2$ 植树造林任务。目前已使数百万公顷农田得到保护，轻度沙化得到控制。

（二）实施生态工程

我国的河西走廊地区，昔日被称为"沙窝子""风库"，当地因地制宜，因害设防，采取生物工程与石工程相结合的办法，在北部沿线营造了 1220 多千米的防风固沙林 $13.2 \times 10^4 hm^2$，封育天然沙生植被 $26.5 \times 10^4 hm^2$，在走廊内部营造起约 $5 \times 10^4 hm^2$ 农田林网，河西走廊一些地方如今已成为林茂粮丰的富庶之地。

（三）建立生态复合经营模式

内蒙古东部、吉林白城地区、辽西等半干旱、半湿润地区，有一定的降雨量资源，土壤沙化发展较轻，应建立林农草复合经营模式。

（四）合理开发水资源

这一问题在新疆、甘肃的黑河流域应得到高度重视。塔里木河在 1949 年左右年径流量为 $1 \times 10^{10} m^3$，20 世纪 50 年代后上游站尚稳定在 $4 \times 10^9 \sim 5 \times 10^9 m^3$。但在只有 2 万人口、2000 多 hm^2 土地和 30×10^4 只羊的中游地区消耗水约 $4 \times 10^9 m^3$，中游区水量耗水致使下游断流，300 多千米地段树、草枯萎和残亡，下游地区的 40 000 多人口、10 000 多公顷土地面临着生存威胁。因此，应合理规划，调控河流上、中、下游流量，避免使下游干涸、控制下游地区的进一步沙化。

（五）控制农垦

土地沙化正在发展的农区，应合理规划，控制农垦，草原地区应控制载畜量。草原地区原则上不宜农垦，旱粮生产应因地制宜控制在沙化威胁小的地区。印度在 $1.7 \times 10^8 hm^2$ 草原上放牧 4×10^8 只羊，使一些稀疏干草原很快成为荒漠。内蒙古草原的理论载畜量应为 49 只羊 $/hm^2$，而实际载畜量达 65 只羊 $/hm^2$，超出 33%。因此，从草牧业持续发展看必须减少放牧量。实行牧草与农作物轮作，培育土壤肥力。

（六）完善法制，严格控制破坏草地

在草原、土壤沙化地区，工矿、道路及其他开发工程建设必须进行环境影响评价。对盲目垦地种粮、樵柴、挖掘中药等活动要依法从严控制。

【思　考　题】

1. 什么是土壤质量？其评价指标有哪些？其评价方法如何？
2. 什么是土壤退化？土壤退化与土地退化的关系如何？
3. 土壤退化类型主要有哪些？
4. 什么是土壤侵蚀？有哪些类型？如何防治？
5. 什么是土壤沙化？有哪些类型？如何防治？

第十三章 土壤污染与修复

【内容提要】

　　本章主要介绍了土壤污染的概念、污染物的来源及危害；土壤对污染物毒性的影响；常见污染土壤的修复技术及防控途径。通过本章的学习，需要掌握土壤污染的基本概念、来源，了解土壤污染的危害；理解土壤的物质组成和性质对污染物毒性的影响；掌握常见污染土壤的修复技术。

　　随着社会经济的发展，土壤环境质量已经成为当代人们十分关注的问题。土壤环境作为自然环境的中心要素之一，容纳了来自工业和生活污水、固体废弃物、农药化肥及大气沉降和酸雨等各方面的 90% 的污染物，土壤污染对生态环境、食品安全和农业可持续发展、人类健康造成了严重威胁。防治土壤污染，保护有限的土壤资源，实际上已成为突出的全球问题。因此，充分认识土壤污染的概念及污染物的来源及其危害，明确土壤性质对污染物毒性的影响，掌握污染土壤的修复技术，做好土壤环境污染及其修复与防控工作，对于改善和提高生态环境质量和保障农产品安全具有重要的现实意义。

　　近年来，随着土壤环境问题的日益凸显，土壤环境保护受到了前所未有的重视和支持。2014 年 4 月 17 日，环境保护部和国土资源部发布了《全国土壤污染状况调查公报》，认为"全国土壤环境状况总体不容乐观，部分地区土壤污染严重，耕地土壤环境质量堪忧，工矿业废弃地土壤环境问题突出"。2015 年国际土壤年主题为"健康土壤带来健康生活"。2016 年 5 月 28 日，国务院发布了《土壤污染防治行动计划》，简称"土十条"，主要指标规定到 2030 年，受污染耕地和污染地块安全利用率分别达到 95% 以上。2018 年 8 月 31 日，十三届全国人大常委会第五次会议通过了《中华人民共和国土壤污染防治法》，该法律自 2019 年 1 月 1 日起实施。2018 年世界土壤日的全球主题为土壤污染解决方案。土壤污染已经成为全球关注热点。

第一节　土壤污染

一、土壤背景值

　　土壤背景值（soil environment background value）是指未受或少受人类活动（特别是人为污染）影响的土壤环境本身的化学元素组成及含量。在地球化学中，把自然客体物质含量的自然水平称为地球化学背景，当某种化学元素的含量与地球化学背景值（geochemical background value）有重大偏离时，称为地球化学异常。土壤背景值具有以下几个特点。

（一）土壤背景值是一个相对概念

　　定义中"未受人类活动影响"在现实环境中已经很难找到。因此所谓的未受人类活动影响、少受人类影响都是相对于未受污染土壤而言，只有轻重之分，故具有相对性的特征。

（二）具有时间上的变异性

土壤环境背景值是代表土壤环境发展中一个历史极端的数值，具有时代特征。

（三）存在空间的差异性

从岩石成分到地理环境和生物群落都有很大的差异。土壤上所生长的生物也都适应了其所处的环境，所以它们的背景值会因地理位置而有所差异。故背景值在空间上也是因地而异的。

首先，土壤环境背景值是土壤环境质量评价，特别是土壤污染综合评价的基本依据。其次，土壤环境背景值是研究和确定土壤环境容量、制定土壤环境标准的基础数据；再次，土壤环境背景值也是研究污染元素的单质及化合物在土壤环境中化学行为的依据；最后，土壤环境背景值也是进行土地利用规划，研究土壤生态、施肥、污水灌溉、种植业规划，提高农、林、牧、副业生产水平和产品质量，进行食品卫生、环境医学研究的重要参比数据。

二、土壤自净作用

土壤自净作用（soil self-purification）的实质是在自然状态下，通过土壤矿物质、有机质或土壤微生物的作用，污染物经过一系列的生物化学反应过程，在土壤环境中的数量、浓度或形态发生变化，活性、毒性降低甚至消除的过程。土壤的自身净化功能对维持土壤生态平衡具有重要作用。由于土壤的自净能力，当少量有机污染物进入土壤后，经过生物化学降解可降低活性变为无毒物质；而进入土壤的重金属元素则可通过吸附、沉淀、配合、氧化-还原等物理或化学过程使得金属元素暂时无法被生物利用，阻断其进入食物链的途径。

土壤净化作用可分为物理净化、物理化学净化、化学净化和生物净化4个方面。

（一）物理净化

土壤是多孔介质，进入土壤的污染物可以随土壤水的迁移，通过渗滤作用排出土体；某些有机污染物也可以通过挥发、扩散的方式进入大气。挥发和扩散主要取决于气压、浓度梯度和温度。水迁移则与土壤颗粒组成、吸附容量密切相关。但是，物理净化作用只能使土壤中污染物的浓度降低，而不能使污染物从自然界消失。当污染物迁移进入地表水或地下水层，将会造成水体污染，进入大气则造成空气污染。同时难溶性固体污染物在土壤中被机械阻留，会导致其在土壤中积累，从而产生潜在的环境风险。

（二）物理化学净化

所谓土壤环境的物理化学净化作用，是指污染物的阴、阳离子与土壤胶体上原来吸附的阴、阳离子间的交换吸附作用。此种净化作用为可逆的离子交换反应，且服从质量作用定律。其净化能力大小可用土壤阳离子交换量或阴离子交换量的大小来衡量。污染物的阴、阳离子被交换吸附到土壤胶体上，降低了土壤溶液中这些离子的浓度或活度，相对减轻了其对植物的不利影响。通常土壤中带负电荷的胶体较多，因此，一般土壤对带正电荷的污染物的净化能力较强。物理化学自净作用将污染物暂时吸附在土壤胶体上，具有不稳定性。同时，对土壤本身而言，物理化学净化过程也是污染物在土壤环境中的积累过程，会产生严重的潜在威胁。

（三）化学净化

污染物进入土壤以后，可能发生一系列的化学反应。例如，凝聚与沉淀反应、氧化-还原反应、络合-螯合反应、酸碱中和反应、同晶置换反应、水解、分解和化合反应，或者发生由太阳辐射和紫外线等能流引起的光化学降解作用等。这些化学反应，或者使污染物转化成难溶性、难解离性物质，使危害程度和毒性降低，或者分解为无毒物或者营养物质，这些净化作用统称为化学净化作用。酸碱反应和氧化 - 还原反应在土壤自净过程中也起着主要作用，许多金属在碱性土壤中容易沉淀；在还原条件下，大部分重金属离子能与 S^{2-} 形成难溶性硫化物沉淀，从而降低污染物的毒性。土壤环境的化学净化作用反应机理很复杂，影响因素也较多，不同的污染物有着不同的反应过程，如多氯联苯、稠环芳烃、有机氯农药以及塑料、橡胶等合成材料，则在土壤中难以被化学净化。

（四）生物净化

有机污染物在微生物及其酶的作用下，通过生物降解，被分解为简单的无机物而消散的过程称为生物化学自净化作用。土壤微生物和动物对污染物的吸收、降解、分解和转化过程与植物对污染物的生物性吸收、迁移和转化是土壤环境系统中两个重要的物质与能量的迁移转化过程，也是土壤最重要的净化功能。土壤净化作用的强弱取决于生物净化作用，而生物净化作用的大小又取决于土壤生物的生物学特性。

土壤中微生物种类繁多，各种有机污染物在不同条件下的分解形式是多种多样的。主要有氧化 - 还原反应、水解、脱氢、脱卤、芳环羟基化和异构化、环破裂等过程，并最终转变为对生物无毒性的残留物和 CO_2。一些无机污染物也可在土壤微生物的参与下发生一系列的化学变化，以降低其活性和毒性。需要注意的是，微生物不但不能净化重金属，而且还能使重金属在土壤中富集，这是重金属成为土壤环境中最危险污染物的根本原因。

总而言之，土壤的自净作用是各种化学过程共同作用、相互影响的结果，其过程互相交错，其强度的总和构成了土壤环境容量的基础。尽管土壤环境具有上述多种净化作用，而且也可通过多种措施来提高土壤环境的净化能力。但是，土壤自净能力也是有一定限度的，这就涉及土壤环境容量的问题。

三、土壤环境容量

环境容量是环境的基本属性和特征。通过对它的研究不仅在理论上可以促进环境地学、环境化学、环境工程和生态学等多学科的交叉与渗透。而且在实践中也可作为环境质量标准、污染物排放标准制定以及区域污染物控制与管理的重要依据，并对工农业合理布局和发展规模做出判断，以利于区域环境资源的综合开发利用和环境管理规划的制定，达到既发展经济，又能发挥环境自净能力，保证区域环境系统处于良性循环。

所谓的土壤环境容量（soil environmental capacity），则可以从上述环境容量的定义延伸为"是指土壤环境单元所容许承纳的污染物质的最大数量或负荷量"。由定义可知，土壤环境容量实际上是土壤污染起始值和最大负荷值的差值。若以土壤环境标准作为土壤环境容量的最大允许极限值，则该土壤的环境容量的计算值，便是土壤环境标准值减去背景值，即上述土壤环境的基本容量。但在尚未制定土壤环境标准的情况下，环境学工作中往往通过土壤环境污染的生态效应试验研究，以拟定土壤环境所允许容纳污染物的最大限值，即土壤的环境基准含量，这个值（即土壤环境基准减去土壤背景值）有的称为土壤环境的容量，相当于土壤环境的基本容量。

土壤环境的静容量虽然反映了污染物生态效应所容许的最大容纳量，但尚未考虑和顾及土壤环境的自净作用与缓冲性能，也即外源污染物进入土壤后的累积过程中，还要受土壤的环境地球化学背景与迁移转化过程的影响和制约，如污染物的输入与输出、吸附与解吸、固定与溶解、累积与降解等，这些过程都处在动态变化中，其结果都能影响污染物在土壤环境中的最大容纳量。因而目前的环境学界认为，土壤环境容量应是静容量加上这部分土壤的净化量，方是土壤的全部环境容量或土壤的动容量。

土壤环境容量的研究，正朝着强调其环境系统与生态系统效应的更为综合的方向发展。据其最新进展，将土壤环境容量定义为："一定土壤环境单元，在一定时限内，遵循环境质量标准，既维持土壤生态系统的正常结构与功能，保证农产品的生物学产量与质量，也不使环境系统污染时，土壤环境所能容纳污染物的最大负荷量。"

研究土壤环境容量的目的，首先是控制进入土壤的污染物数量。因此，它可以在土壤质量评价、制定"三废"农田排放标准、灌溉水质标准、污泥施用标准、微量元素累积施用量等方面发挥作用。土壤环境容量充分体现了区域环境特征，是实现污染物总量控制的重要基础。在此基础上，人们可以经济合理地制定污染物总量控制规划，也可充分利用土壤环境的纳污能力。

土壤环境背景值与土壤环境容量的研究是土壤环境现状及其演变研究的重要内容。对土壤环境现状的研究十分重要，因为这是检验过去和预测未来土壤环境演化的基础资料，也是判断土壤中化学物质的行为与环境质量的必要的基础数据，它包括土壤、植物的元素背景值、有机化合物的类型与含量、动物区系、微生物种群及活性等生物多样性资料，以及对外源污染物的负载容量等。应在原始资料大量累积的基础上，建立土壤环境数据资料库，以保证研究资料的系统性、完整性、明确性和可比性，并在此基础上，使其发展成为一个实用的，具有数据检索、环境质量模拟与评价、环境规划和决策辅助功能的国家土壤环境信息系统，从而使土壤环境管理工作逐步科学化、程序化和规范化。

四、土壤污染的来源、类型与特点

（一）土壤污染的概念

土壤污染（soil pollution or soil contamination）是指人为因素有意或无意地将对人类本身和其他生命体有害的物质施加到土壤中，使某种成分的含量超过土壤自净能力或者明显高于土壤环境基准或土壤环境标准，并引起土壤环境质量恶化，对植物和动物造成损害的现象。当土壤中含有害物质过多，超过土壤的自净能力，就会引起土壤的组成、结构和功能发生变化，土壤微生物活动受到抑制，有害物质或其分解产物在土壤中逐渐积累通过"土壤→植物→人体"，或通过"土壤→水→人体"间接被人体吸收，危害人体健康。

对土壤污染有不同的看法。一种看法认为，由人类的活动向土壤添加有害物质，此时土壤即受到了污染。此定义的关键是存在有可鉴别的人为添加污染物，可视为"绝对性"定义。另一种是以特定的参照数据来加以判断的，如以土壤背景值加二倍标准差为临界值，如超过此值，则认为该土壤已被污染，可视为"相对性"定义。第三种定义是不但要看含量的增加，还要看后果，即当加入土壤的污染物超过土壤的自净能力，或污染物在土壤中积累量超过土壤基准量，而给生态系统造成了危害，此时才能称为污染，这可视为"相对性"定义。显然，在现阶段采用的第三种定义更具有实际意义。

土壤既是污染物的载体，又是污染物的天然净化场所。进入土壤的污染物，能与土壤物质和土壤生物发生极其复杂的反应，包括物理的、化学的和生物的反应。在这一系列反应中，有些污染物在土壤中蓄积起来，有些被转化而降低或消除了活度和毒性，特别是微生物的降解作用可使某些有机污染物最终从土壤中消失。所以，土壤是净化水质和截留各种固体废物的天然净化剂。但量变有时会导致质变，当污染物进入量超过土壤的这种天然净化能力时，则导致土壤的污染，有时甚至达到极为严重的程度。尤其是对于重金属元素和一些人工合成的有机农药等产品，土壤尚不能很好地发挥其天然净化功能。

（二）土壤污染的来源

土壤污染是由污染物引起的，凡是影响土壤正常功能，降低作物产量或品质，或通过粮食、蔬菜、水果等间接影响人体健康的物质，都称为土壤污染物（soil pollutant）。土壤污染物大致分为土壤无机污染物和土壤有机污染物两大类。其中土壤无机污染物主要有重金属汞、砷、铬、镉、锰及一些放射性元素等，其中以重金属和放射性物质的危害最为严重。土壤有机污染物主要有人工合成的各种有机农药、有机磷农药、多环芳烃、酚类物质、石油烃及各种挥发性有机物、有害微生物、高浓度耗氧有机物等。

土壤污染主要是由人为活动造成的，污染物产生的来源或引起污染产生的污染物质称为污染源。根据污染物的来源不同，可分为工业污染源、农业污染源和生物污染源，其中工业污染源内容十分广泛，如冶金工业、化学工业、轻工业、石油加工业、电力工业、纺织工业、机械制造、建筑工业等相关企业；农业污染源主要是指由于农业生产本身的需要，而施入土壤的化学农药、化肥、有机肥以及残留于土壤中的农用地膜等；生物污染源是指含有致病的各种病原微生物和寄生虫的生活污水、医院污水、垃圾以及被病原菌污染的河水等，是造成土壤环境生物污染的主要污染源。

（三）土壤环境污染类型

土壤环境污染的发生往往是多源的，对于同一区域受污染的土壤，其污染源可能同时来自受污染的地面水体和大气，或同时遭受到固体废弃物，以及农药、化肥的污染。但对于一个地区或区域的土壤来说，可能是某一种污染类型或两种污染类型为主。根据土壤环境主要污染物的来源和土壤环境污染的途径，土壤环境污染的发生类型一般可分为以下4种。

1. 固体废弃物污染型　　固体废弃物主要包括工矿业废渣、污泥和城市垃圾等。固体废弃物在土壤表面堆放或处理，不仅占用大量耕地，而且可通过大气扩散或降水淋滤，造成土壤环境受到重金属、病原菌、某些有毒有害有机物的污染。

2. 水质污染型　　主要是指工业废水、城市生活污水对土壤造成的污染。例如，我国北方和西北地区由于年降雨量较少，雨量年分布变异大，对农业生产构成极大的威胁。为了保证农业生产的持续稳定，充分利用水资源缓解旱情，未达到排放标准的工业污水和城市生活污水便成为城市近郊农业的主要灌溉水源，从而导致大量的有机物和重金属通过灌溉进入土壤。污染物随污水灌溉进入土壤后，一般集中于土壤表层，但随着污灌时间的延续，部分污染物质会向深层土壤迁移，使污染范围进一步扩大。

3. 大气污染型　　工矿企业产生的废气及化学燃料燃烧产生的烟雾，不仅会污染大气，所含污染物还会随降尘和降水进入土壤，造成土壤环境污染。

4. 农业污染型　　主要是由农业种植中施用化肥、堆肥、厩肥、农药、城市垃圾、污泥等所引起的土壤环境污染，主要污染物质为化学农药和污泥中的重金属。农业污染型污染物质主要集中于表层或耕作层。

（四）土壤污染的特点

土壤污染一般具有以下特点。

1. 隐蔽性和滞后性　　大气污染、水污染和废弃物污染等问题一般都比较直观，土壤污染则不同，往往需要通过对土壤样品进行分析化验和农作物的残留检测，甚至通过对人畜健康状况的影响进行评估才能确定。

2. 累积性　　污染物质在大气和水体中一般都较易迁移和扩散，而在土壤中扩散、迁移较为缓慢，因而会不断积累甚至超标，同时也使土壤污染呈现出区域性分布的特点。

3. 不可逆转性　　重金属对土壤的污染基本上是一个不可逆转的过程，许多有机化学物质的污染也需要较长的时间才能降解。例如，被某些重金属污染的土壤可能要100~200年才能够恢复。

4. 土壤污染治理难度大　　如果大气和水体受到污染，切断污染源之后通过稀释作用和自净化作用即有可能使污染问题不断逆转，但积累在污染土壤中的难降解污染物则很难靠稀释作用和自净作用来消除，后续治理难度和成本一般均很大。

第二节　土壤污染物的来源及危害

一、重金属污染物

在环境科学中，重金属（heavymetal）元素主要指某些相对密度大于5的微量元素，包括 Cr、Mn、Co、Ni、Cu、Zn、Rb、Sr、Zr、Mo、Ag、Cd、Sn、Sb、Ba、W、Re、Os、Ir、Pt、Au、Hg、Pb、Bi、Po 及半金属元素 Se、As 等。土壤本身有一定量的重金属元素，其中一些元素也是作物的必需营养元素，如 Mn、Cu、Zn 等。但当进入土壤的重金属浓度超过作物需要量和耐受范围，作物就会表现出受毒害症状，或者这些重金属通过食物链进入动物体，对人畜造成危害，即被认为土壤已被重金属污染。在污染土壤中，重金属一般指 Hg、Cd、Pb、Cr、As 等对生物产生显著毒害的元素及有一定毒性的 Cu、Zn、Ni 等元素。

近年来，土壤重金属污染已成为世界性的环境问题，我国土壤重金属污染也日趋严重。2000 年《中国环境状况公报》，经对 $30 \times 10^4 hm^2$ 基本农田保护区的土壤中有害重金属抽查表明，$3.6 \times 10^4 hm^2$ 农田土壤重金属含量超标。2014 年环境保护部和国土资源部发布《全国土壤污染状况调查公报》，公布我国土壤重金属总的点位超标率为 16.1%，耕地土壤重金属点位超标率为 19.4%，其中镉（Cd）、汞（Hg）、砷（As）、铜（Cu）、铅（Pb）、铬（Cr）、锌（Zn）、镍（Ni）8 种重金属元素均有不同程度的超标，以 Cd 污染程度最重，超标率为 7.0%。从污染分布情况看，南方土壤污染重于北方；长江三角洲、珠江三角洲、东北老工业基地等部分区域土壤污染问题较为突出，西南、中南地区土壤重金属超标范围较大；镉（Cd）、汞（Hg）、砷（As）、铅（Pb）4 种无机污染物含量分布呈现从西北到东南、从东北到西南方向逐渐升高的态势。

（一）土壤重金属的来源

土壤中重金属元素主要有自然来源和人为来源两种途径。在自然因素中，成土母质和成土过程对土壤重金属含量的影响很大，而在各种人为因素中，工业、农业和交通等来源引起的土壤重金属污染所占比重较高。

1. 自然来源　　岩石经风化作用、成土过程形成土壤，因而自然土壤的重金属主要来源于母岩。母岩的重金属元素含量影响土壤中重金属元素的最初含量，即影响着土壤重金属元素的环境背景值。重金属也可通过大气干、湿沉降进入土壤。自然环境中，火山爆发、森林火灾、海浪飞溅、风力扬尘等过程均可使很多重金属尘浮于空中，其中一部分被植物吸收，另一部分则通过尘降进入水体、土壤。在某些地区，由于岩浆作用、变质作用等复杂的地球化学过程可能形成重金属富集的工业矿床，矿床附近矿化地层发育的土壤中重金属含量往往异常的高。

2. 人为来源　　随着人类社会工、农业现代化，城市化的发展，人为因素造成土壤重金属污染是当今世界越来越不容忽视的环境问题。采矿、选矿、冶金、电镀、电工、染料、纺织、炼油等工矿企业通过"三废"向土壤环境中排放重金属，其中有色重金属矿床的开发冶炼成为向环境中排放重金属的最主要污染源。城市中工业、交通业等释放的重金属占人为输入的比重较高，如化石燃料燃烧释放的 Hg 占人为释放量的 57%～71%；燃煤、燃油向大气输入 Ni 占人为释放量的 60%～78%；汽车使用的汽油中加入了抗爆剂——四甲基铅和四乙基铅，故在汽车尾气中排放的 Pb 含量可达 20～50μg/L。农村中污水灌溉、农药、化肥、污泥的施用，成为加剧土壤重金属污染的主要途径之一。例如，有的过磷酸钙肥料中的 Cd 和 As 含量较高；农药含 Hg、As 和 Pb 的较多，故长期施用化肥、农药可使土壤遭受重金属污染。

（二）土壤重金属污染的危害

土壤重金属在土壤中性质稳定，一旦污染土壤，就难以彻底消除，对环境造成的破坏基本不可逆。农田土壤中积累的重金属会对土壤微生物产生毒性，并且抑制土壤酶的活性，且影响土壤中蚯蚓、线虫等无脊椎动物的数目、丰富度、生物数量和群体构成。重金属还会引起植物生理功能紊乱、营养失调、发生病变，导致植物株高、主根长度、叶面积等一系列生理特征的改变，如经过 Cd 处理的小麦幼苗叶和根的生长明显受到抑制，其茎和叶中富集的 Cd 量增加，Fe、Mg、Ca 和 K 等营养元素的含量下降。

过量重金属在土壤中积累后，发生生物积累，甚至被微生物转变为毒性更强的有机化合物，通过食物链进入人体。在人体内重金属能和蛋白质及各种酶发生强烈的相互作用，不但使蛋白质和酶失去活性，也可能在人体的某些器官中富集，当超过人体所能耐受的限度，会造成人体急性中毒、亚急性中毒、慢性中毒等，对人体会造成很大的危害（表 13-1）。

表 13-1　土壤重金属污染的来源及危害

重金属	来源	主要危害生物类型	对人类健康的影响
砷（As）	农药、煤炭和石油、尾矿、洗涤剂	人、动物、鱼、鸟	癌症、皮肤病
镉（Cd）	电镀、绘画材料、电池、塑料稳定剂	人、动物、鱼、鸟、植物	心脏病、肾病、骨脆化
铬（Cr）	不锈钢、耐火材料、色素、皮革鞣制加工	人、动物、鱼、鸟	诱变
铜（Cu）	尾矿、肥料、含铜灰尘	鱼、植物	精神伤害、疲劳
铅（Pb）	石油汽油煤炭燃烧、钢铁生产、绘画材料	人、动物、鱼、鸟	大脑伤害、抽搐
汞（Hg）	农药、冶金和温度计	人、动物、鱼、鸟	神经伤害
镍（Ni）	石油汽油煤炭燃烧、合金工业、电镀、电池	鱼、植物	肺癌

二、有机污染物

土壤中的有机污染物（organic pollutant）主要包括有机农药、石油烃类、塑料制品、染料、表面活性剂、增塑剂和阻燃剂等，其主要来源于农药施用、污水灌溉、污泥以及污染物泄漏等，具有区域性和复杂性的特点。

（一）有机农药

农药（pesticide）是各种农用化学制剂的总称，其品种繁多，且大多为有机化合物，包括杀虫剂、杀线虫剂（有机氯、有机磷、氨基甲酸酯和拟除虫菊酯等）、杀菌剂（杂环类、三唑类、苯类、有机磷类、硫类、有机锡砷类和抗生素类等）、除草剂（苯氧类、苯甲酸类、酰胺类、甲苯胺类、脲类、氨基甲酸酯类、酚类、二苯醚类、三氮苯类和杂环类等）、杀螨剂、杀鼠剂、熏蒸剂、增效剂、植物生长调节剂和解毒剂。

农业生产中，喷施于农作物上的农药，有效率仅占施用量的10%～30%，20%～30%进入大气和水体，50%～60%残留于土壤。农药主要用于杀死病原菌，但残留在土壤中的农药也会对某些非靶标生物产生毒性，如大部分氨基甲酸酯对蚯蚓有剧毒；在除草剂中，西玛津对蚯蚓的毒性最强；螨虫类通常对除艾氏剂外的有机磷以及氯代有机碳水化合物农药非常敏感。过量施用农药，使其在植物根、茎、叶、果实和种子中积累，这些受污染的农产品随食物进入人体后，会导致人体疲倦、头疼、食欲不振等症状，还会降低人体免疫力、危害神经中枢、诱发肝脏酶的改变以及致畸、致癌等。

（二）石油烃类

土壤石油烃（petroleum hydrocarbon）类污染主要来源于石油钻探、开采、运输、加工、储存、使用产品及其废弃物的处置等人为活动，如油井附近土壤中石油类污染物的含量平均可达15.8g/kg，而在正常灌溉条件下的农田，其含量仅为2.2mg/kg。

从石油排放，到石油泄漏、输油管破损以及包含多环芳烃（PAHs）的润滑油等石油类产品的不合理排放，都会导致石油烃类化合物释出，进而侵入土壤环境。当石油类物质渗入土壤的量超过土壤的自净容量后，积累的油类物质将长期残留于土壤中，破坏土壤结构，影响土壤通透性；黏着在植物根系上，阻碍植物根系对养分和水分的吸收，引起根系腐烂，影响农作物生长或者穿透到植物组织内部，破坏植物正常生理机能，严重影响土壤的生产力和农作物产量。石油中的苯、甲苯、二甲苯等单环芳烃对人体危害较大，其急性中毒主要作用于人体神经系统，慢性中毒主要作用于造血组织和神经系统。如果较长时间与较高浓度污染物接触，会引起恶心、头疼、眩晕等症状。

（三）塑料制品

塑料（plastic）常用聚氯乙烯、聚乙烯、聚丙烯和聚苯乙烯等化工原料制成。由于其价格便宜、性能好、加工方便，近年来塑料工业迅速发展，各类塑料制品（袋、盒和绳等）大量使用，农业覆膜种植大面积推广。作为一种高分子材料，塑料具有不易腐烂、难以降解的性能，因而废弃塑料散落在农田里，就会造成永久性"白色污染"。残留的地膜碎片不但影响农田耕作管理，而且会破坏土壤结构，阻断土壤中的毛细管，影响水肥在土壤中的运移，妨碍作物根系发育生长，使农作物产量降低，实验数据表明当土地残留地膜达37.5kg/hm^{2}时，小麦减产7%，残留地膜达25kg/hm^{2}时，茄子产量可减少29.5%。

（四）其他

增塑剂、阻燃剂、表面活性剂、染料类以及酚类和亚硝胺物质等污染物大都来自工业废水、污灌以及污泥和堆肥，它们进入土壤环境后，会造成对生态与环境的危害。例如，增塑剂进入农田生态系统，使农田土壤和作物生长发育及产品品质受到影响。较高浓度的表面活性剂烷基苯磺酸钠进入土壤后，不利于黏粒聚沉，造成土粒分散，使土壤结构破坏，从而加重水土流失；吸附于土壤黏粒上的农药和重金属，随径流而转移，加深水环境的污染程度，使污染范围扩大；同时，存在于土壤黏粒的许多矿质营养元素，进入水环境后则会加重水体的富营养化和土壤自身的贫瘠化。

三、固体废弃物与放射性污染物

（一）固体废弃物

土壤污染部分来自固体废弃物，固体废弃物（solid waste）是指人类在生产、消费、生活和其他活动中产生的固态、半固态废弃物质。依据《固体废物污染环境防治法》，我国的固体废弃物主要包括城市居民生活废弃物、工业固体废弃物及高危固体废弃物 3 种。城市生活废弃物指在人类生活活动中所产生的废弃物，如生活垃圾、食物残渣等。工业废弃物包括工业企业生产过程中排入环境的各种废渣、废水、粉尘和其他固体废弃物，如高炉渣、污泥、工业废水等；危险固体废物特指有害废物，具有易燃性、腐蚀性、反应性、传染性、毒性、放射性等特性，产生于各种有危险废物产物的生产企业。

土壤是固体废物污染的主要环境介质。固体废物堆放不仅占用大量土地，同时固体废物中的有害组分很容易经过风化、雨雪淋溶、地表径流的侵蚀，产生高温有毒液体渗入土壤，杀害土壤中的微生物，破坏微生物与周围环境构成的生态系统，导致草木不生。

（二）放射性污染物

土壤中放射性污染物（radioactive contaminant）主要来自大气核爆炸降落的污染物，以及核能利用排出的固液体放射性废弃物，随着自然沉降、雨水冲刷和废弃物的堆放进入土壤，从而造成土壤放射性污染。土壤一旦受到放射性元素的污染，很难自行消除，只有等到自然衰变为稳定元素而消除其放射性。

大气层核试验导致的放射性沉降灰、地下核试验的核泄漏及气体扩散是早期土壤放射性污染的主要来源。例如，1954 年美国在马绍尔群岛比基尼环礁进行的 TNT 当量大于 $600 \times 10^4 t$ 的氢弹爆炸，导致近 $2 \times 10^4 km^2$ 区域受到致命性永久污染。1949～1981 年，苏联在今哈萨克斯坦的塞米巴拉金斯克核试验场进行核试验，导致 $30 \times 10^4 km^2$ 区域土壤受到放射性污染。

核武器的使用及核泄漏事故，对环境也会造成不同程度的污染，尤其爆炸事故导致放射性物质随大气扩散并沉降至地表会对土壤造成严重放射性污染。1945 年 8 月美国投掷到日本广岛和长崎的原子弹，核爆摧毁高达十几千米范围的地区，核爆后由于沉降造成大范围的土壤放射性污染。1986 年切尔诺贝利核电站事故发生后，俄罗斯、白俄罗斯以及乌克兰境内大面积土壤受到 ^{137}Cs、^{90}Sr、$^{238\sim240}Pu$ 等放射性核素污染，其中 ^{90}Sr 和 ^{137}Cs 主要分布在土壤表面 0～10cm 土层。2011 年 3 月日本福岛核泄漏事故，致使放射性核素沉积在福岛周围 30km 和西北 50km 方向陆地上，且主要集中在土壤表层 5cm 处。

铀矿开采产生的固体废物和废水成为铀矿山周围土壤放射性污染的主要来源，其中固体废物主要包括露天剥离废石、地下采掘废石、选矿厂废石和地表堆浸后的矿渣。以广东下庄铀矿田为例，当地土壤放射性 ^{226}Ra 含量远高于全国及世界平均水平，在土壤剖面中放射性核素主要分布在表层 10cm 以内，最深处仅距土壤表层 30cm。放射性核素导致该铀矿田地面 1m 高处的平均 γ 辐射剂量分别是广东省、全国和世界平均水平的 1.45 倍、1.50 倍和 1.80 倍。

　　土壤受到放射性元素污染后进入食物链，会引发各种疾病。1945 年在日本广岛长崎遭原子弹袭击后，当地居民长期受到辐射效应的影响，肿瘤、白血病的发病率明显增高。1954 年以后，核爆炸试验急剧增加，放射性沉降物造成的环境污染，使全球受到影响。铀矿开采工人肺癌高发，接触发光涂料（镭）的女工患有下颌骨癌，我国每年因氡子体的辐射诱发肺癌约有 5×10^4 例。

　　土壤是人类赖以生存、不可或缺的重要自然资源。随着工业化进程的不断加快，矿产资源的不合理开采及其冶炼排放、长期对土壤进行污水灌溉和污泥施用、人为活动引起的大气沉降、化肥和农药的大量施用等原因，造成土壤污染日益严重，极大地影响了我国农业生产和农田土壤生态环境。为保护和改善生态环境，保障公众健康，推动土壤资源永续利用，推进生态文明建设，促进经济社会可持续发展，充分认识土壤污染及其危害，开展污染土壤的治理和修复工作刻不容缓。

第三节　土壤组成和性质对污染物毒性的影响

一、土壤组成对污染物毒性的影响

　　污染物进入土壤后，与各种土壤组分发生物理的、化学的和生物的反应，主要包括吸附解吸，沉淀溶解，络合解络，同化矿化、降解转化等过程，这些过程与土壤污染物的性质（有效浓度、毒性、水溶态、交换态为主）有紧密关系。一般认为，土壤中重金属污染物的水溶态或交换态有效浓度越大，其对生物的毒性较大，而专性吸附态、氧化物态或矿物固定态含量越高，则其毒性越小。

（一）黏土矿物对污染物毒性的影响

　　土壤中的黏土矿物，如层状铝硅酸盐和氧化物，显著影响污染物吸附解吸行为及其毒性，如铝硅酸盐对重金属和离子态有机农药的吸附，氧化物对氯、钼、砷、铬等含氧酸根的吸附（尤其是专性吸附），对这些污染物可起到固定或暂时失活的减毒效应。

　　重金属吸附总量取决于土壤阳离子交换量（CEC）和黏土矿物类型。重金属浓度很低时，氧化物对重金属的专性吸附比例则较大，此时专性吸附可显著降低重金属的生物毒性。不同土壤组分对重金属选择吸附和专性吸附的能力不同，如 Cd 与其他一些重金属相比，其竞争吸附能力较差，故 Cd 易存留于土壤溶液中而易被作物吸收。

　　土壤中铁，铝氧化物是 F^- 的主要吸附剂，氧化物胶体表面与中心金属离子配位的碱性最强的 A 型羧基，可与 F^- 发生配位交换反应，从而降低氟的毒性。氧化物对 F^- 的最高吸附量为对 SO_4^{2-} 或 Cl^- 的 3 倍，也高于其他阴离子，如 PO_4^{3-}、AsO_3^{3-}、$Cr_2O_7^{2-}$ 等，在含 F^- 浓度相同的不同平衡溶液中，$Al(OH)_3$ 胶体吸附氟量比埃洛石和高岭石高出数十倍甚至数百倍，而 2∶1 型蛭石只能吸附微量的氟。这就是总氟含量相同时，红黄壤中有效态氟含量低（毒性低），而残留态氟容易富集累积的原因。

　　Cu^{2+} 被黏土矿物吸附的顺序为高岭石＞伊利石＞蒙脱石。这是因为铜通过与硅酸盐表面的六配位被专性吸附，与矿物表面羟基群及 pH 有关，而不直接依赖于黏土矿物的 CEC，但与盐基饱和度有关。不同类型矿物和氧化物与铜的吸持和结合强度差异决定着土壤中被吸附铜的解吸难易（毒性）。用 1mol/L NH_4Ac 或螯合剂作为解吸剂，发现吸附于蒙脱石上 98%

的 Cu^{2+} 被很快解吸，而专性吸附于铁，铝、锰氧化物上的 Cu^{2+} 则"惰性"极强，在一般条件下难以被置换，相当一部分 Cu^{2+} 不能被交换，只有通过强烈的化学反应才能被活化而释放出来。黏土矿物类型会影响土壤对农药的吸附。农药被黏土矿物吸附后，其毒性大大降低。土壤对农药的吸附作用不仅妨碍农药的迁移，而且还减缓化学分解和生物降解速度。因而当土壤对农药的吸附量大时，其残留量也高。

（二）有机质对污染物毒性的影响

土壤中有机质组分对污染物毒性的影响可通过静电吸附和络合（螯合）作用来实现。土壤有机质与重金属的吸附主要通过其含氧功能基进行，羧基和酚羟基是两种腐殖酸的主要功能基，分别占功能基总量的 50% 和 30% 左右，成为腐殖质 - 金属络合物的主要配位基。

胡敏酸和富啡酸可与金属离子形成可溶性的和不可溶性的络合（螯合）物，主要依赖其饱和度。富啡酸金属离子络合物比胡敏酸金属络合物的溶解度大，是因为前者酸度大且分子质量较低。腐殖酸吸附金属离子的同时金属离子也以种种方式影响腐殖质的溶解特性。当胡敏酸和富啡酸溶于水中时，其—COOH 发生解离，由于带电基团的排斥作用，分子处于伸展状态，当外源金属离子进入时，电荷减少，分子收缩凝聚，导致溶解度降低。而且金属离子也能将胡敏酸和富啡酸分子桥接起来成为长链状结构化合物。金属胡敏酸络合物在低金属 / 胡敏酸比例下是水溶性的，但当链状结构增加，本身自由的—COOH 因金属离子 M^{2+} 的桥链作用而变为中性时，发生沉淀，该过程受土壤中离子强度、pH、胡敏酸浓度等因素影响。土壤中的其他组分，特别是土壤微生物，对污染物尤其对有机污染物降解的影响也非常重要。

二、土壤酸碱性对污染物毒性的影响

土壤酸碱性可以影响土壤组分和污染物的电荷特性，通过沉淀溶解、吸附解吸和络合解络平衡来改变污染物的毒性，土壤酸碱性还通过改变土壤微生物的活性来影响污染物的毒性。

土壤溶液中的大多数金属元素（包括重金属）在酸性条件下以游离态或水化离子态存在，毒性较大，而在中性和碱性条件下易生成难溶性的氧化物沉淀，毒性大为降低。

金属离子与 OH^- 等阴离子生成沉淀，可用溶度积常数（K_{sp}）来估测，土壤酸碱性对阴、阳离子浓度有影响，pH 升高导致 OH^- 上升，使重金属离子的毒性（活度）大为降低。

pH 对土壤中金属离子的水解及其产物的组成和电荷有极大的影响。在 pH<7.7 的溶液中，锌主要以 Zn^{2+} 为主；在 pH>7.7 时，以 $ZnOH^+$ 为主；在 pH>9.11 时，则以电中性的 $Zn(OH)_2^0$ 为主。在土壤 pH 范围内，$Zn(OH)_3^-$ 和 $Zn(OH)_4^-$ 不会成为土壤溶液中的主要络合离子。对 Pb 来说，当 pH<8.0 时，溶液中 Pb^{2+} 和 $Pb(OH)^+$ 占优势，其他形态的铅，如 $Pb(OH)_3^-$、$Pb(OH)^+$、$Pb(OH)_2^{4-}$ 较少。对 Cu 而言，当 pH<6.9 时，溶液中主要是 Cu^{2+}；pH>6.9 时，主要是 $Cu(OH)_2^0$；在 pH 为 7 左右时，$CuOH^+$ 显得有些重要，而 $Cu(OH)_3^-$、$Cu(OH)_2^{4-}$ 和 $Cu_2(OH)_2^+$ 一般不会形成。Hirsh 等用模型预测了土壤溶液中一系列 Cd 络合离子，包括 Cd^{2+}、$CdOH^+$、$Cd(OH)_2^0$、$CdCl^+$、$Cd(Cl)_2^0$、$CdSO_4^0$、$CdHCO_3^+$、$CdCO_3^-$、$CdCO_3^0$、$CdNO_3^0$、$CdNO_3^+$、$Cd(NO_3)_2^0$ 的形成与 pH 的关系。结果发现，自由 Cd^{2+} 往往只占溶液中可溶性 Cd 的 40%～50%；在 pH 7.5～8.0 时，$CdHCO_3^+$ 络合离子占 35%～40%；当

pH 较高或 CO_2 分压增高时，重碳酸盐的增加使自由 Cd^{2+} 减少，而 $CdOH^+$ 和 $Cd(OH)_2^0$ 络合离子占优势。故可以认为，在高 pH 和高 CO_2（如石灰性土壤的植物根际）的条件下，Cd 形成较多的碳酸盐络合物而使其有效度降低。但在酸性（pH=5.5）土壤中在同一总可溶性 Cd 水平下，即使增加 CO_2 分压，溶液中 Cd^{2+} 仍保持很高水平。pH 的变化不但直接影响重金属离子的毒性，也改变其吸附、沉淀、络合等特性，间接地改变其毒性。

pH 显著影响含氧酸根阴离子（如铬、砷）在土壤溶液中的形态，影响它们的吸附，沉淀等特性本性和碱性条件下，Cr^{3+} 可被沉淀为 $Cr(OH)_3$，在碱性条件下，OH^- 的交换能力大，能使土壤中可溶性砷含量显著增加，从而增加了砷的生物毒性。

pH 对有机污染物如有机农药在土壤中的积累，转化，降解的影响主要表现：①土壤 pH 不同，土壤微生物群落不同，影响土壤微生物对有机污染物的降解作用，这种生物降解途径主要包括生物氧化和还原反应中的脱氯、脱氯化氢、脱烷基化、芳香环或杂环破裂反应等。②通过改变土壤组分和污染物的电荷特性，改变两者的吸附、络合、沉淀等特性，导致污染物有效度的改变。例如，有机氯农药在酸性条件下性质稳定不易降解，只有在强碱性条件下才能加速代谢；有机磷和氨基甲酸酯农药虽然大部分在碱性环境中易水解，但地亚农则是在酸性环境中更易水解。

三、土壤氧化还原状况对污染物毒性的影响

土壤氧化还原状况（Eh）是一个综合性指标，虽主要取决于土体内水气比例，但土壤中的微生物活动，易分解有机质含量，易氧化和易还原的无机物质的含量，植物根系的代谢作用及土壤 pH 等与 Eh 的关系也很密切，对污染物毒性有一定的影响。

（一）对有机污染物的影响

热带、亚热带地区间歇性阵雨和干湿交替对厌氧、好氧细菌的增殖均有利，比单纯的还原或氧化条件更有利于有机农药分子结构的降解。特别是有环状结构的农药，环开裂反应需要氧的参与，如 DDT 的开环反应，地亚农的代谢产物嘧啶环的裂解等。

有机氯农药大多在还原环境下才能加速代谢。例如，六六六（六氯环己烷）在旱地土壤中分解很慢，在蜡状芽孢菌参与下，经脱氯反应后快速代谢为五氯环己烷中间体，后者再脱去氯化氢后生成四氯环己烯和少量氯苯类代谢物。分解 DDT 适宜的 Eh 为 $-250\sim0$mV，艾氏剂也只有在 Eh<-120mV 时才快速降解。

（二）对重金属污染物的影响

土壤中大多数重金属污染元素是亲硫元素，在农田厌氧还原条件下易生成难溶性硫化物，降低了毒性和危害。土壤中低价硫 S^{2-} 来源于有机质的厌氧分解和硫酸盐的还原反应。水田土壤 Eh 低于 -150mV 时 S^{2-} 生成量可达 20mg/100g 土。当土壤转为氧化状态，如落干或改旱时，难溶性硫化物逐渐转化为易溶硫酸盐，其生物毒性增加。

土壤在添加 Cd、P 和 Zn 的情况下淹水 $5\sim8$ 周后，可能存在 CdS。在同一土壤含 Cd 量相同的情况下，若水稻在全期淹水种植，即使土壤含 Cd 100mg/kg，糙米中 Cd 浓度不超过 1mg/kg（Cd 食品卫生标准），但若在幼穗形成前、后，此水稻田落水搁田，则糙米含 Cd 量可高达 5mg/kg。这是因为土壤中 Cd 溶出量下降与 Eh 下降同时发生，这就说明，在土壤淹水条件下，Cd 的毒性降低是因为生成 CdS 的缘故。

土壤中硫化物的形成，也能影响铜的溶度，氧化还原度（pe+pH）>14.89 时，Cu^{2+} 受土

壤 Cu 所控制。pe＋pH 每降低一个单位，Cu^{2+} 活度增加 1 个 lg 单位。

砷可以 -3、0、$+3$ 和 $+5$ 这 4 种价态存在。在无机砷中 3 价砷比 5 价砷的毒性大几倍，甚至几十倍。土壤中微生物对砷的转化涉及 4 种价态，而土壤中无机砷的氧化还原平衡主要涉及 $+3$ 和 $+5$ 价态。在土壤溶液中，砷对氧化还原状况相当敏感。

铬也是变价元素，6 价铬毒性大于 3 价铬，土壤氧化还原状况对土壤铬的转化和毒性有很大影响。铬在土壤中通常以 4 种化学形态存在，两种 3 价铬离子即 Cr^{3+}、CrO_2^-，以及两种 6 价离子即 $Cr_2O_7^{2-}$、CrO_4^{2-}。它们在土壤中迁移转化主要受土壤 pH 和氧化还原电位的制约，另外也受土壤有机质含量、无机胶体组成和土壤质地等的影响。3 价铬和 6 价铬在适当土壤环境下可相互转化。

土壤中的氧化锰对 3 价铬有氧化能力，其强弱顺序为 $\delta\text{-}MnO_2 > \alpha\text{-}MnO_2 > \gamma\text{-}MnOOH$，氧化锰作为 3 价铬氧化的主要电子接收体，其机制为：3 价铬从溶液被吸附到 MnO_2 表面，与表面活性部位 Mn 反应使 3 价铬失去电子被氧化为 6 价铬，然后 6 价铬从 MnO_2 表面释放到溶液中。土壤对 3 价铬的氧化能力与土壤中易还原性氧化锰含量呈显著正相关；MnO_2 对有机态 3 价铬的氧化速度明显慢于对无机 3 价铬的氧化速度，其氧化量也相应减少。沉淀态 Cr、吸附态 Cr 可被转移到 MnO_2 表面而被氧化为 6 价铬。沉淀态 Cr 溶解速度和吸附态 Cr 释放速度决定着 3 价铬的氧化速率。反之，外源 Cr 进入土壤后，也可以被还原成 3 价铬，随后形成难溶性氢氧化铬沉淀或被土壤胶体所吸附。

第四节 污染土壤的修复

在环境三要素中，土壤污染远远没有像空气、水体污染那样受到人们的关注和重视。实际上，除了土壤科学、环境科学、农学、生态学部分科学工作者外，其他学科的学者很少思考土壤污染及其对陆地生态系统、人类生存带来的威胁。其原因是多方面的。

首先从土壤污染本身的特点看，土壤污染具有渐进性、长期性、隐蔽性和复杂性的特点。它对动物和人体的危害则往往通过农作物包括粮食、蔬菜、水果或牧草，即通过食物链逐级积累危害。人们往往身受其害而不知所害，不像大气、水体污染被人直接觉察。20 世纪 60 年代，发生在日本富山县"镉米"事件曾震惊世界，这绝不是孤立的、局部的公害事例，而是给人类的一个深刻教训。

其次从土壤污染的原因看，土壤污染与造成土壤退化的其他类型不同。土壤沙化、水土流失、土壤盐渍化和次生盐渍化、土壤潜育化等是由于人为因素和自然因素共同作用的结果。而土壤污染除少数突发性自然灾害，如活动火山外，主要是人类活动造成的。随着人类社会的发展，人类在开发、利用土壤，向土壤高强度索取的同时，向土壤排放的废弃物（污染物）的种类和数量也日益增加。当今人类活动的范围和强度可与自然的作用相比较，有的甚至比后者更大。土壤污染就是人类谋求自身经济发展的副产品。因此，在高强度开发、利用土壤资源、寻求经济发展、满足物质商品的同时，一定要防止土壤被污染、生态环境被破坏，力求土壤资源、生态环境、社会经济协调、和谐发展。

最后从土壤污染与其他环境要素污染的关系看，在地球自然系统中，大气、水体和土壤等自然地理要素的联系是一种自然过程的结果，是相互影响、互相制约的。土壤污染绝不是孤立的，它受大气、水体和土壤多方面的影响，从而成为各种污染物的最终聚集地。据报道，大气和水体中污染物的 90% 以上，最终沉积在土壤中。反过来，污染土壤也将导致空气或水体的污染。例如，过量施用氮肥的土壤，硝态氮（NO_3^--N）可能随渗滤水进入地下水，引起地下水中的硝态氮（NO_3^--N）超标，引起水体富营养化。而水稻土过量还原性气体（CH_4、氮氧化物）的释放，被认为是造成温室效应气体的主要来源之一。所以，防治土壤污染必须在环境和自然资源管理中实现一体化，实行综合防治。

一、土壤污染的预防措施

在环境污染问题上，西方国家都走过以资源的高消耗和环境污染为代价的工业化过程，即"先污染后治理"。我国实现现代化，坚持可持续发展，即社会经济、资源与环境的协调发展。尤其土壤资源一旦受到污染，就很难修复，重金属污染实际上是不可逆转的，因而土壤资源管理更需要"先预防后修复，预防重于修复"。

（一）执行国家有关法律法规

要严格执行国家有关部门颁发的有关环境质量标准和污染物排放等相关管理标准，并加强对污水灌溉与土地处理系统，固体废弃物的土地处理的严格管理。主要法律法规如下。

《中华人民共和国土壤污染防治法》（2018）、《土壤污染防治行动计划》（国发〔2016〕31 号）、《中华人民共和国环境保护法》（2014）、《农药合理使用准则》（GB/T 8321.1～GB/T 8321.10）、《土壤环境质量 农用地土壤污染风险管控标准》（试行）（GB 15618—2018）、《土壤环境质量 建设用地土壤污染风险管控标准》（试行）（GB 36600—2018）、《温室蔬菜产地环境质量评价标准》（HJ/T 333—2006）、《食用农产品产地环境质量评价标准》（HJ/T 332—2006）、《农田灌溉水质标准》（GB 5084—2005）、《电磁环境控制限值》（GB 8702—2014）、《污水综合排放标准》（GB 8978—1996）、《大气污染物综合排放标准》（GB 16297—1996）、《中华人民共和国固体废弃物污染环境防治法》（2016）、《城镇污水处理厂污染物排放标准》（GB 18918—2002）等。

（二）建立土壤污染监测、预测和评价系统

以土壤环境标准、基准或土壤环境容量为依据，定期对辖区土壤环境质量进行监测，建立系统的档案材料，参照国家组织建议和我国土壤环境污染物目录，确定优先检测的土壤污染物和测定标准方法，按照优先污染次序进行调查、研究。加强土壤污染物总浓度的控制与管理。在开发建设项目实施前，对项目建设、投产后土壤可能受污染的状况与程序进行预测和评价。必须分析影响土壤中污染物的累积因素和污染趋势，建立土壤污染物累积模型和土壤容量模型，预测控制土壤污染或减缓土壤污染的对策和措施。

（三）发展清洁生产

发展清洁生产工艺，加强"三废"治理，有效地消除、削减和控制重金属污染源，所谓清洁生产工艺是全面地采用环境保护战略，以降低生产过程和产品对人类和环境的危害，从原料到产品最终处理的全过程中减少"三废"的排放量，以减轻甚至消除对环境的影响。

二、污染土壤的修复技术

不同类型的土壤污染，其修复技术不完全相同。对污染土壤要根据污染实际情况进行修复。目前，土壤修复技术主要有生物修复（植物修复、微生物修复）、化学修复、物理修复及联合修复技术等。有些修复技术已经进入场地（产地）修复实施阶段，生物质炭等一些新

兴环境修复材料也在污染土壤修复中得到应用，并取得了较好的效果。污染土壤的修复对于阻断污染物进入食物链，防止其对人体健康的损害，促进土壤资源的保护与社会可持续和谐发展具有重要的现实意义。

根据处理污染土壤的位置改变与否，污染物土壤修复技术可以分为原位修复和异位修复。一般原位修复比异位修复更为经济。因为对污染物就地处置修复使之降解或减毒，不需要运输费和昂贵的环境工程基础设施费，操作也比较简单。与原位修复技术相比，异位修复技术的环境风险较低，系统处理的预测性较高。

近年来，污染土壤修复技术发展较快，科学家运用土壤学、生物学、植物学、化学、物理和地质学等理论知识，发展和创新了污染土壤修复的原理和技术方法。下面简单介绍污染土壤修复的技术。

（一）微生物修复技术

生物修复（biological remediation）主要依靠生物（特别是微生物）的活动使土壤污染物降解或转化为无毒或低毒物质的过程。微生物修复适用于有机污染土壤的修复。微生物对有机物的降解需要有以下环境条件：微生物可利用的营养物、合适的 pH、有代谢能进行的电子受体。缺少任一项条件，都将会影响微生物修复的速率和程度。

特别是对于外来污染物，很少会有土壤微生物能降解它们。所以，需要加入经过人工驯化的工程菌来实现高效修复。但培养实用的工程菌是一项很难的研究工作。可以用于生物修复的微生物主要有细菌和真菌。细菌包括好氧细菌、厌氧细菌及兼性细菌。细菌可以不断适应污染土壤环境，产生降解能力，如通过特定酶的诱导和抑制产生基因突变及通过质粒转移获得利用特定污染物的能力。真菌分为三大类：软腐菌，褐腐菌和白腐菌。真菌对于一些大分子化合物表现出很强的降解能力，都可以降解木质素。例如，白腐菌降解污染物的特点如下。

1）在一定底物浓度诱导下合成所需的降解酶，能降解低浓度污染物。

2）对有机物的降解大多属于酶促转化，降解遵循米氏动力学方程。

3）具有竞争优势，能利用质膜上的氧化还原系统，产生自由基，从而氧化其他微生物的蛋白质，调节其所处环境呈现低 pH，抑制其他微生物的生长。

4）降解过程在胞外进行，酶系统存在于细胞外，有毒污染物不必先进入细胞再代谢，避免对细胞的毒害。

5）降解底物较彻底，特别对杂酚油、氯代芳烃化合物能完全降解。

6）能在固体或液体基质中生长，能利用不溶于水的基质。

微生物修复是否成功，主要取决于是否存在激发污染物降解的合适的微生物种类以及是否对污染土壤的生态条件进行改善或加以有效调控和管理。大量研究表明，土壤水分是调控微生物活性的首要因子之一。因为它是许多营养物质和有机组分进入微生物细胞的介质，也是新陈代谢废物排出微生物机体的介质，并对土壤通透性能、可溶性物质的特性和数量、渗透压、土壤溶液 pH 和土壤非饱和水力学传导率发生重要影响。生物降解的速率还常常取决于终端电子受体供给的速率。在土壤微生物种群中，很大部分是把氧气作为终端电子受体的。而且由于植物根的呼吸作用，亚表层土壤中的氧气也易于消耗。因此，充足的氧气供应是污染土壤生物修复的重要环节。氧化还原电位（Eh）也对亚表层土壤中微生物种群的代谢过程产生影响。

（二）植物修复技术

污染土壤的植物修复（phytoremediation）是指利用植物本身特有的吸收富集污染物、转化固定污染物及通过氧化还原或水解反应等生物化学过程，使土壤环境中的有机污染物得以降解，使重金属等无机污染物被固定脱毒。与此同时，还利用植物根际圈特殊的生态条件加速土壤微生物生长，显著提高根际微生物的生物量和潜能，从而提高对土壤有机污染物的分解能力，以及利用某些植物特殊的积累与固定能力去除土壤中某些无机污染物的能力。植物修复在低到中等污染土壤应用效果一般较好。植物修复去除污染物的方式可分为如下几种。

1. 植物提取　　是指植物直接吸收污染物并在体内蓄积，植物收获后再进行处理。

2. 植物降解　　是指植物本身及相关微生物和各种酶系将有机污染物降解为无毒的小分子中间产物。

3. 植物稳定　　是指在植物与土壤的共同作用下，将污染物固定并降低其活性。

4. 植物挥发　　利用本身的吸收、积累、挥发而减少土壤中的挥发性污染物，即植物将污染物吸收到体内后将其转化为气态物质，释放到大气中。

（三）化学修复技术

土壤的化学修复（chemical remediation）技术是利用加入土壤中的化学修复剂与污染物发生一定的化学反应，使污染物被降解和毒性被去除或降低的修复技术。依赖于污染土壤的特征和不同污染物，化学修复手段可以是将气体、液体或活性胶体注入土壤下层、含水土层，或在地下水流经的路径设置可渗透反应，滤出地下水中的污染物。注入的化学物质可以是氧化剂、还原剂（沉淀剂）或解吸剂（增溶剂），相对于其他修复技术，化学修复技术发展较早，也相对比较成熟。

（四）物理修复技术

在美、英等发达国家，污染土壤的物理修复（physical remediation）得到了很大的重视，发展较快，主要包括物理分离技术、蒸汽浸提技术、玻璃化技术和电动力学修复技术等。

1. 物理分离技术（physical separation technique）　　物理分离技术在采矿和选矿中已经应用了几十年。但是，应用于土壤修复是最近的事情。大多数污染土壤的物理分离修复，主要是基于土壤介质及污染物的特性而采用不同的操作方法：①据粒径大小，采用过滤或微过滤的方法进行分离；②依据分布、密度大小、采用沉淀或离心分离；③依据磁性有无或大小，采用磁分离手段；④根据表面特性，采用浮选法分离。

2. 蒸汽浸提技术（vapor extraction technique）　　通过向土壤导入气流，气流经过土壤时挥发性和半挥发性的有机物随空气挥发进入真空井，气流经过后土壤得到修复。原位土壤蒸汽浸提技术主要可以用于挥发性有机卤代物或非卤代物的修复。通常应用的有机污染物的亨利系数大于 0.01 或者蒸汽压大于 66.66Pa，有时也用于去除土壤中的油类、PAHs 或二噁英。

3. 玻璃化技术（vitrification technique）　　玻璃化作用是利用热将固态污染物（如污染土、城市垃圾、尾矿渣、放射性废料）熔化为玻璃状或玻璃 - 陶瓷状物质。污染物经过玻璃化作用后，其中有机污染物将因热解而被摧毁或转化为气体逸出。而其中的放射性物质和重金属元素则被牢固地束缚于已熔化的玻璃体内。

4. 电动力学修复技术（electrokinetic remediation technique）　　电动力学修复技术在油类提取工业和土壤脱水方面的应用已经有几十年历史，但在原位土壤修复方面的应用相对较晚，主要用于从饱和土壤层、不饱和土壤层、污泥中分离提取重金属、有机污物。电动力学修复技术主要用于低渗透性土壤的修复，适用于大部分无机污染物，涉及的金属离子有铬、镉、汞、铅、锌、锰、钼、铜、镍和铀等。而涉及的有机物则包括苯酚、乙酸、六氯苯、三氯乙烯以及一些石油类污染物。

（五）联合修复技术

由于土壤污染具有复杂性，很多现实情况下经常出现复合污染，如重金属、有机污染物造成的土壤复合污染就是我国亟待解决的环境问题之一。而对复合污染土壤的修复，仅仅依靠单一的生物、物理、化学等修复技术效果并不理想。面对常见的土壤重金属复合污染、有机污染物复合污染、重金属 - 有机污染物复合污染土壤的修复问题，需要采用联合修复技术进行修复。有时单一的污染物，如石油污染土壤，也需要多种修复技术联合，以达到缩短修复周期、提升修复效率的目标。因此，无论是农用地污染土壤还是场地污染土壤的治理，均可以在生物修复的基础上，依据污染物质的特点，制订具体的联合修复技术来进行污染土壤的修复。

【思 考 题】

1. 土壤环境背景值是如何获得的？有什么意义？
2. 什么是土壤自净作用？有哪些类型和影响因素？
3. 什么是土壤环境容量？哪些因素影响着土壤环境容量的变化？
4. 什么是土壤污染？污染物的土壤基准与土壤标准有何异同？
5. 土壤组分如何影响污染物毒性？
6. 土壤 pH 如何影响污染物毒性？
7. 土壤 Eh 如何影响污染物毒性？
8. 土壤污染的修复技术有哪些类型？各有哪些优缺点？
9. 土壤污染修复中往往需要遵循哪些重要和实际应用的标准？

参 考 文 献

北京林业大学. 1982. 土壤学（上册）. 北京：中国林业出版社.

毕润成. 2014. 土壤污染物概论. 北京：科学出版社.

常庆瑞. 2002. 土地资源学. 咸阳：西北农林科技大学出版社.

陈百明. 1996. 土地资源学概论. 北京：中国环境科学出版社.

陈伏生，曾德慧，何兴元. 2004. 森林土壤氮素的转化与循环. 生态学杂志，23（5）：126-133.

陈怀满. 2018. 环境土壤学. 3 版. 北京：科学出版社.

陈伦寿，李仁岗. 1984. 农田施肥原理与实践. 北京：农业出版社.

程丽娟，薛泉宏. 2012. 微生物学实验技术. 北京：科学出版社.

池振明. 2010. 现代微生物生态学. 北京：科学出版社.

崔晓阳，方怀龙. 2001. 城市绿地土壤及其管理. 北京：中国林业出版社.

董双快，徐万里，吴福飞，等. 2016. 铁改性生物炭促进土壤砷形态转化抑制植物砷吸收. 农业工程学
　报，32（15）：204-212.

多克辛. 2012. 土壤优控污染物监测方法. 北京：中国环境科学出版社.

范业宽，叶坤合. 2002. 土壤肥料学. 武汉：武汉大学出版社.

耿增超. 2002. 园林土壤肥料学. 西安：西安地图出版社.

耿增超，戴伟. 2011. 土壤学. 北京：科学出版社.

龚子同. 2014. 中国土壤地理. 北京：科学出版社.

龚子同，陈鸿昭，王鹤林. 1996. 中国土壤系统分类高级单元的分布规律. 地理科学，16（4）.

龚子同. 1999. 中国土壤系统分类：理论·方法·实践. 北京：科学出版社.

龚子同，张甘霖，陈志诚，等. 2007. 土壤发生与系统分类. 北京：科学出版社.

关连珠. 2016. 普通土壤学. 2 版. 北京：中国农业大学出版社.

关松荫. 1986. 土壤酶及其研究法. 北京：农业出版社.

国家自然科学基金委员会. 1996. 土壤学（自然科学学科发展战略调研报告）. 北京：科学出版社.

何电源. 1994. 中国南方土壤肥力与栽培植物施肥. 北京：科学出版社.

贺纪正，陆雅海，傅伯杰. 2014. 土壤生物学前沿. 北京：科学出版社.

洪坚平. 2011. 土壤污染与防治. 3 版，北京：中国农业出版社.

黄昌勇. 2000. 土壤学. 北京：中国农业出版社.

黄昌勇，徐建明. 2010. 土壤学. 3 版. 北京：中国农业出版社.

黄鼎成，康晓光，王毅. 1997. 人与自然关系导论. 武汉：湖北科学技术出版社.

黄巧云. 2017. 土壤学. 2 版. 北京：中国农业出版社.

黄枢，沈国舫. 1993. 中国造林技术. 北京：中国林业出版社.

贾文锦，李金凤. 1992. 辽宁土壤. 沈阳：辽宁科学技术出版社.

康奈尔大学农学系. 1985. 美国土壤系统分类检索. 赵其国，龚子同，曹升赓，等译. 北京：科学出
　版社.

李承绪. 1990. 河北土壤. 石家庄：河北科学技术出版社.

李法虎. 2006. 土壤物理化学. 北京：化学工业出版社.

李卓橡. 1996. 土壤微生物学. 北京：中国农业出版社.

李航，杨刚. 2017. 基础土壤学研究的方法论思考：基于土壤化学的视角. 土壤学报，54（4）：819-826.

李庆逵，朱兆良，于天仁. 1998. 中国农业持续发展中的肥料问题. 南昌：江西科学技术出版社.

李天杰. 1995. 土壤环境学：土壤环境污染防治与土壤生态保护. 北京：高等教育出版社.

李天杰，赵烨，张科利，等. 2004. 土壤地理学. 3 版. 北京：高等教育出版社.

李学垣. 1997. 土壤化学及实验指导. 北京：中国农业出版社.

李学垣. 2001. 土壤化学. 北京：高等教育出版社.

李长生. 2016. 生物地球化学：科学基础与模型方法. 北京：清华大学出版社.

李志洪，赵兰坡，窦森. 2005. 土壤学. 北京：化学工业出版社.

林成谷. 1996. 土壤污染与防治. 北京：中国农业出版社.

林大仪. 2002. 土壤学. 北京：中国林业出版社.

林启美，吴金水，黄巧云，等. 2006. 土壤微生物生物量测定方法及其应用. 北京：气象出版社.

林先贵. 2010. 土壤微生物研究原理与方法. 北京：高等教育出版社.

刘克锋，韩劲，刘建斌. 2001. 土壤肥料学. 北京：气象出版社.

刘兆谦. 1988. 土壤地理学原理. 西安：陕西师范大学出版社.

鲁如坤. 2000. 土壤农业化学分析方法. 北京：中国农业出版社.

陆景陵. 2003. 植物营养学（上册）. 2 版. 北京：中国农业大学出版社.

陆欣，谢英荷. 2011. 土壤肥料学. 北京：中国农业大学出版社.

逯非，王效科，韩冰，等. 2009. 农田土壤固碳措施的温室气体泄漏和净减排潜力. 生态学报，29（9）：4993-5006.

路瑶，魏贤勇，宗志敏，等. 2013. 木质素的结构研究与应用. 化学进展，25（5）：838-858.

吕贻忠，李保国. 2006. 土壤学. 北京：中国农业出版社.

马世威，马玉明，姚洪林，等. 1998. 沙漠学. 呼和浩特：内蒙古人民出版社.

牟树森，青长乐. 1993. 环境土壤学. 北京：中国农业出版社.

内蒙古自治区土壤普查办公室，内蒙古自治区土壤肥料工作站. 1994. 内蒙古土壤. 北京：科学出版社.

尼尔·布雷迪，雷·韦尔. 2019. 土壤学与生活. 李保国，徐建明译. 北京：科学出版社.

潘根兴. 2000. 地球表层系统土壤学. 北京：地质出版社.

潘根兴，丁元君，陈硕桐，等. 2019. 从土壤腐殖质分组到分子有机质组学认识土壤有机质本质. 地球科学进展，34（5）：451-470.

潘剑君. 2010. 土壤调查与制图. 3 版. 北京：中国农业出版社.

秦耀东. 2003. 土壤物理学. 北京：高等教育出版社.

全国土壤普查办公室. 1993. 中国土壤分类系统. 北京：农业出版社.

全国土壤普查办公室. 1998. 中国土壤. 北京：中国农业出版社.

邵明安，王全九，黄明斌. 2006. 土壤物理学. 北京：科学出版社.

沈萍，陈向东. 2016. 微生物学. 8 版. 北京：高等教育出版社.

沈其荣. 2008. 土壤肥料学通论. 北京：高等教育出版社.

沈善敏. 1998. 中国土壤肥力. 北京：中国农业出版社.

宋达泉. 1996. 中国海岸带土壤. 北京：海洋出版社.

孙保平. 2000. 荒漠化防治工程学. 北京：中国林业出版社.

孙向阳. 2005. 土壤学. 北京：中国林业出版社.

唐克丽. 2004. 中国水土保持. 北京：科学出版社.

王萌槐. 2002. 土壤肥料学. 北京：中国农业出版社.

王元，魏复盛. 1995. 土壤环境元素化学. 北京：中国环境科学出版社.

吴志能，谢苗苗，王莹莹. 2016. 我国复合污染土壤修复研究进展. 农业环境科学学报，35（12）：2250-2259.

西南农学院. 1961. 土壤学附地质学基础（上册）. 北京：农业出版社.

西南农业大学. 1980. 土壤学（南方本）. 2版. 北京：农业出版社.

夏冬明. 2007. 土壤肥料学. 上海：上海交通大学出版社.

谢德体. 2014. 土壤学（南方本）. 3版. 北京：中国农业出版社.

熊顺贵. 2001. 基础土壤学. 北京：中国农业大学出版社.

熊毅. 1983. 土壤胶体（第一册）：土壤胶体的物质基础. 北京：科学出版社.

熊毅. 1985. 土壤胶体（第二册）：土壤胶体研究法. 北京：科学出版社.

熊毅，李庆逵. 1987. 中国土壤. 2版. 北京：科学出版社.

熊毅，朱祖祥. 1965. 土壤物理化学专题综述. 北京：科学出版社.

徐仁扣，李九玉，姜军. 2014. 可变电荷土壤中特殊化学现象及其微观机制的研究进展. 土壤学报，51（2）：1-9.

闫翠侠，贾宏涛，孙涛，等. 2019. 鸡粪生物炭表征及其对水和土壤镉铅的修复效果. 农业工程学报，35（13）：225-233.

叶正丰，张俊民，过兴度. 1986. 山东省棕壤和褐土的黏土矿物. 山东大学学报（自然科学版）,21（3）：118-126.

于天仁. 1987. 土壤化学原理. 北京：科学出版社.

于天仁，季国亮，丁昌璞. 1996. 可变电荷土壤的电化学. 北京：科学出版社.

袁可能. 1990. 土壤化学. 北京：农业出版社.

张大弟，张晓红. 2001. 农药污染与防治. 北京：化学工业出版社.

张道勇，王鹤平. 1997. 中国实用肥料学. 上海：上海科学技术出版社.

张凤荣. 2016. 土壤地理学. 2版. 北京：中国农业出版社.

张洪江. 2008. 土壤侵蚀原理. 2版. 北京：中国林业出版社.

张继宏，颜丽，窦森. 1995. 农业持续发展的土壤培肥研究. 吉林：东北大学出版社.

张仁陟，谢英荷. 2014. 土壤学（北方本）. 北京：中国农业出版社.

张桃林，潘剑君，赵其国. 1999. 土壤质量研究进展与方向. 土壤，（1）：1-7.

赵其国，龚子同，徐琪，等. 1991. 中国土壤资源. 南京：南京大学出版社.

赵其国，孙波，张桃林. 1997. 土壤质量与持续环境：土壤质量的定义及评价方法. 土壤，（3）：113-120.

中国科学技术协会学会工作部. 1990. 中国土地退化防治研究. 北京：中国科学技术出版社.

中国科学院《中国自然地理》编辑委员会. 1999. 中国自然地理·土壤地理. 北京：科学出版社.

中国科学院红壤生态实验室. 1992. 红壤生态系统研究第一集. 北京：科学出版社.

中国科学院林业土壤研究所. 1980. 中国东北土壤. 北京：科学出版社.

中国科学院南京土壤研究所. 1998. 中国土壤. 北京：科学出版社.

中国科学院南京土壤研究所土壤系统分类课题组，中国土壤系统分类课题研究协作组. 1995. 中国土壤系统分类（修订方案）. 北京：中国农业科学技术出版社.

中国科学院南京土壤研究所土壤系统分类课题组，中国土壤系统分类课题研究协作组. 2001. 中国土壤系统分类检索. 3版. 合肥：中国科学技术大学出版社.

中国林业科学院林业研究所. 1986. 中国森林土壤. 北京：科学出版社.

中国农业科学院土壤肥料研究所. 1994. 中国肥料. 上海：上海科学技术出版社.

周健民，沈仁芳. 2013. 土壤学大辞典. 北京：科学出版社.

周礼恺. 1987. 土壤酶学. 北京：科学出版社.

周鸣铮. 1985. 土壤肥力学概论. 杭州：浙江科学技术出版社.

朱鹤健，何宜庚. 1992. 土壤地理学. 北京：高等教育出版社.

朱俊凤，朱震达，等. 1999. 中国沙漠化防治. 北京：中国林业出版社.

朱克贵. 2000. 土壤调查与制图. 2版. 北京：中国农业出版社.

朱兆良，文启孝. 1992. 中国土壤氮素. 南京：江苏科学技术出版社.

朱祖祥. 1996. 中国农业百科全书·土壤卷. 北京：中国农业出版社.

Arnold R W, Szabolcs Ι, Targulian V O. 1990. Global soil change. Laxenburg, Austria: IIASA.

Barker A V, Pilbeam D J. 2015. Handbook of Plant Nutrition. 2nd ed. Boca Raton: CRC Press.

Biederbeck V O, Paul E A. 1973. Fractionation of soil humate with phenolic solvents and purification of the nitrogen-rich portion with polyvinylpyrrolidone. Soil Science, 115(5): 357-366.

Buol S W, Hole F D, McCracken R J. 1980. Soil Genesis and Classification. 2nd ed. Ames: The Iowa State University Press.

Channarayappa C, Biradar D P. 2019. Soil Basics, Management, and Rhizosphere Engineering for Sustainable Agriculture. Boca Raton: CRC Press.

Cho J C, Tiedje J M. 2000. Biogeography and degree of endemicity of fluorescent pseudomonas strains in soil. Applied and Environmental Microbiology, 66(12): 5448-5456.

Doran J W, Parkin T B. 1994. Defining Soil Quality for a Sustainable Environment. Madison: Soil Science Society of America, Inc: 3-21.

Eldor A P. 2015. Soil Microbiology, Ecology and Biochemistry. 4th ed. London: Academic Press.

Fierer N, Carney K M, Horner D M C, et al. 2009. The biogeography of ammonia-oxidizing bacterial communities in soil. Microbial Ecology, 58(2): 435-445.

Fisher R F, Binkley D. 2000. Ecology and Management of Forest Soils. 3rd ed. New York: John Wiley & Sons, Inc.

Gong Z. 1992. Proceedings of International Symposium on Mangement and Development of Red Soils in Asia and Pacific Region. Beijing: Science Press.

Jenny H. 1980. The Soil Resource Origin and Behavior. New York: Springer-Verlag.

Lal R. 2004. Soil carbon sequestration impacts on global climate change and food security. Science, 304(5677): 1623-1627.

Lindsay W L. 1972. Inorganic phase equilibria of micronutrients in soils. In: Mortvedt J J, Giordano P M, Lindsay W L. Micronutrients in Agriculture. Madison: Soil Science Society of America: 41-57.

Luo Z, Wang G, Wang E. 2019. Global subsoil organic carbon turnover times dominantly controlled by soil properties rather than climate. Nature Communications, 10: 3688.

Lynch J M. 1990. The Rhizosphere. Wiley: John Wiley and Sons.

Pan G, Xu X, Smith P, et al. 2010. An increase in topsoil SOC stock of China's croplands between 1985 and 2006 revealed by soil monitoring. Agriculture, Ecosystems & Environment, 136(1-2): 133-138.

Pries C E H, Castanha C, Porras R C, et al. 2017. The whole-soil carbon flux in response to warming. Science, 355(6332): 1420-1423.

Shuman L M. 1985. Fractionation method for soil microelements. Soil Science, 140(1): 11-22.

Sillanpaeae M. 1982. Micronutrients and the Nutrient Status of Soils: A Global Study. Rome: U. N. Food and Agricultural Organization.

Simonart P, Batistic L, Mayaudon J. 1967. Isolation of protein from humic acid extracted from soil. Plant and Soil, 27(2): 153-161.

Singer M J, Munns D N. 2005. Soil: An Introduction. 6th ed. New Jersey: Prentice-Hall, Inc.

Singleton I, Merrington G, Colvan S, et al. 2003. The potential of soil protein-based methods to indicate metal contamination. Applied Soil Ecology, 23: 25-32.

Song X, Ju X, Topp C F E, et al. 2019. Oxygen regulates nitrous oxide production directly in agricultural soils. Environmental Science & Technology, 53(21): 12539-12547.

Sparks D L. 2003. Environmental Soil Chemistry. 2nd ed. San Diego: Acadmic Press.

Sposito G, Reginato R J. 1992. Opportunities in Basic Soil Science Reseach. Madison: Soil Science Society of America. Inc.

Stevenson F J. 1994. Humus Chemistry: Genesis, Composition, Reactions. 2nd ed. New York: John Wiley & Sons.

Sumner M E. 2000. Handbook of Soil Science. Boca Raton: CRC Press.

Sylvia D M, Fuhrmann J J, Harttel P G, et al. 1998. Principles and Applications of Soil Microbiology. New Jersey: Prentice-Hall, Inc.

Tan K H. 1998. Principles of Soil Chemistry. 3rd ed. New York: Marcel Dekker, Inc.

Tessier A, Campbell P G C, Bisson M. 1979. Sequential extraction procedure for the speciation of particulate trace metals. Analytic Chemistry, 51(7): 844-850.

Tidale S L, Nelson W L, Beaton J D. 1984. Soil Fertility and Fertilizers. 4th ed. New York: Macmillan Publishing Company.

Topp G C, Davis J L, Annan A P. 1980. Electromagnetic determination of soil water content: Measurements in coaxial transmission lines. Water Resources Research, doi: 10. 1029/WR016i003p00574.

Tortora G J, Funke B R, Case C L. 2015. Microbiology: An Introduction. 12th ed. New York: Pearson Education, Inc.

Weil R R, Brady N C. 2017. The Nature and Properties of Soils, Global Edition. Harlow: Pearson Education Limited.

Whitaker R J, Grogan D W, Taylor J W. 2003. Geographic barriers isolate endemic populations of hyperthermophilic archaea. Science, 301 (5635): 976-978.

White R E. 1987. Introduction to the Principles and Practice of Soil Science. Oxford: Blackwell Scientific Publications.

Zhao H, Shar A G, Li S, et al. 2018. Effect of straw return mode on soil aggregation and aggregate carbon content in an annual maize-wheat double cropping system. Soil & Tillage Research,175: 178-186.